化学工业出版社“十四五”普通高等教育规划教材

食品安全学

Food
Safety

葛珍珍　纵　伟　主编　　赵电波　副主编

化学工业出版社
·北京·

内容简介

本书以食品安全的危害因素、评估方法、法规与管理体系三个方面为重点，分为三篇进行系统详尽介绍。主要包括食品原料固有危害、生物性污染危害、环境污染危害、化学物质危害、包装材料和容器对食品安全性的影响、加工食品的安全性、转基因食品的安全性、食品安全性评价、转基因食品的安全评价及检测方法、国内外法律法规、标准体系和控制体系共十二章内容。

本书可作为高等院校食品科学与工程、食品质量与安全、包装工程、生物工程、生物技术等相关专业的教学用书，也可为在上述领域从事生产、科研和管理工作的科技人员提供参考。

图书在版编目（CIP）数据

食品安全学 / 葛珍珍，纵伟主编 ；赵电波副主编．2版．-- 北京 ：化学工业出版社，2025．4．--（化学工业出版社“十四五”普通高等教育规划教材）．-- ISBN 978-7-122-47096-6

Ⅰ．TS201.6

中国国家版本馆CIP数据核字第2025BF5600号

责任编辑：李建丽　赵玉清　　文字编辑：李宁馨　刘洋洋
责任校对：赵懿桐　　装帧设计：张　辉

出版发行：化学工业出版社
（北京市东城区青年湖南街13号　邮政编码100011）
印　　装：高教社（天津）印务有限公司
787mm×1092mm　1/16　印张19　字数434千字
2026年1月北京第2版第1次印刷

购书咨询：010-64518888　　售后服务：010-64518899
网　　址：http://www.cip.com.cn
凡购买本书，如有缺损质量问题，本社销售中心负责调换。

定　　价：58.00元

前言

近年来，食品安全作为国家治理和社会发展的重大问题，其战略地位和重要意义不断被重申和提升，党的十九大、二十大报告提出“实施食品安全战略，让人民吃得放心”“推进健康中国建设”等，对食品安全提出了更高的要求。食品安全学已成为各本科、大专院校食品相关专业的核心专业课程。本教材以食品安全的危害因素、评估方法、法规与管理体系三个方面为重点，分为三篇进行系统详尽介绍。内容结合近年来食品安全学发展动态，融入思政元素，配套数字资源，更新部分政策法规等，重点对食品安全评估等内容进行更新，对食品包装材料污染物的检测方法进行删减。本教材内容丰富、层次分明，有助于学生从风险来源、辨识、评估、管理角度逐步深入，全面了解食品安全学的知识体系。

全书共分为十二章，郑州轻工业大学纵伟编写绪论；河南工业大学李淼编写第一章；郑州轻工业大学葛珍珍编写第二章、第七章；武汉轻工大学杜静编写第三章、第四章；郑州轻工业大学李敏编写第五章、第六章；郑州轻工业大学赵电波编写第八章、第九章第一节；河南省市场监督管理局李彩艳编写第九章第二节、第三节和第十章；澳门大学林晓东编写第十一章、第十二章。本书由郑州轻工业大学葛珍珍副教授、纵伟教授担任主编，郑州轻工业大学赵电波教授担任副主编。编写内容中有部分素材参考了情报系统和其他优秀出版物，在此均对原作者致以深深的谢意。

限于我们的知识面和水平，书中不妥和疏漏在所难免，恳请使用单位师生和有关同行批评指正，以便进一步完善。

编者

2025 年 1 月

目 录

第二篇　食品安全评价方法

第三篇　食品安全法规与管理体系

· 绪论 ·

随着世界工业化的高速发展，环境污染和食品污染问题日益加剧，食品安全事件频发，这已成为全世界的一大突出问题。食品安全问题不仅向所有从业者和相关监督管理职能部门提出了迫切的要求，更事关全人类的福祉。

食品安全问题的产生与其自身属性及外部环境的变化密不可分，并且受到政府监管能力的影响。保障食品安全，必须从理论上充分认识到影响食品安全的多方面因素。要认识到食品安全事件频发的深层原因，建立保障食品安全的科学评价指标体系、组织机构、制度法规与管理体系，从而使中国的食品安全管理步入科学化、法制化的轨道。

一、食品安全的基本概念

食品安全包括食物量的安全（food security）和食物质的安全（food safety）两个方面，目前在已基本解决食物量的安全的前提下，食品安全更多情况下强调的是后一种含义，即食物质的安全。食品安全既包括生产安全，也包括经营安全；既包括结果安全，也包括过程安全；既包括现实安全，也包括未来安全。

1997 年，世界卫生组织（WHO）在其发表的《加强国家级食品安全性计划指南》中把食品安全解释为“对食品按其原定用途进行制作和食用时不会使消费者身体受到伤害的一种担保”，将食品卫生界定为“为确保食品安全性和适用性在食物链的所有阶段必须采取的一切条件和措施”。根据世界卫生组织的定义，食品安全问题是“食物中有毒、有害物质对人体健康影响的公共卫生问题”。食品安全要求食品不存在对人体健康造成急性或慢性损害的危险，是一个绝对的概念。2015 年 10 月 1 日新修订的《中华人民共和国食品安全法》（后简称《食品安全法》）开始实施，并于 2021 年 4 月 29 日进行第二次修正，其第一百五十条规定，“食品安全”是指食品无毒、无害，符合应当有的营养要求，对人体健康不造成任何急性、亚急性或者慢性危害。

在食品安全概念的理解上，国际社会已经基本形成共识，即食品（食物）的种植、养殖、加工、包装、贮藏、运输、销售、消费等活动符合国家强制标准和要求，不存在可能损害或威胁人体健康的有毒有害物质致消费者病亡或者危及消费者及其后代的隐患。广义的食品安全则被引申到以下几个方面。

第一，食品安全是个综合概念。作为种概念，食品安全包括食品卫生、食品质量、食品营养等相关方面的内容和食品（食物）种植、养殖、加工、包装、贮藏、运输、销售、消费等环节。而作为属概念（通常被理解为部门概念或者行业概念）的食品卫生、食品质量、食品营养等均无法涵盖上述全部内容和全部环节，并且在内涵和外延上存在许多交叉。

第二，与卫生学、营养学、质量学等学科概念不同，食品安全是个社会治理概念。不同国家以及不同时期，食品安全所面临的突出问题和治理要求均有所不同。

第三，食品安全是个政治概念。无论是发达国家，还是发展中国家，食品安全都是企业和政府对社会最基本的责任和必须做出的承诺。食品安全与生存权紧密相连，具有唯一性和强制性，通常属于政府保障或者政府强制的范畴。而食品质量等往往与发展权有关，具有层次性和选择性，通常属于商业选择或者政府倡导的范畴。近年来，国际社会逐步以食品安全的概念替代食品卫生、食品质量的概念，更加凸显了食品安全的政治责任。

第四，食品安全是个法律概念。进入 20 世纪 80 年代以来，一些国家以及有关国际组织从社会系统工程建设的角度出发，逐步以食品安全的综合立法替代卫生、质量、营养等要素立法。1990 年英国颁布了《食品安全法》，2000 年欧盟发表了具有指导意义的《食品安全白皮书》，2003 年日本制定了《食品安全基本法》。以我国为代表的部分发展中国家也制定了《食品安全法》。综合型的《食品安全法》逐步替代要素型的《食品卫生法》《食品质量法》《食品营养法》等，反映了时代发展的要求。

第五，食品安全是个经济学概念。在经济学上，“食品安全”指的是有足够的收入购买安全的食品。

二、食品安全的发展历史和现状

食品作为支撑人类生存最为基础的物品，其安全问题从未像现在这样备受关注。随着食物和食品生产的机械化程度提高、规模化程度加大以及化学品和新技术的广泛使用，新的食品安全问题不断涌现。食品安全问题已经成为全球关注的重大问题之一。美国疾病预防和控制中心公布的数据显示，每年大约有 4800 万名美国人罹患食源性疾病，约有 12.8 万人住院，约有 3000 人因此死亡。在发展中国家，食品安全问题更为普遍，也更为严峻。每一起重大食品安全事故（事件）的发生，都在一定程度上客观反映了当时的食品安全状况和社会经济状况，并往往导致相应制度的重大变革。

回顾美国食品安全发展进程，总的趋势是从故意而为的制售假劣行为逐渐过渡到过失污染或者环境污染的意外事故。19 世纪末 20 世纪初，美国为促进经济快速发展，积极鼓励商业自由，导致了大量的假冒伪劣和欺诈行为，以药品和食品领域为甚。直至第二次世界大战之后，随着美国国际地位和经济实力大幅提升，国民素质提高，监管加强，恶意制售有害食品的行径逐渐收敛，意外污染成为食品安全事故的主要因素。

纵观日本食品安全发展进程，20 世纪 60 年代，随着工业技术尤其是化工技术的发展，发生了故意使用有毒有害物质的恶性事件。20 世纪 70 年代则连续发生多起环境污染导致的食品安全公害事件，主要是工业快速发展导致环境污染所衍生的恶果。近二十年，日本发生的食品安全事故则多为意外污染导致，售卖过期食品、以次充好等问题仅偶有发生。

相比日本和美国，欧洲对于食品的相关立法和限制更严格。欧洲近三十年来发生的重大食品安全事件，主要是由动物疾病或者意外污染导致。例如几乎波及整个欧洲的牛海绵状脑病（疯牛病）、口蹄疫、二噁英污染等重大食品安全事故，均属此类情况。近年来，受经济形势影响，欧洲部分国家也发生了回收过期食品再加工、变质肉冷冻后继续销售，以及制售假冒名牌奶酪、红酒、橄榄油等问题。

对于发展中国家，提高食品安全保障水平面临着经济、社会、政治、宗教等复杂因素。如印度、印度尼西亚，近些年来屡屡发生重大假酒中毒致多人死亡事件。以印度为例，官方政策导向限制酒的生产销售，并课以重税。由于正品酒价极高，庞大的低收入群体对低廉假劣酒需求旺盛，从而导致重大死伤事故频发。

纵观我国的食品安全发展进程，从中华人民共和国成立到1990年前后，处于逐步解决粮食匮乏问题的阶段。进入21世纪以来，我国已基本上实现了粮食和食品的自给，开始从强调数量供应转向质量安全。当前，我国仍处于农业工业化和食品工业化的快速发展时期，食品滥用着色剂、香精、香料等添加剂，农产品滥用农药、兽药和生长激素的问题突出。

食品安全的发展伴随着食品安全法规和管理体系的构建。美国于1997年公布了“总统食品安全计划”，1998年组成了由多个政府部门参加的总统食品安全委员会。2000年欧盟发布了长达52页的食品安全白皮书，并成立了欧盟食品局。我国自2001年提出加强食品质量卫生安全的要求以来，制定实施了《中华人民共和国食品卫生法》《中华人民共和国食品安全法》等法律法规，建立了食品安全认证体系。党的十九大报告也明确提出实施食品安全战略，让人民吃得放心。必须深化改革创新，用最严谨的标准、最严格的监管、最严厉的处罚、最严肃的问责，进一步加强食品安全工作，确保人民群众“舌尖上的安全”。与此同时，各国都加强了从农场到餐桌的食品安全监控工作和对消费者的宣传教育工作，倡导由政府、食品企业、学术界和消费者共同保障食品安全的新型模式。

三、食品安全面临的挑战

如上所述，食品安全问题的产生与其自身属性、外部环境的变化密不可分，并且受到政府监管能力的影响。食品安全面临的挑战主要体现在以下几个方面。

（一）信任品特征属性比重的增加导致安全信息的不对称与不完全

食品安全最大的挑战来自食品自身的属性。根据消费者获取产品信息的方式，Nelson将产品分为三种类型，即搜寻品、经验品和信任品。对于搜寻品，消费者在购买之前即能完全了解产品的信息；对于经验品，消费者只有在购买后才能了解产品的真实信息；而对于信任品，即使在购买甚至消费后，消费者也不清楚产品的信息。就食品来说，部分特征具有搜寻品与经验品的属性，如外表、品味等，消费者在购买时或消费后便能做出合理的评判，但食品的安全状况却在很大程度上归属信任品的属性，即消费者在食用后，甚至很多年后都不清楚某种食品对健康所造成的影响。

食品安全的这一属性特征决定了食品安全信息获取的难度，造成了食品交易过程中的信息不完全。信息的不完全导致了低质量（不安全）产品的过度供给，一方面，在很多情况下，食品供给者与消费者之间存在着信息不对称，如生产方式、加工条件等与食品安全相关的信息，生产者相对消费者认知更加充分，或者消费者难以通过较低的成本获得相关信息，在生产低质量食品、成本更低的合理假设下，较易引发以利益最大化为目标的食品供应者的道德风险，从而导致食品安全问题的产生；另一方面，除了信息不对称外，更为严重的是，在某些情况下食品安全信息对于生产者和消费者都是不完全的，如农产品农药残留或是食品在生产过程中非故意的污染，往往生产者或是加工者并不比消费者掌握更充分的信息，这就进一步增加了食品安全问题控制的难度。另外，随着食品产业、工艺及技术的发展，食品深加工率越来越高，加工工艺越来越复杂，经过了一系列的物理及化学变化，单纯以感官辨别食品安全变得越来越不可靠，食品作为信任品的特征比重进一步增加，给食品安全的控制造成越来越大的挑战。

（二）外部环境变化使食品安全问题的发生面临更大的不确定性

20 世纪以来，特别是第二次世界大战后，世界经济、政治及科学技术发生了巨大的变化，对食品形态、食品产业及农产品种植环境都造成了巨大的影响，也给食品安全带来前所未有的挑战。

首先，生物技术带来食品安全的不确定性。近年来，随着分子技术、基因技术领域的突破，生物技术得到快速发展，这对食品安全造成了巨大的挑战。以转基因技术为例，从 1983 年转基因烟草问世以来，转基因技术得到了迅速推广和发展，到 2023 年，全球 30 个国家种植了 2.063 亿 hm^2 的转基因作物，其中美国的转基因作物种植面积最大，达到 7469 万 hm^2，我国种植面积达 280 万 hm^2。然而，迄今为止的科学进展，并不能否定转基因食品长期风险的存在，各国因此也对转基因食品的规制采取不同的态度。

其次，新型食品的产生带来诸多安全隐患。随着生活方式的改变，消费者的采购习惯发生巨大变化，食品电商市场呈现出更加激烈的竞争态势，由于互联网的虚拟性，食品在交易过程中更加隐蔽，导致食品质量监督不到位，网络市场规范化经营管理不细致等。随着网络外卖的不断发展，平台准入门槛低、对商户的资质审查把关不严，致使许多没有任何餐饮卫生资质，甚至没有《食品经营许可证》的商家进入订餐平台，由此带来的食品安全问题成为食品安全监管的新挑战。

再次，自然环境、气候变化对食品安全造成影响。随着工业化进程的加速，全球生态环境遭到严重破坏，土地、水源、大气受到过度污染，直接影响了食品安全。此外，在过去的几十年，气候亦发生了明显的变化，如地表温度的上升等，也给粮食数量安全和食品安全带来了挑战。

最后，全球化产业链的复杂性也增加了食品安全控制的难度。对于发展中国家来说，全球化促进了工业的发展及城市化的进程，也给食品产业卫生及安全的加工能力带来了挑战。然而，发达国家有时也会成为食品安全问题的发源地，给世界食品安全形势造成冲击，如 1996 年暴发于英国的牛海绵状脑病等。

（三）食品安全新风险的形成亟须监管模式跟进改善

食品安全监管法规与能力往往由食品安全事件推进。外界环境不断变化，相应的食品安全规制与监管政策却滞后于现实需求。特别是对于发展中国家，应对食品安全的规制能力往往不能与食品安全形势变化相匹配，规制的不力与标准的缺失是发展中国家食品安全问题的主要原因之一。食品安全问题的诱因越来越呈现出多样性，虽然各国政府都加大监测与预警的力度，但还是难以控制食品安全问题的发生。因此，随着食品安全影响因素的日益复杂，规制的滞后与监管能力的不足将在一定程度上长期存在。

四、食品安全学的研究目的和研究内容

食品安全学是研究食物对人体健康危害的风险和保障食物无危害风险的科学，是专门探讨在食品加工、存贮、销售等过程中确保食品卫生及食用安全、降低疾病隐患、防范食物中毒的一个跨学科领域。

其研究目的是保障人类健康，服务对象是人，因此它与医学领域的毒理学、公共营养与卫生学、药学学科有关。食品安全学的研究对象是食品，它与食品原料学、食品微生物学、食品化学、食品科学等密切相关。食品安全在社会层面上主要是管理问题，政府从事食品安全管理主要依靠法律法规，而食品安全执法又需要标准和检测技术及方法的支持，风险分析过程也需要管理学的理论，因此它又需要法学、管理学的支持。另外，由于公众的参与意识增强及媒体的广泛参与，基于对食品安全事件增加透明度的原则，传媒学也已成为其重要的学科体系之一。

综上所述，食品安全学的学科体系涉及工学、农学、医学、理学、管理学、法学、传媒学的内容，属于综合性较强的学科。食品安全学的理论基础由“从农田到餐桌”的整体管理理念、风险分析、透明性原则、法规效益评估四大理论体系构成。食品安全学的技术体系由风险评估技术、检测技术、溯源技术、预警技术、全程控制技术、规范和标准实施技术等技术体系所支撑。

参考文献

[1] Hoffmann S，Harder W. Food safety and risk governance in globalized markets[J]. Health Matrix，2010，20（5）：5-54.

[2] David L，Ortega H，Holly W，et al. Modeling heterogeneity in consumer preferences for select food safety attributes in China[J]. Food Policy，2011，36：318-324.

[3] Veeman M. Changing consumer demand for food regulation[J]. Canadian Journal of Agricultural Economics，1999，47（4）：401-409.

[4] Miraglia M，Marvin H J P，Kleter G A，et al. Climate change and food safety：An emerging issue with special focus on Europe[J]. Food and Chemical Toxicology，2009，47：1009-1021.

[5] Nelson P. Information and consumer behavior[J]. Journal of Political Economy，1970，78：311-329.

[6] Selgrade J K，Bowman C C，Ladics G S. Safety assessment of biotechnology products for potential risk of food allergy：Implications of new research[J]. Toxicol Science，2009，110：31-39.

[7] 王常伟，顾海英 . 食品安全：挑战、诉求与规制 [J]. 贵州社会科学，2013（4）：148-154.

[8] 魏益民，徐俊，安道昌，等 . 论食品安全学的理论基础与技术体系 [J]. 农产品加工，2005（9）：43-47.

[9] 朱明春，何植民，蒋宇芝 . 食品安全发展的阶段性及我国的应对策略 [J]. 中国行政管理，2013（2）：21-25.

[10] 谢明勇，陈绍军 . 食品安全导论 [M]. 3 版 . 北京：中国农业大学出版社，2021：3-4.

[11] 庞国芳，孙宝国，陈君石，等 . 中国食品安全现状、问题及对策战略研究（第二辑）[M]. 北京：科学出版社，2022：20-22.

第一篇
食品安全危害因素

·第一章·

食品原料固有危害

第一节　含天然有毒物质的植物性食物

含天然有毒物质的植物性食物，主要有以下几种类型：将天然含有有毒成分的植物或其加工制品当作食品（如桐油、大麻油等）；在加工过程中未能破坏或除去有毒成分的植物当作食品（如木薯、苦杏仁等）；在一定条件下，产生了大量有毒成分的可食的植物性食品（如发芽马铃薯等）。

植物的天然有害成分大多数是在其体内代谢过程中生成的，也有些植物可以富集某些化学成分而产生毒害作用。但受到外源性污染（如农药、微生物等）的植物不列为本章的讨论对象。有毒植物的种类很多，我国约有 1300 种，分别属于 140 个科。常见的植物性中毒食品及其所包含的有毒物质列于表 1-1。

表 1-1　常见的植物性中毒食品及其所包含的有毒物质

可能导致食物中毒的代表性植物	有毒物质
菜豆、大豆	皂苷、凝集素、胰蛋白酶抑制剂
苦杏仁、苦桃仁、木薯及其幼苗	氰苷
发芽马铃薯	茄碱
黄花菜	秋水仙碱
毒麦种子	毒麦碱、黑麦草碱、毒麦灵
蓖麻籽（油）	蓖麻碱、蓖麻毒素
莨菪（曼陀罗）种子	莨菪碱、东莨菪碱
相思豆种子	相思豆毒蛋白、相思豆碱
桐油	桐酸、异桐酸

续表

可能导致食物中毒的代表性植物	有毒物质
大（小）麻子油	四氢大麻酚、大麻二酚、大麻酚
粗制棉籽油	游离型棉酚
毒芹（全株）	毒芹素、毒芹碱、毒芹醇、毒芹醛
商陆（土人参）根	商陆毒素、商陆碱
苍耳（种子、芽）	苍耳苷、毒蛋白、生物碱
莽草	莽草亭
苦楝	苦楝素、苦楝萜酮内酯
甘草	甘草酸、甘草次酸
香蕉、鳄梨	血管活性胺

植物中天然有毒物质是指植物体本身产生的对食用者有毒害作用的成分。植物中天然有毒物质的摄入可不同程度地危害人体健康，降低食品的营养价值并影响风味品质，引起人的食物过敏和对食品的特异性反应，甚至危及生命安全。常见的植物性有毒物质主要有苷类、生物碱、有毒蛋白或复合蛋白、硝酸盐及亚硝酸盐、酶类植物毒素等。

一、苷类

苷类（glycoside）又称配糖体或糖苷。在植物中，糖分子（如葡萄糖、鼠李糖、葡萄糖醛酸等）中的半缩醛羟基和非糖类化合物分子（如醇类、酚类、甾醇类等）中的羟基脱水缩合而成具有环状缩醛结构的化合物，称为苷。苷类大多为带色晶体，易溶于水和乙醇，而且易被酸或酶水解为糖和苷元。由于苷元的化学结构不同，苷的种类也有多种，如皂苷、氰苷、芥子苷、黄酮苷、强心苷等。它们广泛分布于植物的根、茎、叶、花和果实中。其中皂苷和氰苷、芥子苷等常引起人的食物中毒。

（一）皂苷

皂苷（saponins）是苷元为三萜或螺旋甾烷类化合物的一类糖苷，广泛分布于自然界，一半以上的植物中含有皂苷，海洋生物如海星等中也含皂苷。它是由皂苷配基通过 3β- 羟基（C3—OH）与低聚糖缩合而成的糖苷。组成皂苷的糖，常见的有葡萄糖、鼠李糖、半乳糖、阿拉伯糖、木糖、葡萄糖醛酸和半乳糖醛酸。这些糖或糖醛酸先结合成低聚糖糖链再与皂苷配基结合。根据其化学结构可分为三萜皂苷（由三萜通过碳氧键与糖链相连）和甾体皂苷（甾体通过碳氧键与糖链相连）两大类。三萜皂苷在豆科、五加科、伞形花科、报春花科、葫芦科等植物中比较普遍，药用植物中含三萜皂苷类的有人参、甘草、牛膝、远志、黄芪、续断（糙苏）、旋花、地肤子、沙参、王不留行（麦蓝菜）、酸枣和大枣。甾体皂苷类主要存在于单子叶植物天门冬科的丝兰属、知母属、龙舌兰属，菝葜科，薯蓣科等。双子叶植物中也有发现，如豆科、玄参科、茄科等。含甾体皂苷的有天门冬、麦门冬、薯蓣、白英及蒺藜子。

未煮熟透的菜豆（*Phaseolus vulgaris*）、大豆及其豆乳中含有的皂苷对消化道黏膜有强烈刺激作用，是引发皂苷中毒的主要原因，可产生一系列肠胃刺激症状而引起食物中毒。中毒症状主要是胃肠炎。潜伏期一般为2～4h，症状有呕吐、腹泻（水样便）、头痛、胸闷、四肢发麻，病程为数小时或1～2d，恢复快，预后良好。

（二）氰苷

氰苷（cyanogenic glycosides）是由氰醇衍生物的羟基和D-葡萄糖缩合形成的糖苷，水解后可产生氢氰酸（HCN）。氰苷广泛存在于豆科、蔷薇科、禾本科等1000余种植物中，大戟科（如木薯）、豆科和一些果树的种子（如杏仁、桃仁）、幼枝、花、叶等部位均含有氰苷，其中以苦杏仁、苦桃仁、木薯，以及玉米和高粱的幼苗中含氰苷毒性较大。

在植物氰苷中与食物中毒有关的化合物主要是苦杏仁苷和亚麻苦苷。苦杏仁苷（amygdalin）主要存在于果仁中，在苦杏、苦扁桃、枇杷、李子、苹果、黑樱桃等果仁和叶子中都存在。苦杏仁苷是由龙胆二糖和苦杏仁腈组成的β型糖苷。在苦杏仁中苦杏仁苷的含量比甜杏仁高20～30倍。而亚麻苦苷（linamarin）主要存在于木薯、亚麻籽及其幼苗，以及玉米、高粱、燕麦、水稻等农作物的幼苗中。亚麻苦苷是木薯中的主要毒性物质，可释放游离的氰化物。此外，蜀黍氰苷（dhurrin，又称*p*-羟杏仁腈苷）存在于嫩竹笋中，曾引起几例人类氰化物中毒，其幼苗可引起牛急性中毒。

氰苷产生氢氰酸的反应由两种酶共同作用。氰苷首先在β-葡糖苷酶作用下分解生成氰醇和糖，氰醇很不稳定，自然分解为相应的酮、醛化合物和氢氰酸。羟腈分解酶可加速这一降解反应。氰苷和β-葡糖苷酶处于植物的不同位置，当咀嚼或破碎含氰苷的植物食品时，其细胞结构被破坏，使得β-葡糖苷酶释放出来，和氰苷作用产生氢氰酸，这便是食用新鲜植物引起氢氰酸中毒的原因。氰苷水解产生的HCN毒性很强，对人经口的致死剂量为0.5～3.5mg/kg（以体重计）。

果仁或木薯的氰苷被人体摄入后，在果仁或木薯自身存在的氰苷酶（如苦杏仁酶）的作用下，以及经胃酸、肠道中微生物的分解作用，产生两分子葡萄糖和苦杏仁腈，后者又分解为苯甲醛和游离的氢氰酸。氢氰酸（HCN）是一种高活性、毒性大、作用快的细胞原浆毒，当它被胃黏膜吸收后，氰离子与细胞色素氧化酶的铁离子结合，使呼吸酶失去活性，氧不能被机体组织细胞利用，导致机体组织缺氧而陷入窒息状态。氢氰酸还可损害呼吸中枢神经系统和血管运动中枢，使之先兴奋后抑制、麻痹，最后导致死亡。氢氰酸对人的最低致死剂量经口测定为0.5～3.5mg/kg（以体重计），苦杏仁致死剂量约为1g/kg（以体重计）。

苦杏仁中毒原因与症状

木薯中毒原因与症状

氰苷有较好的水溶性，水浸可去除产生氢氰酸的食物的大部分毒性。类似杏仁的核仁类食物及豆类在食用前大都需要较长时间的浸泡和晾晒。将木薯切片，用流水研磨可除去其中大部分的氰苷和氢氰酸。发酵和煮沸同样用于木薯粉的加工，尽管如此，一般的木薯粉中仍含有相当量的氰化物。从理论上讲，加热可灭活糖苷酶，使之不能将氰苷转化为有毒的氢氰酸。但事实上，经高温处理过的木薯粉食物对人和动物仍有不同程度的毒性。虽然用纯的氰苷（如苦杏仁苷）大剂量喂饲豚鼠一般不产生毒性反应，而且氰苷在人的唾液和胃液中很稳定，但食用煮熟的利马豆和木薯仍可造成急性氰化物中毒。这一事实说明，人的胃肠道中存在某种微生物，可分解氰苷并产生氢氰酸。

改变饮食中的某些成分可避免慢性氰化物产毒。氰化物导致的视神经损害通常只见于营养不良人群。如果膳食中有足够多的碘，由氰化物引起的甲状腺肿就不会出现。食物中的含硫化合物可将氰化物转化为硫氰化物，膳食中缺乏硫可导致动物对氰化物去毒能力的下降。而长期食用蛋白质含量低而氰化物含量较高的食物，会加重硫的缺乏症状。因此，食用含氰化葡萄糖苷的食物不仅可直接导致氰化物中毒，还可间接造成特征性蛋白质的营养不良症。

（三）芥子苷

芥子苷（sinalbin，又称硫代葡萄糖苷）主要存在于十字花科植物，如油菜、野油菜、中国甘蓝、芥菜、白芥、黑芥、萝卜等的种子中，是一种阻碍机体生长发育和致甲状腺肿的毒素。如果家畜食用处理不当的油菜和甘蓝的菜籽饼，则会中毒。

芥子苷中毒的相关预防措施

在世界的许多地区，甲状腺肿仍然严重困扰着人们。虽然仅有4%的甲状腺肿病例是由碘缺乏以外的因素引起的，但地方性甲状腺肿的病例往往起因于碘缺乏和某种食物成分的共同作用，以十字花科甘蓝属植物为主要膳食成分就是一个重要的致病因素。甘蓝属植物如油菜、包心菜、菜花、西蓝花和芥菜等是世界范围内广泛食用的蔬菜。甘蓝植物的可食部分（茎、叶）一般不会引起甲状腺肿，但如果大量食用这类蔬菜则可能引起甲状腺肿。在某些碘摄取量较低的偏僻山区，以甘蓝植物为食是其甲状腺肿发病率高的原因之一。

致甲状腺肿物质的前体是黑芥子硫苷（glucosinolates）。黑芥子硫苷有100多种，主要分布在甘蓝植物的种子中，含量为2～5mg/g。该物质对昆虫、动物和人均具有某种毒性，是这类植物阻止动物啃食的防御性物质。小鼠服用超过一定剂量（150～200mg/kg）的黑芥子硫苷可引起其甲状腺肥大、生长迟缓、体重减轻及肝细胞损伤。在甘蓝植物的可食部分，黑芥子硫苷在葡糖硫苷酶的作用下可转化为几种产物，如腈类化合物、吲哚-3-甲醇、异硫氰酸酯、二甲基二硫醚和5-乙烯基噁唑-2-硫酮。据估计，一般人每天通过食用甘蓝蔬菜可摄入约200mg的这类化合物。

芥子苷本身无毒性，在芥子酶（如葡糖硫苷酶）的作用下或在动物消化道中，水解产生异硫氰酸盐（isothiocyanates，ITC）、噁唑烷硫酮（oxazolidinethione，5-乙烯基噁唑-2-硫酮）、吲哚-3-甲醇（indole-3-carbinol）、硫氰酸酯（thiocyanate）、二甲基二硫醚（dimethyl disulfide）、腈（nitrile）等有毒物质。这些物质具有破坏人类及家畜消化道表层致使甲状腺肿大的有害作用。因此，芥子苷是致甲状腺肿物质的前体，其种类繁多，仅芸薹属植物中就多达40余种。硫氰酸盐也是黑芥子硫苷和异硫氰酸酯的裂解产物。该物质可抑制甲状腺对碘的吸收，降低了甲状腺素过氧化物酶（将碘氧化的酶类）的活性，并阻碍需要游离碘的反应。碘缺乏反过来又会增强硫氰酸盐对甲状腺肿大的作用，从而造成甲状腺肿大。人和实验动物食用了这类抑制甲状腺素合成的物质后，甲状腺素的分泌仍可继续进行。当组织中的碘源耗尽时，甲状腺素的分泌会因为缺乏再合成物质而减慢。这时，促甲状腺素释放激素（TRH）的分泌水平会增高，刺激垂体合成和释放促甲状腺素，造成甲状腺增生。

榨油后的菜籽饼，其营养价值与大豆饼相近。菜籽饼中本身含有无毒的芥子苷，但在潮湿情况下（或遇水后），经种子本身所含有的芥子酶的作用，将芥子苷水解生成芥子油，其主要有毒成分是烯丙基异硫氰酸盐和噁唑烷硫酮。烯丙基异硫氰酸盐易挥发，具有刺鼻的辛辣味和强烈的刺激作用，能使皮肤发红、发热，甚至起水疱。家畜食用有毒的菜籽饼后，可引起甲状腺肿大，导致生物代谢紊乱，阻碍机体生长发育，出现各种中毒症状，如精神萎靡、食欲减退、呼吸先快后慢、心跳慢而弱，并有肠胃炎、粪恶臭、血尿等症状，严重者可导致死亡。

二、生物碱

生物碱（alkaloids）又称植物碱，是一种含氮的有机化合物，具环状结构，难溶于水，与酸可形成盐，有一定的旋光性与吸收光谱，大多有苦味，呈无色结晶状，少数为液体。生物碱主要分布于罂粟科、茄科、毛茛科、豆科、夹竹桃科等双子叶植物 120 多个属的植物中，裸子植物中除麻黄科等少数科外，大多不含生物碱。

生物碱存在于植物体的叶、树皮、花朵、茎、种子和果实中，分布不一，有显著的生物活性，是中药材中重要的有效成分之一。已知的生物碱有 2000 种以上，由不同的氨基酸或其衍生物合成而来，是次级代谢产物之一，对生物机体有毒性或强烈的生理作用。如黄连中的小檗碱（黄连素）、麻黄中的麻黄碱、萝芙木中的利血平、喜树中的喜树碱、长春花中的长春新碱等。一种植物往往同时含几种甚至几十种生物碱，如已发现麻黄中含 7 种生物碱，抗癌药物长春花中已分离出 60 多种生物碱。

生物碱具有类似碱的性质，可与酸结合生成盐类，在植物体中多以有机酸（草酸、苹果酸、柠檬酸、琥珀酸等）盐的形式存在。只有少数植物中存在游离的生物碱。存在于食用植物中的主要是茄碱、秋水仙碱及吡啶烷生物碱。其他常见的有毒的生物碱如烟碱、吗啡碱、罂粟碱、麻黄碱、黄连碱和颠茄碱（阿托品与可卡因）等。生物碱分子中具有含氮的杂环，如吡啶、吲哚、喹啉、嘌呤等。简单的生物碱中含有碳、氢、氮等元素；复杂的生物碱中还含有氧。生物碱大多为无色味苦的结晶形固体，少数为有色或无色液体。游离的生物碱难溶于水，而易溶于乙醇、乙醚、氯仿等有机溶剂中。生物碱的种类不同，对人体的生理作用也有很大差异，所引起的中毒症状亦不相同。由于生物碱具有明显的生理作用，在医药中常有独特的药理活性，如镇痛、镇痉、镇静、镇咳、收缩血管、兴奋中枢、兴奋心肌、散瞳和缩瞳等作用。有时对有毒植物和药用植物之间的界限很难区分，它们只是用量的不同，一般有毒植物多半都是药用植物。

常见的由植物性食品所含生物碱导致的食物中毒，主要是茄碱和秋水仙碱引起的。

（一）茄碱

茄碱（solanine）又名龙葵碱、龙葵苷或龙葵素，为发芽马铃薯（*Solanum tuberosum*）的主要致毒成分，是一种弱碱性的苷生物碱。已知马铃薯毒素中有 6 种生物碱，其中主要为 α- 茄碱。茄碱易溶于水，与醋酸共热可被水解为无毒的茄啶（次茄碱）。茄碱具有刺激人体黏膜，麻痹神经系统、呼吸系统，溶解红细胞等作用。小鼠腹腔半数致死剂量为

42mg/kg。对人口服中毒剂量为2.8mg/kg。当成年人一次食入0.2～0.4g茄碱时即可发生中毒，一般进食毒素后数十分钟至10h内出现中毒症状。首先患者出现咽喉部瘙痒和烧灼感，胃部灼痛，并有恶心、腹泻等胃肠炎症状。严重者耳鸣、脱水、发热、昏迷、瞳孔散大、脉搏细弱、全身抽搐，最终因呼吸中枢麻痹而致死。

由于成熟马铃薯中的α-茄碱含量极微（0.005%～0.01%），一般不会引起中毒。但当食用了未成熟的绿色马铃薯，以及因贮藏不当，使马铃薯发芽后，其幼芽与芽基部位的毒素含量比肉质部分要高几十倍，甚至几百倍，故人食用发芽的马铃薯即可能引起中毒。

（二）秋水仙碱

秋水仙碱（colchicine）是不含杂环的生物碱，为黄花菜致毒的主要化学物质。其结构中有稠合的两个七碳环，并与苯环稠合而成，侧链呈现酰胺结构。秋水仙碱为灰黄色针状结晶体，易溶于水，煮沸10～15min可充分破坏。秋水仙碱主要存在于鲜黄花菜等植物中。

秋水仙碱本身并无毒性，但当它进入人体并在组织间被氧化后，迅速生成毒性较大的二秋水仙碱，才可引起中毒。成年人如果一次食入0.1～0.2mg的秋水仙碱（相当于50～100g的鲜黄花菜）即可引起中毒。对人口服的致死剂量为3～20mg。进食鲜黄花菜后，一般在4h内出现中毒症状。轻者口渴、喉干、心慌胸闷、头痛、呕吐、腹痛、腹泻（水样便），重者出现血尿、血便、尿闭与昏迷等。这是由于在机体中秋水仙碱被氧化成二秋水仙碱，对人体胃肠道、泌尿系统具有毒性并产生强烈刺激作用。

三、有毒蛋白质

蛋白质是生物体内最复杂，也是最重要的物质之一。异体蛋白质注入人体组织可引起过敏反应，内服某些蛋白质也可产生各种毒性。由于蛋白质的分子量大，在水中呈胶体溶液，加热处理可使其凝结。植物中的胰蛋白酶抑制剂、红细胞凝集素、蓖麻毒素、巴豆毒素、刺槐毒素等均属于有毒蛋白质。

（一）胰蛋白酶抑制剂

胰蛋白酶抑制剂（trypsin inhibitor，TI）泛指具有抑制胰蛋白酶活性作用的一类物质。TI能够抑制丝氨酸蛋白酶的活性。丝氨酸蛋白酶是一类重要的蛋白水解酶，在体内广泛存在。胰脏分泌的消化酶，如胰蛋白酶、胰凝乳蛋白酶、弹性蛋白酶以及血液中的凝血酶和组织中控制血流的激肽释放酶等都属于丝氨酸蛋白酶家族。

许多植物的种子和荚果中存在动物消化酶的抑制剂，如胰蛋白酶抑制剂、胰凝乳蛋白酶抑制剂（antichymotrypsin）和α-淀粉酶抑制剂（α-amylase inhibitor）。这类物质实质上是植物为繁衍后代，防止动物啃食的防御性物质。豆类和谷类是含有消化酶抑制剂最多的食物，其他如土豆、茄子、洋葱等也含有此类物质。

胰蛋白酶抑制剂分为许多种类，例如，根据来源不同分为从黄豆中提取的大豆胰蛋白酶抑制剂（soybean trypsin inhibitor，SBTI）、从南瓜籽中提取的南瓜胰蛋白酶抑制剂（*Cucurbita maxima* trypsin inhibitor，CMTI）等。存在于未煮熟透的大豆及其豆乳中的胰蛋白酶抑制剂具有抑制胰脏分泌的胰蛋白酶活性的作用，从而影响人体对大豆蛋白质的消化吸收，导致胰脏肿大和抑制食用者（包括人和动物）的生长发育。

目前，已从多种豆类（大豆、菜豆等）及蔬菜种子中纯化出各种胰蛋白酶及胰凝乳蛋白酶的抑制剂。多数豆类种子的蛋白酶抑制剂占其蛋白质总量的 8%～10%，占可溶性蛋白质量的 15%～25%。胰蛋白酶抑制剂根据氨基酸序列同源性分为 Kunitz 及 Bowman-Birk 抑制剂（KTI 与 BBTI）两类。其中，BBTI 也同时是胰凝乳蛋白酶抑制剂。大豆和菜豆的胰蛋白酶抑制剂和胰凝乳蛋白酶抑制剂活性分别为 0.15～4.6U/mg 和 0.4～0.8U/mg。BBTI 蛋白酶抑制剂具有较强的耐热耐酸能力。

胰蛋白酶抑制剂对热稳定性较高。在 80℃加热温度下仍残存 80% 以上的活性，延长保温时间，并不能降低其活性。采用 100℃处理 20min 或 120℃处理 3min 的方法，可使胰蛋白酶抑制剂丧失 90% 的活性。如此热处理失活条件，在大豆食品加工中是完全可以达到的。

（二）凝集素

凝集素（lectins），是植物合成的一类对红细胞有凝聚作用的糖蛋白，故又称植物性血细胞凝集素（hemagglutinins）。凝集素广泛存在于 800 多种植物（主要是豆科植物）的种子和荚果中。其中有许多种是人类重要的食物原料，如大豆、菜豆、刀豆、豌豆、小扁豆、蚕豆和花生等。豆科 198 属植物的种子，其中 55.9% 含有凝集素。通常以其被提取的植物命名，如伴刀豆球蛋白 A（concanavalin，ConA）、麦胚凝集素（wheat germ agglutinin，WGA）、花生凝集素（peanut agglutinin，PNA）和大豆凝集素（soybean agglutinin，SBA）等，凝集素是它们的总称。

凝集素由结合多个糖分子的蛋白质亚基组成，分子质量为 91000～130000Da，为天然的红细胞抗原。大豆中含有 4 种凝集素，是由两对 α 链和 β 链组成的糖蛋白系列物。其特异性糖为 *N*- 乙酰 -D- 半乳糖胺，具有能使人类红细胞凝集的活性。脱脂后的大豆粕粉约含有 3% 的凝集素。

凝集素比较耐热，80℃数小时不能使之失活，但 100℃温度下 1h 可破坏其活性。因此，扁豆等豆类中毒常见于加热不彻底，如开水漂烫后做凉拌菜、冷面料等，而炖食一般不会发生中毒现象。一般在大豆食品生产中的加热处理方法即可消除凝集素。

凝集素对实验动物有较高的毒性。在小鼠的食物中加入 0.5% 的黑豆凝集素可引起小鼠生长迟缓，连续两周用 0.5% 的菜豆凝集素喂饲小鼠可导致其死亡。大豆凝集素的毒性相对较小，但以 1% 的含量喂饲小鼠也可引起其生长迟缓。大豆凝集素的 LD_{50} 约为 50 mg/kg（以体重计）。

凝集素可专一性结合碳水化合物。当凝集素结合人肠道上皮细胞的碳水化合物时，可造成消化道对营养成分吸收能力的下降，从而造成动物营养素缺乏和生长迟缓。凝集素还具有凝聚和溶解红细胞的作用。中毒的潜伏期在 30min～5h 之间，发病初期多数患者感到胃部不适，继而以恶心、呕吐、腹痛为主，部分病人可有头晕、头痛、出汗、畏寒、四肢麻木、胃部灼烧感、腹泻，一般不发热，病程为数小时或 1～2d，预后良好。血液检查可有白细胞总数和中性粒细胞增加，但体温正常。儿童对大豆血细胞凝集素较敏感，中毒后可出现呕吐、腹泻、头晕、头痛等症状。潜伏期为几十分钟至十几小时。

（三）蓖麻毒素

蓖麻（*Ricinus communis* L.）属大戟科蓖麻属，是世界十大油料作物之一。我国蓖麻种植面积约700万亩[1]，蓖麻籽年产量30万吨，居世界第二位。据统计，全球每年约有100万吨蓖麻籽用于生产蓖麻油，其废弃物质量的5%是剧毒蓖麻毒蛋白。蓖麻毒蛋白是蓖麻种子中的一种毒蛋白，含量占籽重1%～5%。在1887年，Dixson首次证明蓖麻籽毒性是由一种蛋白质所引起的。19世纪后叶，Stillmark详细研究这种毒素蛋白，并建议命名为“Ricin”。蓖麻毒蛋白对所有哺乳动物有核细胞都有毒害作用，是迄今为止天然药中最毒的蛋白质之一，其小鼠LD_{50}为7～10mg/kg。人误食蓖麻油后1d左右，出现急性胃肠炎症状，呈血性下痢样便，重者出现黄疸、血红蛋白尿、抽搐、昏迷，甚至死亡。

四、亚硝酸盐

叶菜类蔬菜如小白菜、菠菜、韭菜等含有较多的硝酸盐和极少量的亚硝酸盐。一般来说，蔬菜能主动从土壤中富集硝酸盐，其硝酸盐的含量高于粮谷类。蔬菜中的硝酸盐在一定条件下可还原成亚硝酸盐，摄入量过多或蓄积到较高浓度时可导致食物中毒。人体摄入的硝酸盐中80%以上来自所吃的蔬菜，尤以叶菜类蔬菜中含量最高。短时间内摄入大量含亚硝酸盐蔬菜而引起的植物中毒称为肠源性发绀或肠源性青紫症。

亚硝酸盐是强氧化剂，进入血液后，迅速将血液中低铁血红蛋白氧化成高铁血红蛋白，而使血红蛋白失去运输氧气的功能，导致机体组织缺氧，出现青紫症状而中毒。因中枢神经系统对缺氧最为敏感而首先受到损害，引起呼吸困难、循环衰竭、昏迷等。正常人体内，高铁血红蛋白仅占血红蛋白总量的0.5%～2%；高铁血红蛋白占血红蛋白总量30%以下时，通常不出现症状；高铁血红蛋白达30%～40%时出现轻微症状；超过60%时即有明显缺氧的症状；超过70%时可导致人死亡。亚硝酸盐比硝酸盐的毒性大，摄入0.3～0.5g纯亚硝酸盐即可引起中毒。

蔬菜中硝酸盐在硝酸盐还原菌（如大肠埃希菌、沙门氏菌、产气荚膜杆菌、枯草杆菌等）的作用下还原为亚硝酸盐，通常有以下几种情况：新鲜蔬菜在贮藏过程中开始腐烂，亚硝酸盐含量随着蔬菜腐烂程度加深而增高；腌制的蔬菜，在腌制的2～4d亚硝酸盐含量增高，在20d后又降至较低水平，变质的腌制菜中亚硝酸盐含量更高；烹调后的蔬菜存放过久，在硝酸盐还原菌的作用下，熟菜中的硝酸盐被还原成亚硝酸盐。此外，在一个时期内集中吃大量叶菜类蔬菜，如菠菜、小白菜等，虽未腐烂变质也会引起亚硝酸盐中毒。这种情况多发生在农村地区，呈散发性发生。主要是这些地区的农民以少量米面做成菜粥、菜团等大量食用，大量的硝酸盐进入胃肠道。同时，若患者胃肠道功能低下，肠内硝酸盐还原菌大量繁殖，会在短时间内产生大量的亚硝酸盐，进入血液引起中毒。

五、酚及其衍生物

主要包括简单酚类、鞣质、黄酮、异黄酮、香豆素等多种类型化合物，是植物中最常见的成分。如棉籽及未精制棉籽油中含有棉籽酚、大麻及大麻油中含大麻酚等。

---

[1] 1亩≈666.67平方米。

棉酚又名棉毒素或棉籽醇，是棉属植物内形成的一种黄色多酚型物质，存在于棉株的各部器官中。我国棉籽饼粕产量很大（约 300 万吨 / 年），棉籽饼是丰富的蛋白质来源，此外 B 族维生素和有机磷也较多。在棉籽饼中棉酚含量为 0.15%～1.8%，棉粕中的有毒成分有游离棉酚、棉酚紫和棉绿素 3 种色素，其毒性以棉绿素最强，游离棉酚次之，但游离棉酚的含量远比另两种色素高，因此棉粕的毒性主要决定于游离棉酚的含量。另外，按棉酚在棉粕中的存在形式也可分为游离棉酚（FG）和结合棉酚（BG）两种。FG 分子结构中的活性基对动物有一定毒性，可引起各种动物中毒，限制了棉籽饼在生产中的应用。

游离棉酚是一种细胞原浆毒，具体毒作用机制尚不十分清楚。人食入后，由胃肠道吸收，对胃肠道黏膜有强烈的刺激作用。吸收后随血液分布于全身各个器官。它能损害人体肝、肾、心等脏器及中枢神经，并影响生殖系统的功能。游离棉酚对大白鼠经口 LD_{50} 为 2510mg/kg（以体重计）。生棉籽中棉酚含量为 0.15%～2.8%，榨油后大部分进入油中，油中棉酚含量可达 1.0%～1.3%。当棉籽油中含 0.02% 游离棉酚时对动物的健康是无害的，0.05% 时对动物有害，而高于 0.15% 时则可引起动物严重中毒。

棉酚对心、肝、肾等实质器官及神经、血管、生殖机能均有毒性。可导致实质器官的变性坏死，消化机能紊乱，产畸形胎，胎儿失明。棉酚可与许多功能蛋白质和酶结合，使它们失活。棉酚与铁离子结合，可干扰血红蛋白的结合，引起缺铁性贫血。棉酚能抑制灭活组织中的多种酶，可导致溶血。棉酚可引起低血钾，出现肢体瘫软等症状。此外，棉酚还可影响生殖功能，可破坏睾丸生精上皮，对附睾等雄性附属生殖器官也有不同程度的影响，造成死精、少精、无精子症。可引起女性出现闭经、子宫萎缩，导致不育症。

六、内酯、萜类

莽草含有一种惊厥毒素——莽草亭，是一种苦味内酯类化合物，可以兴奋延脑、间脑及神经末梢，作用于呼吸及血管运动中枢，大剂量时也能作用于大脑及脊髓。生吃 5～8 个莽草籽即可导致人中毒。

苦楝全株有毒，以果实毒性最强。所含有毒成分主要是苦楝素、苦楝萜酮内酯等物质。对胃肠道有刺激作用，对心肌、肝、肾有不同程度的毒害作用，可引起中毒性肝病等。食入苦楝果实 6～8 个便可引发中毒。

七、其他有毒植物和植物毒素

（一）甘草次酸

甘草（*Glycyrrhiza uralensis*）是常见的药食两用食品。甘草提取物作为天然的甜味剂广泛用于糖果和罐头食品。甘草的甜味来自甘草酸（glycyrrhizic acid）和甘草次酸（glycyrrhetinic acid）。前者是一类三萜类皂苷，约占甘草根干重的 4%～5%，甜度为蔗糖的 50 倍。甘草酸水解脱去糖酸链就形成了甘草次酸，甜度为蔗糖的 250 倍。甘草次酸具有细胞毒性，长时间大量食用甘草糖（100g/d）可导致严重的高血压和心脏肥大，临床症状表现为钠离子潴留和钾离子的排出，严重者可导致极度虚弱和心室纤颤。近年的研究表明，甘草酸和甘草次酸均有一定的防癌和抗癌作用。甘草次酸还具有抗病毒感染的作用，对致癌性的病毒如肝炎病毒和艾滋病毒的感染均有抑制作用。

（二）苍耳

苍耳全株有毒，以果实为最，鲜叶比干叶毒。苍耳为野生植物，农村随处可见，春季雨后苍耳发芽，常成丛生长，外形很像黄豆芽，此时毒性最强。苍耳苷、毒蛋白以及毒苷等为其主要有毒成分。可损害心、肝、肾等内脏实质器官，引起浮肿、出血及坏死，并能使毛细血管扩张，血管渗透性增加，可致全身广泛性出血，消化及神经系统功能障碍等，常因呼吸及循环衰竭而致死。

（三）桐油

桐油的色、味与一般食用植物油相似，曾发生多起粮店将桐油误当食用油出售，造成误食而引起急性或亚急性中毒的事件。桐油主要成分是桐酸，为含有三个双键的不饱和脂肪酸，对胃肠道有强烈的刺激作用，引起恶心、呕吐和腹泻，粪便带血，继发性脱水和酸中毒症状。吸收入血后经肾脏排泄，尿中出现蛋白质、管型、红细胞及白细胞等。此外也可损害肝、脾及神经。神经系统症状是口渴、精神倦怠、烦躁、头痛、头晕，偶有瞳孔缩小，对光反应迟钝等。严重者可意识模糊、呼吸困难，或惊厥，进而产生昏迷和休克。

第二节 含天然有毒物质的动物性食物

含天然有毒物质的动物性食物，主要有以下两种类型：将天然含有有毒成分的动物或动物的某一部分当作食品；在一定条件下产生大量有毒成分的动物性食品。在此，重点关注第一种类型。常见的含天然有毒物质的动物性食物有动物肝脏、河鲀、蛤贝、有毒蜂蜜等。

一、动物肝脏

在动物肝脏中毒中，最主要的是鱼肝中毒。我国常见的扁头哈拉鲨、灰星鲨、鳕鱼、七鳃鳗鱼等鱼的肝脏中含有大量的维生素。例如，鲨鱼肝脏中含有大量的维生素 A、维生素 D 和脂肪，如果过量食用其鱼肝，可因维生素 A 摄入过多而发生急性中毒。维生素 A 是一种具有脂环的不饱和单元醇，它分为维生素 A_1 与维生素 A_2 两种。维生素 A_1 主要存在于海水鱼肝脏，其他动物肝脏、血液与眼球的视网膜中，又称视黄醇；而维生素 A_2 只存在于淡水鱼的肝脏中。维生素 A 在无氧条件对热稳定，加热时 120～130℃几乎不被破坏，但在有氧时加热易被氧化，也易受紫外线照射而破坏。

食用过量的维生素 A 后 2～3d 可出现恶心、呕吐、腹部不适、厌食等胃肠道疾病。继之出现皮肤症状，皮肤潮红、干燥、瘙痒，并有鳞状脱皮，由口唇周围和鼻开始，逐渐蔓延至四肢和躯干，重者毛发枯干脱落。另有眼结膜充血、剧烈头痛等症状。

鲨鱼肝中的维生素 A 含量为 10IU/g，成人一次摄入鲨鱼肝 200g 即可引起急性中毒。6 月龄至 3 岁大的婴儿服用过多的鱼肝油亦可发生维生素 A 中毒。此外，在其他的动物肝脏中，尤其是狗、羊、熊、狼、狍子的肝脏中亦含有丰富的维生素 A。如果一次大量食用其肝脏，可因维生素 A 摄入过多而发生急性中毒。

动物的肝脏含有丰富的蛋白质、维生素、微量元素等营养物质，是人们常食的营养食品。医药上将其加工成肝精、肝粉、肝组织液等用于治疗肝病、贫血、营养不良等症状。然而，肝脏是动物最大的解毒器官，动物体内各种毒素，大都经过肝脏处理、转化、排泄或结合，故肝脏暗藏毒素。此外，进入动物体内的细菌、寄生虫往往在肝脏中生长、繁殖，其中肝吸虫病、包虫病在动物中较为常见。况且动物也有可能患肝炎、肝硬化、肝癌等疾病。由此可见，动物肝脏存在许多不安全因素。

二、河鲀

河鲀又名鲀，属暖水性海洋底栖鱼类，是无鳞鱼的一种，全球有 200 多种，我国有 70 多种，其中东方鲀分布较为广泛。它主要生活于海水中，但在清明节前后多由海中逆流至入海口的河中产卵。河鲀肉味鲜美诱人，但含有剧毒物质，可引起世界上最严重的动物性食物中毒。国内河鲀中毒多由弓斑东方鲀、铅点东方鲀、豹纹东方鲀和条纹东方鲀而引起。河鲀一般都含有河鲀毒素，其含量多少因品种、存在部位、性别、季节及生活水域等因素的不同而各有差异。雄鱼组织的毒素含量低于雌鱼。河鲀的肝、肾、脾、卵巢、卵子、睾丸、鳃、皮肤、血液和眼睛都含有河鲀毒素，但在不同器官中的分布不一致，其中以卵巢的毒性最强，肝脏次之。一般新鲜洗净的肌肉不含毒素，但如死后较久，毒素可由内脏渗入肌肉中。有的河鲀品种在肌肉中也具弱毒。每年春季 2～5 月为河鲀产卵期，此时含河鲀毒素最多，卵巢及肝脏的毒性最强，6～7 月产卵后毒性可减弱一半，故春季食用河鲀易发生中毒。

河鲀毒素（tetrodotoxin，TTX）是一种毒性强烈的、低分子量、高活性的非蛋白质类神经毒素；属生物碱类；呈无色棱柱状结晶体；难溶于水，易溶于食醋；在碱性溶液中易分解；对热稳定，100℃ 7h、120℃ 60min、220℃ 10min 的加热才能被破坏；盐腌或日晒、烧煮等方法都不能去毒。但在 pH3 以下和 pH7 以上不稳定。用 4% 的氢氧化钠溶液处理 20min 或 2% 的碳酸钠溶液浸泡 24h 可变成无毒。

河鲀毒素主要作用于神经系统，抑制神经细胞对 Na^+ 的通透性，具有高度的专一性作用，在很低浓度下能选择性地抑制 Na^+ 通过神经细胞膜，而阻断神经与肌肉间的传导，使神经末梢和神经中枢发生麻痹。中毒者感觉神经麻痹，其次为各随意肌的运动神经末梢神经麻痹，使机体不能运动。毒素量增大时则迷走神经麻痹，呼吸减少，脉搏迟缓，严重时体温及血压下降，最后发生血管运动神经或横膈肌及呼吸神经中枢麻痹，引起呼吸停止，迅速死亡。毒素不侵犯心脏，呼吸停止后心脏仍能维持相当时间的搏动。毒素还直接作用于胃肠道，引起局部刺激症状，如恶心、呕吐、腹泻和上腹疼痛。由于毒素极易被胃肠道与口腔黏膜吸收，故重症患者可于发病后 30min 内死亡。0.5mg 的河鲀毒素就可以毒死一个体重 70kg 的人。对人经口的致死量为 7μg/kg。

河鲀中毒的原因有未能识别河鲀而误食。也有少数国家，如日本居民因喜食河鲀肉的鲜美，且又未将其毒素去干净，食入后中毒死亡。此外在我国一些沿海地区曾发生因食用麦螺而引起河鲀毒素中毒的事件。由于河鲀产卵时需硬物磨破肚皮，如此，卵子和毒液一起破口而出。而麦螺是一种海洋生物，可吸吞河鲀毒液和软体鱼子。因而人们在食用麦螺的同时，亦摄入了河鲀毒素。故在河鲀产卵繁殖季节不能食用麦螺。

三、高组胺含量鱼类

组胺（histamine）是组胺酸的分解产物，当人类食用含有一定数量组胺的某些鱼类时，可能会引起类过敏性食物中毒。食用含高组胺鱼类中毒事件，国内外均有报道。中毒的发生主要是由于某些鱼类在不新鲜或腐败变质的情况下，产生一定量的组胺及腐败类物质，同时也与个人体质的过敏性有关，所以食用含高组胺的鱼类中毒被认为是一种过敏性食物中毒。中毒因素除组胺外，腐败胺类（三甲胺及其氧化物）等类组胺物质也可与组胺起协同作用，使毒性增强。此外，不只是过敏性体质的人容易发生中毒，非过敏性体质的人食用后也同样可以发生中毒。

当鱼体不新鲜或腐败时，污染于鱼体的细菌如组胺无色杆菌，特别是摩氏摩根变形菌所产生的脱羧酶，就使组胺酸脱羧形成组胺。温度在 15～37℃，pH 值为 6.0～6.2 的弱酸性，盐分含量 3%～5% 的条件下，最适于组胺酸分解形成组胺。组胺耐热，即使食用前将鱼烹煮、制罐和其他热处理均不能破坏。组胺所致人体中毒是由于组胺可以刺激心血管系统和神经系统，促使毛细血管扩张充血和支气管收缩而导致的一系列临床症状。一般认为当机体摄入的组胺量超过 100mg 时，即有引起中毒的可能性。组胺中毒特点为发病快、症状轻、恢复快。潜伏期一般为数分钟至数小时，主要表现为面部、胸部及全身潮红、刺痛灼烧感，眼结膜充血，并伴有头痛、头晕、心动加速、胸闷、呼吸急速、血压下降，有时可有荨麻疹、咽喉灼烧感，个别出现哮喘，一般体温正常，多在 1～2d 恢复健康。预后良好，未见死亡。

组胺是氨基酸的分解产物，因此组胺的产生与鱼类所含的组胺酸的多少有直接关系。一般海产鱼类中的青皮红肉鱼，如鲐鱼、沙丁鱼、秋刀鱼、竹荚鱼、金枪鱼肌肉中含血红蛋白比较多，因此组胺酸含量也较高。当受到富含组胺酸脱羧酶的细菌的污染，并在适宜的环境条件下，肌肉中的组胺酸即被脱羧而产生组胺。按照我国食品卫生标准规定，鲐鱼组胺最大允许量为 100mg/kg，其他鱼类为 30mg/kg。

四、蛤贝

贝类是动物界中的海洋软体动物，种类很多，至今已记载的约有十几万种。导致中毒的常见贝类有蛤类、螺类、蚌类、扇贝、牡蛎等。根据各种贝类毒素对人体产生的不同症状的中毒机制，将其分为以下四种：麻痹性贝类毒素（paralytic shellfish poisoning，PSP）、腹泻性贝类毒素（diarrhetic shellfish poisoning，DSP）、神经性贝类毒素（neurotoxic shellfish poisoning，NSP）及失忆性贝类毒素（amnesic shellfish poisoning，ASP）。其中最常见毒素是麻痹性贝类毒素、腹泻性贝类毒素和神经性贝类毒素。

（一）麻痹性贝类毒素（PSP）

早在几百年前人们就已经知道食用某些贝类后可引起急性中毒。麻痹性贝类毒素是海洋贝类毒素中比较常见的一种，中毒严重者可能危及生命。因此尽管贝毒种类中还有神经性贝毒、腹泻性贝毒及失忆性贝毒，但麻痹性贝毒被认为是比较普遍以及对人体健康威胁最大的一种贝毒，从而最受重视。

麻痹性贝毒是一类四氢嘌呤的衍生物（图 1-1）。现在已经发现的毒素有 20 多种，根据 R^4 基团的不同分为（表 1-2）：氨基甲酸酯类毒素（carbamate toxins），包括石房蛤毒素（STX），新石房蛤毒素（neoSTX），膝沟藻毒素 1～4（GTX1～4）；*N*-磺酰氨甲酰基类毒素（*N*-sulfocarbamoyl toxins），包括 B1～2，C1～4；脱氨甲酰基类毒素（decarbamoyl toxins），包括 dcSTX，dcneoSTX，dcGTX1～4；脱氧脱氨甲酰基类毒素（deoxydecarbamoyl toxins），包括 doSTX，doGTX2，doGTX3；最近又在一种蟹 *Zosimus aeneus* 中检出了石房蛤毒素和新石房蛤毒素的 *N*-羟基衍生物（*N*-hydroxycarbamoyl derivatives）hySTX 和 hyneoSTX，可能是一类新的麻痹性贝类毒素。

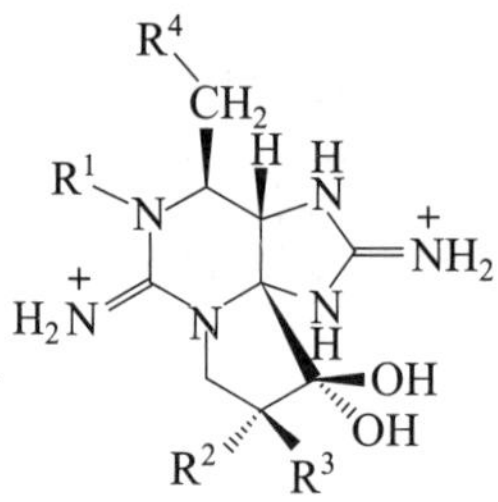

图 1-1　麻痹性贝毒的分子结构式

表 1-2　麻痹性贝类毒素的种类与名称

R^1	R^2	R^3	R^4				
			$COONH_2$	$COONHS_3^-$	OH	COONHOH	H
H	H	H	STX	GTX5（B1）	dcSTX	hySTX	doSTX
OH	H	H	neoSTX	GTX6（B2）	dcneoSTX	hyneoSTX	—
OH	OSO_3^-	H	GTX1	C3	dcGTX1	—	—
H	OSO_3^-	H	GTX2	C1	dcGTX2	—	doGTX2
H	H	OSO_3^-	GTX3	C2	dcGTX3	—	doGTX3
OH	N	OSO_3^-	GTX4	C4	dcGTX4	—	—

在麻痹性贝类中毒中，蛤类中的石房蛤毒素是造成该类中毒的最主要来源。石房蛤毒素又名甲藻毒素，主要存在于石房蛤（*Saxidomus nuttali*）、文蛤（*Meretrix meretrix*）等蛤类中，以及扁足蟹（*Platypodia granuiosa*）、蝉蟹（*Emerita analoga*）等海蟹中，是一种分子量较小的非蛋白质类神经毒素。该毒素呈白色，可溶于水，易被胃肠道吸收；对热非常稳定，一般烹调中不易完全破坏；80℃加热 1h 毒性无变化；100℃加热 30min 毒性减少一半；在蛤类中于 121.1℃下的 *D* 值为 71.4min；如果 pH 值升高会迅速分解，但对酸稳定。据报道，在 pH 值 3 的条件下煮沸 3～4h 可破坏此毒素。

石房蛤毒素属于麻痹神经毒，为强神经阻断剂，即能阻断神经和肌肉间的神经冲动的传导，其作用机理与河鲀毒素相似。其中毒症状是从嘴唇周围发生轻微刺痛和麻木发展到全身麻痹，并由于呼吸障碍而致死。其潜伏期短，仅几分钟至20min，最长不超过4h。症状初期为唇、舌、指间麻木，运动失调，伴有头晕、恶心、胸闷乏力，重症者则昏迷，呼吸困难，最终因呼吸衰竭窒息而死亡。病死率为5%～18%。如果24h免于死亡者，则预后良好。典型的症状可以帮助判断中毒程度：轻度、中度或者重度。轻度：嘴唇周围有麻木感和刺痛感，逐渐扩展到面部和颈部，手指尖有交织的针刺感觉，可有头痛、晕眩和恶心。中度：说话语无伦次，刺痛的感觉发展到手臂和腿，四肢强直和机体失调，全身衰弱和晕眩，轻度呼吸困难，脉搏加快。重度：肌肉麻痹，明显呼吸困难，窒息感，在没有呼吸机护理的情况下死亡的可能性很大。人对PSP的敏感性是很不相同的，使人致死的PSP剂量从500～1000μg不等，但有报道达到12400μg死亡的病例。与河鲀毒素相比，在相同程度肌肉麻痹的情况下，通常石房蛤毒素所诱发的低血压程度较轻，而且时间也较短，无论是把石房蛤毒素直接注入脑室还是通过静脉给药，已观察到石房蛤毒素对血管运动中枢和呼吸中枢二者都有抑制作用。石房蛤毒素毒性很强，对一般成年人经口的致死量为0.54～0.90mg/kg（以体重计）。

某些本身可以食用的贝类，在摄入了含有神经毒的膝沟藻科的藻类，毒素即可以结合状态大量富集和积蓄，贝类本身不中毒，但当人们食入此种贝肉后，毒素迅速从贝肉中释放出来，呈现毒素作用。贝类所含有的石房蛤毒素的多少取决于海水中的膝沟藻类的数量。

贝类中毒的发生往往与水域中藻类的大量繁殖、集结所形成的“赤潮”有关，此时每毫升海水中所含的藻类数量可达2万个，甚至“赤潮”期间在海滨散步的人吸收一点水滴也可以引起中毒。即使不在“赤潮”发生期，贝类也可能含毒，将之转移至清水域需一个月以上才能脱毒。

（二）腹泻性贝类毒素（DSP）

1976年，在日本宫城县发生了食用紫贻贝（*Mytilus galloprovincialis*）引起的以腹泻为主要症状的集体食物中毒事件。当时，从该贝的中肠腺内检出了能杀死小白鼠的脂溶性毒素，为了将这种毒素与其他毒素相区别，称为腹泻性贝类毒素。近年来，DSP所引起的食物中毒事件在世界各地不断有报道，DSP在海洋生物毒素中，尤其是在贝类毒素中毒中占据越来越重要的地位。DSP已成为影响贝类养殖业和食品安全的一个严重问题。

DSP的中毒临床症状以腹泻为主，其综合症状特点是腹泻、恶心、呕吐，有人分析了1976年到1982年间日本确诊的1300例DSP中毒患者，症状的出现率为：腹泻92%、恶心80%、呕吐79%、腹部疼痛53%、寒战10%。从摄入有毒贝类到发病，最短的时间是30min，长的要几小时，但很少有超过12h的。大约70%的病人在4h内出现症状。病程可持续3d，一般很少留下后遗症。

腹泻性贝类毒素是一类聚醚类或大环内酯类化合物，它们都由彼此相连的环醚组成，其化学结构如图1-2所示。根据这些成分的碳骨架结构，一般将它们分成3组。

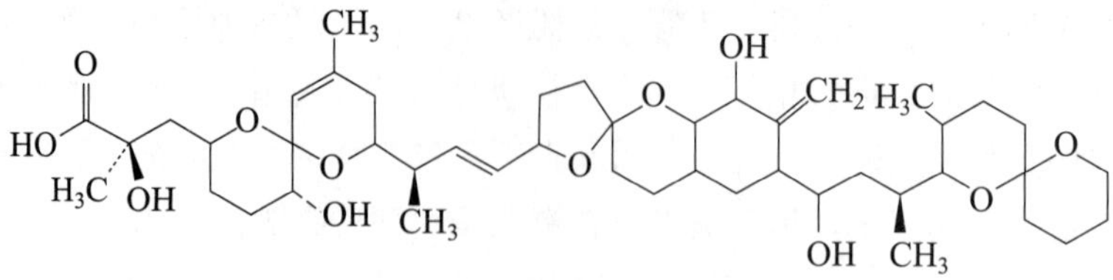

OA的结构式

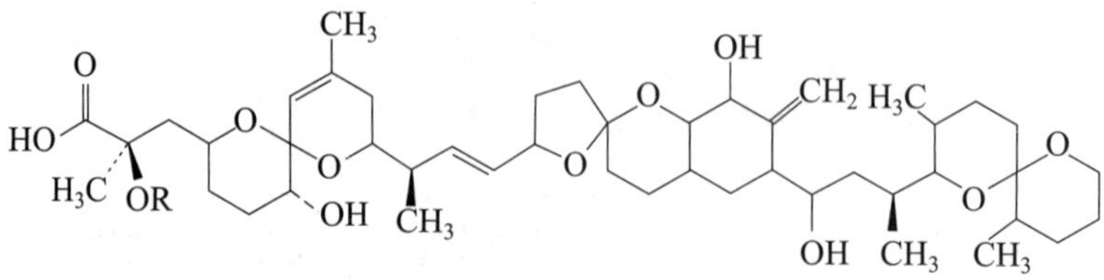

DTX	R
DTX1	H
DTX3	Ac

DTX1和DTX3的结构式

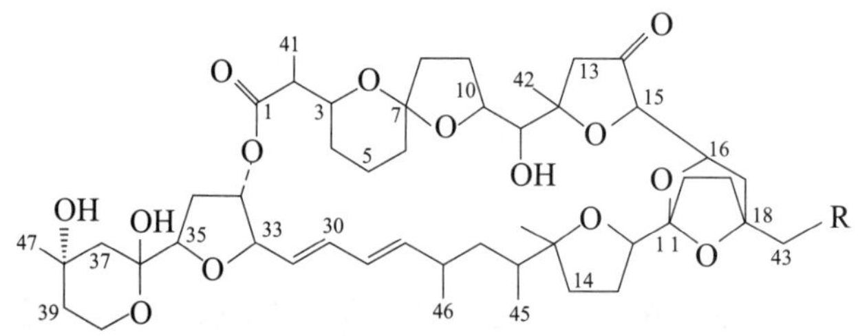

PTX1: R=CH_2OH; C-7, *R*　　PTX2: R=CH_3; C-7, *R*　　PTX3: R=CHO; C-7, *R*

PTX4: R=CH_2OH; C-7, *S*　　PTX6: R=COOH; C-7, *R*　　PTX7: R=COOH; C-7, *S*

PTX-2SA: C-7, *R*　　7-*epl*-PTX-2SA: C-7, *S*

PTX的结构式

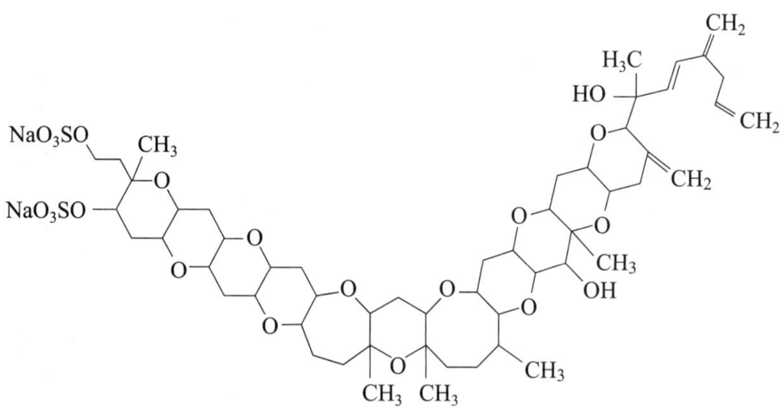

YTX的结构式

图1-2　腹泻性贝类毒素的结构式

① 酸性成分的大田软海绵酸（okadaic acid，OA）及其天然衍生物鳍藻毒素（DTX1，DTX3）。

② 中性成分的聚醚内酯——扇贝毒素（pectenotoxins，PTXs）（PTX1～7）。

③ 其他成分的贝类毒素——虾夷扇贝毒素（yessotoxins，YTX）及衍生物 4,5-OH YTX。

造成 DSP 中毒的原因与麻痹性贝类毒素导致的中毒原因具有类似之处。也是因为某些可以食用的贝类，在摄入了某些有毒的藻类后，本身不发生中毒，而当人们食用时，毒素迅速从贝肉中释放出来，从而造成了人类的中毒。DSP 中毒已经在世界上几个地区有过报道，包括欧洲和南美洲等。在欧洲发生这类中毒的事件较少。然而在日本报道的中毒病例已经超过 1300 例，倒卵形鳍藻（*Dinophysis fortii*）和渐尖鳍藻（*D. acuminata*）是 DSP 的产生者。根据智利的流行病学资料，怀疑急尖鳍藻（*D. acura*）也可能与智利的一次 DSP 中毒事件有关。DSP 毒素中的一种成分大田海绵酸，已经证实存在于一种海底涡鞭藻中。鳍藻属的各品种是广泛分布的，在日本，对贝类起毒化作用，产 DSP 的是倒卵形鳍藻；在欧洲大西洋沿岸的重要种类为渐尖鳍藻；而在中国，倒卵形鳍藻与渐尖鳍藻均有分布。

贝类被 DSP 毒化也与当地的海洋污染有关，与赤潮关系密切，发生赤潮期间，倒卵形鳍藻与渐尖鳍藻内的 DSP 含量明显增加。近期发现，即使未发生赤潮，倒卵形鳍藻在海水中仅为 200 个 /L 低密度时，贻贝和扇贝的 DSP 含量也会超过限定值，影响人体的健康。在日本，贝类的毒化时间一般在 4～8 月份，高峰通常在 6～7 月份，10 月份以后毒素含量逐渐消失。故在日本，DSP 的中毒主要发生在夏季，挪威、瑞典发生在秋季。可被 DSP 毒化的贝类是双贝壳类，主要是扇贝、贻贝、杂色蛤、文蛤、牡蛎等。扇贝及紫贻贝与其他双生贝壳相比较可长期含毒。

（三）神经性贝类毒素（NSP）

1981 年 Lin 等报道从短裸甲藻中分离得到短裸甲藻毒素（brevetoxin，BTX），后又将该毒素分为 BTX-A、BTX-B 和 BTX-C 三种（又名 PbTX-1、PbTX-2、PbTX-3），并确定其中主要毒素 BTX-B 的结构式。目前从短裸甲藻细胞提取液中分离出的神经性贝毒共计 13 种，其中 11 种成分结构已经确定，按各成分的碳骨架结构划分为 3 种类型：由 11 个稠合醚环组成的梯形结构，包括短裸甲藻毒素 -2、短裸甲藻毒素 -3、短裸甲藻毒素 -5、短裸甲藻毒素 -6、短裸甲藻毒素 -8、短裸甲藻毒素 -9（简写为 PbTX-2、PbTX-3、PbTX-5、PbTX-6、PbTX-8、PbTX-9）；10 个稠合醚环组成的结构，包括短裸甲藻毒素 -1、短裸甲藻毒素 -7 和短裸甲藻毒素 -10（简写为 PbTX-1、PbTX-7、PbTX-10）；其他成分，包括 GB-4 和 PB-1。最近，在新西兰的绿壳贻贝中又分离出了一种新的短裸甲藻毒素（叫短裸甲藻毒素 B3，BTX-B3），其结构和生物活性与 BTX-B 极为相似，具有同源的可能性。BTX 的结构式如图 1-3 所示，NSP 均不含氮，具有高度脂溶性。神经性贝类毒素的性质可以参考麻痹性贝类毒素的性质。

人类接触短裸甲藻污染后的贝类后 30min～3h 便可引起 NSP 中毒症状，如腹痛、恶心、呕吐、腹泻，并伴随眩晕、肌肉骨骼疼痛、乏力等，这些中毒症状持续时间较短，并且依食用贝类的数量及其毒性有所差异。如果赤潮发生时，海岸有较大的风浪，机械运动造成短裸甲藻细胞外壳破裂，释放其细胞内的毒素进入周围的海水中，风浪则造成毒素气

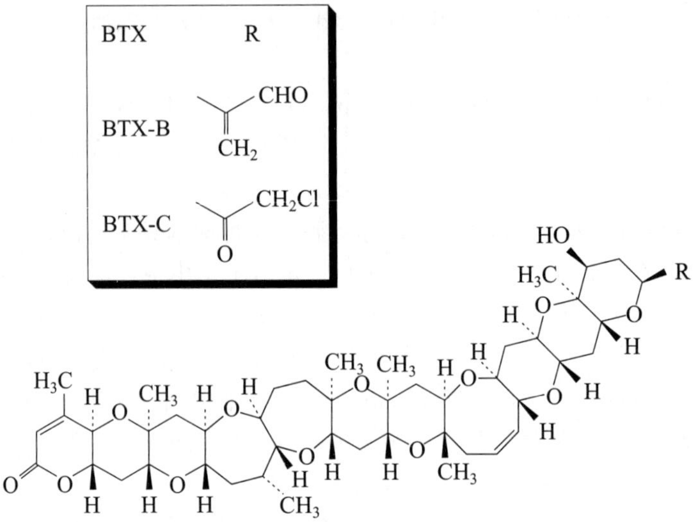

图 1-3　BTX 的结构式

溶胶在短距离内输送。因而，在海岸行走时会发生黏膜刺激、鼻溢、打喷嚏、咳嗽和呼吸失调等现象。短裸甲藻赤潮期间，在该水域游泳或做冲浪等运动的人都可能遭受眼睛和皮肤的刺激。如果这一毒素传播方式是短期的，则中毒症状很快消退；如果长期暴露在污染区域，则中毒症状会延长至数小时或几天。

神经性贝毒通过两种途径对人类产生危害：一种是人类通过食用受短裸甲藻污染的贝类引起的神经性中毒和消化道症状；另一种是由于人类呼吸或接触了含有短裸甲藻细胞或其代谢产物的海洋气溶胶颗粒所引发的呼吸道中毒和皮肤受刺激现象。

NSP 的发生也与海洋赤潮的形成有莫大的关联，首次发现短裸甲藻是产生神经性贝毒的主要原因时，人们已经在近 50 年的时间里观察了 42 次赤潮。国外对短裸甲藻赤潮的发生有过较多的记载。历史上最严重的赤潮发生在 1971 年夏秋季节的佛罗里达中西部沿岸水域，当时的短裸甲藻导致沿岸大约 155km^2 暗礁区的生物几乎全部灭亡，在水深 13～30m、离海岸 13～51km 的暗礁区，鱼类、海鸡冠、石珊瑚、软体动物、甲壳动物、多毛环节动物、被囊动物、海绵动物、棘皮动物和低息藻类死亡严重。短裸甲藻在细胞裂解、死亡时会释放出一组毒性较大的短裸甲藻毒素，高浓度的短裸神经甲藻毒素很容易造成鱼类的大批死亡。短裸甲藻赤潮发生在大陆架或陆架边缘，但是产生最大毒性效应的水域是近海水域。赤潮的发生与短裸甲藻细胞在海水中的密度、海水的局部循环等因素相关。目前对短裸甲藻赤潮的预报的研究还处于早期阶段，水中铁含量的异常升高，可以作为赤潮发生之前的标志。

（四）失忆性贝类毒素（ASP）

失忆性贝类毒素，又称遗忘性或健忘性贝毒。引起失忆性贝毒（ASP）的藻类有多列拟菱形藻（*Pseudo-nitzschia multiseries*）、假细纹拟菱形藻（*Pseudo-nitzschia Pseudodelicatissima*）。可在贝类、鱼类、蟹类体内积聚。这些藻类主要生长在美国、加拿大、新西兰等海域。在日本海域的微藻 *Chondria armata* 也可引起失忆性贝类毒素。

ASP 的主要毒素成分是软骨藻酸（图 1-4）[domoic acid，DA，2- 羧基 -4-（5- 羧基 -1- 甲基 -1,3- 己二烯基）-3- 吡咯啉乙酸] 及其同分异构体。最早是日本学者在研究藻类提取物的杀虫效果时从一种红藻中提取出来的，该毒素属氨基酸，称为红藻氨酸（kainoids acid，KA，2- 羧甲基 - 异丙烯基脯氨酸），DA 是与红藻氨酸相关的兴奋性氨基酸类物质。DA 为白色晶体或固体粉末，水溶性为 8mg/mL，微溶于甲醇（0.6mg/mL），可在 –4℃密闭保存，避免冻结。它是一种非蛋白氨基酸，表现酸性氨基酸的特征。

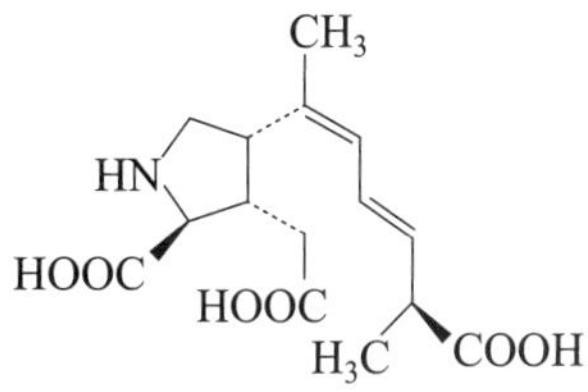

图 1-4　DA 的化学结构式

软骨藻酸为神经兴奋剂或神经刺激性毒素，阻碍脑部的神经传导。半致死量 LD_{50} 为 10μg/kg。人类因 DA 中毒的记录为 1987 年加拿大的贝毒事件，在食用受 DA 污染的海产品 24h 内观察到消化系统反应如恶心、呕吐、腹痛、胃部出血、腹泻、腹部痉挛等症状；48h 内至少可观察到以下神经中毒症状中的一种，如头晕目眩、混乱、虚弱、嗜睡、困倦、发抖、定向力障碍、持续性的短期记忆丧失，严重时导致昏迷或死亡；尚无反复暴露于低浓度 DA 中可能出现的不良后果的报道。海产品中的 DA 是通过消化道黏膜吸收的，但吸收率极低，小鼠试验中检测出 DA 转移到脑组织中的速率也较低，但最终可以到达中枢神经系统的周围组织。在血液系统中，DA 以亲水性分子的形式存在，并对所有的周围组织都有效。

KA 和 DA 均被认为是在形态上与谷氨酸有一致的结构，并且在脑组织和中枢神经系统中作为谷氨酸的拮抗剂，但 DA 的作用要比 KA 的潜在作用强出许多倍。DA 与谷氨酸受体紧密连接，始终存在于中枢神经系统中。病变组织的研究结果显示对脑部海马区的神经产生损伤。一旦 DA 到达中枢神经系统，可通过局部栓塞破坏血脑屏障。DA 比 KA 的潜在神经兴奋功能强 2～3 倍，比谷氨酸强 100 倍。在贻贝中通常是 DA 与其他神经毒素氨基酸共同起作用。

DA 的毒性作用机理被认为是在线粒体水平上进行的，氧化磷酸化的解偶联作用降低了膜的通透性，引起细胞的膨胀并最终导致细胞的裂解。除神经毒素和胃毒素的作用外，DA 在脑部引起 *c-fos* 基因（一种失忆基因）的大量表达，在脑部的作用区域主要为脑干和边缘系统，其影响表现为呕吐和记忆丧失。

五、有毒蜂蜜

蜂蜜的质量和香味等都与蜜源有关。一般蜂蜜对人有益无害，但当蜜源植物有毒时蜂蜜也会因而含毒。在我国福建、云南、湖南等均有报道。其有毒蜜源来自含生物碱的有毒植物，常见的为雷公藤属植物、钩藤属植物等。国外亦有报道有毒蜜源植物为山踯躅、附子、木花等。蜂蜜中毒多在食后 1～2d 出现症状，轻症患者仅有口干、口苦、唇舌发麻、头晕及胃肠炎症状。中毒严重者有肝损伤（肝肿大、肝功能异常）、肾损害（尿频或少尿、管型、蛋白尿等）、心率减慢、心律失常等症状，可因循环中枢和呼吸中枢麻痹而死亡。以有毒蜜源酿成之蜂蜜，一般色泽较深，呈棕色糖浆状，有苦味。

六、螺类

螺类已知有 8 万多种，其中少数种类含有有毒物质，如节棘骨螺（*Murex trircmis*）、蛎敌荔枝螺（*Purpua gradtata*）和红带织纹螺（*Nassarius succinctus*）等。其有毒部位分别在螺的肝脏或腮下腺、唾液腺、肉和卵内。人类误食或食用过量可以引起中毒。根据引起中毒的症状的不同，毒螺有两种类型：麻痹型和皮炎型。麻痹型的毒螺含有影响神经的毒素，它们或是兴奋颈动脉窦的受体，刺激呼吸和兴奋交感神经带，阻碍神经肌肉的传导作用；或是阻断神经冲动传导，使人发生麻痹型中毒。人食用皮炎型毒螺后，经日光照射，人的面部、颈部、四肢等部位的皮肤出现潮红、浮肿，随即呈红斑和荨麻疹症状。骨螺毒素、荔枝螺毒素、织纹螺毒素均属于非蛋白质类麻痹型神经毒素，易溶于水，耐热耐酸，且不被消化酶分解破坏。

七、海兔

海兔又名海珠，以各种海藻为食，是一种生活在海水中的贝类，但贝壳已退化为一层薄而透明的角质壳。头部有触角两对，短的一对为触觉器官，长的一对为嗅觉器官，爬行时向前和两侧伸展，恰似兔子的两只耳朵，故称为海兔。其种类较多，较常见的种类有蓝斑背盖海兔（*Notarchus leachiicirrosus*）和黑指纹海兔（*Aplysia dactylomela*），为我国东南沿海人民所喜食，还可入药。海兔体内毒腺（蛋白腺）能分泌一种略带酸性、气味难闻的乳状液体，其中含有一种芳香异环溴化物的毒素，是御敌的化学武器。此外，在海兔皮肤组织中含有一种挥发油，对神经系统有麻痹作用。故误食其有毒部位，或皮肤有伤口接触海兔时均有可能引起中毒。食用海兔肉中毒者有头晕、呕吐、双目失明等症状，严重者有生命危险。

八、含肉毒鱼毒素鱼类

在加勒比海和大部分太平洋中，一些鲨鱼、梭鱼、鲈鱼、鹦鹉鱼、鲶鱼、八目鱼、龟和鳖，特别是红色的甲鱼等海产鱼可引起肉毒鱼毒素中毒。这些鱼类的肉毒鱼毒素是由浮游生物中的有毒藻类产生的，即通过食物链（有毒藻类→小鱼→大鱼）间接摄入并蓄积于鱼体内。此种毒素在鱼体内以脂溶性化合物的形式存在，主要存在于鱼的肝脏、生殖腺等内脏及肌肉中。目前，此种毒素的作用机理和对人的致死剂量尚不十分清楚。主要中毒症状为：初期感觉口渴、唇舌和手指发麻，并伴有恶心、呕吐、头痛、腹痛、肌肉痛和肌无力等症状，身体虚弱者发展到不能行走，几周后可恢复。但在极少情况下可致死。其死亡原因较复杂，病人大多死于心脏衰竭。藻类毒素将在本章第四节中予以单独讨论。

九、动物甲状腺和肾上腺

动物甲状腺中毒一般皆为牲畜屠宰时未摘除甲状腺而使其混在喉颈等部位碎肉中被人

误食所致。甲状腺的有毒物质为甲状腺素，其毒理作用是使组织细胞的氧化率突然提高，分解代谢加速，产热量增加，并扰乱机体正常的分泌活动，使各系统、器官间的平衡失调。误食甲状腺导致中毒的潜伏期为1～10d，一般多在食后12～36h出现症状，如头晕、头痛、烦躁、乏力、抽搐、震颤、脱皮、脱发、心悸、多汗等，同时发生恶心、呕吐、腹泻和便秘等胃肠道症状。也可导致慢性病复发和孕妇流产等。病程短者仅3～5d，长者可达数月。有些人较长期遗患头晕、头痛、无力、脉快等症状的疾病。由于甲状腺耐高温，在600℃以上的高温才可以将其破坏，而一般烧煮方法不能使之无害化。

家畜的肾上腺是小椭圆形器官，位于腰部，左右各一，分别跨在肾脏两侧上端，俗称“小腰子”。在屠宰家畜时，由于未摘除肾上腺而被人误食，引起中毒。根据对人体生理功能的影响，肾上腺皮质激素可以分为糖皮质激素和盐皮质激素。人若食用肾上腺皮质激素而导致中毒后，其潜伏期一般较短，食后15～30min发病，主要表现为恶心、呕吐、头晕和头痛，心窝部位疼痛，血压急剧升高，四肢和口舌发麻，肌肉震颤；严重患者面色惨白，血压高，心动过速；冠心病患者可因此而诱发中风、心绞痛、心肌梗死等，危及生命。

十、鱼胆

鱼胆的胆汁中含胆汁毒素，此毒素不能被热和乙醇所破坏，能严重损伤人体的肝、肾，使肝脏变性、坏死，肾脏肾小管受损、集合管阻塞、肾小球滤过减少，尿液排出受阻，在短时间内即导致肝、肾功能衰竭，也能损伤脑细胞和心肌。据资料报道，服用鱼重0.5kg左右的鱼胆4～5个就能引起不同程度的中毒；服用鱼重2.5kg以上的青鱼胆1个，就有中毒致死的危险。鱼胆中毒一般在服用后5～12h出现症状。初期恶心、呕吐、腹痛、腹泻，随之出现黄疸、肝肿大、肝功能变化；尿少或无尿，肾功能衰竭。中毒严重者死亡。

第三节　蕈类毒素

大多蘑菇属担子菌纲，但也有属子囊菌纲的，现已知约有14000种。毒蘑菇又称毒蕈，我国目前已鉴定的蘑菇有4000多种，其中有毒蘑菇509种，含有剧毒的有40余种。在我国每年均有毒蘑菇引起的重大中毒事件。

蕈类毒素的致病类型

由于生长条件不同，不同地区发现毒蘑菇的种类也不同，且大小形状不一，所含的毒素亦不一样。毒蘑菇的有毒成分十分复杂，一种毒蘑菇可以含有几种毒素，而一种毒素又可以存在于多种毒蘑菇之中。毒蘑菇含有的毒素成分尚不完全清楚。

一、肠胃毒素

肠胃毒素指存在于毒蘑菇中的主要引起肠胃炎症状的毒素，主要为一些树脂类、甲酚类化合物，但有关毒素的详细情况还不十分清楚，有待进一步研究。含有肠胃毒素的毒蘑菇很多，引起中毒症状轻重不一。常见的有粉褶菌属中的毒粉褶菌（*Rhodophyllus sinuatus*）、褐盖粉褶菌（*R. rhodopolius*），红菇属中的毒红菇（*Russula emetica*）、臭黄菇（*R. foetens*），蜡伞属中的变黑蜡伞（*Hygrocyb conicus*），白蘑属中的虎斑菇（*Tabby rigrinum*），韧伞属中的簇生黄韧伞（*Naematoloma fasciculare*），毒伞属中的橙红毒伞（*Amanita bingensis*），乳菇属中的毛头乳菇（*Lactarius torminosus*）、红褐乳菇（*L. rufus*）、白乳菇（*L. piperatus*）、窝柄黄乳菇（*L. scrobiculatus*）、环纹苦乳菇（*L. insulsus*）等，伞菌属、牛肝蕈属、环柄伞属中的某些种类及月光菌（*Pleurtus japonicus*）、毒光盖伞（*Psilocybe venenata*）等。

二、神经、精神毒素

（一）毒蝇碱（muscarine）

毒蝇碱是一种生物碱，分子式为 $C_9H_{20}NO_2$，含毒蝇碱的毒蘑菇有毒伞属中的毒蝇伞（*Amanita muscaria*，又称捕蝇菌、毒蝇菌）、豹斑毒伞（*A. pantherina*，又称假芝麻菌、豹斑鹅膏），牛肝菌属的红网牛肝（*Boletus luridus*），丝盖伞属的发红锈伞（*Inocybe patauillardii*），杯伞属的白霜杯伞（*Clitocybe dealbata*）、毒杯伞（*C. cerussata*）、环带杯伞（*C. rivulosa*）及滑锈伞属的某些种类。这些毒蘑菇在我国南北方许多地区均生长。毒蝇碱具有拮抗阿托品的作用，其毒理作用似毛果芸香碱。毒蝇碱经消化道吸收后，作用于平滑肌和腺体细胞上的毒蝇碱受体，引起副交感神经系统兴奋，使血压下降，心率减慢，胃肠平滑肌的蠕动加快，引起呕吐和腹泻，能使汗腺、胰腺、唾液腺和泪腺及各种黏液、胆汁的分泌增多，致瞳孔缩小，还能引起子宫及膀胱收缩，致使气管壁收缩而出现呼吸困难。

（二）异噁唑（isoxazole）衍生物

毒蝇伞和豹斑毒伞等中毒时，能引起强烈的中枢神经症状，并非毒蝇碱所致，后来发现其主要毒素为作用于中枢神经系统的异噁唑衍生氨基酸，称为碏子树酸（ibotenic acid，鹅膏氨酸）及其脱羧产物毒蝇母（muscimol）。毒蝇碱与异噁唑衍生物之间有拮抗作用。纯品毒蝇母可引起精神错乱、幻觉和色觉紊乱。

（三）色胺化合物

这些物质与肾上腺素和 5- 羟色胺的结构有相似之处，具有多巴胺和 5- 羟色胺的某些活性。5- 羟色胺是主要的神经递质，脑内的 5- 羟色胺过多可出现幻觉。此类化合物主要包括蟾蜍素和光盖伞素。

1. 蟾蜍素（bufotenine）

为 5- 羟基 -*N*- 二甲基色胺的吲哚衍生物，存在于毒伞属中的柠檬黄伞（*A. citrina*）、褐云斑伞（*A. pophyria*）、毒蝇伞、豹斑毒伞等毒蘑菇中。主要作用是产生极明显的对色幻视。静脉注射 8mg，引起轻度头痛、皮肤潮红、出汗、恶心、气急、瞳孔散大、眼球震颤、幻觉和轻度呼吸障碍，数分钟至 1h 可恢复。

2. 光盖伞素（psilocybin）

分子式为 $C_{12}H_{17}O_4N_2P$，学名是邻 - 磷 - 酰基 -4- 羟基 -*N*- 二甲基色胺。在花褶伞属的花褶伞（*Panaeolus retirugis*）、钟形花褶伞（*P. campanulatus*）中含有光盖伞素。人服用光盖伞素 5～15mg，可产生明显的幻觉、听觉和味觉的错觉，还可以出现欣快与焦虑、淡漠与紧张相交替的情绪变化；此外，还引起瞳孔散大、心跳过速、血压和体温升高等交感神经兴奋的症状。一般食入裸盖菇属及花褶伞属蕈类 1～3g 干蘑菇即可引起中毒。

（四）致幻物质

裸伞属的橘黄裸伞（*Gymnopilus spectabilis*）含有不同于蟾蜍素和光盖伞素的致幻物质，食后出现手舞足蹈、狂笑、行动不稳定、幻觉、谵语、意识障碍等。我国黑龙江、福建、广西、云南等地均有橘黄裸伞生长。在牛肝蕈中也含有某些特殊的致幻物质，我国云南省曾报告一起牛肝蕈中毒事件，患者出现其特有的“小人国幻视症”，部分患者尚有迫害妄想，类似精神分裂症。

三、血液毒素

在某些毒蘑菇中含有能引起溶血作用的毒素。如鹿花蕈（*Gyromitra esculent*）中含有的鹿花蕈素（gyromitrin），系甲基联氨化合物，可水解形成甲基肼。它可使大量红细胞破坏，出现急性溶血如贫血、黄疸、血红蛋白尿、肝脾肿大等，近年来的研究发现还可能有致癌作用，此毒素具有挥发性，对碱不稳定，可溶于热水，烹调时如弃去汤汁可去除大部分毒素。

四、原浆毒素

原浆毒素存在于毒蘑菇中，有剧毒，可使体内大部分器官发生细胞变性，属原浆毒的一类毒素。以体重计，对人致死量约为 0.1mg/kg。含有此毒素的新鲜蘑菇 50g（相当于干蘑菇 5g）即可使成人致死，几乎无例外。原浆毒素主要有毒伞肽（amatoxins，鹅膏毒肽）和毒肽（phallotoxins，鬼笔毒肽）两大类。毒伞属的毒伞、白毒伞、鳞柄白毒伞、纹缘毒伞、片鳞托柄菇，环柄伞属的褐鳞小伞，盔孢伞属的秋生盔孢伞，包脚黑褐伞属的包脚黑褶伞等含有毒伞肽和毒肽。

毒伞肽包括 α- 毒伞肽（α-amanitin）、β- 毒伞肽（β-amanitin）、γ- 毒伞肽（γ-amanitin）、ε- 毒伞肽（ε-amanitin）、三羟毒伞肽（amanin）、二羟毒伞肽酰胺（amanullin）、三羟毒伞肽酰胺（amainamide）、二羟毒伞肽羧酸（ananullinicacid）、二羟毒伞肽酰胺（proamanullin）9 种。

毒肽又分为二羟毒肽（phalloidin）、一羟毒肽（phalloin）、三羟毒肽（phallisin）、一羟毒肽原（prophalloin）、羧基一羟毒肽（phallasaicin）、羧基二羟毒肽（phallacidin）、羧基三羟毒肽（phallisacin）7 种。

毒肽和毒伞肽类均属极毒，毒伞肽对小白鼠的致死量低于 0.1mg/kg（以体重计），毒肽对小鼠的致死量以体重计为 2mg/kg。其毒性稳定，耐高温、耐干燥，一般烹调不能破坏其毒性。这两类毒肽的分子量为 1000 左右，只含有几种氨基酸，其中有的氨基酸是一般蛋白质所没有的。毒肽与毒伞肽类能损伤心、肝、肾、脑等实质脏器，尤以肝、肾为主。但两者作用的部位、作用的速度、毒性等均不相同。毒肽类作用于肝细胞的内质网，作用快，大剂量在 1～2h 即可致死；毒伞肽类作用于肝细胞核，作用慢，即使大剂量时在 15h 内也不会致死，但毒性强，如 α- 毒伞肽的毒性比毒肽类的毒性强 10～20 倍。

第四节 藻类毒素

随着近海海域的富营养化日趋严重，藻类毒素所致海产品染毒进而危害人类健康已成为国外沿海地区食品卫生的研究热点。这些毒素引起人类中毒的途径是：以海洋微小藻类为食物源的鱼贝类，在食用藻类的同时蓄积了藻类所产的毒素，在毒素没被完全代谢排除前，人们食用鱼贝类即可引起中毒。此外，人工培养螺旋藻是目前生产螺旋藻类保健食品的主要方式，国内许多螺旋藻生产企业的藻浆是在开放环境下培养、收获的，如果有合适的水文条件也会导致有害藻类大量繁殖并产生有害毒素，进而污染螺旋藻食品。

下面介绍几种常见的藻类毒素。

一、甲藻类毒素

甲藻是具有两条鞭毛的单细胞生物，在特定的理化条件下，可发生爆发性生长繁殖，在水面上形成藻片或团块状的漂浮物，形成赤潮，导致大批鱼贝类和某些无脊椎动物中毒或窒息死亡。在众多属甲藻中，约 20% 能产生有毒物质。

雪卡毒素（ciguatoxin，CTX，又名西加毒素）的名字来源于雪卡鱼类，是 20 世纪 60 年代由夏威夷大学教授 Scgeuer 首次从毒鱼中发现的。该毒素曾从 400 多种鱼中分离得到过，但其真正来源是一种双鞭藻岗比毒甲藻（*Gambierdiscus toxicus*）。雪卡毒素是一类富集于珊瑚礁鱼体内的聚醚类化合物，由 13～14 个环组成。人类食用有毒珊瑚鱼可引发雪卡毒素中毒（ciguatera fish poisoning，CFP）。雪卡毒素毒性强，是已知的危害性较严重的海洋生物毒素之一，全球每年至少有 25000 人因食用海产品引起雪卡毒素中毒。

雪卡毒素中毒症状呈多样性，常见症状包括腹泻、呕吐、腹痛、温度感觉颠倒、肌痛、眩晕、焦虑、低血压和神经麻痹等，其中以温度感觉颠倒最具特征性，严重时症状可持续数月甚至数年，偶见死亡报道。CFP 主要流行于热带、亚热带的加勒比海、太平洋、大西洋和印度洋等海域。随着全球珊瑚鱼贸易的增加，CFP 不可避免成为一个全球现象，例如我国香港的 CFP 事件多由进口的南太平洋珊瑚礁有毒鱼引起。雪卡毒素前驱物为岗比毒素（gambiertoxin），由底栖小型甲藻岗比亚藻属（*Gambierdiscus* spp.）产生。岗比亚藻是单细胞藻类，主要营底栖附生，分布于热带、亚热带及温带水体。与开放水域能形成赤潮的甲藻不同，它们并不形成水面藻华，而是附着于大型藻或者硬质死亡珊瑚表面。

20 世纪 80 年代末，科研工作者确定了岗比亚藻体内岗比毒素 GTX-4B 和海鳝中对应雪卡毒素 P-CTX-1 的化学结构。之后陆续在岗比亚藻体内发现其他雪卡毒素前驱物及其同族化学物。岗比亚藻除产生脂溶性岗比毒素，还产生另一类水溶性毒素：刺尾鱼毒素（maitotoxin，MTX）、岗比酸（gambieric acid）和甘毕尔藻毒（gambierol），其中刺尾鱼毒素是目前发现的毒性最大的非蛋白质毒素。甘毕尔藻毒显示出与雪卡毒素相似的毒性，能使小鼠中毒（LD_{50} 50mg/kg），该物质的特点是具有聚醚结构，有着潜在的生理活性。由于岗比亚藻产生的水溶性毒素具有水溶性、低口服毒性的特点，一般认为它们不在鱼体内累积，因而对 CFP 事件影响甚微。岗比亚藻产生的岗比毒素经食物链传递、积累和代谢后，毒素极性增加，毒性逐渐增强。例如，当 GTX-4B 转化成 P-CTX-1 时，毒性增强 10 倍（Murata 等，1990）。与全球有毒有害藻华发展趋势一致，受环境因素和人类活动影响，雪卡毒素中毒事件亦在扩大。雪卡毒素产毒藻成为国际上底栖微藻领域的研究热点之一。

此外，如本章第二节所述，原属无毒的贝类会在不同的季节和海域被毒化，且大多数与“赤潮”有关。许多蛤贝毒素正是来源于甲藻类毒素。例如从甲藻类的浮游植物微藻（Phytoplanktonic *microalgae*）能产生一种海底细胞毒素聚醚（yessotoxin，YTX），属于腹泻性贝类毒素。Pateizia Ciminiello 等从南亚得甲亚海的蛤贝中分离出了一种新的 YTX，命名为 adriatoxin（ATX），它亦可引起腹泻性贝类中毒。海洋利马原甲藻（*Prorocentrum lima*）的次级分泌物大田软海绵酸（okadaic acid）是肿瘤促进剂。

二、蓝藻类毒素

能自身产生毒素的藻类中，蓝藻类是已知产生毒素最多的门类。蓝藻是由单细胞、多细胞或丝状藻组成的，具有核物质和色素，但无明显的核和原浆质，是一类古老的原核生物，能进行放氧光合作用。蓝藻分布广泛，适应力强，生长在各种水体或潮湿土壤、岩石、树干及树叶上。蓝藻主要分布于热带海洋，但多数种类生活在淡水中，是一种浮游藻。在夏、秋季，湖泊、水库、池塘等常会因一些蓝藻大量繁殖形成水华，有些水华藻种会释放毒素。根据世界卫生组织（WHO）的报道，全世界水华藻类中 59% 为有毒蓝藻。世界各地因蓝藻毒素引发鱼类、贝类、鸟类甚至人类死亡事件的报道屡见不鲜。澳大利亚也有饮用含蓝藻毒素的水而出现亚急性肝损伤的报道。在葡萄牙某城市的水被蓝藻污染的中毒事件中，许多中毒者出现了脑病症状。

水体中蓝藻毒素很多，主要包括作用于肝的肝毒素（hepatotoxins），作用于神经系统的神经毒素（neurotoxins）和位于蓝藻细胞壁外层的内毒素（endotoxins），一般把内毒素与脂多糖（lipopolysaccharides，LPS）视为同一物质。肝毒素包括微囊藻毒素（microcystin，MC）、节球藻毒素（nodularin）和柱孢藻毒素（cylindrospermopsin）。微囊藻毒素为环七肽，节球藻毒素为环五肽。神经毒素主要包括鱼腥藻毒素 -a（anatoxin-a）、鱼腥藻毒素 -a（s）[anatoxin-a（s）]、石房蛤毒素（saxitoxin）、新石房蛤毒素（neosaxitoxin）、膝沟藻毒素（gonyautoxin），其中后三者统称为麻痹性贝毒（paralytic shellfish poison，PSP）。鱼腥藻毒素 -a 为仲胺碱，鱼腥藻毒素 -a（s）为胍甲基磷脂酸，麻痹性贝毒为氨基甲酸酯类。

从不同种属蓝藻中至今已发现 20 多种蛤蚌毒素和至少 65 种环状七肽肝毒素。蓝藻神经毒素具致死性，但它们不像蓝藻肝毒素那样无处不在。神经毒素致死事件主要在北美有报道，而肝毒素危害的发生却是全球性的。在我国基本还没有蓝藻神经毒素的危害报道，但在江苏海门等地区，原发性肝癌的发病率却很高，经调查发现与微囊藻毒素的长期慢性暴露有关：饮用含有低水平微囊藻毒素的池塘水使人们死于肝癌的概率增多。

微囊藻毒素（microcystins，MC）主要由淡水藻的铜绿微囊藻（*Microcystis aeruginosa*）产生，此外其他种类的微囊藻，如绿色微囊藻（*M.viridis*）、惠氏微囊藻

（*M.wesenbergii*）以及鱼腥藻（*Anabaena*）、念珠藻（*Nostoc*）、颤藻（*Oscillatoria*）的一些种或株系也能产生这类毒素。MC 的一般结构为环（D- 丙氨酸 -L-X- 赤 -β- 甲基 -D- 异天冬氨酸 -L-*Z*-Adda-D- 异谷氨酸 -*N*- 甲基脱氢丙氨酸），其中 Adda（3- 氨基 -9- 甲氧基 -2,6,8- 三甲基 -10- 苯基 -4,6- 二烯酸）是 MC 生物活性表达所必需的结构。两个可变的 L- 氨基酸的更替及其他氨基酸的去甲基化，衍生出众多的毒素类型。目前所检测到的 MC 毒素异构体已达 65 种。其中 Microcystin-LR、Microcystin-RR、Microcystin-YR 毒性最强（L、R、Y 分别代表亮氨酸、精氨酸、色氨酸）。

MC 是细胞内毒素，在细胞内合成，细胞破裂后释放并表现出毒性。在生物体内，大部分 MC 不能被降解。MC 排泄较慢，在体内作用时间长。MC 作用的靶器官主要是肝脏，可导致肝细胞的损伤。在巨噬细胞中，MC 可引起肝炎症、肝损伤甚至肝坏死。MC 与原发性肝癌有密切关系。MC 还可能是“netpen liver disease”（NLD）肝病的原因。NLD 的特征是严重的肝坏死和肝巨幼红细胞症。

Zhang 等对饮用水受 MC 污染地区的 15998 位孕妇进行流行病学调查表明，MC 有明显的致畸作用，且随着摄入剂量的增加，畸胎的发生有增加的趋势。国内学者通过对肝癌高发地区水源的研究发现，MC 可能是饮水致癌的重要原因之一，长期饮用含藻类毒素水源的人群，肝癌、直肠癌的发病率明显高于其他人群。毒素在浮游动物和鱼类体内的残留富集和放大效应达到一定浓度时，会通过食物链对人体健康造成潜在的危害。人们直接接触含有毒素的水华，会引起皮肤和眼睛过敏、疲劳、发热以及肠胃炎等。

蓝藻毒素中毒事例

世界卫生组织发布的“Guideline for Drinking Water Quality”（2022 年，第 4 版）中推荐饮水中 MC 的暂行指导值为 1.0μg/L，暂定的可耐受的摄取量为 0.04μg/（kg・d）。加拿大健康组织规定饮水中可接受 MC-LR 含量为 0.5μg/L。澳大利亚建议 1.0μg/L 的含量为安全饮用水的上限。1996 年美国俄勒冈州卫生局和农业部制定了藻类制品的 MC 限量为 1.0μg/L，并对出售的藻类食品使用了该限量标准进行管理。我国 GB 5749—2022《生活饮用水卫生标准》中，饮用水中 MC-LR 含量限定为 1.0μg/L。

参考文献

[1] Benjamin D R. Mushrooms：poisons and panaceas，a handbook for naturalists，mycologists，and physicians[M]. New York：W. H. Freeman and Company，1995.

[2] Chinain M，Darius H T，Ung A，et al. Growth and toxin production in the ciguatera-causing dinoflagellate Gambierdiscus polynesiensis（Dinophyceae）in culture[J]. Toxicon，2010，56（5）：739-750.

[3] Friedman M A，Fleming L E，Fernandez M，et al. Ciguatera fish poisoning：treatment，prevention and management[J]. Mar Drugs，2008，6（3）：456-479.

[4] Hamilton B，Whittle N，Shaw G，et al. Human fatality associated with Pacific ciguatoxin contaminated fish[J]. Toxicon，2010，56（5）：668-673.

[5] Hui Y H，Gorham J R，Murrell K D，et al. Foodborne disease handbook[M]. New York：Marcel Dekker Inc，1994.

[6] Lewis R J. The changing face of ciguatera[J]. Toxicon，2001，39（1）：97-106.

[7] Lu S H，Hodgkiss I J. An unusual year for the occurrence of harmful algae[J]. Harmful Algal News，

1999，18：1-3.

[8] Murata M，Legrand A M，Ishibashi Y，et al. Structures and configurations of ciguatoxin from the moray eel Gymnothorax javanicus and its likely precursor from the dinoflagellate Gambierdiscus toxicus[J]. J Am Chem Soc，1990，112（11）：4380-4386.

[9] Prieto M A，López C J，Simal-Gandara J. Glucosinolates：molecular structure，breakdown，genetic，bioavailability，properties and healthy and adverse effects[J]. Adv Food Nutr Res，2019，90：305-350.

[10] Rechecigl M J. CRC handbook of naturally occurring food toxicants[M]. Boca Raton. Florida：CRC Press，Inc，1983.

[11] Satake M，Murata M，Yasumoto T. The structure of CTX3C，a ciguatoxin congener isolated from cultured Gambierdiscus toxicus[J]. Tetrahedron Letters，1993，34（12）：1975-1978.

[12] ZHANG YS YU. Promary prevention of hepatocellular carcinoma[J]. J Gastroenterol Hepatol，1995，10：674-682.

[13] 白新鹏 . 食品安全危害及控制措施 [M]. 北京：中国计量出版社，2010.

[14] 黄燕霞 . 蓖麻毒素诱导小鼠肺损伤修复及致炎机制初步研究 [D]. 北京：中国人民解放军军事医学科学院，2016.

[15] 焦成瑾 . 山黧豆毒素积累生理机制及相关合成酶研究 [D]. 兰州：兰州大学，2011.

[16] 刘秀梅，高鹤娟 . 食物中有害物质及其防治 [M]. 2 版 . 北京：化学工业出版社，2004.

[17] 农业大词典编辑委员会 . 农业大词典 [M]. 北京：中国农业出版社，1998.

[18] 史贤明 . 食品安全与卫生学 [M]. 北京：中国农业出版社，2003.

[19] 吴永宁 . 现代食品安全科学 [M]. 北京：化学工业出版社，2003.

[20] 谢明勇，陈绍军 . 食品安全导论 [M]. 北京：中国农业大学出版社，2009.

[21] 杨洁彬，王晶，王伯琴 . 食品安全性 [M]. 北京：中国轻工业出版社，1999.

[22] 杨维东，彭喜春，刘洁生，等 . 腹泻性贝毒研究现状 [J]. 海洋科学，2005，29（5）：66-72.

[23] 刘培海，高尧华，孙灿，等 . 贝类毒素检测方法研究进展及其国内外限量要求比较分析 [J]. 食品安全质量检测学报，2024，15（12）：1-9.

[24] 张黎光，李峻志，祁鹏，等 . 毒蕈鉴别及毒素检测研究进展 [J]. 中国食用菌，2014，33（2）：1-3.

[25] 李雅慧，董诗源，余超，等 . 保健食品微囊藻毒素污染的探讨 [J]. 中国食品卫生杂志，2007，19（5）：458-460.

[26] 宋杰军，毛庆武 . 海洋生物毒素学 [M]. 北京：北京科学技术出版社，1996，2.

[27] 徐海滨，陈艳，李芳，等 . 螺旋藻类保健食品生产原料及产品中微囊藻毒素污染现状调查 [J]. 卫生研究，2003，32（4）：339-343.

[28] （美）James M. Jay 编著 . 现代食品微生物学 [M]. 徐岩，张继民，汤丹剑译 . 北京：中国轻工业出版社，2001.

[29] 徐轶肖，江涛 . 雪卡毒素产毒藻（岗比亚藻）研究进展 [J]. 海洋与湖沼，2014，3：244-252.

[30] 殷晓丽，李婷婷，刘东亮，等 . 豆科凝集素研究进展 [J]. 中国生物工程杂志，2011，31（7）：133-139.

[31] 国家卫生和计划生育委员会，国家食品药品监督管理总局 . 食品安全国家标准　食品中真菌毒素限量：GB 2761—2017 [S]. 北京：中国标准出版社，2017.

[32] 国家标准化管理委员会，国家市场监督管理总局 . 生活饮用水卫生标准：GB 5749—2022 [S]. 北京：中国标准出版社，2022.

·第二章·

生物性污染危害

微生物、寄生虫及虫卵、昆虫、藻类毒素等都可造成食品的生物性污染。微生物污染主要有细菌与细菌毒素、霉菌与霉菌毒素、病毒等。当摄入含有被生物污染的食品便会引起食物中毒、病毒感染、食源性肠道传染病、食源性寄生虫病、人兽共患病等。根据世界卫生组织的定义“通过摄食进入人体的各种致病因子引起的、通常具有感染性质或中毒性质的任何疾病，统称为食源性疾病（foodborne disease）”。生物性污染是食源性疾病的重要原因之一。

食品的生物性污染往往导致食源性疾病的大规模暴发，对人类危害巨大。1994 年，美国发生了一起由污染的冰淇淋引起的沙门氏菌病暴发，估计影响 224000 人。据 WHO 的报告，仅 2005 年就有 180 万人死于以感染性腹泻为主的食源性疾病。2014 年 8 月 9 日，日本静冈市发生一起出血性大肠埃希菌 O157 集体食物中毒事件，感染原因为食用了路边小摊出售的被污染的冰镇黄瓜，发病者竟多达 400 余人。根据我国食源性疾病监测网显示，2010 年至 2022 年我国共报告食源性疾病暴发事件 46430 起，发病人数为 330870 人，死亡人数 1679 人，而毒蘑菇中毒和食源性致病菌是食源性疾病暴发的主要原因。消费者普遍认为农药残留、滥用兽药是最大的食品安全隐患，但实际上微生物引起的食源性疾病才是影响食品安全的主要因素，而且发病率还呈上升趋势。

第一节　细菌

由细菌引起的食源性疾病是最常见的一类食物中毒，主要致病细菌包括沙门氏菌、副溶血性弧菌、蜡样芽孢杆菌、金黄色葡萄球菌及其肠毒素、致泻性大肠埃希菌等。

细菌污染导致的常见食源性疾病

一、沙门氏菌

沙门氏菌（*Salmonella*），属于肠杆菌科，包括近 2300 个血清型。为革兰氏阴性杆菌，1～3μm 长，需氧或兼性厌氧，绝大部分具有周生鞭毛，能运动。可通过某种生化反应来鉴别分类，在生化反应中，一个重要的特征是产生硫化氢。与食品传染有关的细菌对人类和动物都能适应，致病性最强的是猪霍乱沙门氏菌（*Salmonella cholerae*），其次是鼠伤寒沙门氏菌（*Salmonella typhimurium*）和肠炎沙门氏菌（*Salmonella enteritidis*）。典型的菌种是肠炎沙门氏菌。

沙门氏菌属在外界的生命力较强，其生长繁殖的最适温度为 20～30℃，在普通水中虽不易繁殖，但可生存 2～3 周，在粪便中可生存 1～2 个月，在土壤中可过冬。水经氯化物处理 5min 可杀灭其中的沙门氏菌。相对而言，沙门氏菌属不耐热，55℃、1h 或 60℃、15～30min 即可被杀死。此外，由于沙门氏菌属不分解蛋白质，不产生靛基质，污染食物后无感官性状的明显变化，易被忽视而引起食物中毒。

沙门氏菌常寄生在人类和动物肠道中，是发达国家和发展中国家食源性疾病的重要致病菌之一。沙门氏菌可广泛分布于各种畜禽以及鸟类和鼠类的肠腔中，并在动物中广泛传播而感染人群，通过食物传播疾病，这正是世界范围内非伤寒沙门氏菌疾病高发的主要原因。食品的污染源可能来自被传染的啮齿类动物和昆虫。蟑螂和苍蝇通过接触传播沙门氏菌而不是通过传染和排泄物。使用下水道的污物作为肥料也可能导致传染的循环。另一个将沙门氏菌带入食物链的重要来源是动物性食品。可以传播沙门氏菌的食品种类极多，主要有猪肉、家禽、蛋和蛋制品、乳及乳制品。许多报道都证实了猪肉、香肠这类食品中含有沙门氏菌。此外，人们注意到从人体分离出的沙门氏菌的血清型与从家禽中分离出的沙门氏菌血清型相似，如鼠伤寒沙门氏菌、汤普森氏沙门氏菌、婴儿沙门氏菌、圣保罗沙门氏菌及海得尔堡沙门氏菌等菌种不断地从家禽中被分离出来，并排在从世界其他地区人体中分离出的前 10 种主要血清型中。值得注意的是，在烹调或蒸煮食品的过程中，带菌的人也是形成交叉污染的重要原因。

由于沙门氏菌来源众多，非常容易进入食物链。人们摄取了经传染的食物，通常导致食后 12～24h 出现恶心、头痛、呕吐、寒战及腹泻等症状。沙门氏菌病主要通过消化道传播，但也有病原菌形成气溶胶通过呼吸道感染的报道。感染症状主要有肠热症、慢性肠炎和败血症等。病情发展程度因食取的量及被感染人的敏感程度而不同。

二、致病性大肠埃希菌及其肠毒素

大肠埃希菌俗称大肠杆菌（*Escherichia coli*），是人类和动物肠道正常菌群的主要成员，每克粪便中约含有 10^9 个大肠埃希菌。大肠埃希菌为革兰氏阴性杆菌，多数菌株周生鞭毛，能发酵乳糖及多种糖类，产酸产气，在自然界生命力强，土壤、水中可存活数月，其繁殖的最小水分活度 a_w 为 0.935～0.960。大肠埃希菌的抗原结构较为复杂，包括菌体 O 抗原、鞭毛 H 抗原及被膜 K 抗原，K 抗原又分为 A、B、L 三类，致病性大肠埃希菌的 K 抗原主要为 B 类。大肠埃希菌随粪便排出后广泛分布于自然界，如果在肉类食品中检出大肠埃希菌，则表明这些食品直接或间接地被粪便污染，故在卫生学上大肠埃希菌常被作为卫生监督的指示菌。

正常情况下，大肠埃希菌不致病，分布在小肠的上部，能合成B族维生素和维生素K，产生大肠菌素，对机体有利。但是当机体抵抗力下降或大肠埃希菌侵入肠外组织或器官时，可作为条件性致病菌而引起肠道外感染，有些血清型可引起肠道感染。引起食物中毒的致病性大肠埃希菌的血清型主要有O157:H7、O111:B4、O55:B5、O26:B6、O86:B7、O124:B17等。这些致病性大肠埃希菌与正常的大肠埃希菌在形态上和普通生化反应上都没有区别，一般只能借助血清学方法来鉴别。

影响人类的菌株可以根据其是否产生肠毒素来划分。这两类型称作肠产毒素型或肠发病型。肠产毒素型的血清型有时表现为霍乱型，即幼儿腹泻或旅行者的腹泻。肠发病型的大肠埃希菌与结肠类有关或像志贺氏菌的大肠埃希菌腹泻。其产生的肠毒素又可分为两种：一种是耐热性肠毒素，它可经受100℃加热30min而不被完全破坏；另一种是不耐热肠毒素，它在60℃下加热10min即被破坏。菌体产生毒素的性能由一种核外染色体——质粒所控制。通过菌株间的质粒传递作用，可使原来不产肠毒素的大肠埃希菌获得产肠毒素的能力。

目前已知的致病性大肠埃希菌包括以下4型。

1. 肠产毒性大肠埃希菌（enterotaxigenic *E. coli*，ETEC）

是致婴幼儿和旅游者腹泻的病原菌，能从水中和食物中分离到。人类中ETEC主要的血清群为O6、O8、B15、O25、O27等。致病物质是不耐热肠毒素和耐热肠毒素。

2. 肠侵袭性大肠埃希菌（enteroinvasizae *E. coli*，EIEC）

较少见，主要侵犯少儿和成人，所致疾病很像细菌性痢疾，因此它又称志贺样大肠埃希菌。不同的是，EIEC不具有痢疾志贺菌Ⅰ型所具有的志贺毒素。

3. 肠致病性大肠埃希菌（enteropathogenic *E. coli*，EPEC）

是引起流行性婴儿腹泻的病原菌，主要是依靠流行病学资料确认的，最初在暴发性流行的病儿中分离到。EPEC不产生肠毒素，不具有K88、CFA Ⅰ样与致病性有关的菌毛，但能产生一种与痢疾志贺样大肠埃希菌类似的毒素，侵袭点是十二指肠、空肠和回肠上段，所致疾病很像细菌性痢疾，因此容易误诊。

4. 肠出血性大肠埃希菌（enterohemorrhagic *E. coli*，EHEC）

是1982年首次在美国发现的引起出血性肠炎的病原菌，主要血清型是O157:H7、O26:H11。EHEC不产生耐热或热敏肠毒素，不具有K88、K99、987P、CFA Ⅰ、CFA Ⅱ等黏附因子，不具有侵入细胞的能力，但可产生志贺样毒素，有极强的致病性，主要感染5岁以下儿童。临床特征是出血性结肠炎，剧烈的腹痛和便血，严重者出现溶血性尿毒症。

致病性大肠埃希菌食物中毒一般与人体摄入的菌量有关，通常摄食含10^8个活菌的食品可使人致病。当致病性大肠埃希菌进入人体消化道后，产毒性大肠埃希菌可在小肠内继续繁殖并产生肠毒素。肠毒素可以被吸附在小肠上皮细胞的细胞膜上，激活上皮细胞内腺苷酸环化酶的活性，产生过量的环式AMP，从而导致肠液分泌的增加，超过肠管的再吸收能力，出现腹泻，其病理变化与霍乱相似。

致病性大肠埃希菌的传染源是人和动物的粪便，传播途径主要是粪-口途径，以食源性传播为主，水源性和接触性传播也是重要的传播途径。易被该菌污染的食品主要有肉类、水产品、蔬菜及鲜乳等。这些食品经加热烹调，污染的致病性大肠埃希菌一般都能被杀死，但熟食在存放过程中仍有可能被再度污染。因此要注意熟食存放环境的卫生，尤其要避免熟食直接或间接地与生食品接触。对于各种凉拌食用的食品要充分洗净，并且最好不要大量食用，以免摄入过量的活菌而引起中毒。如餐饮从业人员个人卫生不当而带该菌，也可污染食品，甚至引起食品中毒。

三、单核细胞增生李斯特菌

单核细胞增生李斯特菌（*Listeria monocytogenes*）属于李斯特菌属（*Listeria*），是革兰氏阳性、短小的无芽孢的杆菌。单核细胞增生李斯特菌耐碱不耐酸，在pH9.6中仍能生长。耐盐，在10% NaCl溶液中可生长。耐冷不耐热，在5～45℃的温度范围内均可生长，而在5℃低温条件仍能生长则是李斯特菌的特征，故用冰箱冷藏食品不能抑制李斯特菌的繁殖，在冷藏食品中易检出。李斯特菌的最高生长温度为45℃，该菌经58～59℃、10min可杀死；在–20℃可存活1年；在4℃的20% NaCl中可存活8周。单核细胞增生李斯特菌能致病和产生毒素，并可以在血液琼脂上产生β-溶血素，这种溶血物质称为李斯特菌溶血素O。

中毒多发生在夏秋季节，原因主要是食用了未经煮熟、煮透的食品，冰箱内冷藏熟食品、乳制品取出后未经加热直接食用。李斯特菌引起食物中毒的临床表现有两种类型：侵袭型和腹泻型。侵袭型的潜伏期在2～6周。患者开始常有胃肠炎的症状，最明显的表现是败血症、脑膜炎、脑脊膜炎、发热，有时可引起心内膜炎。对于孕妇可导致流产、死胎或婴儿健康不良等后果，对于幸存的婴儿则以患脑膜炎导致智力缺陷或死亡。少数轻症病人仅有流感样表现。病死率高达20%～50%。腹泻患者的潜伏期为8～24h，主要症状为腹泻、腹痛、发热。

李斯特菌分布广泛，在土壤、人和动物的粪便、江河水、污水、蔬菜、青贮饲料及多种食品中可分离出该菌，并且它在土壤、污水、粪便、牛乳中存活的时间比沙门氏菌长。虽然该菌也存在于植物和蔬菜中，并可污染食品器具和冰箱等，但报道的病例多是因食用动物源性食品而发病，特别是畜禽的鲜、冻肉及肉制品。容易被污染并引起中毒的食品主要是乳及乳制品、肉制品、水产品和水果、蔬菜等。患者中毒后就医常需采用抗生素治疗。

四、肉毒梭状芽孢杆菌

肉毒梭状芽孢杆菌（*Clostridium botulinum*），简称肉毒梭菌，为革兰氏阳性、厌氧杆菌，在20～25℃可形成椭圆形的芽孢。当pH值低于4.5或大于9.0时，或当环境温度低于15℃或高于55℃时，肉毒梭菌芽孢不能繁殖，也不能产生毒素。食盐能抑制肉毒梭菌芽孢的形成和毒素的产生，但不能破坏已形成的毒素。提高食品中的酸度也能抑制肉毒梭菌的生长和毒素的形成。肉毒梭菌的芽孢抵抗力强，需经干热180℃、5～15min，或高压蒸汽121℃、30min，或湿热100℃、5h方可致死。肉毒梭菌食物中毒是由肉毒梭菌产生的毒素即肉毒毒素引起的。肉毒毒素是一种神经毒素，是目前已知的化学毒物和生物毒物中毒性最强的一种，对人的致死量为10^{-9}mg/kg（以体重计）。

肉毒梭菌中毒的临床表现以运动神经麻痹的症状为主，而胃肠道症状少见。潜伏期数小时至数天，潜伏期越短，病死率越高。临床表现特征为对称性脑神经受损的症状。早期表现为头痛、头晕、乏力、走路不稳，以后逐渐出现视力模糊、眼睑下垂、瞳孔散大等神经麻痹症状；重症患者则首先出现对光反射迟钝，逐渐发展为语言不清、吞咽困难、声音嘶哑等，严重时出现呼吸困难，呼吸衰竭而死亡。病死率为30%～70%，多发生在中毒后的4～8d。国内由于广泛采用多价抗肉毒毒素血清治疗本病，病死率已降至10%以下。病人经治疗可于4～10d后恢复，一般无后遗症。

肉毒梭菌广泛分布于自然界特别是土壤深处、江河湖海的淤泥及人畜粪便中，尤其是带菌土壤可污染各类食品原料，特别易于污染肉和肉制品。常被污染的食品有蔬菜、鱼类、豆类、乳类、肉类等；民间自制发酵豆制品如臭豆腐、豆酱、豆豉等；烧烤、涮等加热不彻底的肉类食品；以及腊肠、火腿、鱼及鱼制品和罐头食品。这些被污染的食品原料在家庭自制发酵和罐头食品的生产过程中，加热的温度或压力不足以杀死肉毒梭菌的芽孢，且为肉毒梭菌芽孢的萌发与产生毒素提供了条件，尤其是食品制成后，有不经加热而食用的习惯，更容易引起中毒。

五、葡萄球菌

葡萄球菌属微球菌科，为革兰氏阳性兼性厌氧菌。生长繁殖的最适pH值为7.4，最适生长温度为30～37℃，可以耐受较低的水分活度（a_w 0.86），因此能在10%～15% NaCl培养基或高糖浓度的食品中繁殖。葡萄球菌的抵抗能力较强，在干燥的环境中可生存数月。金黄色葡萄球菌（*Staphylococcus aureus*）是引起食物中毒的常见菌种，对热具有较强的抵抗力，70℃需1h方可灭活。50%以上的金黄色葡萄球菌可产生肠毒素，并且一个菌株能产生两种以上的肠毒素，能产生肠毒素的菌株凝固酶试验常呈阳性。多数金黄色葡萄球菌肠毒素能耐100℃、30min处理，并能抵抗胃肠道中蛋白酶的水解作用。因此，若破坏食物中存在的金黄色葡萄球菌毒素，需在100℃加热2h。

金黄色葡萄球菌食物中毒潜伏期短，一般为2～5h，极少超过6h。起病急骤，有恶心、呕吐、中上腹痛和腹泻，以呕吐最为显著。呕吐物可呈胆汁性，或含血及黏液。剧烈吐泻可导致虚脱、肌痉挛及严重失水等现象。体温大多正常或略高。一般在数小时至1～2d内迅速恢复。儿童对肠毒素比成人更为敏感，故其发病率较成人高，病情也较成人重。但病程较短，一般在1～3d痊愈，很少死亡。

葡萄球菌的分布非常广泛，在空气、土壤、饮用水、粪便、污水及食物中都可存在，主要来源于动物及人的鼻腔、咽喉、皮肤、头发及化脓性病灶，是引起创伤化脓和呼吸道感染的常见致病性球菌。金黄色葡萄球菌污染食品后，在适宜的条件下生长繁殖，产生肠毒素，而引起食用者发生食物中毒。引起中毒的食物种类很多，主要是乳及乳制品、蛋及蛋制品和各类熟肉制品，其次为含乳冷冻食品，有时为淀粉类食品。金黄色葡萄球菌产生的肠毒素非常耐热，煮沸1～1.5h仍保持其毒力，也不受胰蛋白酶影响。一般的烹调方法不能将其完全破坏，食用后易引起食物中毒。

肉和肉制品被金黄色葡萄球菌污染是一种潜在危害，因此，检验肉和肉制品中的金黄色葡萄球菌具有重要的卫生意义。从事畜禽宰割以及厨房加工分切的操作人员，应严格避免伤口感染；凡患有化脓性疾病及上呼吸道炎症的餐饮从业人员，应禁止从事直接食品加工和供应工作；带奶油的糕点及其他奶制品要低温保藏，冰箱内存放的食品要及时食用。

六、副溶血性弧菌

副溶血性弧菌（*Vibrio parahemolyticus*）是1950年日本大阪因有人食用沙丁鱼中毒而首次被发现的。该菌是一种海洋细菌，海水中可存活47d以上，淡水中可生存2d。革兰氏阴性菌，呈弧状、杆状、丝状等多种形态，无芽孢，主要存在于近岸海水底沉积物和鱼、贝类等海产品中。副溶血性弧菌能否被检出与海水的温度有关，只有温度上升到19～20℃时，该菌的数量才能达到可被检测出来的水平。副溶血性弧菌引起的食物中毒是我国沿海地区最常见的一种食物中毒。副溶血性弧菌在30～37℃、pH7.4～8.2、含盐3%～4%培养基上和食物中生长良好，无盐条件下不生长，故也称为嗜盐菌。该菌不耐热，56℃加热5min，或90℃加热1min，或1%食醋处理5min，均可将其杀灭。

副溶血性弧菌有13种耐热的菌体抗原即O抗原，可用于血清学鉴定。有7种不耐热的包膜抗原即K抗原，可用于辅助血清学鉴定。副溶血性弧菌可分成845个血清型，该菌的致病力可用神奈川（Kanagawa）试验来区分。副溶血性弧菌能使人或家兔的红细胞发生溶血，使血琼脂培养基上出现β溶血带，称为“神奈川试验”阳性。在所有副溶血性弧菌中，多数毒性菌株神奈川试验为阳性（K^+），多数非毒性菌株神奈川试验为阴性（K^-）。K^+菌株能产生一种耐热型直接溶血素，K^-菌株能产生一种热敏型溶血素，有些菌株能产生两种溶血素。引起食物中毒的副溶血性弧菌90%神奈川试验阳性。神奈川试验阳性菌感染能力强，通常在感染人体后12h内出现食物中毒症状。

副溶血性弧菌食物中毒潜伏期为2～40h，多为14～20h。发病初期为腹部不适，尤其是上腹部疼痛或胃痉挛。恶心、呕吐、腹泻，体温一般为37.7～39.5℃。发病5～6h后，腹痛加剧，以脐部阵发性绞痛为本病特点。粪便多为水样、血水样、黏液或脓血便，里急后重不明显。重症患者可出现脱水及意识障碍、血压下降等，病程3～4d，恢复期较短，预后良好。近年来国内报道的副溶血性弧菌食物中毒，临床表现不一，可呈典型胃肠炎型、菌痢型、中毒性休克型或少见的慢肠炎型。致病性弧菌食物中毒和细菌性痢疾是有区别的，前者常有上腹部和脐周围剧烈绞痛，少有里急后重；后者腹痛多在下腹和肚脐周围，里急后重明显，有明显脓血便。

副溶血性弧菌主要污染海产食品，其中以墨鱼、带鱼、虾、蟹最为多见，如墨鱼的带菌率达3%，其次为盐渍食品、熟肉类、禽蛋类。中毒原因主要是烹调时未烧熟、煮透或熟制品熟制后食用前未再彻底加热。人群带菌是直接的污染途径。沿海地区饮食从业人员、健康人群及渔民副溶血性弧菌带菌率为11.7%左右，有肠道病史者带菌率可达31.6%～88.8%。食品加工器具等带菌是间接的污染途径。沿海地区炊具的副溶血性弧菌带菌率为61.9%，如被副溶血性弧菌污染的食物，在较高温度下存放，食用前加热不彻底或生吃，或熟制品受到带菌者、带菌的生食品、带菌容器及工具等的污染，均易引起中毒。

七、蜡样芽孢杆菌

蜡样芽孢杆菌（*Bacillus cereus*）为革兰氏阳性、需氧或兼性厌氧芽孢杆菌，有鞭毛，无荚膜，生长6h后即可形成芽孢；生长繁殖温度范围为28～35℃，10℃以下不能繁殖，营养体不耐热，100℃经 20min 可被杀死，pH5 以下对该菌营养体的生长繁殖有明显的抑制作用。

蜡样芽孢杆菌在发芽末期可产生引起人类食物中毒的肠毒素，包括腹泻毒素和呕吐毒素。腹泻毒素系不耐热肠毒素，其分子质量为 55000～60000Da，对胰蛋白酶敏感，45℃加热 30min 或 56℃加热 5min 均可失去活性。几乎所有的蜡样芽孢杆菌可在多种食品中产生不耐热肠毒素。

蜡样芽孢杆菌食物中毒的临床表现因其产生的毒素不同而分为腹泻型和呕吐型两种。呕吐型食物中毒潜伏期短，一般为 1～3h，主要表现为恶心、呕吐，少数表现为腹痛、腹泻及体温升高，此外，亦可见头晕、四肢无力、口干等症状，病程多为 8～10h。腹泻型食物中毒潜伏期较长，一般为 8～12h，以腹痛、腹泻为主要症状，一般不发热，可有轻度恶心，但极少有呕吐，病程 16～36h，预后良好。

蜡样芽孢杆菌分布广泛，特别是在谷物中侵染较多。中毒季节以夏秋季为多，是食用剩米饭、剩菜、凉拌菜、奶、肉、豆制品等引起食物中毒的主要致病菌。食品中该菌的污染源主要为泥土、尘埃、空气，其次为昆虫、苍蝇、不洁的用具与容器。受该菌污染的食物在通风不良及较高温度条件下存放，其芽孢便可发芽并产生毒素，若食用前不加热或加热不彻底，即可引起食物中毒。在我国引起中毒的食品以米饭、米粉最为常见。

八、空肠弯曲菌

空肠弯曲菌（*Campylobacter*）属螺旋菌科，革兰氏阴性，在细胞的一端或两端着生有单极鞭毛。弯曲菌属包括约 14 个菌种，与人类感染有关的弯曲菌菌种有胎儿弯曲菌胎儿亚种（*Campylobacter fetus* subsp. *fetus*）、空肠弯曲菌（*C. jejuni*）、大肠弯曲菌（*C. coli*）。其中与食物中毒最密切相关的是空肠弯曲菌空肠亚种。空肠弯曲菌是氧化酶和触酶阳性菌，在 25℃、3.5%NaCl 的培养基中不能生长。该菌微好氧，生长需要少量的氧气（3%～6%）；在水中可存活 5 周，在人或动物排出的粪便中可存活 4 周。空肠弯曲菌在所有肉食动物粪便中出现的比例都很高，其中以家禽粪便中含量最高。空肠弯曲菌中有一些菌株可以产生热敏型肠毒素，这些毒素与霍乱弧菌毒素和大肠埃希菌肠毒素有一些相同的性质。在一种特定的培养基中，弯曲菌毒素最高的生成量是在 42℃下 24h 产生的。不同菌株的产毒量差别很大。

大部分病例中毒的潜伏期一般为 3～5d，短者 1d，长者 10d。主要引起肠道感染，临床表现为头痛、发热、肌肉酸痛等前驱症状，随后发生腹痛、腹泻、恶心、呕吐等胃肠道症状。腹痛可呈绞痛，腹泻一般为水样便或黏液便，重症患者有血便，腹泻数次至 10 余次，腹泻带有腐臭味。发热，38～40℃，特别是当有菌血症时出现发热，也有仅腹泻而无发热者。此外，集体暴发时，各年龄组均可发生，而在散发病例中，小儿较成人多。小儿患者血便达 60%～90%，甚至被误诊为肠套叠。少数病例出现败血症、腹膜炎或急性胆囊炎。

空肠弯曲菌在猪、牛、羊、狗、猫、鸡、鸭、火鸡和野禽的肠道中广泛存在，是一种重要的肠道致病菌。食品被空肠弯曲菌污染的重要原因是动物粪便，其次是健康带菌者，此外，处理受空肠弯曲菌污染肉类的工具、容器等未经彻底洗刷消毒，亦可交叉污染熟制食品。当进食被空肠弯曲菌污染的食品且食用前又未彻底消毒时易发生空肠弯曲菌食物中毒。

九、志贺氏菌

志贺氏菌属（*Shigella*）即通称的痢疾杆菌，依据其O抗原性质分为4个血清组：A群，即痢疾志贺氏菌（*S. dysenteriae*）；B群，也称福氏志贺氏菌群（*S. flexneri*）；C群，亦称鲍氏志贺氏菌群（*S. boydii*）；D群，又称宋内志贺氏菌群（*S. sonnei*）。痢疾志贺氏菌群是导致典型细菌性痢疾的病原菌。在敏感人群中很少数的个体就可以致病，虽然这种病菌可以由食物传播，但它们并不像其他3种志贺氏菌一样被认为是导致食物中毒的病原菌。志贺氏菌在人体外生活力弱，在10～37℃水中可生存20d，于牛乳、水果、蔬菜中也可生存1～2周，粪便中（15～25℃）可生存10d。光照下30min可被杀死，加热58～60℃经10～30min即死亡。志贺氏菌耐寒，在冰块中能生存3个月。在志贺氏菌中，宋内志贺氏菌和福氏志贺氏菌在体外的生存力相对较强，志贺氏菌食物中毒主要由这两种志贺氏菌引起。

潜伏期一般为10～20h，短者6h，长者24h。患者会突然出现剧烈的腹痛、呕吐及频繁的腹泻，并伴有水样便，便中混有血液和黏液，并有里急后重感、恶寒、发热，体温高者可达40℃以上；严重者会出现毒性脑病症状（儿童多见），如惊厥、昏迷，或中毒性循环衰竭症状（成人、老年人多见），如手脚发凉、发绀、脉搏细而弱、血压低等。有的患者可出现痉挛。

志贺氏菌携带者或食品加工、集体食堂、饮食行业的从业人员患有痢疾时，其手是污染食品的主要因素。熟食品被志贺氏菌污染后，存放在较高的温度下，经过较长时间，志贺氏菌大量繁殖，食后引起中毒。引起志贺氏菌中毒的食品主要是冷盘和凉拌菜。

十、变形杆菌

变形杆菌（*Proteus*）属肠杆菌科，革兰氏阴性杆菌。变形杆菌食物中毒是我国常见的食物中毒之一，引起食物中毒的变形杆菌主要是普通变形杆菌（*P. vulgaris*）、奇异变形杆菌（*P. mirabilis*）。过去，变形杆菌食物中毒还包括普罗威登斯菌属（*Providencia*）中的雷氏普罗威登斯菌（*P. rettgeri*）、摩根菌属（*Morganella*）中的摩氏摩根菌（*M. morganii*）食物中毒。

普通变形杆菌、奇异变形杆菌分别有100多个血清型，雷氏普罗威登斯菌有93个血清型，摩氏摩根菌有75个血清型。变形杆菌属于腐败菌，一般不致病，需氧或兼性厌氧，其生长繁殖对营养要求不高，在4～7℃即可繁殖，属低温菌。因此，此菌可以在低温贮存的食品中繁殖。变形杆菌对热抵抗力不强，加热55℃持续1h即可将其杀灭。

变形杆菌食物中毒潜伏期一般12～16h，短者1～3h，长者60h。主要表现为恶心、呕吐，发冷、发热，头晕、头痛、乏力，脐周边阵发性剧烈绞痛。腹泻为水样便，常伴有黏液、恶臭，一日数次。体温一般为37.8～40℃，但多在39℃以下。发病率较高，一般为50%～80%。病程较短，一般1～3d可以恢复，很少有死亡。

变形杆菌在自然界分布广泛，在土壤、污水和垃圾中可检测出该菌，亦可寄生于人和动物的肠道，食品受其污染的机会很多。生的肉类食品，尤其动物内脏变形杆菌带菌率较高，在食品烹调加工过程中，处理生、熟食品的工具、容器未严格分开，被污染的食品工具、容器可污染熟制品。受变形杆菌污染的食品在较高温度下存放较长的时间，细菌大量生长繁殖，食用前未加热或加热不彻底，食用后即引起食物中毒。变形杆菌常与其他腐败菌共同污染生食品，使生食品发生感官上的改变，但熟制品被变形杆菌污染通常无感官性状的变化，极易被忽视而引起中毒。防止污染、控制繁殖和食用前彻底加热杀灭病原菌是预防变形杆菌食物中毒的三个主要环节。

十一、布氏杆菌

布氏杆菌（*Brucella*）是革兰氏阴性需氧杆菌，分类上为布氏杆菌属。布氏杆菌属分为牛种、羊种、猪种、绵羊种、犬种和沙林鼠种，20 个生物型。中国流行的主要是羊布氏杆菌（*Br. melitensis*）、牛布氏杆菌（*Br. bovis*）、猪布氏杆菌（*Br. suis*）三种，其中以羊布氏杆菌病最为多见。布氏杆菌也曾是生物战剂之一。

布氏杆菌病（波状热、马耳他热、地中海热或直布罗陀热）是由布氏杆菌引起的一种感染，为人兽共患的一种接触性慢性传染病。其特征是侵害生殖系统，母畜发生流产和不孕，公畜可引起睾丸炎。布氏杆菌感染人群表现为平均 2～3 周的反复发热，产生波浪状的热型，故称为波状热。还可导致淋巴结、脾脏和肝脏肿大以及变态反应性病变，如骨关节病变。布氏杆菌骨髓炎是血源性布氏杆菌感染在骨关节的局部表现，以脊椎炎、髋关节炎为常见。本病的感染范围很广，除人和羊、牛、猪最易感外，其他动物如鹿、骆驼、马、犬、猫、狼、兔、猴、鸡、鸭及一些啮齿动物等都可自然感染。被感染的人或动物，一部分呈现临床症状，大部分为隐性感染而带菌，无临床表现，成为传染源。猪不分品种和年龄都有易感性，以生殖期的猪发病较多，可发生全身性感染，并引起繁殖障碍。病原体随病母畜的阴道分泌物和公畜的精液排出，特别是流产胎儿、胎衣和羊水中含菌最多。

布氏杆菌对热抵抗力不强，60℃湿热 15min 可杀死，在干燥尘埃中可存活 2 个月，在皮毛中可存活 5 个月。普通消毒剂如 1%～3% 石炭酸溶液 3min、2% 福尔马林 15min，可将其杀死。

布氏杆菌病可由直接接触受染动物的分泌物和排泄物，饮用未经消毒的牛奶、羊奶或食入含有活的布氏杆菌的奶制品（如黄油和奶酪）而引起。传染无季节性，全年均可发生。罕有人与人间传播者。本病以农村较多，是肉制品加工者、兽医、农民和牧民的职业病。预防布氏杆菌感染应避免食用未消毒的牛奶和奶酪，接触活的或宰杀动物的人应戴眼罩或眼镜以及橡皮手套。销毁受染动物和免疫年幼的健康动物能有助于预防感染的扩散。

十二、炭疽杆菌

炭疽杆菌（*Bacillus anthracis*）属于需氧芽孢杆菌属，是引起某些家畜、野兽和人类炭疽病（人兽共患）的病原菌。炭疽杆菌菌体粗大，两端平截或凹陷，是致病菌中最大的细菌。排列似竹节状，无鞭毛，无动力，革兰氏染色阳性。

炭疽杆菌在氧气充足、温度适宜（25～30℃）的条件下易形成芽孢。炭疽杆菌的繁殖体抵抗力不强，易被一般消毒剂杀灭，而芽孢抵抗力强，在干燥的室温环境中可存活数十年，在皮毛中可存活数年。煮沸 10min 或干热 140℃、3h 可将芽孢杀死。炭疽芽孢对碘特别敏感，对青霉素、头孢菌素、链霉素、卡那霉素等高度敏感。

炭疽病发病率最高的是牛羊，猪也可发生，人常因屠宰、食用或与病死畜接触而感染。炭疽病多见于常有动物患上炭疽病的农业地区。易感染人群是从事处理感染动物职业和野生动物工作者，如牧民、农民、皮毛和屠宰工作者。

炭疽杆菌可致皮肤、胃肠或肺部感染，炭疽病的症状因感染的方式不同而分为皮肤炭疽、纵隔障炭疽和肠炭疽，通常在暴露于炭疽孢子后数小时至 7d 内发病。上述疾病若引起败血症时，可继发“炭疽性脑膜炎”。炭疽杆菌的致病性取决于荚膜和毒素的协同作用。预防人类炭疽首先应防止家畜炭疽的发生。家畜炭疽感染消灭后，人类的传染源也随之消灭。目前我国使用的炭疽活疫苗，作皮上划痕接种，免疫力可维护半年至一年。

预防炭疽杆菌感染和传播的措施

十三、霍乱弧菌

霍乱弧菌（*Vibrio cholerae*）是革兰氏阴性菌，菌体短小呈逗点状，有单鞭毛、菌毛，部分有荚膜。共分为 139 个血清群，其中 O1 群和 O139 群可引起霍乱。霍乱弧菌是人类霍乱的病原体，霍乱是一种古老且流行广泛的烈性传染病。由于霍乱流行迅速，且在流行期间发病率及死亡率均高，危害极大，曾在世界上引起多次大流行。霍乱主要表现为剧烈的呕吐、腹泻、失水，死亡率甚高，属于国际检疫传染病。

人类在自然情况下是霍乱弧菌的唯一易感者，主要通过污染的水源或食物经口传染。在一定条件下，霍乱弧菌进入小肠后，依靠鞭毛的运动，穿过黏膜表面的黏液层，可借菌毛作用黏附于肠壁上皮细胞上，在肠黏膜表面迅速繁殖，经过短暂的潜伏期后便急骤发病。该菌不侵入肠上皮细胞和肠腺，也不侵入血流，仅在局部繁殖和产生霍乱肠毒素，此毒素作用于黏膜上皮细胞与肠腺使肠液过度分泌，从而使患者出现上吐下泻，泻出物呈“米泔水样”，并含大量弧菌，此为本病典型的特征。霍乱肠毒素本质是蛋白质，不耐热，56℃经 30min，即可破坏其活性。

霍乱弧菌包括两个生物型：古典生物型和埃尔托生物型。这两种型除个别生物学性状稍有不同外，形态和免疫学性基本相同，在临床病理及流行病学特征上没有本质的差别。根据弧菌 O 抗原不同，分成 6 个血清群，第 Ⅰ 群包括霍乱弧菌的两个生物型。第 Ⅰ 群 A、B、C 三种抗原成分可将霍乱弧菌分为三个血清型：含 A、C 者为原型（又称稻叶型），含 A、B 者为异型（又称小川型），A、B、C 均有者称中间型（彦岛型）。

自 1817 年以来，全球共发生了七次霍乱世界性大流行，前六次病原是古典生物型霍乱弧菌，第七次病原是埃尔托生物型。1992 年 10 月在印度东南部发现了一个引起霍乱流行的新血清型菌株（O139），它引起的霍乱在临床表现及传播方式上与古典生物型霍乱完全相同，但不能被 O1 群霍乱弧菌诊断血清所凝集，抗 O1 群的抗血清对 O139 菌株无保护性免疫，在水中的存活时间较 O1 群霍乱弧菌长，因而有可能成为引起世界性霍乱流行的新菌株。

霍乱弧菌古典生物型对外界环境抵抗力较弱，埃尔托生物型抵抗力较强，在河水、井水、海水中可存活1～3周，在鲜鱼、贝壳类食物中存活1～2周。霍乱弧菌对热、干燥、日光、化学消毒剂和酸均很敏感，耐低温，耐碱。湿热55℃、15min，100℃、1～2min，在含0.5mg/L氯的水中15min可被杀死。0.1%高锰酸钾浸泡蔬菜、水果可达到消毒目的。在正常胃酸中仅生存4min。

第二节 真菌

真菌对各类食品污染的机会很多，可以说所有食品上都可能有真菌生存，因此，也就有真菌毒素存在的可能。粮食及其加工制品，如油料作物的种子、水果、干果、肉类制品、乳制品、发酵食品和动物饲料中均发现过真菌毒素。世界各国对真菌毒素的污染都很重视，调查发现，在人们的日常食品中，玉米、大米、花生、小麦被污染真菌毒素的种类最多。真菌及真菌毒素污染食品后，引起的危害主要有两个方面：一是真菌引起的食品变质；二是真菌产生的毒素引起的中毒。霉菌毒素中毒大多通过被霉菌污染的粮食、油料作物以及发酵食品等引起，而且霉菌毒素中毒往往表现为明显的地方性和季节性。而真菌毒素食物中毒的临床表现较为复杂，有急性中毒、慢性中毒以及致癌、致畸和致突变等。

引起人类中毒的真菌毒素有两类：一类是霉菌毒素，如黄曲霉毒素；另一类是蕈类毒素，如鹅膏毒素。有害霉菌在生长过程中可产生有毒的代谢产物，进而残留于食品中，人们食用了这种含有霉菌毒素的食品就会出现中毒。而有毒蕈类形态上很像食用菌，但它们可产生致人死亡的毒素，人们一旦误食这些蕈类将引起严重的中毒症状。有关蕈类毒素已在第一章中加以讨论，在此不再赘述。

已知的产毒真菌主要如下。

① 曲霉菌属（*Aspergillus*）：黄曲霉（*A. flavus*）、赭曲霉（*A. ochraceus*）、杂色曲霉（*A. versicolor*）、烟曲霉（*A. fumigatus*）、构巢曲霉（*A. nidulans*）和寄生曲霉（*A. parasiticus*）等。

② 青霉菌属（*Penicillium*）：岛青霉（*P. islandicum*）、橘青霉（*P. citrinum*）、黄绿青霉（*P. citreoviride*）、红色青霉（*P. rubrum*）、扩展青霉（*P. expansum*）、圆弧青霉（*P. cyclopium*）、纯绿青霉（*P. viridicatum*）、斜卧青霉（*P. decumbens*）等。

③ 镰孢菌属（*Fusarium*）：禾谷镰孢菌（*F. graminearum*）、三隔镰孢菌（*F. tricinctum*）、玉蜀黍赤霉菌（*Gibberella zeae*）、梨孢镰孢菌（*F. poae*）、尖孢镰孢菌（*F. oxysporum*）、雪腐镰孢菌（*F. nivale*）、串珠镰孢菌（*F. moniliforme*）、拟枝孢镰孢菌（*F. sporotrium*）、木贼镰孢菌（*F. equiseti*）、茄病镰孢菌（*F. solani*）、粉红镰孢菌（*F. roseum*）等多种。

④ 其他真菌如麦角菌属（*Claviceps*）、鹅膏菌属（*Amanita*）、马鞍菌属（*Helvella*）和链格孢菌属（*Alternaria*）等。

一、霉菌毒素

霉菌毒素是其产生菌在适合产毒的条件下所产生的次生代谢物。在食品加工时，虽然经加热、烹调等处理可杀死霉菌的菌体和孢子，但它们产生的毒素一般不能被破坏，如果人体内的毒素量达到一定程度，即可产生该种毒素所引起的中毒症状。据统计，目前已知的大约有 200 多种霉菌毒素，其中与人类关系密切的有近百种，一些主要的产毒霉菌及其毒素列于表 2-1。目前已发现的真菌毒素中，研究最多和最深入的是黄曲霉毒素。

表 2-1 主要产毒霉菌及其毒素的类别

主要产毒霉菌	毒素名称	毒性类别
黄曲霉（*A. flavus*） 寄生曲霉（*A. parasiticus*） 岛青霉（*P. islandicum* spp.） 杂色曲霉（*A. versicolor*）	黄曲霉毒素类（aflatoxin） 黄曲霉毒素类（aflatoxin） 岛青霉毒素（islanditoxin） 杂色曲霉素（sterigmatocystin）	肝脏毒
微孢子属（*Microsporum*）	展青霉素（patulin）	神经毒
黄绿青霉（*P. citreoviride*）	黄绿青霉素（citreoviridin）	神经毒
橘青霉（*P. citrinum*）及其他	橘青霉素（citrinin）	肾脏毒
玉蜀黍赤霉菌（*Gibberella zeae*）	赤霉烯酮类（zearalanone）F_2 毒素 赤霉病麦毒素类 脱氧雪腐镰刀菌醇	类雌激素作用、致吐作用等

（一）黄曲霉毒素

黄曲霉毒素（aflatoxin，AF）是霉菌的代谢产物之一，于 1993 年被世界卫生组织（WHO）的癌症研究机构划定为一类致癌物。除黄曲霉（*Aspergillus flavus*）外，其他的一些真菌，例如米曲霉（*Aspergillus oryzae*）、寄生曲霉（*Aspergillus parasiticus*）、灰绿曲霉（*Aspergillus glaucus*）、绿青霉（*Pencillium digitatum*）、扩展青霉（*Pencillium expansum*）、柠檬青霉（*Pencillium citromyces*）、软毛青霉（*Pencillium puberulum*）和毛霉属、链霉属中的某些菌株，其代谢产物中也含有微量的黄曲霉毒素。此外，在自然界中，并不是所有的黄曲霉都产生黄曲霉毒素。例如，我国在食品酿造中使用的黄曲霉菌种，就是不产黄曲霉毒素的菌种。

1960 年英国发生 10 万只火鸡死亡事件，死亡的火鸡肝脏出血及坏死、肾肿大，病理检查发现肝实质细胞退行性变化及胆管上皮细胞增生。研究发现火鸡饲料中的花生粉含有一种荧光物质，该荧光物质是火鸡死亡的病因，并证实该物质是黄曲霉的代谢产物，故命名为黄曲霉毒素。

黄曲霉毒素是一类化学结构类似的化合物，其基本结构均有一个双呋喃环（bifuran）和氧杂萘邻酮（coumarin，又名香豆素），凡双呋喃环末端有双键者毒性较强，这说明其结构和毒性有一定的关系。目前已分离鉴定出 20 余种，图 2-1 为主要黄曲霉毒素的化学结构式。

在紫外线下产生蓝紫色荧光的为 AFB_1 和 AFB_2，产生黄绿色荧光的为 AFG_1 和 AFG_2。AFM_1 和 AFM_2 是 AFB_1 和 AFB_2 的羟基化衍生物，家畜摄食被 AFB_1 和 AFB_2 污染的饲料后，在乳汁和尿中可检出其代谢产物 AFM_1 和 AFM_2。AFM_1 毒性和致癌性比 AFB_1 低一个数量级。动物摄入 AFB_1 后，经过代谢产生的 AFM_1 除了从乳汁和尿中排出外，还有部分存留在肌肉中。

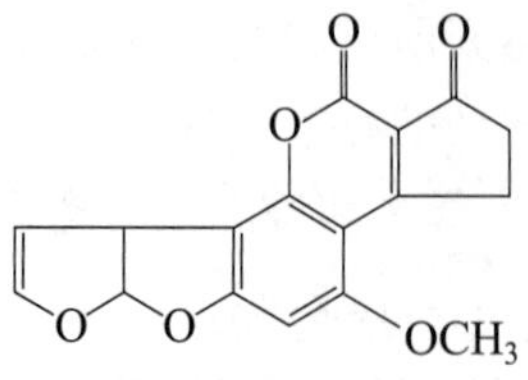

Aflatoxin B_1

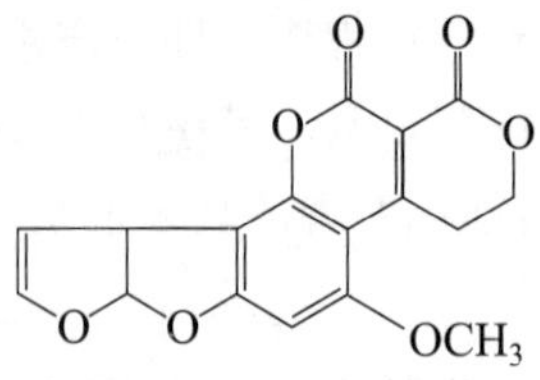

Aflatoxin G_1

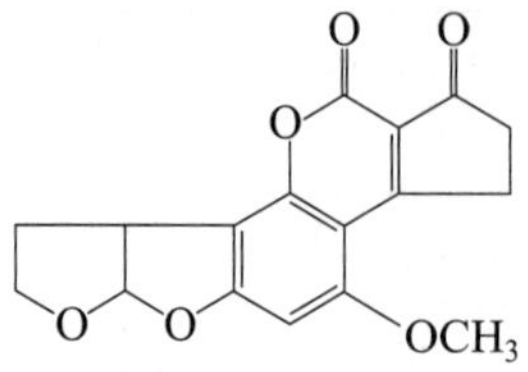

Aflatoxin B_2

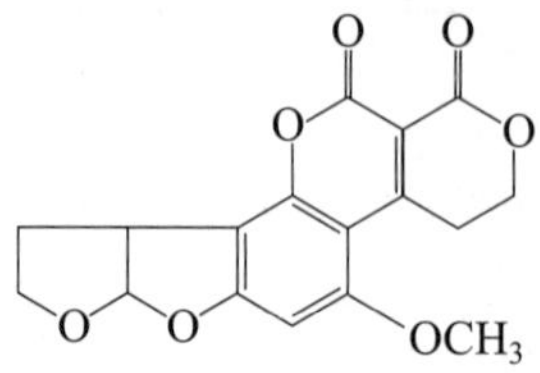

Aflatoxin G_2

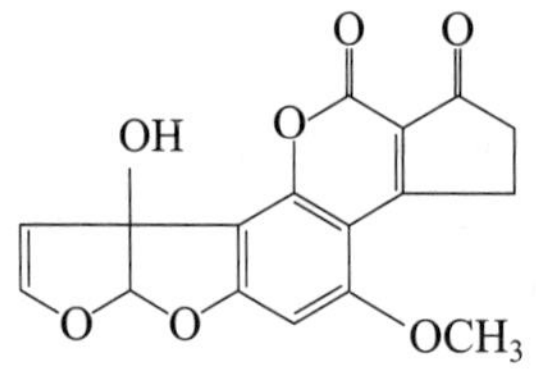

Aflatoxin M_1

图 2-1 主要 AF 的化学结构式

AF 的衍生物中以 AFB_1 的毒性及致癌性最强，在食品中的污染也最普遍，有些国家和地区主要以 AFB_1 作为污染指标。AFB_1 不仅会严重损害肝脏，还能破坏机体的新陈代谢，抑制细胞分裂。动物实验表明，AFB_1 还能导致胚胎畸形。据调查，人和牲畜肝癌发病率高的地区，也是食品和饲料中被黄曲霉毒素污染严重的地区。如非洲某些地区肝癌发病率高，就是因为当地居民长期食用霉花生的结果。

黄曲霉毒素常常存在于土壤、动植物、各种坚果中，特别是花生和核桃中，在大豆、玉米、奶制品、食用油等制品中也经常发现黄曲霉毒素。黄曲霉毒素化学性质稳定，268～269℃高温条件下才能被破坏，故一般加热烹调温度不破坏其毒性；但黄曲霉毒素在碱性和加热双重条件下不稳定。

鉴于黄曲霉毒素对人及动物的毒性及致癌性，世界有关组织和各国大都制定了相关法律来限定其在食品中的含量。例如，CAC（Codex Alimentarius Commission）标准（CODEX STAN 193—1995）（2015 年版）中黄曲霉毒素最大允许量标准按照（AFB_1+AFB_2+AFG_1+AFG_2）总量指标制定，限量值在 10～15μg/kg，食品种类细分为 9 种，并且对加工原料和直接食用的食品分别进行了规定。此外，还规定牛奶中 AFM_1 的最大允许量为 0.5μg/kg。美国食品药品监督管理局（FDA）颁布的黄曲霉毒素最大允许标准为食品中黄曲霉毒素总量（AFB_1+AFB_2+AFG_1+AFG_2）小于 20μg/kg，牛奶中黄曲霉毒素 AFM_1 小于 0.5μg/kg。欧盟国家规定，要求人类生活消费品中的 AFB_1 的含量不能超过 2μg/kg，总量（AFB_1+AFB_2+AFG_1+AFG_2）不能超过 4μg/kg，牛奶和奶制品中 AFM_1 的含量不能超过 0.05μg/kg。

我国于 2017 年 3 月 14 日发布了新修订的真菌毒素限量标准，即《食品安全国家标准食品中真菌毒素限量》（GB 2761—2017），该标准代替了 GB 2761—2011《食品安全国家标准　食品中真菌毒素限量》和 GB 2715—2005《粮食卫生标准》中真菌毒素的限量指标，于 2017 年 9 月 17 日正式实施，成为我国各级政府和质检机构监管食品真菌毒素、保证《食品安全法》和《农产品质量安全法》顺利实施的标准依据。与上述国家和组织的标准不同，我国标准按照 AFB_1 制定黄曲霉毒素限量标准，将食品种类细分为 18 种，AFB_1 限量值在 0.5～20.0μg/kg。其中，该标准还对 6 类食品的 AFM_1 限量指标，均为 0.5μg/kg（表 2-2）。

表 2-2　我国对部分食品中 AFM_1 的允许量标准

食品种类	AFM_1 的允许量标准 /（μg/kg）
乳及乳制品	0.5
婴幼儿配方食品	0.5（以粉状产品计）
较大婴儿和幼儿配方食品	0.5（以粉状产品计）
特殊医学用途婴儿配方食品	0.5（以粉状产品计）

（二）杂色曲霉毒素

杂色曲霉毒素（sterigmatocystin，ST）是由杂色曲霉（*Aspergillus versicolor*）、构巢曲霉（*Aspergillus nidulans*）、寄生曲霉（*Aspergillus parasiticus*）、黄曲霉（*Aspergillus flavus*）等产生的有毒化合物。

1962 年，Bulloc 首次提出 ST 的化学结构式如图 2-2 所示。

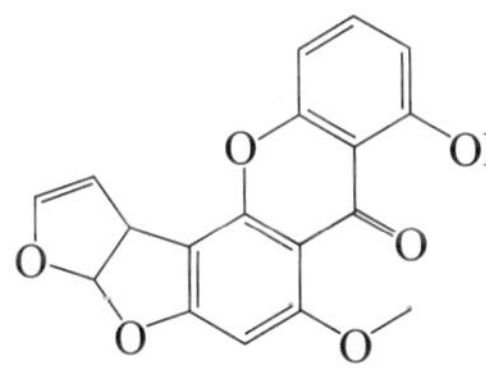

图 2-2　杂色曲霉毒素（ST）的化学结构式

ST 为淡黄色结晶，熔点 246℃（217～248℃，于乙酸戊酯中），不溶于水，难溶于多种有机溶剂，但易溶于氯仿。ST 经过 *O*- 甲基转移酶Ⅱ催化转变成的 OMST 又可转变成毒性和致癌性更强的黄曲霉毒素 B_1 和黄曲霉毒素 G_2，因此 ST 不仅直接危害动物和人类健康，还可作为黄曲霉毒素的合成前体物质，给人畜造成进一步的威胁。

人畜进食被 ST 污染的谷物可引起食欲减退、拒食、进行性消瘦、精神抑郁、虚弱、死亡等中毒症状，并有致畸、致突变和致癌作用。

ST 主要污染小麦、玉米、大米、花生、大豆等。我国科技工作者对胃癌高发地区粮食中 ST 的污染水平研究表明：我国谷物中 ST 的自然污染总的趋势是小麦污染最重，玉米次之，大米较轻；在同一地区，原粮中 ST 的污染水平远高于成品粮，不同粮食品种之间

ST 的水平由高至低的顺序为：杂粮和饲料＞小麦＞稻谷＞玉米＞面粉＞大米。

（三）赭曲霉毒素

赭曲霉毒素（ochratoxin，OT）最初是从南非的赭曲霉毒株中分离出来的，由赭曲霉（*Aspergillus ochraceus*）、洋葱曲霉（*Aspergillus alliaceus*）、纯绿青霉（*Penicillium viridicatum*）等代谢产生，包括 7 种结构类似的化合物，赭曲霉毒素 A（OTA）是其中毒性最强的物质。

赭曲霉毒素是异香豆素连接 L- 苯丙氨酸在分子结构上类似的一组化合物，包括 OTA、OTB、OTα、OTA 的甲酯以及 OTB 的甲酯和乙酯等。作为食品中的天然污染物，OTA 是主要的化合物。OTA 是一种无色结晶化合物，溶于极性溶剂和稀的碳酸氢钠水溶液中，微溶于水。在紫外线下 OTA 呈绿色荧光，该化合物相当稳定，一般的烹调和加工方法只有部分被破坏。OTA 在乙醇中置冰箱避光可保存一年，图 2-3 为其化学结构式。

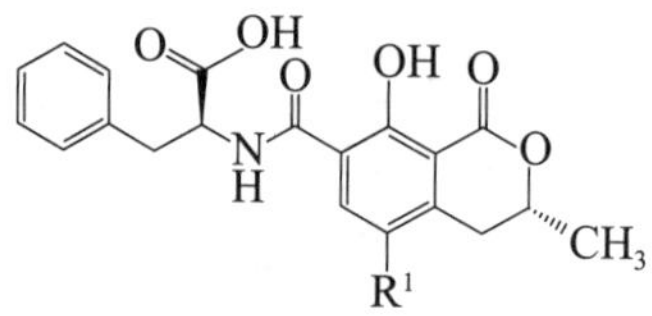

R^1=Cl, OTA

R^1=H, OTB

图 2-3 OT 的化学结构式

OTA 是赭曲霉毒素中毒性最强的物质，对人和动物的靶标器官是肾脏，可导致肾癌，已被国际癌症研究所列为人类二级致癌物。此外，OTA 还具有致畸、致突变毒性。当浓度超过 5mg/kg 时，会对肝脏组织和肠产生破坏，引起肠炎、肝肿大等。在巴尔干地方性肾病流行区，6%～18% 人群的血液中能检出 OTA。巴尔干地方性肾病是一种慢性、进行性疾病，往往造成死亡，多见于妇女。保加利亚、罗马尼亚等国部分地区居民膳食中 OTA 的污染被认为与地方性肾病有关。

赭曲霉毒素主要污染玉米、大豆、燕麦、大麦、花生、火腿、柠檬类水果等。在发热霉变的粮食和饲料中赭曲霉毒素含量很高，主要是 OTA。粮食中的产毒菌株在 28℃下，产生的 OTA 含量最高；在温度低于 15℃或高于 37℃时产生的 OTA 极低。

我国 GB 2761—2017《食品安全国家标准　食品中真菌毒素限量》规定，OTA 在谷物及其制品、豆类中的限量为 5.0μg/kg。CAC 标准（CODEX STAN 193—1995）（2015 年版）规定了未加工小麦、大麦、黑麦 3 类食品的 OTA 限量指标均为 5.0μg/kg。

（四）伏马菌素

伏马菌素（fumonisins），于 1988 年首先由 Bezuidenhact 及 Gelderblow 等人在南非研究马属动物霉玉米中毒时发现，是由串珠镰刀菌（*Fusarium moniliforme*）、轮枝镰刀菌（*Fusarium verticillioides*）、层出镰刀菌（*Fusarium proliferatum*）和其他一些镰孢菌种产生的真菌毒素。

伏马菌素是一组结构相似的双酯类化合物，由丙烷基-1,2,3-三羧酸和2-氨基-12,16-二甲基多烃二十烷构成，其C14和C15的羟基被三羧化。目前至少已鉴定出15种不同的伏马菌素的类似物，但大部分在自然界未被分离到。根据伏马菌素的化学结构可将其分为4组：FA_1、FA_2、FA_3和FAK_1；FB_1、FB_2、FB_3和FB_4；FC_1、FC_2、FC_3和FC_4；FP_1、FP_2和FP_3。在伏马菌素中，FB_1和FB_2是自然界中最普遍且毒性最强的两种毒素，其化学结构式见图2-4。

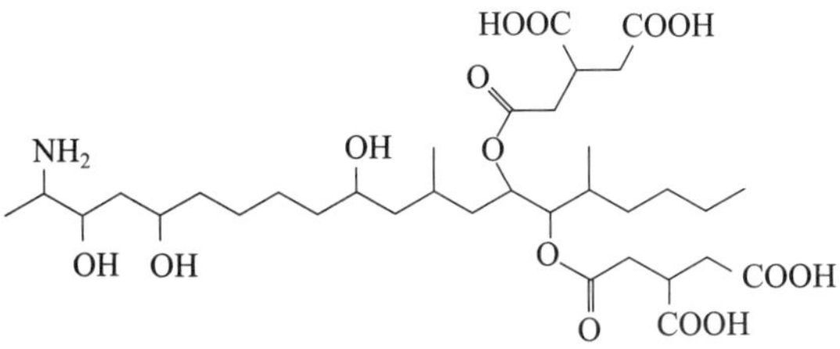

FB_1

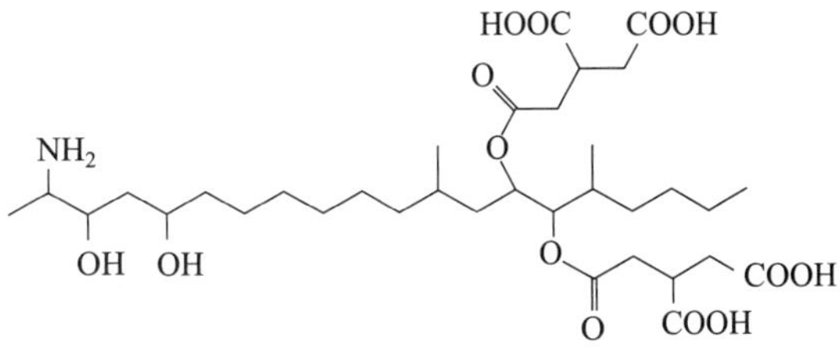

FB_2

图2-4　伏马菌素的化学结构式

伏马菌素是白色粉末，易溶于水、甲醇及乙腈-水中。伏马菌素在乙腈-水（1∶1）中稳定，在25℃可保存6个月；在甲醇中不稳定，在25℃下3～6周可降解，并产生单甲酯或双甲酯。伏马菌素在–18℃甲醇中稳定，可保存6周；在pH3.5和pH9的缓冲溶液中，78℃可保存16周。

动物实验和流行病学资料已表明，伏马菌素主要损害肝肾功能，能引起马脑白质软化症和猪肺水肿等，并与我国和南非部分地区高发的食管癌有关，现已引起世界范围的广泛注意。1992年，美国FDA和农业部伏马菌素工作小组建议在马饲料中的伏马菌素应低于5mg/kg，猪饲料中应低于10mg/kg，牛饲料中应低于50mg/kg。

伏马菌素大多存在于玉米及玉米制品中。研究证实，在大米、面条、调味品、高粱、啤酒中也有较低浓度的伏马菌素存在。串珠镰刀菌是玉米的土源性（soil-borne）及种源性（seed-borne）致病菌，故玉米和玉米粒被真菌侵染的程度取决于真菌侵染的生长点；不同玉米中伏马菌素的水平受环境因素，如温度、湿度、干旱程度、收获前和收获时的降雨量的影响；收获后的玉米粒在不适当的湿度条件下贮存导致伏马菌素水平增加。

食品添加剂联合专家委员会（JECFA）第56次会议首次评估伏马菌素，将FB_1、FB_2和FB_3，不论单一的或混合的，其每日最大耐受摄入量（PMTDI）均定为2μg/（kg·d）。CAC 2014年将玉米当中伏马菌素的限量定为4mg/kg，将玉米粉与玉米制品当中的限量定为2mg/kg。我国由于在伏马菌素方面研究较少，目前尚未制定食品中伏马菌素的限量标准。

（五）玉米赤霉烯酮

玉米赤霉烯酮（zearalenone，ZEA），即F_2雌性发情毒素，首先从赤霉病玉米中分离得到，是由禾谷镰刀菌（*Fusarium graminearum*）、黄色镰刀菌（*Fusarium culmorum*）、木贼镰刀菌（*Fusarium equiseti*）、半裸镰刀菌（*Fusarium semitectum*）、茄病镰刀菌（*Fusarium solani*）等菌种产生的。镰刀菌菌种在玉米上生长繁殖一般需要22%～25%的湿度。

ZEA 是一种雷锁酸内酯，化学名称为 6-（10- 羟基 -6- 氧基 - 反式 -1- 十一碳烯基）-*β*-雷锁酸内酯，其化学结构式见图 2-5。

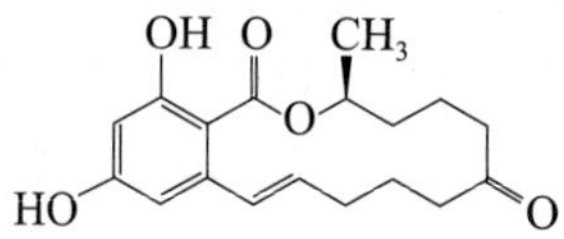

图 2-5　ZEA 的化学结构式

在哺乳动物体内，C6 的酮基降解形成两个 ZEA 的空间异构体代谢产物（*α* 异构体和 *β* 异构体），这两种代谢产物也能由真菌产生，但含量比玉米赤霉烯酮低得多。另一类结构相似的化合物是玉米赤霉烯醇，一般用作生长促进剂，该化合物和 ZEA 的区别是在 C1 和 C2 之间缺少一个双键以及在 C6 上羟基代替了酮基。

ZEA 是一种白色结晶，分子式 $C_{18}H_{22}O_5$，分子量 318，熔点 164～165℃。不溶于水，溶于碱性溶液、苯、二氯甲烷、乙酸乙酯、乙腈和乙醇等；微溶于石油醚（30～60℃）。在长波（360nm）紫外线下，ZEA 呈蓝绿荧光，在短波（260nm）紫外线下荧光更强。

ZEA 主要作用于生殖系统，污染 ZEA 的饲料或谷物引起的家畜中毒症状见表 2-3。

表 2-3　污染 ZEA 的饲料或谷物引起的家畜中毒症状

品种	国家	ZEA 含量 /（mg/kg）	家畜中毒症状
饲料	芬兰	25.0	牛和猪不孕症
饲料	美国	0.1 ～ 2900	牛和猪的雌激素综合征
大麦	苏格兰	0.5 ～ 0.75	猪出现死胎、新生猪死亡，仔猪小
猪饲料	美国	50.0	母猪雌激素综合征
玉米	美国	2.7	母猪雌激素综合征
高粱	美国	12.0	乳牛流产
玉米	美国	32.0	猪流产

人误食含一定量 ZEA 的食品后会对受孕、排卵及胎儿的发育造成影响。有研究表明 ZEA 可能与性早熟和宫颈癌变有关。JECFA 第 53 次会议首次评价了 ZEA，提出 ZEA 的 PMTDI 为 0.5μg/kg。

玉米赤霉烯酮毒素主要污染玉米，自然界中产生该毒素的真菌在 16～24℃和相对湿度为 85% 左右时产毒最多，收获后维持潮湿状态的玉米最易受污染。此外，大麦、小麦、燕麦、稻谷、蚕豆、甘薯、甜菜、芝麻等也可被污染。虫害、潮湿气候及贮存不当均可诱发玉米赤霉烯酮的产生。

目前有许多国家制定了玉米赤霉烯酮的限量标准，奥地利规定小麦、裸麦、硬质小麦中不得超过 60μg/kg，巴西、法国、罗马尼亚、俄罗斯、乌拉圭等国也制定了限量标准。我国《食品安全国家标准　食品中真菌毒素限量》（GB 2761—2017）规定，玉米、玉米面

（渣、片），小麦、小麦粉中玉米赤霉烯酮的限量为60μg/kg。

（六）单端孢霉烯族化合物

单端孢霉烯族化合物（trichothecenes）是由头孢菌（*Cephalosporium*）、镰孢菌（*Fusarium*）、葡萄穗霉菌（*Stachybotrys*）和木霉菌（*Trichoderma*）等代谢产生的一组生物活性和化学结构相似的有毒代谢产物。

单端孢霉烯族化合物的化学结构基本相同，均具有四环倍半萜烯结构。根据相似的功能团可将其分为A、B、C、D四个型，大部分单端孢霉烯族化合物在C9和C10位置上有一双键、一个12,13-环氧基和若干羟基和乙酰基团。A型单端孢霉烯族化合物的特点是在C8上有一个与酮不同的功能团，这一型包括T-2毒素、HT-2毒素、二乙酸藨草镰刀菌烯醇（diacetoxyscirpenol，DAS）等。B型在C8上有羧基功能团，以脱氧雪腐镰刀菌烯醇（deoxynivalenol，DON）和雪腐镰刀菌烯醇（nivalenol，NIV）为代表。DON由镰孢菌属（*Fusarium*）真菌产生，亦称呕吐毒素（vomitoxin）。C型的特点是在C7、C8或C9、C10上有一个次级环氧基团。D型在C4和C5之间有两个酯相连。

天然污染谷物和饲料的单端孢霉烯族化合物有A型中的T-2毒素、HT-2毒素、DAS，以及B型的DON和NIV。A型单端孢霉烯族化合物和B型单端孢霉烯族化合物的结构式见图2-6、表2-4和表2-5。

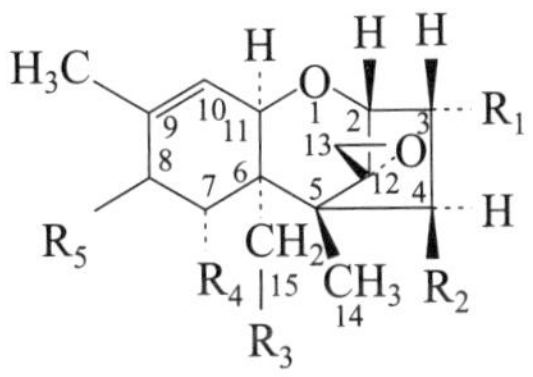

图2-6 A型单端孢霉烯族化合物和B型单端孢霉烯族化合物的结构式

表2-4 A型单端孢霉烯族化合物

名称	R_1	R_2	R_3	R_4	R_5
T-2毒素	OH	OAc	OAc	H	$OCOCH_2CH(CH_3)_2$
T-2四醇（tetraol）	OH	OH	OH	H	OH
HT-2毒素	OH	OH	OAc	H	$OCOCH_2CH(CH_3)_2$
DAS	OH	OAc	OAc	H	H

表2-5 B型单端孢霉烯族化合物

名称	R_1	R_2	R_3	R_4	R_5
DON	OH	H	OH	OH	=O
NIV	OH	OH	OH	OH	=O
单端孢霉素（trichothecin）	H	$OCOCH{=}CHCH_3$	H	H	=O
镰刀菌酮-X	OH	OAc	OH	OH	=O

一般条件下，所有单端孢霉烯族化合物均非常稳定，可长期贮存。单端孢霉烯族化合物在120℃时很稳定，180℃时中度稳定，210℃时30～40min即可被破坏。

单端孢霉烯族化合物的主要毒性作用为细胞毒性、免疫抑制和致畸作用，可能有弱致癌性。人类单端孢霉烯族化合物中毒的主要临床表现为消化系统和神经系统症状，主要症状有恶心、呕吐、头痛、头晕、腹痛、腹泻等，有些病人还有乏力、全身不适、颜面潮红、步伐不稳等似酒醉样症状。HT-2毒素是体外及体内很强的蛋白质合成抑制剂。A型单端孢霉烯族化合物的毒性比B型大。毒性最小的是DON。

单端孢霉烯族化合物引起的人畜中毒，均与摄食赤霉病麦、赤霉病玉米或霉变谷物有关。麦类和其他谷物的赤霉病是一种世界性的禾谷类病害，在我国流行也很广，除新疆外，全国均有流行。谷物赤霉病的流行除造成严重减产和品质降低外，谷物中存留镰孢菌种的代谢产物也可引起人畜中毒。单端孢霉烯族化合物涉及的产毒菌种很多，产毒的条件较为复杂，所以在食品中出现的机会较多，其主要污染大麦、小麦、玉米等。我国麦类及其他谷物赤霉病的流行主要分布于长江以南的各地区。已知引起赤霉病麦或霉大米中毒的主要毒素是单端孢霉烯族化合物中的DON、NIV、T-2毒素等。

单端孢霉烯族化合物急性毒性很强，其慢性毒性作用，特别是致癌作用以及致突变作用尚未阐明，世界卫生组织将此类毒素列为最危险的食品污染物之一。JECFA第56次会议提出HT-2毒素的PMTDI为60ng/kg（以体重计）。《食品安全国家标准　食品中真菌毒素限量》（GB 2761—2017）规定了谷物及谷物制品中DON的限量，在玉米、玉米面（渣、片）、大麦、小麦、麦片、小麦粉中限量值均为1000μg/kg。

（七）展青霉素

展青霉素（patulin），又叫棒曲霉毒素和珊瑚青霉毒素，主要是由棒曲霉（*Aspergillus clavatus*）、扩展青霉（*Penicillium expansum*）、展青霉（*Penicillium patulum*）、曲青霉（*Penicillium aspergillus*）等代谢产生的一种免疫抑制剂。

展青霉素的化学名称为4-羟基-4*H*-呋[3,2*c*]吡喃-2（6*H*）-酮（4-hydroxy-4*H*-furo[3,2*c*]pyran-2（6*H*）-one），其分子式$C_7H_6O_4$，分子量154，为无色结晶，熔点为110℃，溶于水、乙醇、丙酮、乙酸乙酯和三氯甲烷，微溶于乙醚和苯，不溶于石油醚。在酸性环境中展青霉素非常稳定，加工过程中不被破坏。其化学结构式见图2-7。

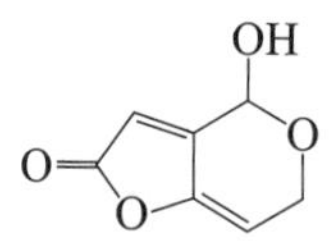

图2-7　展青霉素的化学结构式

展青霉素是一种神经毒素，有致畸性和致癌性；动物实验表明，展青霉素能诱发实验动物肿瘤，并对消化系统和皮肤组织具有损害作用。

《食品安全国家标准　食品中真菌毒素限量》（GB 2761—2017）规定了水果制品（果丹皮除外）、果蔬汁类及其饮料、酒类3类食品（仅限于以苹果、山楂为原料制成的产品），展青霉素限量指标均为50μg/kg，CAC标准（CODEX STAN 193—1995）（2015年版）仅对 1 类食品（苹果汁）的限量进行了规定，与中国限量值相同。

展青霉素的产毒菌在 21℃和 a_w 为 0.81 左右的条件下生成毒素最多，毒素主要污染大麦、小麦、面包、香肠、水果（香蕉、梨、菠萝、葡萄）等。尤其是在腐烂的苹果中含量甚高，苹果原汁、各种稀释过的苹果浓缩汁及苹果酒里都极有可能含有展青霉素。

（八）麦角生物碱

麦角生物碱（ergot alkaloids）是人们最早认识到的一类真菌毒素。麦角菌（*Claviceps purpurea*）生长于禾科植物的花絮上，形成菌核，由于菌核形成时多露出子房以外，形状像动物的角，故叫麦角。

麦角化合物有 100 多种，其中最具生物活性的就是麦角生物碱。麦角的毒性程度与其所含麦角生物碱的多少有关，通常含量为 0.015%～0.017%，也有的高达 0.22%。麦角生物碱又可分为麦角胺、麦角毒碱和麦角新碱三大类。麦角生物碱的毒性非常稳定，正常的烹调温度不能将其破坏。人误食后，会引起恶心、呕吐、腹痛、腹泻、头晕乏力、呼吸困难、血压上升、心脏衰竭、昏迷等。据报道，麦角生物碱对生物胺受体有作用，因而还可影响神经系统的传导功能。

麦角菌可寄生在黑麦、小麦、大麦、燕麦、鹅冠草等的子房内，主要寄主是黑麦。当人们食用了混杂有较大量的麦角谷物或面粉所做的食品后就可发生麦角中毒。长期少量进食麦角病谷物，也可发生慢性中毒。清除食用粮谷及播种粮谷中的麦角菌，可用机械净化法或用 25% 食盐水浮选漂出麦角菌。

（九）青霉酸

青霉酸（penicillic acid）主要由软毛青霉（*Pencillium puberulum*）、圆弧青霉（*Pencillium cyclopium*）、托姆青霉、棒青霉及赭曲霉等代谢产生。产青霉酸的真菌在 5～32℃下都可产生毒素，但在 15～20℃时产毒最高。

动物实验证明，青霉酸具有致癌性，每周给大白鼠注射 1.0mg 的青霉酸，64 周后所有的受试鼠都出现了肿瘤。青霉酸主要污染玉米、青豆、高粱、大麦、燕麦等，但同样的产毒真菌在花生、大豆、棉籽中却不生成毒素。

二、防止真菌毒素污染食品的措施

（一）预防措施

预防和控制真菌毒素污染总的原则是：在收获前、收获期间、收获后及贮存期采取综合的预防措施。例如，收获期间的管理要注意收获的时间、温度及湿度的控制，避免其他污染物的污染，以及谷物从田间运到烘干设备及贮藏时真菌及昆虫的控制等；收获后要注意通气，可监测谷物温度及湿度的设备管理，清洁、无真菌、无昆虫和无鼠的仓库管理等。

采取积极主动的预防措施应做到：首先，隔离和消灭产毒真菌源区，尽量减少产毒真菌及其毒素污染无毒食品。例如针对粮油原料的真菌污染，应把好入库质量关，把入库粮油的带菌量、菌相及真菌毒素含量的检测作为

食品中真菌毒素的检测方法

必检指标。其次，严格控制食品的贮藏、运输等环境条件，抑制易染真菌在食品中大量繁殖及产生毒素。此外，还可对食品进行高温、紫外线、微波、添加防腐剂等处理来杀死真菌。

（二）食品中真菌毒素的去毒技术

绝大多数真菌毒素相当稳定，正常的烹饪温度不能将其破坏。因此要利用去毒技术，主要通过破坏、修饰或吸附真菌毒素，从而达到减少或消除毒素的作用。针对不同的真菌毒素和污染物的特性可分别采用物理、化学和生物降解的去毒方法。

1. 物理去毒法

（1）挑选法　挑选法是最简单的脱毒方法，如表面长有黄绿色霉菌或破损、皱缩变色的玉米和花生颗粒都有可能被黄曲霉毒素感染，可进行挑除。但此方法不仅耗时且难于工业化。

（2）吸附法　吸附剂通常将真菌毒素吸附在其表面，减少真菌毒素的生物利用率，从而降低对人及牲畜的毒性作用。已经开发利用的吸附剂主要有：水合钠钙硅酸铝、沸石、膨润土、黏土及活性炭。如水合钠钙硅酸铝已成功地用于吸附黄曲霉毒素 B_1；膨润土体外可有效结合黄曲霉毒素 B_1，降低黄曲霉毒素 B_1 对猪和鳟鱼的毒性作用，还可降低 T-2 毒素对大鼠的毒性作用。Ramos 等还发现黏土具有降低黄曲霉毒素 B_1 毒性作用的能力，但其作用力较弱。沸石可减少黄曲霉毒素 B_1 在肝脏的蓄积。吸附法的缺点是在吸附真菌毒素的同时可能将重要的营养物质也同时吸附。尽管如此，一些吸附剂已商品化并应用于饲料添加剂中。

（3）射线去毒法　用紫外线照射含毒食品表面可使毒素含量降低 95% 或更多，此法操作简单，成本低廉。日光暴晒，也可降低粮食中的毒素含量。

2. 化学去毒法

（1）抗氧化剂　一些真菌毒素可通过增强脂质过氧化物而导致膜损伤。硒、维生素及其前体物等抗氧化剂具有明显的抗氧化性，可作为过氧化阴离子清除剂去除毒素。对大鼠的体内研究表明，硒能够抑制黄曲霉毒素 B_1 与 DNA 结合物的形成。据报道，含有硒、维生素 C 及维生素 E 的饲料可作为一种抗氧化剂和自由基清除剂来保护脾和肝脏，避免 T-2 毒素和脱氧雪腐镰刀菌烯醇所致的损害。还有人报道类胡萝卜素也可以抑制黄曲霉毒素 B_1 对大鼠肝 DNA 的损害。

（2）碱性化合物　氨水、NaOH 和 $Ca(OH)_2$ 等碱性化合物可破坏黄曲霉毒素，最近研究发现咖啡二萜类能抵御黄曲霉毒素对大鼠和人类细胞的毒性作用。还有报道，自然污染后含有 1600mg/kg 黄曲霉毒素的黄色戴恩特玉米在用 3%NaOH 于 100℃处理 4min 后，再经过进一步的油炸加工，其中 99% 的黄曲霉毒素被破坏。但据 Das 等报道，这些化学试剂虽然基本可以去除所有真菌毒素，但是有可能造成食品营养成分的大量损失。

（3）中草药　近年来，一些医用中草药和植物提取物也常被用于真菌毒素的脱毒。Vijayanandraj 等发现药用植物（如黄花蒿、鸭嘴花）水提物可有效脱除黄曲霉毒素 B_1 的体外毒性。国内也有研究者报道，山苍子油可防止黄曲霉毒素的污染及其产生的毒性作用。

3. 生物去毒法

生物去毒法目前被国内外专家认为是去毒的最佳方法。该方法条件温和，不使用有害的化学药品，不会造成食品中营养成分的损失。生物去毒法主要有发酵去毒法和细菌去毒法。

（1）发酵去毒法　早在 20 世纪 80 年代，人们就提出了谷物通过发酵去毒的想法。目前，关于通过用发酵法生产啤酒和白酒并除去真菌毒素的报道已有很多，欧洲的啤酒中不存在玉米赤霉烯酮，也很少检验到赭曲霉毒素 A。国外研究者分析了加拿大啤酒中烟曲霉毒素的情况，其中只有 4 个样品中烟曲霉毒素 B_1 超过 2μg/kg，烟曲霉毒素超过 7.6μg/kg，而大多数样品中的烟曲霉毒素含量很低。Scott 在样品中添加了赭曲霉毒素 A、烟曲霉毒素 B_1 和烟曲霉毒素 B_2，利用酵母进行发酵，8d 后，赭曲霉毒素 A 减少了 13%，烟曲霉毒素 B_1 减少了 28%，烟曲霉毒素 B_2 减少了 17%，酵母吸收了 24% 赭曲霉毒素，但未吸收烟曲霉毒素。

（2）细菌去毒法　在 20 世纪 60 年代，Gieglar 发现有 1000 多种微生物具有降解黄曲霉毒素的能力，其中橙色黄杆菌（*Flavobacterium aurantiacum*）能够不可逆地从溶液中去除黄曲霉毒素。Janos 发现醋酸钙不动杆菌可除去赭曲霉毒素。

第三节　病毒

病毒是专性寄生微生物，只能在寄生的活细胞中复制，不能在人工培养基上繁殖。当前对食品中病毒的了解较少，其主要原因有三：一是病毒不能像细菌和霉菌那样，以食品为培养基进行繁殖，这也是人们忽略病毒性食物中毒的主要原因；二是在食品中的数量少，必须用提取和浓缩的方法，但其回收率低，大约为 50%；三是有些食品中的病毒尚不能用当前已有的方法培养出来。

近几十年来，病毒学突飞猛进，发现的病毒感染疾病也日益增多，如病毒性肝炎、病毒性感冒、病毒性痢疾、艾滋病等。正如 Cliver 等（1983）指出，实际上任何食品都可以作为病毒的运载工具，特别是人体食入和排出的方式，如食物来源的病毒性肝炎。Cuker 等（1984）通过实验证实，病毒性胃肠炎出现的频率仅次于普通感冒，占第二位。Larkin（1981）列出了因食物污染人类胃肠道病毒的种类：细小核糖核酸病毒、呼吸道肠道病毒、细小病毒、乳多孔病毒和腺病毒等。此外，相当一部分的人兽共患病也是由病毒导致的。自 20 世纪以来，牛海绵状脑病、禽流感、口蹄疫、SARS、甲型 H1N1 流感等这些人兽共患疾病引起社会高度恐慌，更引起了人们对各种动物源性食品安全性的考虑。1956 年 WHO 对人兽共患疾病所作的定义为：在脊椎动物与人之间自然传播的疾病和感染。下面重点介绍几种危害性较大的病毒。

一、禽流感病毒

禽流感是禽流行性感冒（avian influenza，AI）的简称，这是一种由甲型流感病毒的一种亚型引起的传染性疾病综合征，被国际兽疫局定为 A 类传染病，又称真性鸡瘟或欧洲鸡瘟。最早的禽流感记录在1878年的意大利，当时被称为鸡瘟。到1955年，科学家证实其致病病毒为甲型流感病毒，此后，这种疾病更名为禽流感。禽流感被发现100多年来，人类并没有掌握有效的预防和治疗方法，仅能以消毒、隔离、大量宰杀禽畜的方法防止其蔓延。高致病性禽流感暴发的地区，往往蒙受巨大经济损失。禽流感已在全球多个国家暴发，据统计，2021年底至2022年3月，欧洲已有34个国家发现H5N1型禽流感病毒。2022年4月，世界动物卫生组织表示，目前累计约有850人感染H5N1，其中半数不治身亡。

禽流感的病原体为禽流感病毒，属于正黏病毒科流感病毒属的A型流感病毒。甲型流感病毒根据HA表面蛋白质的不同被分为H1到H15等15种亚型。世界各地的禽流感主要由高致病性的H5和H7两种亚型引起，而人对其中的H1和H3亚型易感。禽流感病毒在4～20℃可凝集人、猴、豚鼠、犬、貂、大鼠、蛙、鸡和禽类的红细胞，所以禽流感的暴发常常可能会导致其他动物的感染。

按病原体类型的不同，禽流感可分为高致病性、低致病性和非致病性禽流感三大类。非致病性禽流感不会引起明显症状，仅使染病的禽鸟体内产生病毒抗体；低致病性禽流感可使禽类出现轻度呼吸道症状，食量减少、产蛋量下降，出现零星死亡；高致病性禽流感最为严重，发病率和死亡率高，感染的鸡群常常“全军覆没”。

禽流感的传播有病禽和健康禽直接接触和病毒污染物间接接触两种。禽流感病毒存在于病禽和感染禽的消化道、呼吸道和禽体脏器组织中。因此病毒可随眼、鼻、口腔分泌物及粪便排出体外，含禽病毒的分泌物、粪便、死禽尸体污染的任何物体通过各种渠道进入其他的健康禽群。与带毒的人或猪接触也可能引起该病毒的传播。家禽中以火鸡最为敏感，鸡、雉鸡、鸽、鹌鹑、鹧鸪、鸵鸟等均可受禽流感病毒的感染而大批死亡。

接触感染是人类感染禽流感病毒的主要途径，目前尚未发现由于吃鸡肉和鸡蛋而受到感染的病例。从微生物学角度讲，有三个方面的原因阻止了禽流感病毒对人类的侵袭。首先，人呼吸道上皮细胞不含禽流感病毒的特异性受体，即禽流感病毒不容易被人体细胞识别并结合；第二，所有能在人群中流行的流感病毒，其基因组必须含有几个人流感病毒的基因片段；第三，高致病性的禽流感病毒含碱性氨基酸数目较多，使其在人体内的复制比较困难。

尽管没有证据表明禽流感病毒会直接引起人类流感暴发，但从进化角度看，人类流感与原先在动物中传播的流感病毒有关。H5N1病毒与人类流感病毒的4500个氨基酸只有19个不同，一旦差异性降到10个氨基酸，禽流感就会突变，因此医疗研究和监测部门仍对禽流感袭击人类的可能性保持警惕。对个人而言，应注重身体健康、保持良好免疫力；避免接触患病的家禽及其排泄物；旅游时不去可能接触患病家禽的场所；注意环境卫生；解剖家禽、家畜及其制品后要彻底洗手；食用禽类制品之前要高温充分烹煮，以杀灭病毒。

二、朊病毒

牛海绵状脑病（bovine spongiform encephalopathy，BSE）又称疯牛病，是由蛋白质感染因子（prion，亦称朊病毒）引起的一种亚急性海绵状脑病，这类病还包括绵羊瘙痒病、人库鲁病（又称震颤病）、人克-雅病（Creutzfeldt，CJD）、人格斯特曼氏病（Gerstman，

GSS）、水貂传染性脑病（transmissible mink encephalopathy，TME）、麋鹿的慢性消耗性疾病以及最近发现的致死性家族性失眠症等。

朊病毒病是一类传染性的海绵状脑病，患病生物死后的小脑和皮层中有大的液泡。哺乳动物包括人类都能患这类病，不过人类的发病率很低。研究表明，家养动物猫、大猫、蹄状动物食用污染的牛肉后会患疯牛病，除牛以外疯牛病也会传给猪、羊和短尾猿。羊瘙痒病是这种类型疾病中第一个被发现的，已经有200年历史。1982年S. B. Prusiner以叙利亚仓鼠为实验材料，发现羊瘙痒病的病原体是一种蛋白质，不含核酸，命名为prion，译为蛋白质感染因子或朊病毒，Prusiner因此项发现更新了医学感染的概念，获得了1997年的诺贝尔生理学或医学奖。因此，朊病毒被定义为“小的蛋白状传染粒子，它能够抵抗钝化核酸修饰的过程”。

朊病毒能使细胞内的此类正常蛋白质内皮细胞朊病毒蛋白质（cellular prion protein，PrP^C）发生结构变异，变为具有致病作用的类似于羊瘙痒因子的蛋白质PrP^{Sc}（scrapie-associated prion protein）。正常PrP^C存在于神经元、神经胶质细胞和其他一些细胞中，属于糖磷脂酰肌醇锚定蛋白，集中在膜上的脂筏中，对蛋白酶和高温敏感，可能和细胞信号转导有关。PrP^{Sc}与PrP^C的一级结构相似。动物被感染后，发生错误折叠的PrP^{Sc}蛋白质堆积在脑组织中，形成不溶的淀粉样蛋白质沉淀，无法被蛋白酶分解，引起神经细胞凋亡（apoptosis）。PrP^C和PrP^{Sc}的区别列于表2-6。

表2-6 PrP^C和PrP^{Sc}的区别

特征	PrP^C	PrP^{Sc}
蛋白酶K（PK）作用	降解	部分抗性
分子质量	33～35kDa	33～35kDa
PK处理后的分子质量	降解	27～30kDa
洗涤剂	溶解	不溶解
正常脑中出现与否	是	否
TSE脑中出现与否	是	是
感染性	不共纯化	不共纯化

大多数哺乳动物都可能患朊病毒病，已经鉴定出的病例见表2-7。这些病最早的分类法是根据患者的家庭病症进行的，现在正被更准确的分子诊断方法所替代。现已证明疯牛病、绵羊的瘙痒病和人的克-雅病、库鲁病都是通过食物传染而传播的。

表2-7 传播性海绵状脑病

病症	英文名（缩写）	人或动物	类型	病因
克-雅病	Creutzfeldt-Jakob disease（CJD）	人	偶发性 家族性 治疗引起	未知 与PrP基因突变有关 手术或生长激素污染
GSS病	Gerstman-Straussler-Soheinker syndrome（GSS）	人	家族性	与PrP基因突变有关，如编码子102

续表

病症	英文名（缩写）	人或动物	类型	病因
致死性家族性失眠症	fatal familial insomnia（FFI）	人	家族性	与 PrP 基因突变有关，如编码子 178
库鲁病	Kulu	人	获得性	与葬礼习俗有关
变异型克 - 雅病	variant Creutzfeldt-Jakob disease（vCJD）	人	获得性	膳食，与疯牛病有关
幼儿海绵状脑病	alpers syndrome	人		
瘙痒病	scrapie	绵羊、山羊	自然	感染，未知传播方式
慢性萎缩病	chronic wasting disease（CWD）	黑尾鹿、麋鹿	自然	感染，未知传播方式
貂传染性脑病	transmissible mink encephalopathy（TME）	貂	获得性	污染的饲料
牛海绵状脑病	bovine spongiform encephalopathy（BSE）	牛	获得性	污染的饲料
猫海绵状脑病	feline spongiform encephalopathy（FSE）	猫	获得性	膳食，与疯牛病有关
海绵状脑病	spongiform encephalopathies	公园动物	获得性	膳食，与疯牛病有关

在 20 世纪 50 年代，库鲁病是处于突出地位的朊病毒病，发现于新几内亚高地上的 Fore 部落中，当地人称作 kuru，意即颤抖。病症有言语含糊及无意识地狂笑，最后不省人事并死亡。由于宗教习俗，当地人摄食死亡亲属的脑组织，这可能是传播的途径。疯牛病是由于健康牛食入了含有致病性朊病毒的人工蛋白质饲料，这种人工蛋白质饲料含有病牛、病羊的脑和脊髓等脏器成分。人的克 - 雅病等则是由于人吃了患疯牛病的牛肉及其制品以及牛脑、脊髓、扁桃体、胸腺、脾脏和小肠而传染发病。而在 2000 年也有消息证实疯牛病可以通过孕妇的胎盘垂直传播，是典型的遗传病。

朊病毒对高温和蛋白酶均具有较强的抵抗力。朊病毒耐高温，加热到 360℃仍有感染力，植物油的沸点（160～170℃）不足以灭活病原，对抗生素和消毒剂不敏感，134～138℃持续 1h 的病牛脑组织匀浆，以及 10% 甲醛固定过的病羊脑组织，仍有传染性。朊病毒还耐甲醛、耐强碱，疯牛病的脑组织能耐受 1mol/L 和 2mol/L 氢氧化钠达 2h 之久。因而其传染性强、危害性大。对于朊病毒引起的疾病，目前尚没有有效的治疗措施。

这些病既是传染性的也是遗传性的，还可能是偶发性的。人类传染朊病毒的途径可能有两种：① 获得性传染（膳食和医疗，如手术注射生长激素和角膜移植），即涉及传染物质；② 表观遗传的孟德尔遗传，即正常染色体遗传和显性遗传，这与传染物质不同。

由于医学界对疯牛病的病因、发病机理、流行方式还没有统一的认识，所以也尚未发现有效的诊断方法和防治措施。本病既无炎症变化，也不产生免疫应答，故不能进行血清学检验，本病诊断只能依靠临床症状和中枢神经病变鉴定。目前毫无任何特异性的预防和治疗手段，同时此类疾病的超长潜伏期和感染因子及传播途径的不明了，使疯牛病对人类究竟能产生多大影响很难准确预计，使此类疾病引起的恐慌达到了空前的程度。不少专家和学者甚至认为疯牛病是21世纪对人类威胁最大的疾病，将直接影响到人类的生存。在清楚地知道BSE与vCJD的关系后，英国、欧盟和其他一些国家制定了很多法规。

欧盟等地的牛海绵状脑病（BSE）防控措施

目前最急需研究的是朊病毒病的超前诊断和检测方法。对人发病的早期诊断可以增加成功治疗的可能性；对动物发病的早期诊断可以提高食品安全性。朊病毒的监测需要全球范围的广泛合作，vCJD监测和动物监测都必须全面展开，共享组织和体液数据库，采用共同承认的标准方法，及时通报疫情，制定相应的法律法规。只有保证动物的健康安全，才能保证动物制品的安全卫生，最终才能保障人类的健康安全。

三、口蹄疫病毒

口蹄疫（foot and mouth disease）是由口蹄疫病毒感染引起的一种急性有高度传染性的人兽共患疾病，也叫口疮热和流行性口疮。其临床特征是口腔（舌、唇、颊、龈、腭）黏膜和乳房的皮肤上形成水疱和糜烂。主要发生于偶蹄动物，牛、羊最易感染，猪和人也可以感染此病。本病广泛流行于世界各地，尤其在欧洲、亚洲、非洲较为严重。国际兽疫局将口蹄疫列为“A类动物传染病名单”中的首位。世界上许多国家把口蹄疫列为最重要的动物检疫对象，中国把它列为“进境动物检疫一类传染病”。

口蹄疫病毒属微核糖核酸，其核酸类型为单链RNA，是已知的最小的RNA病毒。已发现的口蹄疫病毒有A、O、C、SAT1、SAT2、SAT3和ASIA1等7个血清型。各型的抗原不同，不能相互免疫。每个类型内又有多个亚型，目前共有65个亚型。大部分口蹄疫流行地区常见有A型、O型、C型，其中以O型最为常见。

口蹄疫能侵害多种动物，易感染口蹄疫的偶蹄动物约有70多种。马不会感染口蹄疫，但会成为口蹄疫的被动载体。1514年意大利首次发生口蹄疫。1898年，口蹄疫被确认是由病毒引起的疾病。口蹄疫的潜伏期为水疱出现前的14d。病毒大约在水疱出现10d前开始传播。感染口蹄疫病毒后的动物，通常出现体温升高，跛行，口流泡沫，时作啧啧声，口腔、舌面、蹄叉、蹄冠和乳房上有水疱和烂斑等症状。人也具有易感性。

口蹄疫传染途径多、速度快，病畜和带毒家畜是本病的主要传染源，口蹄疫病毒的野生宿主也是一个重要的因素。口蹄疫病毒主要存在于患病动物的水疱以及淋巴液中，发热期血液内的病毒含量最高；退热后，在乳汁、口涎、泪液、粪便、尿液等的分泌物中都含有一定量的病毒，病毒的致病力很强。病毒可通过空气、灰尘，病畜的水疱、唾液、乳汁、粪便、尿液、精液等分泌物和排泄物，以及被污染的饲料、褥草和接触过病畜的人员的衣物传播。口蹄疫病毒血清类型多，易变异，消化道是主要的感染门户，此外，也能经损伤的黏膜、皮肤和呼吸道感染。口蹄疫很少感染人类，但人类接触或摄入污染的畜产品后，口蹄疫病毒会通过受伤的皮肤和口腔黏膜侵入人体。人患口蹄疫时，先表现为咽痛、全身关节酸软，随后高热，口腔黏膜出水疱，牙龈、舌部溃烂，伴灼烧样疼痛、吞咽困难、厌食、流涎、口臭。口、咽、掌等部位出现大而清亮的水疱，血清O型口蹄疫抗体阳性，没有有效的治疗办法，这些症状经2～3周后可自然恢复，不留瘢痕。一般预后良好，病后可获得持久性特异性免疫。

口蹄疫病毒对外界的抵抗能力很强。自然条件下，含病毒的组织以及被病毒感染的饲料、饲草、皮毛、土壤以及厩舍可以保持传染性达数周甚至数月。即使在腌肉中仍然可以存活 3 个月，在骨髓中可以存活 6 个月以上。受感染后恢复健康的动物会长期携带病毒。但该病毒对高温和酸、碱相对敏感，1%～2% 的火碱溶液、20%～30% 的草木灰水、3%～5% 的甲醛溶液、0.2%～0.5% 的过氧乙酸、4% 的碳酸氢钠溶液均能在短时间内杀灭病毒。但石炭酸、酒精、醚、氯仿等有机溶剂对口蹄疫病毒无作用。煮沸 3min 或阳光照射 1h 也可以杀死病毒。通常用火碱、过氧乙酸、消特灵等药品对被污染的器具、动物舍或场地进行消毒。隔离、封锁、疫苗接种等方式可预防口蹄疫的发生。用碘甘油涂布患处、消毒液洗涤口腔等是常用的治疗方法，但目前没有特效药。动物患口蹄疫会影响其使用，减少产奶量，一般采用宰杀并销毁尸体进行处理，给畜牧业造成严重损失。

第四节　食源性寄生虫

易感个体摄入污染寄生虫或其虫卵的食物而感染的寄生虫病称为食源性寄生虫病（food-borne parasitosis）。寄生虫能通过多种途径污染食品和饮水，经口进入人体，引起人的食源性寄生虫的发生和流行，特别是能在脊椎动物与人之间自然传播，人兽共患寄生虫病（parasitic zoonoses）对人体健康危害很大。寄生虫对人类的危害除由病原体引起的疾病以及因此而造成的经济损失外，有些寄生虫还可作为媒介引起疾病的传播。联合国计划署和 WHO 要求防治的 6 类主要热带疫病中，有 5 类是寄生虫病。

寄生虫侵入人体，在移行、发育、繁殖和寄生过程中对人体组织和器官造成的主要损害有三方面。其一是夺取营养。寄生虫在人体寄生过程中，从寄生部位吸取蛋白质、碳水化合物、矿物质和维生素等营养物质，使感染者出现营养不良、消瘦、体重减轻等症状，严重时发生贫血（如感染钩虫）。其二是机械性损伤。寄生虫侵入机体、移行和寄生等生理过程均可对人体的组织和器官造成不同程度的损伤，如钩虫寄生于肠道可引起肠黏膜出血；许多蠕虫的幼虫在人体内移行过程中可引起各种器官损害，其中以皮肤和肺脏病变较多，导致皮肤幼虫移行症（cutaneous larva migrans）和内脏幼虫移行症（visceral larva migrans），患者出现发热、荨麻疹等症状。其三是毒素作用与免疫损伤。有些寄生虫可产生毒素，损害人体的组织器官；有些寄生虫的代谢产物、排泄物或虫体的崩解物也能损害组织，引起人体免疫病理反应，使局部组织出现炎症、坏死、增生等病理变化。

食源性寄生虫病的暴发流行与食物有关，病人在近期食用过相同的食物；发病集中，短期内可能有多人发病（如隐孢子虫病和贾第虫病）；病人具有相似的临床症状；其流行具有明显的地区性和季节性，如旋毛虫病、华支睾吸虫病的流行与当地居民的饮食习惯密切相关，细颈囊尾蚴病和细粒棘球蚴病的流行与当地气候条件、生产环境和生产方式有关，并殖吸虫虫卵在温暖潮湿的条件下容易发育为感染性幼虫，感染多见于夏秋季节。

由于寄生虫病的临床表现大多缺乏特异性，只有保持高度的警惕，熟练掌握食源性寄生虫病病原的生活史、形态学、致病性等病原生物学特点及其与环境、人的行为等社会、自然因素的关系等规律，结合其所致寄生虫病的临床表现，采集适当的标本、选用适当的病原学诊断方法，才能为建立和完善食源性寄生虫病的检测、监测、报告、预警、干预等控制规划与措施等各个环节提供可靠的技术保障。下面重点介绍几种常见的食源性寄生虫。

一、猪囊尾蚴

猪囊尾蚴病俗称“米猪肉”，又称囊虫病，是人畜共患的常见寄生虫病。猪囊尾蚴病的病原体是寄生在人体内的猪带绦虫（*Taenia solium*）的幼虫——猪囊尾蚴，在分类学上猪带绦虫属于带科的带属。猪与野猪是最主要的中间宿主，犬、骆驼、猫及人也可作为中间宿主；人是猪带绦虫的终末宿主。该囊尾蚴寄生于人、猪各部横纹肌及心脏、脑、眼等器官，引起的危害十分严重，不仅影响养猪业的发展，造成重大经济损失，而且给人体健康带来严重威胁，是肉品卫生检验的重点项目之一。

猪囊尾蚴俗称猪囊虫。其成虫猪带绦虫寄生于终宿主（人）的小肠里，又名有钩绦虫。成虫体长2～5m，偶有长达8m的。成虫寄生于人的小肠前半段，以其头节深埋在黏膜内。虫卵或孕节随粪便排出后污染地面或食物。中间宿主（主要是猪）吞食了虫卵或孕节，在胃肠消化液的作用下，六钩蚴破壳而出，借助小钩及六钩蚴分泌物的作用，于1～2d内钻入肠壁，进入淋巴管及血管，随血液循环带到全身各处肌肉及心、脑等处，两个月后发育为具有感染力的成熟囊尾蚴。猪囊尾蚴在猪体可生存数年，年久后即钙化死亡。

人误食了未熟的或生的含囊尾蚴的猪肉后，猪囊尾蚴在人胃肠消化液作用下，囊壁被消化，头节进入小肠，用吸盘和小钩附着在肠壁上，吸取营养并发育生长。不到48d就出现成熟虫卵，50多天或更长的时期始能见到孕节（或虫卵）随粪便排出。开始时排出的节片多，然后逐渐减少，每隔数天排出一次，每月可脱落200多个节片。人体内通常只寄生一条，偶尔多至4条，成虫在人体内可存活25年之久。

由于猪囊尾蚴寄生的数目和寄生部位不同，其致病作用有很大差异。初期由于六钩蚴在体内移行，可引起组织损伤。而成熟囊尾蚴的致病作用常取决于寄生的部位，数量居次要。如寄生在脑部时，能引起神经症状，还可破坏大脑的完整性而降低机体的防御能力；脑部病变发展严重时可致死亡。寄生在眼内会引起视力障碍，甚或失明。寄生在肌肉与皮下，一般无明显致病作用。

本病广泛流行于以猪肉为主要肉食的18个国家和地区，我国大多数省、自治区和直辖市均有发生，尤其以北方较为严重。本病的流行具有以下特点：① 猪的感染与不合理的饲养管理方式和不良的卫生习惯密切相关；② 人的感染与个别地区的居民喜吃生的猪肉或野猪肉有关；③ 感染无明显的季节性，但在适合虫卵生存、发育的温暖季节呈上升趋势；④ 多为散发性，有些地区呈地方性流行，其严重程度与当地绦虫病人的多少呈正相关；⑤ 自然条件下，猪是易感动物，囊尾蚴可在猪体内存活3～5年。野猪、犬、猫也可感染，人虽然可作为中间宿主，但常是致命感染。

二、溶组织内阿米巴

溶组织内阿米巴（*Entamoeb*）属内阿米巴科的内阿米巴属。1928年，Brumpt曾提出溶组织内阿米巴有两个种，其中一种可引起阿米巴病，而另一种虽与溶组织内阿米巴形态相似、生活史相同，但无致病性，并命名为迪斯帕内阿米巴（Entamoeba dispar）。引起阿米巴病的是溶组织内阿米巴，而迪斯帕内阿米巴无致病性。

感染溶组织内阿米巴可致阿米巴病，临床主要表现为肠阿米巴病和肠外阿米巴病。溶组织内阿米巴病呈世界性分布，但常见于热带和亚热带地区，如印度、印度尼西亚、热带非洲和中南美洲。阿米巴病是世界上第三种最常见的寄生虫病。全世界约有 5 亿感染者，每年因阿米巴病死亡的人数约 10 万人。带虫者、慢性或恢复期病人和粪便中排包囊的带虫者是阿米巴病的主要传染源。

溶组织内阿米巴的滋养体大小在 10～60μm 之间，滋养体在肠腔里形成包囊的过程称为成囊（encystation）。滋养体在肠腔以外的脏器或外界不能成囊。阿米巴病的主要传染源为粪便中持续带包囊者。包囊的抵抗力较强，在适当温湿度下可生存数周，并保持有感染力，但对干燥、高温的抵抗力不强。通过蝇或蟑螂消化道的包囊仍具感染性。溶组织内阿米巴的滋养体抵抗力极差，并可被胃酸杀死，无传播作用。人体感染的主要方式是经口感染，食用含有成熟包囊的粪便污染的食品、饮水或使用污染的餐具均可导致感染。食源性暴发流行则是由于不卫生的用餐习惯或食用由包囊携带者制备的食品。

阿米巴病的潜伏期 2～26d 不等，以 2 周多见。起病突然或隐匿，可呈暴发性或迁延性，可分为肠阿米巴病和肠外阿米巴病。

（1）肠阿米巴病（intestinal amoebiasis） 溶组织内阿米巴滋养体侵袭肠壁引起肠阿米巴病。常见部位在盲肠和升结肠，其次为直肠、乙状结肠和阑尾，有时可累及大肠全部和一部分回肠。急性期的临床症状从轻度、间歇性腹泻到暴发性、致死性的痢疾不等。60% 患者可发展成肠穿孔，亦可发展成肠外阿米巴病。慢性阿米巴病则长期表现为间歇性腹泻、腹痛、胃肠胀气和体重下降，可持续一年以上，甚至五年之久。有些患者出现阿米巴肿，亦称阿米巴性肉芽肿，呈团块状损害而无症状。肠阿米巴病最严重的并发症是肠穿孔和继发性细菌性腹膜炎，呈急性或亚急性过程。

（2）肠外阿米巴病（extraintestinal amoebiasis） 是肠黏膜下层或肌层的滋养体进入静脉、经血行播散至其他脏器引起的阿米巴病。以阿米巴性肝脓肿最常见。全部肠阿米巴病例中有 10% 的患者伴发肝脓肿。肝脓肿可破裂入胸腔（10%～20%）或腹腔（2%～7%），少数情况下肝脓肿破入心包则往往是致死性的。多发性肺阿米巴病常发于右下叶，多因肝脓肿穿破膈肌而继发，主要症状有胸痛、发热、咳嗽和咳“巧克力酱”样的痰。此外，1.2%～2.5% 的患者可出现脑脓肿，临床症状有头痛、呕吐、眩晕、精神异常等。45% 的脑脓肿患者可发展成脑膜脑炎。阿米巴性脑脓肿的病程进展迅速，如不及时治疗，死亡率高。

患阿米巴病的高危人群包括旅游者、流动人群、低能人群、同性恋者，而严重感染往往发生在小儿尤其是新生儿、孕妇、哺乳期妇女、免疫力低下的人群、营养不良或恶性肿瘤的患者及长期应用肾上腺皮质激素的患者。感染的高峰年龄为 14 岁以下的儿童和 40 岁以上的成人。

三、旋毛虫

旋毛虫（*Trichinella spiralis*）属袋形动物门（Aschelminthes）线虫纲（Nematoda）寄

生蠕虫，呈世界性分布，可引起人和其他哺乳动物（猪、犬、猫、熊、狐、鼠）的严重疾病——旋毛虫病（trichinelliasis）。在自然界中，旋毛虫病是肉食动物之间相互蚕食或摄食尸体而形成的寄生虫病，有 120～150 种哺乳动物可自然感染此虫，尤其是猪、犬、猫、狐和某些鼠类感染率较高。旋毛虫病是人兽共患病。猪是旋毛虫病的主要传染源，人因食入猪肉中含旋毛虫未杀死的囊包而感染。旋毛虫幼虫囊包对外界抵抗力较强，晾干、腌制、熏烤及涮食等一般不能将其杀死。在我国有些地区的群众有喜食“杀片”“生皮”“剁肉”的习俗，易引起本病的暴发流行。人可因食用生的或未煮熟含有旋毛虫囊包的动物肉类而感染。主要临床表现有胃肠道症状、发热、眼睑水肿和肌肉疼痛。

囊包蚴抵抗力强，能耐低温，猪肉中的囊包蚴在 –15℃需贮存 20d 才死亡，–12℃可活 57d，70℃时很快死亡，在腐肉中能存活 2～3 个月。凉拌、腌制、熏烤及涮食等方法常不能杀死幼虫。发病人数中吃生肉者占 90% 以上。此外，切生肉的刀或砧板如再切熟食，也是可能的传播方式之一。

旋毛虫病呈世界性广泛分布，尤其是欧洲及北美流行较为严重。国内旋毛虫病呈现局部与暴发感染流行的特点。以云南、西藏与河南等地区发病（人与动物）报道较多，云南某地方的居民，有吃生肉及生皮的生活习性，易致本病的流行。

四、隐孢子虫

隐孢子虫（*Cryptosporidium* Tyzzer）为体积微小的球虫类寄生虫。广泛存在于多种脊椎动物体内，由隐孢子虫引起的疾病称隐孢子虫病（cryptosporidiosis），是一种以腹泻为主要临床表现的人兽共患性原虫病。

目前认为已发现的隐孢子虫至少有 6 种，人和哺乳动物的隐孢子虫感染几乎都是由微小隐孢子虫（*Cryptosporidium parvum* Tyzzer）所引起的。隐孢子虫卵囊呈圆形或椭圆形，直径 4～6μm，成熟卵囊内含 4 个裸露的子孢子和残留体。虫体主要寄生于小肠上皮细胞的刷状缘纳虫空泡内，破坏黏膜上皮细胞，空肠近端是虫体寄生数量最多的部位，严重者可扩散到整个消化道。隐孢子虫体亦可寄生于呼吸道、肺脏、扁桃体、胰腺、胆囊和胆管等器官。此外，艾滋病患者并发隐孢子虫性胆囊炎、胆管炎时，除呈急性炎症改变外，尚可引起坏疽样坏死。

隐孢子虫病临床症状的严重程度与病程长短亦取决于宿主的免疫功能状况。免疫功能正常宿主的症状一般较轻，潜伏期一般为 3～8d，急性起病，腹泻为主要症状。病程多为自限性，持续 7～14d，但症状消失后数周，粪便中仍可带有卵囊。少数患者迁延 1～2 个月或转为慢性反复发作。免疫缺陷宿主的症状重，常为持续性霍乱样水泻，病程可迁延数月至 1 年。隐孢子虫感染常为艾滋病患者并发腹泻而死亡的原因。

患者和卵囊携带者是隐孢子虫病的主要传染源，牛、马、羊、猪、犬、鼠等多种感染动物也是传染源。人感染本病主要通过粪 - 口途径，吞食被卵囊污染的食物和饮水或托儿所、家庭、医护人员可能通过人际相互接触而传播。人对隐孢子虫普遍易感，婴幼儿、免疫功能低下的人群更易感染发病。与自然感染的牛密切接触或在实验室的密切接触者均有很高的感染风险。

隐孢子虫病呈广泛的世界性分布。在发展中国家中的检出率高于发达国家。在寄生虫性腹泻中本病的发病率位居第一位。1976年美国报道第一例人体感染的病例，之后，发达国家有多次暴发的报道，其中1993年美国威斯康星州发生水传播暴发，感染人数逾40万。我国于1987年在南京首次发现了人体隐孢子虫病病例。随后安徽、内蒙古、福建等19个省（自治区、直辖市）也相继报道了一些病例，在腹泻患者中的检出率为0.9%～13.3%。迄今已有74个国家，至少300个地区有报道。同性恋并发艾滋病患者近半数感染隐孢子虫。在与患者、病牛接触的人群和在幼儿集中的单位，隐孢子虫腹泻暴发流行时有发生。

五、华支睾吸虫

华支睾吸虫（*Clonorchis sinensis* Looss）又称肝吸虫（liver fluke）、华肝蛭，成虫寄生于人体的肝胆管内，可引起华支睾吸虫病（clonorchiasis）。人类常因食用未经煮熟含有华支睾吸虫囊蚴的淡水鱼或虾而被感染。重度感染者可出现消化不良、上腹隐痛、腹泻、精神不振、肝大等临床表现，严重者可发生胆管炎、胆结石及肝硬化等并发症。感染严重的儿童常有显著营养不良和生长发育障碍。

华支睾吸虫是雌雄同体的吸虫。其生活史复杂，按发育程序可分为成虫、虫卵、毛蚴、胞蚴、雷蚴、尾蚴、囊蚴及幼虫等八个阶段。终宿主为人及肉食哺乳动物（狗、猫等），第一中间宿主为淡水螺类，如豆螺、沼螺、涵螺等，第二中间宿主为淡水鱼、虾。

华支睾吸虫成虫寄生于人或哺乳动物的胆管内。虫卵随胆汁进入消化道混于粪便排出，在水中被第一中间宿主淡水螺吞食后，在螺体消化道孵出毛蚴，穿过肠壁在螺体内发育，经历了胞蚴、雷蚴和尾蚴三个阶段。成熟的尾蚴从螺体逸出，遇到第二中间宿主淡水鱼类，则侵入鱼体内肌肉等组织发育为囊蚴。终宿主因食入含有囊蚴的鱼而被感染。囊蚴在十二指肠内脱囊。一般认为脱囊后的后尾蚴沿胆汁流动的逆方向移行，经胆总管至肝胆管，也可经血管或穿过肠壁经腹腔进入肝胆管内。囊蚴进入终宿主体内至发育为成虫，并在粪中检到虫卵所需时间随宿主种类而异，人约1个月，犬、猫需20～30d，鼠平均21d。人体感染后成虫数量差别较大，曾有多达21000条成虫的报道。成虫寿命为20～30年。

华支睾吸虫病的危害性主要是患者的肝脏受损。病变主要发生于肝脏的次级胆管。病理研究表明受华支睾吸虫感染的胆管呈腺瘤样病变。感染严重时在门脉区周围可出现纤维组织增生和肝细胞的萎缩变性，甚至形成胆汁性肝硬化。华支睾吸虫病的并发症和合并症很多，有报道多达21种，其中较常见的有急性胆囊炎、慢性胆管炎、胆囊炎、胆结石、肝胆管梗阻等。成虫偶尔寄生于胰腺管内，引起胰管炎和胰腺炎。临床上见到的病例多为慢性期，患者的症状往往经过几年才逐渐出现。

华支睾吸虫病流行呈点状分布，不同地区、不同县乡甚至同一乡内的不同村庄感染率差别也很大，除人们饮食习惯的因素外，地理和水流因素也起着重要作用。华支睾吸虫的感染无性别、年龄和种族之分，人群普遍易感。流行的关键因素是当地人群是否有生吃或半生吃鱼肉的习惯。实验证明，在厚度约1mm的鱼肉片内的囊蚴，在90℃的热水中，1s即能死亡，75℃时3s内死亡，70℃及60℃时分别在6s及15s内全部死亡。囊蚴在醋（含醋酸浓度3.36%）中可存活2h，在酱油中（含NaCl 19.3%）可存活5h。在烧、烤、烫或蒸全鱼时，可因温度不够、时间不足或鱼肉过厚等原因，未能杀死全部囊蚴。成人感染方式以食鱼生为多见，如在珠江三角洲、香港、台湾等地人群主要通过吃“鱼生”“鱼生粥”或烫鱼片而感染；东北朝鲜族居民主要是用生鱼佐酒吃而感染；儿童的感染则与他们在野外进食未烧烤熟透的鱼虾有关。此外，抓鱼后不洗手或用口叼鱼、使用切过生鱼的刀及砧板切熟食、用盛过生鱼的器皿盛熟食等也有使人感染的可能。

六、肺吸虫

肺吸虫（*Paragonimus westermani*）也称“卫氏并殖吸虫”，隐孔吸虫科。肺吸虫引起的肺吸虫病是一种人兽共患的蠕虫病。肺吸虫在人体除寄生于肺外，也可寄生于皮下、肝、脑、脊髓、肌肉、眼眶等处引起全身性吸虫病。其虫卵随痰液或粪便排出后先在水中发育成毛蚴，继而侵入第一宿主（淡水螺）发育成尾蚴，尾蚴又侵入第二宿主（甲壳类动物）发育成囊蚴，人在进食未经煮熟的带有囊蚴的淡水蟹和蝲蛄（小龙虾）、沼虾，或食用半熟的被囊蚴感染的野生动物肉，或生饮被囊蚴污染的溪水后即遭感染。

肺吸虫种类很多，世界已报告40余种，其中仅部分能引起皮肤损害。在我国已报告的寄生在人体的肺吸虫主要是卫氏吸虫、四川吸虫、斯氏狸殖吸虫、异盘吸虫、团山并殖吸虫五种。该虫主要流行于亚洲、非洲和美洲，我国仅在少数山区有散在流行。

肺吸虫病是以肺部病变为主的全身性疾病，临床表现复杂，症状轻重与入侵虫种、受累器官、感染程度、机体反应等多种因素有关。起病多缓慢，因准确感染日期多不自知，故潜伏期难以推断，长者10余年，短者仅数天，但多数在6～12个月。患者可有低热、咳嗽、咳烂桃样痰和血痰、乏力、盗汗、食欲不振、腹痛、腹泻或荨麻疹等临床表现。

人若吃了生的或未煮熟的石蟹、蝲蛄，囊蚴进入小肠，幼虫脱囊而出，穿过肠壁到腹腔，再穿过横膈进入肺内发育为成虫。成虫在宿主体内可活5～6年，长者达20年。不论成虫或幼虫都有移行的特点，在移行途中可寄生于其他脏器，但在肺以外的其他脏器，虫体大多数不能发育为成虫。

肺吸虫病的临床分类

七、肉孢子虫

肉孢子虫（*Sarcocystis*）感染可引起肠肉孢子虫病和组织（肌肉）肉孢子虫病（sarcocystosis）。肉孢子虫病为一种人兽共患寄生虫病。目前已知人体可作为终宿主，引起肠肉孢子虫病的肉孢子虫有两种，即牛-人肉孢子虫（又称人肉孢子虫）和猪-人肉孢子虫（又称人猪肉孢子虫）。人也可作为中间宿主，由林氏肉孢子虫引起组织肉孢子虫病。

1. 肠肉孢子虫病

生食或误食入含有人肠肉孢子虫孢子囊的肉类后，由囊内的缓殖子侵入肠壁细胞而致病。呈自限性腹泻，多数患者无症状，少数出现一过性消化道症状如恶心、间歇性腹痛、腹泻等。部分患者有乏力、头晕、轻度贫血及嗜酸性粒细胞增多等现象。免疫抑制者或艾滋病患者感染则症状严重，引起贫血、坏死性肠炎，病程迁延。

2. 组织肉孢子虫病

误食终宿主粪便排出的肉孢子虫卵囊、孢子囊后在心肌、食管壁、骨骼肌等中形成肉孢子囊而出现症状，如发热、肌肉疼痛、关节痛等。肉孢子囊可破坏所侵犯的肌细胞，造成邻近细胞的压迫性萎缩，囊壁破裂可释放出肉孢子毒素，作用于神经系统、心、肾上腺、肝和小肠等，肉孢子囊还可引起过敏反应，严重时可致死。

肉孢子虫分布较广。以动物如猪、牛感染为主，感染率高。东南亚、中南美洲、欧洲、非洲等均有病例报道。我国西藏、云南、广西、山东、甘肃均有分布，各地生猪及牛的肉孢子虫感染比较严重，生猪最高达 80.0%，牛的自然感染率为 4.0%～92.4%。人群感染率各地有较大差异，从 4.0%～62.5% 不等。

八、蓝氏贾第鞭毛虫

蓝氏贾第鞭毛虫（*Giardia lamblia*）是一种引起腹泻的肠寄生原虫，所致疾病称为蓝氏贾第鞭毛虫病，简称贾第虫病（giardiasis）。由于世界各地相继发生本病的流行甚至暴发，人们才逐渐认识到蓝氏贾第鞭毛虫的致病性。本病因在旅游者中发病率较高，故又称旅游者腹泻。

人体感染贾第虫后，不表现任何临床症状者称为无症状带虫者，也有出现严重腹泻和营养不良者。急性蓝氏贾第鞭毛虫病有 1～14d 的潜伏期（平均 7d），病程 1～3 周。症状包括恶心、厌食、上腹及全身不适，或伴低热或寒战、腹泻，可呈突发性恶臭水泻，伴有腹胀、恶心、嗳气、呃逆和上中腹痉挛性疼痛。慢性期的部分患者表现为持续的或周期性反复发作的中、轻度症状，病程可迁延数年。其他症状可有周身不适、体重减轻等。由于腹泻，儿童患者可出现贫血、生长发育迟缓。蓝氏贾第鞭毛虫偶尔可侵入胆道，引起胆管炎或胆囊炎。

贾第虫感染的地理分布呈全球性，在气候温暖地区和儿童中多见。在旅游者中发病率较高。但在发达国家，艾滋病患者合并感染者明显增加。曾出现水源性暴发流行。在我国的流行也十分广泛，乡村人群的感染率高于城市，儿童高于成人，感染率在 1% 以上。本病夏秋发病较高。

粪便中含有包囊的带虫者或患者是重要传染源。人摄入被包囊污染的饮水或食物而被感染。通过“粪 - 口”途径传播，人、动物的粪便和污水污染水源可引起水源传播，包囊污染食物引起的食物传播以及在同性恋者间的性传播。任何年龄的人群对贾第虫均有易感性，儿童、年老体弱者和免疫功能缺陷者尤其易感。

九、贝氏等孢球虫

贝氏等孢球虫（*Isospora belli*）感染人体可引起以腹泻为主要症状的等孢球虫病。等孢球虫的生活史包括裂体生殖、配子生殖和孢子生殖，前两者在宿主体内进行。人误食被成熟卵囊污染的食物或饮水后，卵囊在小肠内受消化液作用破裂，子孢子逸出并进入小肠黏膜上皮细胞内发育为滋养体，滋养体经数次裂体生殖后产生大量裂殖子，裂殖体破裂释放出裂殖子并侵入邻近的上皮细胞内继续其裂体生殖过程，大约 1 周后，部分裂殖子在上皮细胞内或肠腔中发育为雌、雄配子母细胞与雌、雄配子，经交配后形成合子并分泌囊壁发育为卵囊，在体内或随粪便排出并继续发育。裂殖子的不断侵入使肠黏膜上皮细胞发生肠绒毛变平、变短、融合、变粗、萎缩、隐窝增生、肠上皮细胞增生等病理变化。在临床上表现为慢性腹泻、腹痛、厌食等。重者起病急、发热、持续性腹泻、体重减轻、脱水和吸收不良，甚至死亡。免疫缺陷者合并感染最突出的症状为长期慢性水样腹泻、吸收不良综合征和体重减轻，并可发生肠外感染。

贝氏等孢球虫呈全球性分布，但热带和亚热带地区较为多见，美国报道艾滋病患者中发病率可达 15%。易感人群主要是免疫缺陷者（特别是艾滋病患者），由于食入被成熟等孢球虫卵囊污染的食物和饮水而感染。

十、微孢子虫

微孢子虫（*Microsporidium*）寄生可引起人兽共患微孢子虫病（microsporidiosis），常发生于鱼类、哺乳动物等。随不同种类的病原感染，症状有差异。墨吉对虾、中国对虾肌肉上寄生的微孢子虫，使肌肉变白浑浊，不透明，失去弹性，故有人称为乳白虾或棉花虾；墨吉对虾卵巢感染后，背甲往往呈橘红色。微孢子虫病是一种慢性型疾病，通常病虾逐渐衰弱，最后死亡。

微孢子虫病临床表现因宿主的免疫状态和微孢子虫寄生部位不同而异，但无特异性。通常起病缓慢。肠道微孢子虫病的主要特征为慢性腹泻和消瘦，大便多呈水样、无黏液或脓血，常有恶心、食欲不振，对高蛋白质类、糖类及高脂肪类食物耐受差，严重者有脱水等。中枢神经系统受感染患者有头痛、嗜睡、神志不清、呕吐、躯体强直及四肢痉挛性抽搐等症状。角膜炎患者有畏光、流泪、异物感、眼球发干、视物模糊等症状。肌炎患者出现进行性全身肌肉乏力与挛缩，体重减轻，低热及全身淋巴结肿大。微孢子虫肝炎患者早期有乏力、消瘦，后出现黄疸、腹泻加重，伴发热并迅速出现肝细胞坏死。

微孢子虫病广泛分布于世界各地。人类微孢子虫感染与宿主的免疫功能低下有密切关系，常见于免疫缺陷者，艾滋病患者合并感染发病率 7%～50%，且日趋升高，是艾滋病患者慢性腹泻的主要病因。我国已报道数十例病例。传播方式不明，可能有多种传播方式或不同种类的微孢子虫其传播方式不同，多数被认为是通过摄入被微孢子虫孢子污染的食物或水而感染、传播的。性接触也可能感染。

十一、人芽囊原虫

人芽囊原虫（*Blastocystis hominis*）属芽囊原虫新亚门、芽囊原虫纲、芽囊原虫目、芽囊原虫科、芽囊原虫属。寄生在人体肠道内引起人芽囊原虫病。

人芽囊原虫感染后临床表现轻重不一，一般认为其致病强弱与基因型有关。重者可有消化道症状，如腹泻、腹胀、恶心、呕吐，甚至出现发热、寒战等，症状持续或反复出现。慢性迁延性病程多于急性病程，免疫功能正常的患者多数为自限性。免疫功能低下者及艾滋病患者易感染人芽囊原虫，症状严重，治疗十分困难。

人芽囊原虫呈世界性分布，人群普遍易感。凡粪便中排出人芽囊原虫的患者、带虫者或保虫宿主都可成为传染源。人芽囊原虫通过污染水源、食物及用具经口传播。有研究提示蟑螂是重要传播媒介。

十二、结肠小袋纤毛虫

结肠小袋纤毛虫（*Balantidium coli*）属动基裂纲、小袋科，寄生于人体结肠内，可侵犯宿主的肠壁组织引起结肠小袋纤毛虫痢疾（balantidial dysentery）。其致病性强弱受宿主肠道内环境及全身状态的影响，临床可分无症状型、慢性型和急性型三型。无症状者可在粪便中排出虫体。慢性型表现为长期周期性腹泻，急性型发病急，腹泻次数达十多次黏血样便，有明显的里急后重，此外，还可有厌食、发热、体重减轻、脱水等症状。滋养体偶可侵袭肠外脏器。

结肠小袋纤毛虫呈全球性分布，但以热带和亚热带地区多见。在我国已有17个省、自治区、直辖市有散在病例报告。人、猪、鼠、猴等均能感染结肠小袋纤毛虫，而猪是最重要的保虫宿主，是人体感染该虫的主要传染源。人由于误食被成熟结肠小袋纤毛虫卵囊污染的食物和饮水而感染。

十三、刚地弓形虫

人和动物体都可感染刚地弓形虫（*Toxoplasma gondii*），引起弓形虫病（toxoplasmosis）。刚地弓形虫主要侵犯并破坏宿主细胞，引起组织炎性反应、水肿、单核细胞及少量多核细胞浸润等。病变主要由速殖子迅速繁殖所引起。包囊一般不引起症状，但当包囊破裂时，即可能出现症状。多数为隐性感染，免疫功能抑制者常出现严重的弓形虫病。弓形虫病可分为先天性和获得性两大类。

（1）先天性弓形虫病　孕妇感染后，弓形虫经血液循环至胎盘感染胎儿。临床表现可出现在出生前、出生时、出生后数月、幼儿期、青少年期或至成年期。按病情的轻重或累及的器官，可致流产、早产、死胎、小头畸形、脑积水等。脑积水、脑内钙化灶、视网膜脉络膜炎及精神、运动障碍为先天性弓形虫病的典型表现。

（2）获得性弓形虫病　在出生后感染所致。临床表现多样，轻者无症状，重者可致死。弓形虫感染可引起多器官、多脏器损害，常累及中枢神经系统和眼，例如脑炎、脑膜脑炎、精神障碍、运动障碍、视网膜脉络膜炎、淋巴结肿大。此外，可引起心肌炎、肝炎、关节炎、肾炎等。

弓形虫病呈世界性分布，在人群感染较普遍，血清学调查人群抗体阳性率一般为20%～50%，最高可达94.0%；美国15～44岁育龄妇女的抗体阳性率为15%，我国报道的一般为5%～20%。家畜感染率为10%～50%，在一些地区肉猪感染相当普遍。

弓形虫病传染源为弓形虫感染的猫及猫科动物，人感染者为垂直传播的传染源。弓形虫生活史各阶段均具感染性。传播途径多样，食入未煮熟的含各发育期弓形虫的肉制品、乳类、蛋品或被卵囊污染的食物和水均可感染。接触、损伤的皮肤和黏膜、昆虫或吸血节肢动物、输血或器官移植、空气飞沫等均可能传播。幼儿、免疫功能低下的人群、兽医、屠宰人员、饲养员及从事弓形虫研究的实验人员、养宠物猫家庭的成员更易被弓形虫感染。

十四、布氏姜片吸虫

布氏姜片吸虫（*Fasciolopsis buski*）简称姜片虫，是寄生于人、猪小肠中的大型吸虫，可致姜片虫病（fasciolopsiasis）。姜片虫病是一种人兽共患寄生虫病。主要症状为腹痛和腹泻，还可有腹泻与便秘交替出现，甚至肠梗阻。严重感染的儿童可有消瘦、贫血、水肿、腹水、智力减退、发育障碍等。反复感染的病例，少数可因衰竭、虚脱而致死。

姜片虫成虫扁平肥大，生活时呈肉红色，形似鲜姜之切片故得名。为寄生于人体的最大吸虫。其尾蚴从螺体不断逸出，吸附在周围水生植物表面，形成囊蚴。囊蚴在潮湿情况下生命力较强，但对干燥及高湿抵抗力较弱，当中间宿主吞食囊蚴后，在小肠经肠液作用囊壁破裂，尾蚴逸出，吸附在小肠黏膜上吸取肠腔内营养物质，经 1～3 个月即可发育成成虫。成虫在人体内寿命为 4～4.5 年。在猪体内约为 1 年。

姜片虫病潜伏期 1～3 个月，轻度感染者症状轻微或无症状，中、重度者可出现食欲缺乏、腹痛、间歇性腹泻（多为消化不良粪便）、恶心、呕吐等胃肠道症状，以腹痛为主。不少患者有自动排虫或吐虫史，儿童常有神经症状如夜间睡眠不好、磨牙、抽搐等，少数患者因长期腹泻，严重营养不良可产生水肿和腹水，重度晚期患者可发生衰竭、虚脱或继发肺部、肠道细菌感染，造成死亡，偶有虫体集结成团导致肠梗阻者。

姜片虫须有两种宿主才能完成其生活史。中间宿主是扁卷螺，终宿主是人和猪（或野猪）。国内常见感染姜片虫幼虫期的扁卷螺类有：大脐圆扁螺（*Hippeutis umbilicalis*）、尖口圆扁螺（*H. cantori*）、半球多脉扁螺（*Polypylis hemisphaerula*）及凸旋螺（*Gyraulus convexiusculus*）等。以菱角、荸荠、茭白、水浮莲、浮萍等水生植物为传播媒介。人因生食附有姜片虫囊蚴的水生食物而感染。

第五节　害虫

粮食在收获之后会遭受昆虫和螨类的严重危害。根据国际植物保护机构的估计，全世界单由昆虫所造成的粮食收获后的重量损失约为 10%，若把食品包括在内，损失更大。危害食品的昆虫和螨类，不仅使食品的重量和质量受到损失，而且有些昆虫和螨类还能使人产生疾病。如赤拟谷盗身上有臭腺，分泌一种难闻、有毒的苯醌物质，可使面粉变色、结块、腥臭难闻，不堪食用。甜果螨专门危害食糖、干果和蜜饯等甜食品，若人们误食了被甜果螨污染的甜食品之后，就可能得肠螨病。

危害食品的昆虫有甲虫、蛾类、蜚蠊和书虱，螨类主要属于粉螨亚目的螨类和以粉螨为捕食对象的肉食螨科螨类。虽然，昆虫和螨类同属于节肢动物，但昆虫属于昆虫纲，而螨类属于蛛形纲，两者的重要区别是昆虫成虫有 6 足，螨类成螨有 8 足。下面对危害食品的害虫分类加以介绍。

一、甲虫

甲虫是危害食品及粮食的重要类群，体长 2～18mm 不等。在全世界，鞘翅目贮藏食品害虫有几百种，但重要的仅 20 多种。它们是玉米象、米象、谷象、咖啡豆象、谷蠹、大谷盗、锯谷盗、米扁虫、锈赤扁谷盗、长角扁谷盗、土耳其扁谷盗、杂拟谷盗、赤拟谷盗、脊胸露尾甲、黄斑露尾甲、日本蛛甲、裸蛛甲、烟草甲、药材甲、白腹皮蠹、黑毛皮蠹、赤足郭公虫、绿豆象、蚕豆象和豌豆象等。

其中，玉米象（*Sitophilus zeamais*）是中国头号蛀蚀性储粮害虫，成虫体长约 2.5mm，因其额区延长成象鼻状的喙，故有“象虫”之名，属于象虫科。在实验室培养测算，每对玉米象 1 年所产生的后代在繁殖过程中要消耗约 3 万粒小麦，重约 6kg。除玉米象外，米象、谷蠹、麦蛾等也是蛀蚀性害虫。若贮藏小麦有玉米象严重危害，在小麦碾磨成面粉的同时，也把在小麦内部的虫体（卵、幼虫、蛹和羽化前成虫）以及在小麦外面的成虫也一起碾磨成昆虫碎片而混入面粉之中，这样就影响了面粉的品质；同时由于新陈代谢，昆虫产生脲酸，使面粉中的脲酸含量增加，更使面粉的质量有所下降。在美国，国家对面粉中昆虫碎片数量及面粉中脲酸含量均制定了标准。

谷蠹成虫体长 2～3mm，头部隐藏在前胸背板之下，背面不能见，属长蠹科。它是典型的热带和亚热带地区的蛀蚀性储粮大害虫，最适发育温度为 32～34℃，原来仅分布于中国南方各省区，现在已随同粮食流通而几乎蔓延全国，不但国家粮库受其危害，而且也波及农村储粮，成为难以防治的一种害虫。若谷蠹大量发生，可使贮藏的粮食发热至 40℃以上，并有一股由谷蠹成虫分泌物的、使人厌恶的特殊气味。

二、蛾类

成虫翅展可达 20mm。在 2 对翅上覆有许多微小鳞片并构成图案，归在鳞翅目中。蛾类成虫不取食，危害食品的是其幼虫；有些种类还能危害毛纺织品，如袋衣蛾，严重危害时可把成皮毛料蛀成千疮百孔。重要的种类有麦蛾、粉斑螟、烟草螟和印度谷螟等。

粉斑螟成虫翅展可达 15mm，前翅灰褐色，后翅灰白色，属于螟蛾科。成虫不取食，危害食品的是幼虫。老熟幼虫体长 12～14mm。头部赤褐色，身体淡灰色，末端黑褐色。有 3 对胸足和 5 对腹足。可蛀蚀花生果、花生仁、干果、面粉、小麦、大米等，造成严重危害。

三、蜚蠊

成虫体长 20～40mm 不等，属于蜚蠊目。大多红棕色，有油脂样光泽，好似在油缸中浸泡过一样，故有“偷油婆”之俗称。重要的种类有美洲大蠊、德国蜚蠊等，它们可在小型食品加工厂和挂面作坊中大量繁殖而污染食品。

四、书虱

成虫体长约 2mm，属于啮虫目，全身淡黄色，半透明，常栖息于纸张和古旧书籍中，故有书虱的名称，中国主要的种类有无色书虱和嗜虫书虱等。由于它对贮藏大米的危害严重，有“米虱”之俗称。大米保管不妥，贮藏 4 个月后由它所造成的质量损失可达

4%～6%。在欧洲各国书虱是一种家庭害虫，危害食糖和粉状食品。

无色书虱成虫体长 1～2mm，半透明，乳白色，属书虱科。它有一种独特的生物学特性，可从大气中主动吸收水分。只有当书虱大量发生时，才会察觉其存在，此时已对食品造成危害了。它也是一种家庭害虫，对粉状食品、食糖等造成污染。在温度 25℃和相对湿度 75% 条件下，以酵母作饲料，完成其生活周期约 25 天。书虱属于不完全变态昆虫，其生活史发育阶段为卵—若虫—成虫，没有蛹期，每年发生 4～5 代。食性复杂，但以粉状食物为主，其尸体、排泄物、蜕下的皮壳等造成食品污染。

五、螨类

属于蛛形纲，蜱螨亚纲的一大类群微小节肢动物。危害食品及影响人类健康的螨类主要是属于粉螨亚目的螨类。因其个体大小恰如一颗散落的面粉，故有“粉螨”之俗称，成螨体长不到 0.5mm，肉眼不易见。一旦在食品仓库里发现螨类，此时已经造成了重大的经济损失。在我国，重要的食品螨类有粗脚粉螨、腐食酪螨、纳氏皱皮螨、椭圆食粉螨、家食甜螨、害嗜鳞螨、棕脊足螨、甜果螨、粉尘螨和马六甲肉食螨等。

粉尘螨成螨躯体长约 0.35mm，属于麦食螨科。它不仅危害粮食和菜籽饼粕等物品，而且它们的尸体、蜕下的皮、排泄物等是人类变态反应疾病的过敏原，引起过敏性哮喘、持续性鼻炎等疾病。调查发现，粉尘螨已从仓库侵入居室，栖息于人们居住房屋的灰尘中，特别是在地毯下层，若居室装有空调，则粉尘螨更容易生长、繁殖。要减少粉尘螨对人体的危害，应注意居室通风，并消除积尘。

腐食酪螨成螨躯体长约 0.3mm，属于粉螨科。它是头号贮藏食品害螨，危害干果、蜜饯、食糖、面粉、大米等各类食品。它体形微小，生活史短，食性复杂，适应性强。因而，只要环境条件适宜，它便能大量繁殖起来，这样成千上万只腐食酪螨用其尸体、排泄物、蜕下的皮壳、难闻的代谢产物而污染了食品，特别是粉状食品。现已证实，它是引起人类变态反应的重要致敏原。它与粉尘螨和屋尘螨有交叉抗原性，均可由呼吸系统、消化系统和皮肤接触等途径而使人体致敏。在无尘螨的场合下，它可取代尘螨而起过敏原作用，使人类引起哮喘，它也是引起人类肺螨病的螨种之一。

纳氏皱皮螨成螨躯体长约 0.3mm，身体上有微小纵沟形成皱纹，故有“皱皮”之名，属于粉螨科。它对食品的危害程度仅次于腐食酪螨，甚至在青霉素粉剂中也能生长繁殖，能使人产生螨性皮炎。在皱皮螨属中，危害贮藏食品的害螨仅纳氏皱皮螨和棉兰皱皮螨两种。在我国，头号贮藏食品害螨是腐食酪螨，第二号是纳氏皱皮螨。

甜果螨成螨躯体长约 0.4mm，嗜食干果、食糖等甜食品，属于果螨科。它是食糖、蜜饯、杏脯等甜食品的重要害螨，若存放在仓库里的食糖保管不妥，甜果螨会大量繁殖起来而使食糖变为半流体。它是引起人类肠螨病的重要螨种。

参考文献

[1] Belt P B G M，Mullernan I H，Schreuder B E C. Identification of five allelic variants of the sheep PrP

gene and their association with natural scrapie[J]. J General Virol.，1995，76（3）：509-517.

[2] Bentur Y，Spanier E. Ciguatoxin-like substances in edible fish on the eastern Mediterranean[J]. Clinical Toxicology，2007，45（6）：695-700.

[3] Chesebro B. BSE and prions uncertainties about the agent[J]. Science，1998，279：42-43.

[4] Chinain M，Darius H T，Ung A，et al. Growth and toxin production in the ciguatera-causing dinoflagellate Gambierdiscus polynesiensis（Dinophyceae）in culture[J]. Toxicon，2010，56（5）：739-750.

[5] Cousens S，Smith P G，Ward H，et al. Geographical distribution of variant Creutzfeldt-Jakob disease in Great Britanin，1994—2000[J]. Lancet，2001，357（9261）：1002-1007.

[6] Friedman M A，Fleming L E，Fernandez M，et al. Ciguatera fish poisoning：treatment，prevention and management[J]. Mar Drugs，2008，6（3）：456-479.

[7] Hamilton B，Whittle N，Shaw G，et al. Human fatality associated with Pacific ciguatoxin contaminated fish[J]. Toxicon，2010，56（5）：668-673.

[8] Hui Y H，Gorham J R，Murrell K D，et al. Foodborne disease Handbook. Vol 1 Disease Control Caused by Bacteria[M]. New York：Marcel Dekker Inc.，1994.

[9] Litaker R W，Vandersea M W，Faust M A，et al. Global distribution of ciguatera causing dinoflagellates in the genus Gambierdiscus[J]. Toxicon，2010，56（5）：711-730.

[10] Lewis R J. The changing face of ciguatera[J]. Toxicon，2001，39（1）：97-106.

[11] Lu S H，Hodgkiss I J. An unusual year for the occurrence of harmful algae[J]. Harmful Algal News，1999，18：1-3.

[12] Pateizia C，Ernesto F. Isolation of adriatoxin，new analogue of Yessotoxin from Mussels of the Adriatic Sea[J]. Tetrahedron，1998，39：8897.

[13] Pérez-Arellano J L，Luzardo O P，Pérez Brito A，et al. Ciguatera fish poisoning，Canary Islands[J]. Emerging Infectious Diseases，2005，11（12）：1981-1982.

[14] Scheuer P J，Takahashi W，Tsutsumi J，et al. Ciguatoxin：isolation and chemical nature[J]. Science，1967，155（3767）：1267-1268.

[15] The Codex Alimentarius Commission. CODEX STAN 74—1981 谷类婴幼儿加工食品法典标准（2006 版）[S/OL].

[16] The Codex Alimentafius Commission. CODEX STAN 193—1995 Codex General Standard for Contaminants and Toxins in Food and Feed（2010 版）[S/OL].

[17] Xu Y X，Richlen M L，Morton S L，et al. Distribution，abundance and diversity of *Gambierdiscus* spp. from a ciguatera-endemic area in Marakei，Republic of Kiribati[J]. Harmful Algae，2014，34：56-68.

[18] 陈炳卿，刘志诚，王茂起 . 现代食品卫生学 [M]. 北京：人民卫生出版社，2001.

[19] 陈家旭 . 食源性寄生虫病 [M]. 北京：人民卫生出版社，2009.

[20] 郭耀东，刘艺茹，袁亚宏，等 . 我国主要食品中伏马菌素污染水平分析与风险评估 [J]. 西北农林科技大学学报（自然科学版），2014，42（1）：78-82，88.

[21] 国家卫生计生委办公厅关于 2015 年全国食物中毒事件情况的通报 . 国卫办应急发〔2016〕5 号，2016-04-02.

[22] 李鹏，赖卫华，金晶 . 食品中真菌毒素的研究 [J]. 农产品加工（学刊），2005（3）：12-15.

[23] 李为喜，孙娟，董晓丽，等 . 新修订真菌毒素国家标准与 CAC 最新限量标准的对比与分析 [J]. 现代农业科技，2011，23：41-43.

[24] 王旭，沈玉娟，曹建平 . 我国隐孢子虫病流行现状与防控进展 [J]. 热带病与寄生虫学，2022，20（03）：136-148.

[25] 卫生部卫生法制与监督司 . 食物中毒预防与控制 [M]. 北京：华夏出版社，1999.
[26] 黄昆仑，车会莲 . 现代食品安全学 [M]. 北京：科学出版社，2018.
[27]（美）James M. Jay，Martin J. Loessner，David A. Golden 编著 . 现代食品微生物学 [M]. 何国庆，丁立孝，宫春波，等译 . 北京：中国农业大学出版社，2008.

·第三章·

环境污染危害

当今世界，环境污染和食品安全都已成为举世瞩目、影响广泛且深远的热点问题。全球性的环境问题诸如臭氧层破坏、酸雨等正在对人类的生存和发展造成严重的威胁，环境污染也成为影响食品安全的首要问题之一。

第一节　大气污染对食品安全性的影响

一、大气污染

大气污染是由自然界所发生的自然活动和人类活动所造成的。自然活动的污染多为暂时性和局部性的，自然界能够在短时间内予以消除或平衡。因此，大气污染的主要原因是人类活动。这类污染延续时间长，范围广且影响深远。人类活动的污染源包括燃料燃烧、工业生产过程和交通运输等。前两者称为固定源，后者（如汽车、火车、飞机等）则称为流动源。此外，常按污染物的来源分为工业污染源、农业污染源和生活污染源三类。

大气污染已成为工业“三废”之首。世界卫生组织 2019 年调查显示全球几乎所有人（99%）呼吸的空气都超过了指导限值，并且含有高水平的污染物，低收入和中等收入国家的暴露程度最高。

当大气污染物达到一定浓度时，会直接危害人体健康，影响农业生产。同时，进入农用水域、土壤的污染物又以生物链传递的形式影响食品安全并最终间接危害人体健康。

（一）定义

大气污染指由于人类活动或自然过程引起某些物质进入大气中，呈现足够的浓度，达到足够的时间，并因此危害了人体的舒适、健康和福利或造成环境污染的现象。

（二）污染物种类

大气污染物种类多，理化性质差异大，毒性也各不相同，常见分类方法如下。

1. 按照污染物成因分类

（1）一次污染物　直接从各种污染源排放到空气中的有害物质，常见的有 SO_2、氮氧化物、CO、碳氢化合物和颗粒性物质等。

（2）二次污染物　由一次污染物与大气中已有组分或几种一次污染物之间经过一系列化学或光化学反应而生成的与一次污染物性质不同的新污染物质，又称继发性污染物。典型的二次污染物有硫酸盐气溶胶（一次污染物 SO_2 在大气中氧化而成）、汽车尾气中的氧化氮、臭氧（碳氢化合物在日光的照射下发生光化学反应生成）、甲醛、酮类、甲基汞（无机汞在微生物的作用下生成）等。与一次污染物的理化性质不同，二次污染物多为气溶胶，具有颗粒小、毒性一般比一次污染物大等特点。大气中主要的一次污染物及二次污染物见表 3-1。

表 3-1　大气中主要的一次污染物和二次污染物

污染物	一次污染物	二次污染物
含硫化合物	SO_2、H_2S	SO_3、H_2SO_4、硫酸盐
含氮化合物	NO、NH_3	NO_2、HNO_3、$AgNO_3$
碳氧化合物	CO、CO_2	无
卤素化合物	HF、HCl	无
碳氢化合物及衍生物	C_1 ～ C_4 化合物	醛、酮、过氧乙酰硝酸酯

2. 按大气污染物存在形态分类

空气中污染物质的存在状态由其自身的理化性质及形成过程决定，气象条件也起一定的作用。一般将它们分为分子状态污染物和粒子状态污染物两类。

（1）分子状态污染物　它指以气态和蒸气形式在大气中存在的污染物。例如，SO_2、氮氧化物、CO、氯化氢、Cl_2、臭氧等沸点都很低，常温、常压下以气体分子形式分散于空气中；苯、苯酚在常温、常压下虽为液体或固体，但因其挥发性强，故能以蒸气形式进入空气中，所以也属于分子状态污染物。无论是气体分子还是蒸气分子，分子状态污染物都具有运动速度大、扩散快、在空气中分布均匀的特点。它们的扩散情况与自身的相对密度有关并受气象条件的影响，可随气流扩散到很远的地方。

（2）粒子状态污染物（TSP）　又称颗粒物污染物，它指分散在空气中的微小液体和固体颗粒，它们的空气学当量直径多在 0.01～100μm 之间。描述大气颗粒物污染状况有以下一些术语。

① 粉尘　它是分散在空气中的固体微粒，通常是由固体物质在粉碎、研磨、混合和包装等机械过程中或土壤、岩石风化等自然过程中产生的悬浮于空气中粒径在 1～200μm 之间且形状不规则的固体粒子。

② 降尘　指粒径大于 30μm 的颗粒物，能在重力作用下较快地沉降到地面上。

③ 飘尘　指粒径小于 10μm 的颗粒物（PM_{10}）。飘尘成分复杂，含有多种对人体有害的成分，如二氧化硅、重金属及其化合物等。

飘尘因其粒径小且轻，有的能飘浮几天、几个月甚至几年，飘浮的范围也很大，达几千米，甚至几十千米。飘尘具有胶体性质，它易随呼吸进入人体肺脏，因此又称为可吸入尘或可吸入颗粒物（IP）。它可在肺泡内积累，并可随着血液输往全身，对人体健康危害大。因此飘尘是环境监测的一项重要指标。

④ 总悬浮颗粒物　指粒径小于 100μm 颗粒物的总称，是用标准大容量颗粒采样器（流量在 1.1～1.7m^3/min）在滤膜上所收集到的颗粒物的总质量，通常称为总悬浮颗粒物。

⑤ 烟　粒径一般为 0.01～1μm，是某些固体物质在高温下由于蒸发或升华作用变成气体逸散于空气中，遇冷后又凝聚成微小的固体颗粒悬浮于空气中而形成的。例如，高温熔融的铅、锌，可迅速挥发并氧化成氧化铅和氧化锌的微小固体颗粒。

⑥ 雾　粒径一般在 10μm 以下，是由悬浮在空气中微小液滴构成的气溶胶。按其形成方式可分为分散型气溶胶和凝聚型气溶胶。常温状态下的液体，由于飞溅、喷射等原因被雾化而形成微小雾滴分散在空气中，构成分散型气溶胶。液体因加热变成蒸气逸散到空气中，遇冷后又凝集成微小液滴形成凝聚型气溶胶，如水雾、酸雾、碱雾、油雾等。

⑦ 霾　表示空气中因悬浮着大量的烟、尘等微粒而形成的混浊现象。它常与大气的能见度降低相联系。

⑧ 超细颗粒物　粒径≤0.1μm 的大气颗粒物。超细颗粒物主要来自汽车尾气，多为大气中形成的二次污染物。

二、大气中常见污染物对食品安全性的影响

空气中有毒污染物可直接被动植物吸收或通过空气沉降及降雨过程等方式污染水体与土壤，然后传递至动植物体内。人类食物来自动植物，因而大气污染会影响到食品的安全性。

（一）二氧化硫（SO_2）

SO_2 是重要大气污染物之一，主要来源于含硫燃料（如煤和石油）的燃烧，含硫矿石（特别是含硫较多的有色金属矿石）的冶炼和硫酸等的生产过程；少部分来源于天然污染源。我国是一个能源生产和消费大国，一次能源消费总量仅次于美国，居世界第二位。

SO_2 污染属于低浓度、长期性污染，对自然生态环境、人类健康、工业生产等造成一定程度的危害。

1. 对农作物的危害

当大气环境中 SO_2 的浓度超过阈值时，植物体内可发生一定量的不良反应并在外表产生可见症状。不同类型的植物，其可见症状的表现形式有较大的不同。

果树受 SO_2 危害时，叶片大多呈白色或褐色。梨树先是叶脉间或叶尖、叶缘褪绿，逐渐变成褐色，2～3d 后出现黑色斑点；葡萄在叶片的中央部分出现赤褐色斑点；无花果树沿叶脉呈现淡黄绿色；柿树受害时，叶片呈现红褐色；桃树则在叶脉间褪成灰白色或黄白色并落叶；柑橘树在叶脉间的中央部分出现黄褐色斑点，同时叶片皱褶。

蔬菜受 SO_2 危害时，主要表现在叶片上。蔬菜叶片受害时，出现的颜色随种类不同而有所变化。萝卜、白菜、青菜和番茄出现灰白斑或黄白斑；辣椒、豇豆、豌豆、油菜和黄瓜则出现浅黄色、浅土黄色或黄绿色斑；茄子、胡萝卜、马铃薯、南瓜和甘薯会出现褐色斑；蚕豆出现黑斑；甘薯（番薯）叶片受到 SO_2 急性伤害后，组织容易腐烂脱落而形成龟

壳状。

粮食作物也容易受到 SO_2 危害。例如，较高浓度的 SO_2 可对水稻产生急性危害，表现为水稻叶片淡绿或灰绿色，萎蔫，有白色点状斑，严重时叶尖枯焦卷曲。即使二氧化硫浓度较低，长时间的接触也会对水稻产生慢性危害。SO_2 对水稻的危害，在幼穗形成期至开花期尤为敏感。此阶段的 SO_2 会导致水稻成熟后谷粒变小，秕谷增多，谷壳色泽变淡。

2. 对人体的危害

大气中的 SO_2 达到一定浓度后，也会对人、动物造成危害。大气中 SO_2 进入人体的呼吸系统后在呼吸道黏膜上形成亚硫酸和硫酸，刺激人体组织，引起分泌物增加和发生炎症反应。

3. 形成酸雨、酸雾

在大气相对湿度较大且有粉尘颗粒物存在时，SO_2 被氧化生成 SO_3。SO_3 的吸湿性强，在湿度大的空气中很容易形成酸雾。酸雾对人体具有更大的危害性，因其微粒可侵入肺的深部组织，会引起肺水肿和肺硬化而导致人的死亡。

（二）氟化物

氟化物在地壳中广泛而大量存在。空气中的氟化物主要包括氟化氢、四氟化硅、硅氟酸及氟气等，其中排放量最大、毒性最强的是氟化氢。例如，氟化氢的浓度达 1～5μg/L 时，较长时间接触可使植物受害。

1. 氟化物污染类型

大气中氟化物对食品的污染主要包括生活燃煤污染和工业生产污染两类。

（1）生活燃煤污染型　这种类型的污染表现为对食品的直接污染。在一些高寒山区，气候寒冷潮湿，粮食含水量高，因此需要终年燃煤以烘干粮食及取暖。有些地区煤存储量丰富但煤质低劣，表现为高氟（氟含量在几百至几千毫克 / 千克）、高硫，再加上简陋的燃煤方式，使空气中氟含量为 0.039～0.5mg/m^3。这些都将严重污染室内贮存的蔬菜、粮食，居民食用后可能会引起中毒。

（2）工业生产污染型　来自工业生产的氟化物主要有氟气、氟化氢、四氟化硅和含氟粉尘。

另外，火山活动也是大气中氟的来源之一。

2. 大气中氟化物污染的危害

我国氟化物的排放量虽远小于 SO_2 排放量，但氟化物对植物的毒害作用较 SO_2 强很多。以氟化氢为例，其毒性比 SO_2 大 10～100 倍，而且氟化物相对密度比空气小，扩散距离远，因此，能远距离危害植物。氟化物能够通过作物叶片上的气孔进入植株体内，使叶尖和叶缘坏死，嫩叶、幼芽受害尤其严重。氟化氢对花粉粒发芽和花粉管伸长也有抑制作用。另外，氟元素具有在植物体内富集的特点，在受氟污染的环境中生产出来的茶叶、蔬菜和粮食一般含氟量较高，个别植物体内的氟浓度甚至达到空气中氟浓度的百万倍之多。氟化物在植株中蓄积程度因环境（大气、水、土壤）中含量、植物品种、植物年龄和叶龄不同而不同。

（三）氮氧化物

氮氧化物指的是只由氮、氧两种元素组成的化合物。常见的氮氧化物有 NO、NO_2、N_2O、N_2O_5 等。其中除 N_2O_5 常态下呈固体外，其他氮氧化物常态下都呈气态。作为空气污染物的氮氧化物（NO_x）常指 NO_2。它们主要来自汽车尾气、石油和煤燃烧的废气及大量使用挥发性有机溶剂等。和其他污染气体一样，大气中氮氧化物来源于自然源和人为源，且人为源占主要作用。氮氧化物的排放会给自然环境和人类生产、生活带来严重的危害。

1. 对农作物的危害

氮氧化物对农作物的危害较其他大气污染物要弱，一般不会产生急性伤害，但能产生抑制植物生长的慢性伤害。氮氧化物对农作物产生危害的症状与 SO_2 的危害症状相似。最初在叶表面的叶脉间和近边缘处出现不规则形状的水渍斑，而后干燥，变成白色或黄褐色的坏死斑点，质地与纸张类似，有的甚至逐渐扩展到整个叶片。通常植物功能叶和老叶容易受害，而嫩幼叶抗性要强些。对氮氧化物敏感的植物有大豆、甘薯、芝麻、番茄、草莓、茄子、烟草等，中等敏感的植物有莴苣、圆辣椒、菜豆、韭菜、芋艿、荞麦、唐菖蒲、梨、板栗、柑橘等，抗性植物有黄瓜、西瓜、水稻、玉米、柿、葡萄、石楠等。

氮氧化物对植物的毒害程度受环境条件影响较大，光照强度是影响其毒性的重要因子。在大气中氮氧化物浓度相同的条件下，在弱光照或黑暗条件下，植物对氮氧化物的敏感性增加；在白天或晴朗天气条件下的危害性大为降低。

2. 形成酸雨、酸雾

氮氧化物与 SO_2 一样，在大气中会通过干沉降和湿沉降两种方式降落到地面，其最终的归宿是硝酸盐或硝酸。硝酸盐或硝酸和硫酸盐或硫酸共同构成了酸雨的主要成分。同时，它还会造成地表水富营养化，并对水生和陆地的生态系统造成破坏。

3. 对人体的危害

超过一定量的氮氧化物能使人中枢神经麻痹并导致窒息死亡。例如，NO_2 会造成哮喘和肺气肿，导致人的心、肺、肝、肾及造血组织的功能丧失。

在适当的气候和强烈紫外线照射条件下，NO 与碳氢化合物发生一系列链式大气化学反应，生成臭氧、PAN（过氧乙酰硝酸酯）和醛类等多种毒性更大的二次污染物，对人体健康和农作物产生严重影响。

此外，平流层中的氮氧化物会对臭氧层产生破坏作用，而 NO 也是加剧全球温室效应的主要气体之一。

（四）酸雨

多年以来，SO_2 一直被作为植物毒性气体研究：一方面是由于气相中 SO_2 明显地危害植物；另一方面是由于 SO_2 在大气中发生氧化作用形成对生态系统产生恶劣影响的酸雨。

酸雨是酸性沉降物的总称，它包括 $pH \leqslant 5.6$ 的雨、雾、雪、霜、露等，也包括气态及固态的酸性污染物。大气中的 SO_2 和氮氧化物是酸雨物质的主要来源。一般来说，SO_2 对酸雨的形成更为重要。但近年来交通运输、公共事业及工业生产中排放氮氧化物的量不断增加，氮氧化物对酸雨形成的影响也显得越来越重要。

目前，酸雨已成为一个全球性的环境问题。

1. 酸雨对土壤的危害

酸雨容易导致土壤酸化。土壤中的锰、铜、铅、汞、镉、锌等元素转化为可溶性化合物，使土壤溶液中重金属浓度增高，通过淋溶转入江、河、湖、海和地下水，引起水体重金属元素浓度增高并在粮食、蔬菜及水生生物中积累，给食品安全性带来不良影响。

2. 酸雨对农作物危害

（1）对农作物生长的危害　酸雨通过两种途径影响农作物，一种是直接接触植物的营养器官和繁殖器官，影响其生长和生产力；另一种是逐渐影响土壤，改变其物理、化学和生物学性质，经过较长的时期使土壤肥力降低，从而间接影响农作物的生长和生产力。

关于酸雨对农作物生长的直接影响，国内外曾进行过大量的模拟试验。总体上，从衡量农作物生长的各项指标来看，酸雨对农作物的生长有抑制作用。其中要指出的是，农作物对酸雨具有一定的抗性，其抗性强度与农作物品种及作用时间等诸多因素有关。

（2）酸雨对农作物的产量的影响　很多农田模拟试验显示，酸雨对作物产量的影响明显，一般趋势是农作物的产量会随酸雨 pH 降低而趋于降低。

（3）酸雨对农作物品质的影响　酸雨会导致农作物的营养成分发生较明显的变化，从而影响到其食用品质。据报道，酸雨处理尽管提高了小麦籽粒总蛋白质含量，但降低了谷蛋白含量和谷 / 醇比，降低了其加工品质。

3. 酸雨对水生生物的危害

酸雨可造成江、河、湖泊等水体的酸化，致使生态系统的结构与功能发生紊乱。例如，水体的 pH 值降到 5.0 以下时鱼的繁殖和发育会受到严重影响。水体酸化还会导致水生生物的组成结构发生变化。一般规律是，耐酸的藻类、真菌增多，有根植物、细菌和浮游动物减少，有机物的分解率则会降低。在全球酸雨危害最为严重的北欧、北美等地区，有相当一部分湖泊已遭到不同程度的酸化，造成鱼虾死亡，生态系统破坏。例如，挪威南部 5000 个湖泊中有近 2000 个鱼虾绝迹；加拿大的安大略省已有 4000 多个湖泊变成酸性，鳟鱼和鲈鱼已不能生存。酸雨还可使流域土壤和水体底泥中的金属（例如铝、汞等）被溶解进入水体中而毒害鱼类。瑞典、加拿大和美国的研究结果揭示，酸雨地区内鱼的含汞量明显增加。

（五）沥青

沥青烟雾为一种红黄色的烟尘，主要来源于大规模的筑路及利用沥青作原料或燃料的工厂。沥青化学成分复杂，除含炭粒外，还含有许多的有机化合物，如苯酚、多环芳烃类等。受沥青烟雾污染的作物，常常会沾染一层发黑、发黏的物质，给作物带来严重的危害。受沥青烟雾污染过的作物，一般不能直接食用。

（六）金属飘尘

金属飘尘是粉尘粒径小于 10μm 的金属颗粒。飘尘能长时间飘浮于空中。随着工业的发展，排入空气的金属逐渐增加，如铅、铬、镉、锌、镍、锰、砷、汞等能以飘尘形式污染空气。金属飘尘的毒性很大，对人类健康的危害，已超过农药和二氧化硫。这些微粒可沉积或随雨雪下降到地面，落到植物表面或进入土壤，部分通过叶片进入植物体内，部分通过土壤经根部吸收进入植物体内，并在植物体内富集，影响食品的安全性。

大气环境中还存在着很多污染物，如多环芳烃、二噁英等，可见相关章节。

第二节　水体污染及对食品安全性的影响

水是人体内含量最多的营养素，是生命的源泉。水体包括水中的悬浮物、溶解物、底泥和水生生物等，是一个完整的生态系统。狭义的水体一般指地面水体，如江、河、溪、池塘、湖泊、水库、沼泽、海洋等，广义的水体也包括地下水体。

水体污染指水体因某种物质的介入，而导致其化学、物理、生物或者放射性等方面特性的改变，从而影响水的有效利用，危害人体健康或者破坏生态环境，造成水质恶化的现象。

水体污染不仅使渔业资源受到严重破坏，而且直接或间接影响农作物的生长发育，造成农作物减产，进而给食品的安全性带来严重危害。据世界卫生组织统计，每年有数百万人面临饮用水中化学污染物浓度超标问题。这种污染可能与城市和工业废水或农业用水处理不当有关。

一、水体污染物分类

导致水体污染的人为来源主要有工业废水、生活用水和农业废水。水体污染按污染物性质可分为以下几类。

1. 物理性污染

（1）悬浮污染物　指废水中的细小固体或胶体物质，它们能使水体浑浊，透光性下降，从而导致藻类的光合作用减弱，水生生物活动受限。

（2）热污染物　指工矿企业如火力发电厂、食品酿造厂等排放的高温冷却水或温泉溢流水。水体热污染可引起水生植物群落种群组成的改变。首先，水体热污染会减少藻类种群的多样性。随着水温的升高，不耐高温的种类将趋于消失。以铲形菱状藻为例，水温超过30℃时，铲形菱状藻细胞会停止生长，甚至死亡。其次，水体热污染还会加速藻类种群的演替。再则，水体增温对大多数水生维管束植物有着不良的影响，尤其是对某些浮水植物。它们在增温区甚至全部消失。最后，水体热污染对水生动物同样存在着危害作用。水生动物绝大多数是变温动物，体温不能自动调节，其体温会随水温升高而升高，当体温超过一定温度时，即会引起酶系统失活，代谢机能失调，直至死亡。几种常见鱼类的上限致死温度见表3-2。

表3-2　几种常见鱼类的上限致死温度　　单位：℃

鱼种	鲤鱼	鲶鱼	鲑鱼	鲈鱼	金鱼
上限致死温度	31～34	31.8	24.3	23～25	30.8

资料来源：《环境生物学》（蒋志学）。

（3）放射性污染 放射性矿石的开采和加工、核能发电站、医院及核试验是水体受到放射性污染的主要原因。含放射性物质的废水进入水体，会对人体造成很大危害。这是因为水体中的放射性同位素可以通过饮水、动物、农作物多种途径进入人体。用含放射性物质的污染水灌溉农田，污染区的粮食、水果、蔬菜的放射性物质累积也会增加，奶、肉中放射性物质也会升高。水生生物体内的放射性物质甚至可比水中高出千倍以上。人们通过食用含放射性物质的水或食品都能摄入放射性物质。

2. 化学性污染

（1）酸碱污染 废水中酸主要来源于矿山排水、化肥、农药、石油、酸法造纸等工业的废水；碱主要来自碱性造纸、化学纤维制造、制碱、制革等工业的废水。

当水体长期受酸碱污染，破坏了水体的自然缓冲作用，其自净化能力也会逐渐减弱。这既造成水生生物的种群发生变化，又会破坏土壤的性质，影响农作物的生长，还会对船舶、水上建筑产生腐蚀作用。

另外，酸性废水和碱性废水可相互中和产生各种盐类；酸性、碱性废水也可与地表物质相互作用，生成无机盐类。所以，一般酸性或碱性污水造成的水体污染必然伴随着无机盐的污染。

（2）重金属污染 重金属元素很多，在环境污染研究中最引人注目的是汞、镉、铬、铅、砷等。

（3）需氧性有机物污染 生活污水和某些工业废水中含有大量的碳水化合物、蛋白质、脂肪、木质素等有机化合物，在需氧微生物作用下可最终分解为简单的无机物质，即二氧化碳和水等。因这些有机物质在分解过程中需要消耗大量的氧气，故又被称为需氧污染物。

（4）植物营养素 主要来自食品、化肥、工业废水和生活污水，包括硝酸盐、亚硝酸盐、铵盐和磷酸盐等。这些营养素如果在水中大量积累，造成水富营养化，使藻类大量繁殖，容易导致水质恶化。

（5）有机毒物污染 有机有毒物质种类繁多，作用各不相同。有些对环境具有持久污染作用，被称为持久性有机污染物。与常规污染物不同，持久性有机污染物在自然环境中极难降解，能够在全球范围内长距离迁移；被生物体摄入后不易分解，并沿着食物链浓缩放大，对人类和动物危害巨大。很多持久性有机污染物不仅具有致癌、致畸、致突变性，而且还具有内分泌干扰作用。研究表明，持久性有机污染物对人类的影响会持续几代，对人类生存繁衍和可持续发展构成重大威胁。《环境健康展望》杂志刊登的一项研究显示，持久性有机污染物与老年人动脉粥样硬化的发病风险增加相关联，而动脉粥样硬化则是心脏病与中风的一个主要风险因素。

持久性有机污染物

3. 致病性微生物污染

致病性微生物污染大多来自未经消毒处理的养殖场、肉类加工厂、生物制品厂和医院排放的污水等。

二、水体污染对食品安全性的影响

水体污染主要通过污水养殖、污水灌溉以及污染饮用水及食品加工用水等方式造成食品安全问题。

水体污染可直接引起水生生物中有害物质的积累，而对陆生生物的影响主要通过污水灌溉的方式进入。污水灌溉会引起农作物有害物质含量增加。许多国家禁止在干旱地区用污水灌溉可生食的作物，烧煮后食用的作物要在收获前20～45d停止污水灌溉等；要求污水灌溉既不危害作物的生长发育，不降低作物的产量和质量，又不恶化土壤，不妨碍环境卫生和人体健康。我国水污染较为严重，绝大部分污水未经处理就用于农田灌溉。

对食品安全性有影响的污染物有以下几种。

1. 石油类污染物

石油类污染物是水体的主要污染物。它们会对水质和水生生物生长产生相当大的危害作用。漂浮在水面上的油类可迅速扩散，形成油膜，阻碍水面与空气接触，使水中溶解氧减少，导致生物窒息作用发生。被石油污染过的养殖区，鱼卵及幼鱼死亡率较正常水域要高。高浓度石油废水灌溉的稻田上生长的水稻成品煮制成米饭后仍会残留石油味；被石油污染过的水产品也会产生石油臭味。石油中3,4-苯并芘等，可通过灌溉的土壤、植物根系吸收进入植物，在植物内积累，经水生生物富集后对人体产生致癌作用。

2. 富营养化污染物

富营养化主要指水流缓慢、更新期长的地表水面接纳大量的氮、磷、有机碳等植物营养素引起的藻类等浮游生物急剧增殖的水体污染。当水体中总磷和无机氮含量分别在20mg/m^{3}和300mg/m^{3}以上时，就可能出现水体富营养化过程。一般将海洋水面产生富营养化的现象称为“赤潮”，将陆地水体中发生富营养化的现象称为“水华”。《2021中国生态环境状况公报》显示，我国中度富营养化和中营养状态的湖泊（水库）分别达到4.3%和62.2%。

从农作物生长的角度看，适量的氮、磷是植物生长所必需的，但过多的营养物质进入天然水体，将使水体因富营养化而导致质量恶化，从而影响渔业的发展，危害人体健康。另外，过量的硝酸盐也具有一定的毒性。硝酸盐进入人体后，可被还原为亚硝酸盐并进一步反应生成有致癌作用的亚硝胺，所以作为饮用水源的水体中的硝酸盐含量超标会对人的健康产生影响。

另外，据报道，在300种赤潮种中约有70种能产生毒素，可造成大量的贝类、虾类、蟹类和鱼类中毒死亡。此外，这些毒素还可通过食物链对人类造成毒害，导致人类消化系统或神经系统中毒，严重的还可致死。

3. 酚类污染物

酚的种类很多，分布很广，但从污染环境角度上看，挥发性的一元酚最具有意义，特别是苯酚和甲酚，它们也是工业废水中的常见成分。

水体中的酚类化合物主要来源于含酚废水，如焦化厂、煤气厂、煤气发生站、炼油厂、木材干馏、合成树脂、合成纤维、燃料、医药、香料、农药、玻璃纤维、油漆、消毒剂、化学试剂等工业废水。

酚类污染物是一类中等有毒化合物，属于细胞原浆毒物，可与细胞原浆中蛋白质发生化学反应形成不溶性蛋白质，从而使细胞失去活性。

酚虽然易被分解，但水体中酚负荷超量时亦会造成水体污染。酚类污染物对水生生物、陆生生物及相关下游食品加工业的影响与污染水中酚浓度、生物个体种类等多种因素有关。

（1）酚类污染物污水灌溉时对农作物的影响　含酚污水的污灌是土壤酚超标的主要原因之一。污水中酚类化合物进入土壤后，主要分布在土壤表层，50cm 以下的土层中酚的含量极少。土壤对酚具有较强的净化能力，低浓度时，酚在土壤中的年净化率在 90% 以上，高剂量下则会造成残留或土壤中毒。一般情况下，低浓度酚促进作物生长，而高浓度酚则抑制生长且在农作物体内产生较高水平的蓄积作用。植物中的酚残留一般随土壤酚的增大而增大。有试验表明，50mg/L 酚污水浇灌农作物，酚残留比正常清水浇灌高出 7～8 倍。调查表明，蔬菜中酚与土壤中酚之比多大于 1，即蔬菜酚常大于土壤酚。

一般认为用含酚浓度在 1mg/L 以下的污水灌溉，对作物和人畜比较安全，并要求收获前，应尽可能停灌污水。

（2）酚类污染物污水养殖时对水生动物影响　水体遭受酚类污染后，会严重影响水产品的产量和质量。水体中低浓度酚即可影响鱼类生殖洄游，浓度高时可导致鱼类大量死亡甚至绝迹。有研究报道了虹鳟鱼酚中毒的病理学。结果发现，水体中酚浓度为 6.5～9.3mg/L 时，能引起鱼的鳃和咽的迅速破坏，导致虹鳟鱼体腔出血，脾肿大，造成死亡。酚的毒性还在于它会抑制水中低等生物的生存。

（3）酚类污染物对饮用水或食品加工的影响　长期饮用被酚污染的水源，可引起头昏、出疹、瘙痒、贫血及各种神经系统症状，甚至中毒。

酚在作物中累积，会影响到产品的品质。有研究证实，用含酚的污水浇灌的黄瓜，具有苦涩味，且其含糖量比清灌的黄瓜低 10.4%。用含酚污水浇灌的稻谷，成品米蒸煮后仍残留有酚味。水体中酚的浓度达 0.1～0.2mg/L 时，鱼肉会有酚味。

另外，酚类污染物进入人体后，低浓度情况下可使蛋白质变性，高浓度下使蛋白质沉淀，对各种细胞有直接损害，对皮肤和黏膜有强烈的腐蚀作用。

4. 重金属污染

作为水污染物的重金属，主要是指汞、镉、铅、铬以及类金属砷等生物毒性显著的元素。水体被重金属污染后会对水生生物产生直接的毒害作用。污水灌溉时，受重金属影响，植物侧根发育受阻，妨碍氮、磷、钾的吸收，使作物的叶黄化、茎秆矮化。

从毒性和对生物体、人体的危害方面看，重金属的污染有以下三个特点。

① 在天然水体中只要有微量浓度即可产生毒性效应。例如，重金属汞、镉产生毒性的浓度范围在 0.001～0.01mg/L。

② 通过食物链发生生物放大、富集，在人体内不断积蓄造成慢性中毒。日本的水俣病就是镉积累过多引起的。

③ 水体中的某些重金属可在微生物的作用下转化为毒性更强的金属化合物。最为典型的就是汞的甲基化。研究表明，甲基汞的毒性是无机汞离子的 100 倍。这是因为甲基汞脂溶性高，易与蛋白质中的—SH 结合，是潜在的神经毒素。

5. 耗氧有机物污染

水中含有充足的溶解氧是保证鱼类生长、繁殖的必要条件之一。除极少数的鱼类，如鳝鱼、泥鳅等，在必要时可利用空气中的氧以外，绝大部分鱼类只能用鳃获取水中溶解氧以供呼吸，维持生命活动。例如，鳟鱼对溶解氧的要求比较高，必须达 8～12mg/L；鲤鱼稍低，为 6～8mg/L；我国特有的鱼种，如草鱼、鲢鱼、鳙鱼等对溶解氧含量要求也在 5mg/L 以上。

耗氧有机物是当前全球最普遍的一种水污染物，它们的分解过程势必使水体中溶解氧浓度急剧下降，从而影响鱼类和其他水生生物的正常生活。清洁水体中耗氧有机物的含量应低于 3mg/L，耗氧有机物超过 10mg/L 则表明水体已受到严重污染。

水体中耗氧有机物污染的危害主要在于对渔业水产资源的破坏作用。在耗氧有机物严重污染的水体中，一方面，有经济价值的渔业资源遭到破坏；另一方面，许多适应污水环境的生物却得到繁殖。在标准状况下，水中溶解氧约 9mg/L，当溶解氧降至 4mg/L 以下时，将严重影响鱼类和其他水生生物的生存：当溶解氧降低到 1mg/L 时，大部分鱼类会窒息死亡；当溶解氧降至零时，生物种类单调，水中厌氧微生物占据优势，主要是细菌，其个体数极多，有时每毫升中细菌数可达几亿之多。

另外，有机物进行厌氧分解时，产生甲烷、硫化氢、氨和硫醇等难闻、有毒气体，造成水体发黑发臭，影响城市供水及工农业生产用水和景观用水。

由于耗氧有机物成分复杂、种类繁多，一般常用综合指标如生化需氧量（BOD）、化学需氧量（COD）等表示。

6. 氰化物污染

氰化物指含有氰基（—CN）的化合物。水中氰化物包括无机氰化物和有机氰化物。无机氰化物又可分为简单氰化物和络合氰化物。常见的简单氰化物有氰化钾、氰化钠和氰化铵等。此类氰化物易溶于水，并电离出氰基 CN^-，在高温或酸性条件下分解释放出剧毒物质氰化氢（HCN）。常见的络合氰化物有亚铁氰化钠、亚铁氰化钾和铁氰化钾等，它们的毒性比简单氰化物小，但水中的大部分络合氰化物受 pH 值、水温和光照等影响，可以离解为简单氰化物。常见的有机氰化物（腈）有丙烯腈、乙腈、丁腈等，在一定条件下，也可转化为简单氰化物。

氰化物对于人、畜及水生生物均为剧毒物质。氰化物引起中毒的关键在于氰离子（CN^-）与细胞色素氧化酶的结合，使细胞丧失了摄取和利用氧的能力，从而导致细胞缺氧和窒息。60kg 的成年人口服氰化钠的致死量为 100mg，氰化钾为 120mg。氰化物也可影响鱼、贝、藻类的呼吸作用。当水中 CN^- 含量达到 0.3～0.5mg/L 时，可使鱼致死。

自然环境中普遍存在微量氰化物，它们主要来自肥料及有机质。高浓度的氰化物主要来源于工业企业。氰基（—CN）是一种强络合剂，故氰化物常被用于提金、电镀工艺、农药生产等。含氰废水，例如电镀废水、焦炉和高炉的煤气洗涤冷却水、选矿和矿石冶炼废水、合成纤维工业和某些化工行业废水等，其浓度为 1～180mg/L。水体对氰化物有较强的自净作用，但这一过程速率缓慢。

氰化物对农作物的毒性相对较小。氰化物是植物本身固有的化合物，在植物体内的自然氰化物有几百种。高等植物对氰化物有一定同化能力。当土壤中的氰化物进入植物机体后，可进入氮代谢系统，形成天冬氨酸，这是高等植物体内的正常代谢产物。此过程进行迅速，因此植物对氰化物有一定的耐受能力。此外，氰化物可以与植物内的金属起络合反应，成为对植物细胞无毒的结合态，使植物受害减轻。因此，一般来说，外源氰不易在环境和机体中积累，但在特定条件下（事故排放、高浓度持续污染），氰的污染量超过环境的净化能力时，会在环境中残留、蓄积，从而对人和生物构成潜在危害。研究表明，低浓度的氰对植物生长无明显影响。

我国《农田灌溉水质标准》（GB 5084—2021）规定，灌溉水含氰 0.5mg/L 以下时，对作物、人畜安全。

7. 芳香烃污染物

芳香烃指苯及其同系物，主要来自化工、合成纤维、炼焦、塑料、橡胶、制药、电子、印刷以及石油废水。芳香烃对人的神经系统产生毒害作用，中毒轻者可出现头晕、无力和呕吐等症状，严重者可失去知觉，甚至死亡。用含芳香烃的废水浇灌作物，可造成芳香烃在粮食和蔬菜中残留。我国规定，灌溉水中苯的含量不得超过 2.5mg/L。

8. 生物污染

人类和动物的许多疾病是通过水体或水生生物传播病原的，如肝炎、霍乱、细菌性痢疾等。病原微生物往往由于医院废弃物未做处理或患者排泄物直接进入水体而产生，或由于洪涝灾害造成动植物死亡、腐烂并大规模扩散。如 1988 年上海、江浙一带暴发的甲肝大流行即是由于甲肝病毒污染了水体及其水生毛蚶。

另外，当前转基因产品的污染也不容忽视。美国印第安纳大学环境科学家发现，大面积种植转基因玉米可能会对水生生态系统造成影响。毒理测试实验结果表明，转基因玉米的副产物可导致水生昆虫石蛾的死亡率显著提高。

第三节　土壤污染及对食品安全性的影响

“民以食为天”，土地上承载生命的物质基础，它既是环境的组成部分，又是其他自然资源和社会资源的载体。中国人口较多，但我国人均耕地面积仅为 0.1 公顷，不到世界水平的 1/2，而且随着人口继续增长，我国人均耕地面积还将下降，耕地资源约束将进一步加大。2021 年 8 月 26 日，国务院第三次全国国土调查领导小组办公室、自然资源部、国家统计局发布《第三次全国国土调查主要数据公报》。数据显示，到 2019 年末全国耕地 19.18 亿亩，与第二次国土调查相比，减少了 1.13 亿亩。

工业“三废”和农用化学物质以及其他各种废弃物中的有毒有害物质的最终归宿是进入农业环境，对农业水体、农田大气、农田土壤和农作物造成污染。土壤污染导致食品品质下降，对食品安全已构成直接或潜在危害。

一、土壤污染

土壤污染指污染物质进入土壤中不断累积，引起土壤的组成、结构和功能的变化，从而影响植物的正常生长和发育，以致在植物体内积累，使作物产量和质量下降，最终影响人体健康。

良好的土壤质量、安全的土壤环境才能生产安全的食品，土壤污染会危害到下游的食品工业的安全。

（一）土壤污染的原因

据自然资源部和生态环境部分析，土壤污染是在经济社会发展过程中长期累积形成的，主要原因包括以下几方面。

首先，工矿企业生产经营活动中排放的废气、废水、废渣是其周边土壤污染的主要原因。全国每年都会产生大量工业固体废物（表 3-3）。

表 3-3 全国一般工业固体废物产生及处理情况 单位：亿吨

年份	产生量	综合利用量	处置量
2018	40.8	21.7	10.3
2019	44.1	23.2	11.0
2020	36.8	20.4	9.2

资料来源：中华人民共和国生态环境部。

全国每年都有一定量的工业固体废弃物被直接倾倒丢弃，这些被丢弃的工业废弃物很容易成为土壤污染的隐患。

其次，农业生产活动是耕地土壤污染的重要原因。污水灌溉，化肥、农药、农膜等农业投入品的不合理使用和畜禽养殖的不良管理等都将导致土壤污染。《全国土壤污染状况调查公报》表明，在调查的 55 个污水灌溉区中，有 39 个存在土壤污染；在 1378 个土壤点位中，超标点位占 26.4%，主要污染物为镉、镍和滴滴涕。《2021 年中国农药市场分析报告》显示，我国农药单位面积使用量远高于世界平均水平，致使耕地质量下降；中国农作物农药使用量为 10.3 公斤 / 公顷，其次日本农作物农药使用量为 3.72 公斤 / 公顷，法国农作物农药使用量为 3.69 公斤 / 公顷。在利用效率没有明显提高的情况下，化肥、农药施用强度的不断提高意味着对水环境和土壤的压力进一步加大。过量的化肥投入致使氮、磷等营养盐流失加重。研究表明，通过农田排放的氮和通过农田渗漏进入地下水的氮以及从农田排放到大气的氮氧化物和氨气等，已成为水体和大气污染源之一。另外，化肥特别是磷肥生产过程中伴生有重金属和有毒元素，化肥中的重金属等若被农作物吸收，会影响食品安全。另外，近十年来，国内各种农用塑料薄膜生产和应用发展迅速，已成为提高耕地利用率和产量的有效手段。2014—2019 年期间我国塑料薄膜产量总体较为波动，但产量保持在 1000 万吨以上。2019 年我国农用塑料薄膜使用仍以地膜为主，地膜使用量占比为 57.27%。统计表明，农用塑料薄膜回收率不足 60%，有的品种甚至不超过 10%。残留在农田中的地膜在自然环境条件下难以降解，随着地膜栽培年限的延长，耕地土壤中的残膜量不断增加。土壤中的残存地膜降低了土壤渗透性能，减少了土壤的含水量，削弱了耕地的抗旱能力，并影响作物根系的生长发育。

另外，自然背景值高是一些区域和流域土壤重金属超标的原因。

（二）土壤污染的特点

1. 隐蔽性和滞后性

土壤污染与大气和水体污染不同，不能通过人体的感官发现。污染物进入土壤后有可能被分解，也有可能与土壤结合，只能通过农作物、牧草、动物或人的健康状况反映出来，这个过程需要一段时间。即便是在土壤受到污染、对生态和健康造成危害时，土壤还有可能继续保持其生产能力，这充分体现了土壤污染危害的隐蔽性和滞后性。例如，日本由于镉污染引起的“水俣病”经过10～30年的时间才逐渐被认识。

2. 易累积性

污染物在土壤中的扩散和稀释要比在大气和水体中难度更大，导致污染物在土壤中不断累积后超标。

3. 不可逆性和长期性

当土壤污染后，污染物在短期内很难在环境中自行消除。重金属不能被降解，因此土壤被重金属污染后，就很难被去除；土壤中有机污染物的降解也需要很长的时间。

4. 难治理性

土壤污染发生后，仅依靠切断污染源的方法还不能恢复被污染的土壤。换土、土壤淋洗等方法虽时间较短但成本较高，生物修复方法虽成本较低但往往见效较为缓慢。因此，污染土壤的修复和治理需要较长的时间和较高的成本，其危害比大气和水污染更难消除。

二、土壤污染对食品安全性的影响

土壤污染有三方面的危害。一是影响农产品的产量和品质。土壤污染会影响作物生长，造成减产。农作物可能会吸收和富集某种污染物，影响农产品质量。土壤污染往往要通过土壤样品分析、农作物检测甚至人畜健康的影响研究才能确定，土壤污染从产生到发现危害通常时间较长。因此，对农产品及下游的食品工业的影响会更大。二是危害人居环境安全。住宅、商业、工业等建设用地土壤污染还可能通过经口摄入、呼吸吸入和皮肤接触等多种方式危害人体健康。污染场地未经治理直接开发建设，会给有关人群造成长期的危害。三是威胁生态环境安全。土壤污染影响植物、土壤动物（如蚯蚓）和微生物（如根瘤菌）的生长和繁衍，危及正常的土壤生态过程和生态服务功能，不利于土壤养分转化和肥力保持，影响土壤的正常功能。土壤中的污染物可能发生转化和迁移，继而进入地表水、地下水和大气环境，影响其他环境介质，可能会对饮用水源造成污染。土壤污染尤其是重金属污染具有难可逆性。

土壤污染引起食品安全问题主要是通过两条途径进行的：一是通过土壤影响农作物，然后通过食物链影响人体；二是通过污染的土壤污染地下水（或地表水）影响人体健康。

（一）无机污染物

1. 镉污染

2021年中华人民共和国生态环境部发布《中国生态环境状况公报》，表示影响农用土壤环境质量的主要污染物是重金属，其中镉为首要污染物。土壤镉污染来源主要有如下几种。

（1）矿山开采和冶炼　镉大部分存在于闪锌矿（ZnS）内，铜矿、铅矿和其他含有锌矿物的矿石中也有镉的存在。镉在这些矿的开采、冶炼过程中，通过冲刷溶解和挥发作用，可释放到水体和大气中。大气中的镉，在风的作用下逐渐向周围扩散，通过自然沉降，蓄积于冶炼厂周围的土壤中，并以污染源为中心，波及周围数公里远的土壤。这种污染被称为气型污染。

（2）工业生产　电镀、电池、颜料、塑料、涂料等工业需使用镉作原料，生产过程均排放一定浓度的含镉废水。使用上述工业生产含镉废水灌溉或施用含镉污泥，均可使土壤环境被镉污染，这种污染称为水型污染。

（3）农业施肥　施用磷肥也可能带来镉的污染，因为多数磷矿石含镉 5～100mg/kg，大部分或全部镉都进入肥料中。据测定，我国磷肥的含镉量在 0.1～2.93mg/kg，其中钙平均含镉量为（0.75±0.05）mg/kg，钙镁磷肥为（0.11±0.03）mg/kg。

镉是作物生长的非必需元素，但是它非常容易被植物吸收，只要土壤中镉的含量稍有增加，农作物体内镉的含量就会相应增高。

一般情况下，大多数农产品中均含有镉，但不同农产品对镉蓄积能力有所不同。如主食（米、面粉）含镉量一般小于 0.1mg/kg，鱼和肉的含镉量为 5～10μg/kg（以湿重计），而动物内脏（肝、肾）的含镉量较一般食物高，可达到 1～2mg/kg（以湿重计）。这可能与肝、肾是生物体内镉的主要蓄积器官有关。

大多数情况下，天然水的镉浓度在 1μg/L 以下。镉污染过的土壤，通过雨水或灌溉用水的冲刷及土壤的渗透作用，可使镉通过农田径流进入地面水和地下水，污染饮用水源。

人体摄入镉污染的食品或饮水后可导致人发生镉中毒或镉危害。镉对人体的危害可参见相关章节。

2. 汞污染

汞属于稀有元素，它在自然界分布广，但含量均较低。环境中的汞污染有以下两种来源。

（1）自然界中汞元素的天然释放　土壤中汞的背景值为 0.01～0.15mg/kg。不同母质岩形成的土壤，其含汞量存在很大差异。土壤母质中的汞是土壤中汞最基本的来源，原生岩中汞元素的含量，直接决定着土壤中的汞含量。地球经过一系列的自然过程如火山活动、地热活动及地壳放气作用等将汞释放到大气而污染环境。据估计每年由于岩石和矿物质的物理化学风化作用而进入地球表面的汞约为 1000 吨。

（2）工农业及生活废气、废水、废渣的排放　人类工农业生产活动使汞进入大气、水体、土壤。最终，汞可以通过大气沉降、废水排放和农药施用等过程直接或间接地进入土壤中。

土壤中汞按化学形态可分为金属汞、无机结合态汞和有机结合态汞。土壤中的无机汞有 $HgSO_4$、$Hg(OH)_2$、$HgCl_2$ 和 HgO 等。它们因溶解度相对较低，在土壤中的迁移能力很弱。土壤中有机化合态汞分为有机汞（如甲基汞、乙基汞）和有机络合汞（如土壤腐殖质络合汞等）。其中以甲基汞形式存在的汞易被植物吸收，通过食物链在生物体中逐级累积。在一定条件下，各种形态的汞之间可以相互转化，即土壤中任何形式的汞（金属汞、无机汞等）均可转化为剧毒的甲基汞，称为汞的甲基化。例如，土壤中的无机汞在土壤微生物的作用下，可向甲基化方向转化。这种转化特征与土壤质地和土壤环境紧密相关，其中包括土壤 pH、*Eh*（氧化还原电位）、有机质含量、微生物等因素。

农作物吸收对土壤汞有较高的积累性，汞的吸收量随土壤汞浓度的增加而提高。土壤中汞浓度小时，土壤中的植物一般不能富集汞，植物中甲基汞含量也很低。但当土壤含汞量达到 0.5mg/kg 以上时，植物中汞吸收量就会增加。研究表明，当酸性土壤汞含量大于 0.5mg/kg，石灰性土壤汞含量大于 1.5mg/kg 时，稻米中汞富集量会超过 0.02mg/kg 的食品中污染物限量的标准，但不会影响水稻的生长。引起水稻生长不良的土壤汞浓度一般为 5mg/kg 以上。不同植物及同一植物的不同器官在各自生长阶段对汞的吸收、积累完全不一样。粮食作物中富集汞能力的顺序为：水稻＞玉米＞高粱＞小麦。水稻比其他作物易吸收汞的主要原因是，淹水条件下，无机汞会转化为金属汞，这使得水田土壤中金属汞含量明显高于旱地。

汞特别是有机汞对人体的危害很大，尤其是甲基汞（包括一甲基汞和二甲基汞）。甲基汞剧毒，经食物链的生物浓缩和生物放大作用，可在鱼体内浓缩几万甚至几十万倍。

汞对人体的危害可参见相关章节。

3. 砷污染

砷是一种非金属元素，在自然环境中分布很广，土壤中砷含量一般在 5～6mg/kg。自然界中砷多以重金属的砷化合物和硫砷化合物形式混存于金属矿石中，例如雌黄（As_2S_3）、雄黄（As_2S_2）及砷铁矿（FeAsS）等。自然界中的砷多为五价，污染环境的砷多为三价的无机化合物，动物体内的多为有机砷化合物。当前中国砷污染比较严重，国土污染统计显示砷污染点位超标率为 2.7%。

土壤中的砷主要来自土壤自然本底，其次是含砷肥料、农药及含砷废水的灌溉。

土壤砷在作物中有较高的积累性。砷对植物的危害首先表现在叶子上，症状是叶片卷曲枯萎；其次是根系发育受阻；最后是植物根、茎、叶全部枯死。

食品中的砷污染主要来源于含砷农药、空气、土壤和水体。欧洲食品安全局发布的无机砷膳食暴露评估的科学报告表明，除婴幼儿之外的所有年龄群组，膳食无机砷的主要贡献食品是“谷物加工食品（非稻米来源）”，尤其是小麦面包和面包卷；其他食物类如大米、乳及乳制品（婴幼儿的主要贡献食品）和饮用水，也是膳食无机砷的重要来源。

4. 铜污染

我国土壤含铜量为 3～300mg/kg，平均为 22mg/kg，除了长江下游的部分土壤以外，各种类型的土壤含铜量都在 20mg/kg 左右。

土壤中铜污染来源主要有两类，即自然来源和人为来源。土壤中本底铜主要来自原生矿物的各种风化作用。原生矿物的风化将铜导入土壤圈，而土壤圈的物理化学性质可使铜在不同土壤及同一土壤的不同层次上重新分配。土壤中的铜的人为来源主要包括有色金属冶炼开采企业排放的“三废”、城市生活垃圾、污泥、污水灌溉等。

土壤中铜的形态比较复杂，其主要形态随土壤性质的不同而有所不同。土壤矿物成分、胶体种类、pH 值、质地和有机质对铜的形态都有影响，其中 pH 值和有机质的影响最大。土壤中铜的各种形态在一定条件下可以互相转化。影响转化的主要因素为土壤的 pH 值、*Eh*、土壤的黏土矿物性质和有机质等。

尽管铜是植物生长的必需微量元素，但当土壤铜含量高于某一临界值时，就会对植物生长产生一定的毒害作用。随着土壤污染的日益严重，土壤铜污染的植物效应已引起了广泛的注意。

铜对动物的危害表现为，过量的铜会刺激消化系统，引起腹痛、呕吐，长期过量可导致肝硬化。

5. 铅污染

铅是土壤污染较普遍的元素。环境中的铅也可分为自然来源和人为来源。前者主要来源于岩石矿物，岩石在风化成土过程中，大部分铅仍保留在土壤中。无污染土壤铅含量大都仅略高于母质岩含量。人类活动则是铅污染的主要原因。土壤外源铅主要来源于含铅矿山“三废”、铅蓄电池工业等。铅的密度较大，空气中的含铅颗粒容易沉降下来，不断积累在周围土壤里。

土壤中铅主要为难溶性的，如氢氧化铅、碳酸铅、磷酸铅等，因而活性很低。但土壤的环境条件会影响铅在土壤中的迁移和转化。pH 值对可溶性铅含量的影响至关重要，一般在酸性土壤中可溶性铅的含量高，在碱性土壤中的含量较低。

进入土壤的铅有可能被植物吸收，或溶解到地表水中，通过食物链和饮用水进入动物和人体，进而影响人类健康。例如，水稻吸收铅与土壤含铅量有着明显的正相关关系，其相关系数无论是大田调查，小区或盆栽试验均可达极显著水平。谷类作物吸铅量较大，但多数集中在根部，茎秆次之，籽实中较少。

铅对人及动物的危害表现为蓄积毒性，具体参见相关章节。

6. 铬污染

铬在未污染的土壤中有效含量较低，工业污染，特别是制革废水及处理后的污泥是土壤铬的重要污染源。

少量铬对植物生长有刺激作用，植物从土壤中吸收的铬大部分积累在根中，其次是茎叶，在籽粒中累积量最少，且在籽粒中的转移系数很低，所以，污染不严重时，粮食作物种子中铬的累积不至于引起食品安全问题，但研究表明铬在茎叶特别是根中转移系数很高。

三价铬是人体必需的微量元素，而过量的摄入也会产生毒害；六价铬对人体有较强毒害作用，毒性比三价铬大 100 倍。

7. 氰化物污染

氰化物（cyanide）是植物本身固有的化合物，在植物体内氰化物种类有几百种。清灌区蔬菜作物氰化物的来源，可由植物自身经代谢过程而产生。氰含量与植物品种及部位密切相关。例如，同为蔬菜，一般情况下根类菜（0.080mg/kg）＞豆类（0.053mg/kg）＞绿叶菜类（0.042mg/kg）＞瓜类（0.039mg/kg）＞白菜类（0.030mg/kg）＞茄果类（0.028mg/kg）；菜豆幼苗茎叶含氰量 0.182mg/kg，根部则为 0.489mg/kg。

土壤中也普遍含有氰化物，并随土壤深度增加而递减，其含量为 0.003～0.130mg/kg。天然土壤中的氰化物来自土壤腐殖质。腐殖质是一种复杂的有机化合物，其核心由多元酚聚合而成，并含有一定数量的氮化合物，在土壤微生物的作用下，可生成酚和氰。

土壤对氰化物有较强的净化能力。进入土壤的氰化物，一部分会逸散至空气中，一部分被植物吸收，在植物体内被同化或氧化分解；存留于土壤中的氰化物在微生物的作用下，可被转化为碳酸盐、氨和甲酸盐。当氰化物持续污染时，土壤微生物经驯化、繁殖可产生相适应的微生物群，对氰的净化起巨大作用。因此有些低浓度含氰工业废水长期进行污水灌溉的地区，土壤中的氰含量积累作用较弱。但较高浓度污灌水或其他途径带入土壤中的氰，可在土壤中残留，并随水中氰浓度的增加而增加。氰在土壤中的分散速度与气温及灌溉水中氰的浓度有关。据中国农业科学院蔬菜花卉研究所报道，土壤中氰的残留较植物明显，与非污灌区土壤比较，污灌区耕作层各层氰的残留量均高于清灌区。

8. 化肥污染

过多施用化肥，会影响农作物产品品质。如禾本科作物过量施用氮肥，虽然籽粒蛋白质总量增加，但氨基酸比例会下降，从而导致产品品质下降。另外，施氮过多的蔬菜中硝酸盐含量可达正常情况的 20～40 倍。

过量的磷肥会对果蔬中有机酸、维生素 C 等成分的合成以及果实形状、大小、色泽和香味等带来不良影响；同时，磷肥中常含砷、镉等，有可能导致重金属污染。如磷石灰中除含铜、锰、硼、钼、锌等植物营养成分外，还含有砷、镉、铬、氟、汞、铅和钒等对植物有害的成分。

化肥中的氟和钒也值得注意，如过磷酸钙化肥中含氟达 2%～4%，长期施用会导致土壤中氟的积累；茶树具有积累氟的特性，大量施用过磷酸钙肥料，会使茶叶中含氟量增高。钒在过磷酸钙化肥中的含量也较高。

（二）有机污染物

1.DDT（滴滴涕）污染

DDT 有若干种异构体，其中仅对位异构体（*p*，*p*'-DDT）具有强烈的杀虫性能。工业品中的对位异构体含量在 70% 以上。

DDT 在 20 世纪 70 年代以前是全世界最常用的杀虫剂，也是典型环境持久性有机污染物。由于其毒性大、难降解和易于在生物体内富集等特性，被世界各国列为优先控制污染物。

环境中 DDT 的主要来源是有机氯农药的生产和使用。DDT 在土壤中，特别是表层残留较高。由于 DDT 在土壤中挥发性不大，且易被土壤胶体吸附，故它在土壤中移动也不明显。农田土壤中残留态 DDT，在适宜条件下，可被活化而表现出一定的生物有效性，在植物体内富集并沿食物链传递。郜红建等（2009）研究结果表明，DDT 类污染物在菠菜和胡萝卜叶部和根部均有一定富集，其中菠菜叶面富集量占富集总量的 68.6%～92.2%；而胡萝卜叶部富集占富集总量的 34.9%～41.6%。由于 DDT 在蔬菜体内富集后，可沿食物链传递和放大，对农产品质量和人体健康构成直接威胁。

由于 DDT 脂溶性强，水溶性差，它可以长期在脂肪组织中蓄积，并通过食物链在动物体内高度富集，使居于食物链末端的生物体内蓄积浓度比最初环境所含农药浓度高出数百万倍，对机体构成危害。而人处在食物链最末端，受害也最大。所以，虽然 DDT 已禁用多年，但仍然受到人们的关注。当前中国国土残留 DDT 的污染率仍然高达 1.9%。

2. 多环芳烃污染

多环芳烃指分子中含有两个或两个以上苯环的碳氢化合物。多环芳烃（PAHs）广泛存在于自然界，种类达 100 多种。大部分多环芳烃（PAHs）因具有较强的致癌、致畸变和致突变性等而对人类的健康和生态环境产生潜在的威胁。

环境中的多环芳烃主要来源于人类活动和能源利用过程，如石油、煤等的燃烧，石油及石油化工产品生产，交通工具尾气的排放，家庭燃烧，垃圾焚烧等。此外，森林火灾、火山活动、植物和生物的内源性合成等自然过程也造成环境的PAHs。PAHs通过全球蒸馏效应或蚱蜢效应传输与沉降至离污染源远近不同的地表、植被和水体中，导致全球范围内的污染传播。

土壤中的PAHs主要来源于污水灌溉、大气中PAHs干湿沉降、农业污水污泥施用、秸秆焚烧等过程。从土地功能利用类型来看，农业用地（林地、果园、农田）的PAHs主要来源于石油源（或部分来源于土壤母岩中的有机质）；而城区、交通干线附近及工矿企业附近表层土壤中的多环芳烃主要来源于化石燃料燃烧的产物。多环芳烃在土壤中分布极其广泛，且检出率普遍较高。

土壤中PAHs可以被植物吸收积累。当多环芳烃滞留在植物叶片上时，会堵塞叶片呼吸孔，使其变色、萎缩、卷曲直至脱落，影响植物的正常生长及果实孕育。例如，大豆受多环芳烃污染达到一定程度时，其叶片会发红，枝叶掉落，所形成的荚果很小甚至不结果。

第四节　放射性物质对食品安全性的影响

人类生活的环境中天然存在着一些放射性物质，如宇宙射线，这些被称为天然辐射源。它们主要来源于宇宙线和环境中的放射性核素，后者包括地壳（土壤、岩石等）中含有的^{40}K（钾）、^{226}Ra（镭）、^{87}Rb（铷）、^{232}Th（钍）、^{238}U（铀）及其衰变产物。天然辐射源所产生未受人类活动影响的总电离辐射水平称为天然辐射本底，其平均值为1.05×10^{-3} Gy/年。天然辐射本底一般不会给人造成不可接受的伤害，也不会给人类食物造成不可接受的污染。放射性污染主要来源于人类的一些活动，如矿藏开采、核武器的开发等。人类这些活动排放出的放射性污染物若使环境的放射性水平高于天然本底或超过国家规定的标准，即为放射性污染。放射性污染物可通过动植物富集而污染食品，进而对人类健康产生危害。

一、食品中放射性物质的来源

1. 放射性矿产的开采和冶炼

放射性矿产开采和冶炼的过程中会产生大量尾矿并排出放射性粉尘和废水等，对环境造成污染的同时，直接或间接污染食品。

2. 核能的应用及意外事故

目前，全世界核电站已近500座。核电站排放的废水中仅含微量放射性物质，一般无法检出。但核电站的废水排放量很大，经过漫长的生物链后被高度富集，最终成为水产品放射性物质污染的一个主要来源。而且，一旦核电站发生核事故时，则会造成非常严重的污染。1986年苏联切尔诺贝利核电站事故以及2011年日本福岛核事故都给整个世界带来巨大损失和危害。

3. 核试验

核试验同样会带来严重的放射性污染。核爆炸可以产生几百种放射性核素，并通过落下灰进入海洋。大部分核爆炸产生的放射性核素半衰期很短，在爆炸发生后很短时间内衰变殆尽，一些长寿命核素产生量又少，所以至今核爆炸产生的能在海洋中探测到的人工放射性核素仅有很少几种，如 ^{3}氢、^{14}碳、^{90}锶、^{137}铯等。

大气层核试验中，裂变核爆产生的放射性尘埃颗粒较大，被认为主要释放在对流层，并很快在试验场附近沉降，所以放射性沉降是局地性的。聚变核爆的放射性尘埃颗粒小，约微克量级，可以进入平流层，在平流层大约有一年的停留时间，可能输运到全球各地，所以产生全球性的大气沉降。因此，核试验的污染具有全球性，是食品放射性污染的一个重要来源。

4. 放射性同位素的应用

放射性同位素在工农业、医学和科研领域应用的同时也会向外界排放一定量的放射性物质。例如，在稀土工业、煤炭工业、磷肥生产过程中使用的原料中含有一定的放射性同位素，如废物处理不当，也会造成环境污染。

二、易污染食品的放射性核素

容易污染食品的放射性核素主要是人工放射性核素，如 ^{131}I（碘）、^{90}Sr（锶）、^{137}Cs（铯）等。

1. ^{131}碘

^{131}碘是核爆炸时的裂变产物，其半衰期虽然仅有 8.3 天但危害性极大，尤其是对儿童，易致甲状腺功能减退。有调查显示，^{131}碘降落至地面几天后，污染地区生产的牛奶中的 ^{131}碘量已足以损害儿童甲状腺。

同时，由于卵巢也是碘浓集之处，放射性碘可对遗传产生影响。

^{129}碘是一种低能量的同位素，穿透力虽小，但半衰期却长达 1400 万年。所幸它的总体产生量很少，据有关报道称，约每一万亿个碘原子中才有五个是 ^{129}碘。

2. ^{90}锶

^{90}锶为全球性沉降物，在核爆炸时会大量产生，半衰期为 28 年。因此，^{90}锶广泛存在于土壤中，是食品放射性污染的主要来源。

土壤中的 ^{90}锶可通过根叶被植物吸收，因此 ^{90}锶易存在于陆生植物性食品中。另外，某些水生动植物对 ^{90}锶也有较强的富集能力，如海藻的富集系数是 100，虾、蟹的富集系数为 2～10，淡水鱼的富集系数为 5。^{90}锶污染的食品有奶制品、蔬菜、水果、谷类和面制品等。

^{90}锶和钙一样对骨有亲和力，因此 ^{90}锶能够进入人体参与钙的代谢过程，其中大部分沉积于骨骼中。而且，与半衰期短的 ^{89}锶不同，^{90}锶从骨中排出缓慢，故遭受锶辐射时动物骨骼会发生病变并可危害终身。^{90}锶在动物体内蓄积到一定的数量后即可引起白血病、骨癌和其他骨骼疾病，但人体尚无这方面的报道。

^{89}锶也是核爆炸时的裂变产物，半衰期仅 51 天。^{89}锶量比 ^{90}锶多，一般二者比值为

180左右。^{89}锶仅在短时期表现出危害性，但也有报道称^{90}锶和^{89}锶在实验动物中还有明显的遗传方面的影响。

3.^{137}铯

^{137}铯为γ射线辐照源，其半衰期为30年。环境中的^{137}铯主要以沉积物形式固定于土壤中，可被植物根部吸收。大气放射性尘埃中的^{137}铯也可被吸附于动植物表面，进而进入动植物体。故^{137}铯广泛存在于食品中，谷类、薯类、肉类、奶类和新鲜蔬菜等食物中^{137}铯的含量较高，某些蕈类和鱼类对^{13}铯也有较强的富集能力。

^{137}铯易于被机体充分吸收，其化学性质与钾相似，因而参与钾的代谢过程，随血液分布全身。^{137}铯无特殊浓缩器官，主要通过尿液排出，其次是粪便，也可通过乳汁少量排出。

三、放射性污染对食品安全性的影响

环境中放射性核素可以通过消化道、呼吸道、皮肤三种途径进入人体。在核试验或核工业发生事故时，在污染严重的地区，上述三种途径均可使放射性核素进入人体造成危害。但在平时环境中的放射性核素主要通过食物链经消化道进入人体（食物占94%～95%、饮水占4%～5%），呼吸道次之，经皮肤的可能性最小。环境中放射性核素通过食物链向食品中转移的主要途径如下。

1. 向水生生物体内转移

广阔的水域是核工业放射性物质的主要受纳体，水体中的生物对放射性核素有明显的富集作用，富集系数可达10^3。研究发现，海洋生物体内^{210}Po（钋）的含量要比海水中高几百倍甚至上千倍，而且很难排出体外。史建君曾采用模拟污染物的同位素示踪技术研究了水生植物卡州萍、水葫芦和金鱼藻对水体中^{89}锶的富集动态。结果表明，水生植物对水体中的^{89}锶均具有一定的富集能力，富集系数多在10～20之间。另有研究表明，浮游生物对放射性核素的富集能力最强，如紫菜对^{106}Ru（钌）的吸收能力最强，其次是蛤蜊。日本福岛核事故发生后，挪威大气研究所也指出，核事故中约有80%的放射性沉降物落在太平洋上，这将会对太平洋国家的渔业产生一定程度的影响。日本东京电力公司在福岛核事故时隔一年后检测发现，福岛核事故核电站附近海域中放射性铯浓度仍高达1880Bq/kg（以样本质量计）[日本政府制定的一般食品放射性标准值为100 Bq/kg（以样本质量计）]。美国有关科学家甚至提出福岛附近海域的鱼类10年内不宜食用。

2. 向陆地植物性食物转移

含有放射性核素的沉降物、雨水和污水污染环境后，植物表面吸附的放射性核素可直接渗透进入植物组织，植物的根系也可从土壤中吸收放射性核素。放射性核素向植物转移的量与多种因素有关。第一，辐射剂量。李玉明研究发现，辐射剂量对西瓜干种子的出苗率、存活率、出苗时间、子叶面积、株高及茎粗等均有影响；200Gy和400Gy的Co-γ辐射线对中等种子出苗有促进作用，但超过600Gy时将有显著（$P<0.05$）抑制作用。第二，植物种类。叶类植物的表面积大，承受的放射性核素的量也大；带纤维或带壳的籽实污染量则相对较低。福岛核事故发生后10天，福岛附近叶类蔬菜首先被发现放射性物质已大大超过日本《食品安全法》中设定的暂定基准。据日本厚生省透露，若连续10天每天食

用 100g 被检测出放射性物质最多的蔬菜，所受到的辐射量相当于一个人在自然情况下一年所受辐射量的一半。第三，放射性核素的种类。一般情况下放射性核素通过根系吸收的快慢顺序为：^{89}锶＞^{90}锶＞^{131}碘＞^{140}钡＞^{137}铯、^{106}钌＞^{144}铈、^{90}钇＞^{239}钚。第四，使用化肥的类型。土壤中的 ^{90}锶和 ^{137}铯被植物吸收受到钙、钾的影响，若增强土壤中有效钙和钾的含量，可使植物对 ^{90}锶和 ^{137}铯的吸收量降低。因而钙或钾对 ^{90}锶和 ^{137}铯起到了稀释作用。第五，同位素的竞争作用。当土壤中的放射性核素的稳定性同位素含量增加时，可以减少植株对放射性核素的吸收量，放射性核素在土壤表层吸附较多。第六，耕作条件。深耕可将大部分放射性核素植物埋入深层，使根须短的植物如水稻的吸收量减少。第七，气象条件。雨水的冲刷作用可降低植物表面的污染量。

3. 向动物性食物转移

家禽和家畜是人类重要动物性食品来源。环境中放射性核素通过牧草、饲料和饮水等途径进入家禽和家畜体内，并蓄积于相应的组织器官中。半衰期较长的 ^{90}锶和 ^{137}铯，以及半衰期较短的 ^{89}锶和 ^{131}碘等对动物性食物的污染均具有意义。这些放射性核素不仅能在动物体内组织器官中贮留，而且能转移到牛乳中。据武汉医学院报道，奶牛一次摄入 ^{131}碘后 7 天，牛乳中 ^{131}碘可达到摄入量的 8%；^{137}铯一次经口摄入后 7 天，牛乳排出可达摄入量的 10%。放射性碘、铯和锶也可经产蛋期母鸡组织器官进入鸡蛋中。

放射性核素最终进入人体的量取决于食品中的含量、各类食品在膳食中的比例以及烹调方法等。根据欧美国家的调查资料，通过膳食每年摄入的 ^{90}锶可达 4000～5000μCi❶。其中奶制品所占比例最大，其次是谷类、面包制品、水果和蔬菜。

四、放射性污染的危害及控制措施

自从人类利用核物质以来，已发生过多起核污染事故。切尔诺贝利核电站的核泄漏事故是最为严重的核污染事故。据白俄罗斯政府 1997 年公布的资料显示，切尔诺贝利核事故所泄漏的放射性粉尘有 70% 飘落在白俄罗斯境内；在事故发生初期，白俄罗斯大约 6000km^2 的土地无法使用，400 多个居民点成为无人区，政府不得不关闭了 600 多所学校、300 多个企业和 54 个大型农业联合体。然而，到目前为止，还有 200 多万人不得不生活在核污染区，其中包括 48 万不满 17 岁的儿童。白俄罗斯政府估计，切尔诺贝利核事故给白俄罗斯的直接经济损失在 2350 亿美元以上，相当于白俄罗斯 32 个财政年的总和。

2011 年日本里氏 9.0 级的强烈地震引起放射性物质外泄的危害

环境中的放射性核素通过各环节的转移进入人体后，其中大部分不被人体吸收而排出体外，被吸收部分则参与人体代谢，在人体内继续发射多种射线引起内照射。所谓内照射指由于摄入被放射性物质污染的食品和水，电离辐射作用于人体内部，对人体产生的影响。内照射主要表现为对免疫系统、生殖系统的损伤和致癌、致畸、致突变作用。

食物表面污染放射性物质时，可通过清洗等方法清除一部分。对核试验后放射性碘的污染调查表明，青菜经清洗后可去除 50% 放射性碘，消毒后的牛奶可大大减少放射性物质

---

❶ 1Ci=37GBq。

的含量。我国 1994 年颁布了《食品中放射性物质限制浓度标准》（GB 14882—1994），2016 年颁布了《食品安全国家标准　食品中放射性物质检验　总则》（GB 14883.1—2016）。

参考文献

[1] 卞雅姣，黄洁，孙其松，等．模拟酸雨对小麦产量及籽粒蛋白质和淀粉含量及组分的影响 [J]. 生态学报，2013，33（15）：4623-4630.

[2] 陈辉．食品安全概论 [M]. 北京：中国轻工业出版社，2011.

[3] 方淑荣．环境科学概论 [M]. 北京：清华大学出版社，2011.

[4] 国家市场监督管理总局，国家标准化管理委员会．生活饮用水卫生标准：GB 5749—2022[S]. 北京：中国标准出版社，2022.

[5] 中华人民共和国卫生部．食品中放射性物质限制浓度标准：GB 14882—1994[S]. 北京：中国标准出版社，1994.

[6] 国家质量监督检验检疫总局，中国国家标准化管理委员会．环境空气质量标准：GB 3095—2012[S]. 北京：中国环境科学出版社，2016.

[7] 国土资源部土地整治中心．中国土地整治发展研究报告（NO. 1）[M]. 北京：社会科学文献出版社，2014.

[8] 环境保护部，国土资源部．全国土壤污染状况调查公报 [EB/OL]. [2015-6-30].

[9] 孔晓玲，周洁，于鹏，等．微波辐射对农产品生命活性的影响研究 [J]. 农业机械学报，2012，43（S1）：239-241，261.

[10] 李森照．中国污水灌溉与环境质量控制 [M]. 北京：气象出版社，1995：81.

[11] 李慎明，张宇燕，李少军．全球政治与安全报告 2012[M]. 北京：社会科学文献出版社，2012：191.

[12] 孟凡乔，杨海燕．环境与食品 [M]. 北京：中国林业出版社，2008：21.

[13] 王鹏．环境监测 [M]. 北京：中国建筑工业出版社，2011：8.

[14] 曲向荣．环境生态学 [M]. 北京：清华大学出版社，2012：162.

[15] 余潇枫．中国非传统安全研究报告 2011—2012[M]. 北京：社会科学文献出版社，2012：214.

[16] 张建新，沈明浩．食品环境学 [M]. 北京：中国轻工业出版社，2006：75.

[17] 张乃明．环境污染与食品安全 [M]. 北京：化学工业出版社，2007：11.

[18] 中国农业科学院蔬菜花卉研究所．中国蔬菜栽培学 [M]. 2 版．北京：中国农业出版社，2009.

[19] 中华人民共和国环境保护部．中国环境质量报告 2009[M]. 北京：中国环境科学出版社，2010.

[20] 中华人民共和国国土资源部．2013 年中国国土资源公报 [EB/OL].

[21] 中华人民共和国国土资源部．中国国土资源年鉴 2011. 中国国土资源年鉴编辑部，2012.

[22] 中华人民共和国环境保护部．2013 中国环境状况公报 [EB/OL].

[23] 郜红建，蒋新，王芳，等．蔬菜不同部位对 DDTs 的富集与分配作用 [J]. 农业环境科学学报，2009，28（6）：1240-1245.

[24] 史建君，赵小俊，陈晖，等．水生植物对水体中放射性锶的富集动态 [J]. 上海交通大学学报：农业科学版，2002，20（1）：38-41.

[25] 李玉明，杨世梅，纪海波，等．^{60}Co-γ 辐射对西瓜种子萌发和幼苗生长的效应 [J]. 西北农业学报，2013，22（3）：115-120.

[26] 蒋志学，邓士谨．环境生物学 [M]. 北京：中国环境科学出版社，1989.

· 第四章 ·

化学物质危害

对食品安全产生危害的化学物质包括农药、兽药、食品添加剂、有毒元素以及多氯联苯、二噁英、多环芳烃、丙烯酰胺、氯丙醇和硝基类化合物等。

第一节　药物残留

食品安全问题首当其冲的是用于治疗和预防动植物疾病、促进动植物生长、防治虫害、提高食品感官品质、加工过程中防污、保鲜、贮运等过程中使用的药物的残留，如抗生素、激素、类激素药物、杀虫剂、消毒剂等。

我国一些种植养殖企业对现代种植养殖技术缺乏正确认识，不能正确理解“三高”（高值、高产、高效）的真正内涵，使种植养殖生产管理时偏离正常的消费轨道。

一、农药残留

（一）农药的概念

农药是指用于防治农林牧业生产中的有害生物和调节植物生长的人工合成或者天然物质。

（二）农药的分类

目前在世界各国注册的农药近 2000 种，其中常用的有 500 多种。中国有农药原药 250 种和制剂 800 多种，居世界第二位。为方便使用和研究，常从不同角度对农药进行分类。

1. 按来源分类

分为① 有机合成农药，包括有机氯、有机磷、氨基甲酸酯、拟除虫菊酯等，应用最广，但毒性较大；② 生物源农药，包括微生物农药、动物源农药和植物源农药三类；③ 矿物源农药，包括硫制剂、铜制剂和矿物油乳剂等。

2. 按用途分类

分为杀虫剂、杀螨剂、杀真菌剂、杀细菌剂、杀鼠剂、除草剂、熏蒸剂和植物生长调节剂等。

（三）食品中农药残留的来源

1. 施药后直接污染

作为食品原料的农作物、农产品、畜禽因直接施用农药而被污染，其中以果蔬污染最为严重。① 在农药生产中，农药直接喷洒于农作物的茎、叶、花和果实等表面，造成农产品污染。部分农药被作物吸收进入植株内部，经过生理作用运转到植物的根、茎、叶和果实，代谢后残留于农作物中，尤其以皮、壳和根茎部的农药残留量最高。② 在兽医临床上，使用广谱驱虫和杀螨药物（如有机磷、拟除虫菊酯、氨基甲酸酯类等制剂）杀灭动物体表寄生虫时，如果药物用量过大被动物吸收或舔食，在一定时间内可造成畜禽产品中农药残留。③ 在农产品贮藏中，为防止其霉变、腐烂或发芽，施用农药造成食用农产品直接污染。如在粮食贮藏中使用熏蒸剂，柑橘和香蕉用杀菌剂，马铃薯、洋葱和大蒜用抑芽剂等。

2. 从环境中吸收

农田、草场和森林施药后，有 40%～60% 的农药降落至土壤，5%～30% 的药剂扩散于大气中，逐渐积累，通过多种途径进入生物体内，致使农产品、畜产品和水产品出现农药残留问题。

（1）从土壤中吸收　当农药落入土壤后，逐渐被土壤粒子吸附，植物通过根茎部从土壤中吸收农药，引起植物性食品中农药残留。

（2）从水体中吸收　水体被污染后，鱼、虾、贝和藻类等水生生物从水体中吸收农药，引起组织内农药残留。用含农药的工业废水灌溉农田或水田，也可导致农产品中农药残留。甚至地下水也可能受到污染，畜禽可以从饮用水中吸收农药，引起畜产品中农药残留。

（3）从大气中吸收　虽然大气中农药含量甚微，但农药的微粒可以随风、大气飘浮、降雨等自然现象造成很远距离的土壤和水源的污染，进而影响栖息在陆地和水体中的生物。

3. 通过食物链污染

农药污染环境，经食物链传递时可发生生物富集、生物积累和生物放大，只是农药的轻微污染就会造成食品中农药的高浓度残留。

4. 其他途径

（1）加工和储运中污染　食品在加工、贮藏和运输中，使用被农药污染的容器、运输工具，或者与农药混放、混装均可造成农药污染。

（2）意外污染　拌过农药的种子常含有大量农药，不能食用。

（3）非农用杀虫剂污染　各种驱虫剂、灭蚊剂和杀蟑螂剂逐渐进入食品厂、医院、家庭等场所，使人类食品受农药污染的机会增多、范围不断扩大。此外，高尔夫球场和城市绿化地带也经常大量使用农药，经雨水冲刷和农药挥发均可污染环境，进而污染食物和饮水。

（四）食品中农药残留的危害

环境中的农药被生物摄取或通过其他方式进入生物体，蓄积于体内，通过食物链传递并富集，使进入食物链顶端人体内的农药不断增加，严重威胁人类健康。大量流行病学调查和动物实验研究结果表明，农药对人体的危害可概括为以下三方面。

1. 急性毒性

急性中毒主要由职业性（生产和使用）中毒、自杀或他杀以及误食、误服农药，或者食用喷洒了高毒农药不久的蔬菜和瓜果，或者食用因农药中毒而死亡的畜禽肉和水产品而引起。中毒后常出现神经系统功能紊乱和胃肠道症状，严重时会危及生命。

2. 慢性毒性

目前使用的绝大多数有机合成农药都是脂溶性的，易残留于食品原料中。若长期食用农药残留量较高的食品，农药则会在人体内逐渐蓄积，可损害人体的神经系统、内分泌系统、生殖系统、肝脏和肾脏，引起结膜炎、皮肤病、不育、贫血等疾病。这种中毒过程较为缓慢，症状短时间内不明显，容易被人们所忽视，而其潜在的危害性很大。

3. 特殊毒性

目前通过动物实验已证明，有些农药具有致癌、致畸和致突变作用，或者具有潜在“三致”作用。

（五）农药的允许限量

世界各国都非常重视食品中农药残留的研究和监测工作，制定了农药允许限量标准。FAO/WHO 农药残留联席会议（Joint FAO/WHO Meeting on Pesticide Residues，JMPR）规定了多种食品中农药的最高允许残留量（maximum residue limit，MRL）、人体每日允许摄入量（acceptable daily intake，ADI）。目前，已制定农药残留限量约 4000 项。为确保遵守农药的最高残留水平，并评估消费者在动植物源性食品中农药残留情况，欧盟委员会执行（EU）2021/601 法规，制定了 2022—2024 年农药残留控制计划。

（六）控制食品中农药残留的措施

食品中农药残留对人体健康的损害是不容忽视的，为确保食品安全，必须采取正确对策和综合防治措施，防止食品中农药的残留。

1. 加强农药管理

为了实施农药管理的法制化和规范化，加强农药生产和经营管理，许多国家设有专门的农药管理机构，并有严格的登记制度和相关法规。美国农药归属环保局（EPA）、食品药品监督管理局（FDA）和农业部（USDA）管理。中国颁布的《农药登记管理办法》《食品安全国家标准　食品安全性毒理学评价程序》（GB 15193.1—2014）规定了农药和食品中农药残留的毒理学试验方法。

2. 合理安全使用农药

为了合理安全使用农药，中国自 20 世纪 70 年代后相继禁止或限制使用一些高毒、高残留、有“三致”作用的农药。1971 年农业部发布命令，禁止生产、销售和使用有机汞农药。1974 年禁止在茶叶生产中使用农药“六六六”和“DDT”，1983 年全面禁止使用“六六六”“DDT”和林丹。1982 年颁布了《农药安全使用规定》，将农药分为高、中、低毒三类，规定了各种农药的使用范围。现行实施的《农药合理使用准则》（GB/T 8321.1～GB/T 8321.9）规定了常用农药所适用的作物、防治对象、施药时间、最高使用剂量、稀释倍数、施药方法、最多使用次数、安全间隔期（即最后一次使用后距农产品收获天数）和最大残留量等，以保证农产品中农药残留量不超过食品卫生标准中规定的最大残留限量标准。

3. 制定和完善农药残留限量标准

FAO/WHO 及世界各国对食品中农药的残留量都有相应规定，并进行广泛监督。中国政府也非常重视食品中农药残留，制定了食品中农药残留限量标准和相应的残留限量检测方法，确定了部分农药的 ADI 值，并对食品中农药进行监测。

4. 食品农药残留的消除

农产品中的农药，主要残留于粮食糠麸、蔬菜表面和水果表皮，可用机械或热处理的方法予以消除或减少。尤其是化学性质不稳定、易溶于水的农药，在食品的洗涤、浸泡、去壳、去皮、加热等处理过程中均可大幅度消减。粮食中的“DDT”经加热处理后可减少 13%～49%；大米、面粉、玉米面经过烹调制成熟食后，“六六六”残留量没有显著变化；水果去皮后“DDT”可全部除去，“六六六”有一部分尚残存于果肉中。肉经过炖煮、烧烤或油炸后“DDT”可除去 25%～47%；植物油经精炼后，残留的农药可减少 70%～100%。

粮食中残留的有机磷农药，在碾磨、烹调加工及发酵后能不同程度地消减。马铃薯经洗涤后，马拉硫磷可消除 95%，去皮后消除 99%。食品中残留的克菌丹通过洗涤可以除去，经烹调加热或加工罐头后均能被破坏。

为逐步消除和从根本上解决农药对环境和食品的污染问题，减少农药残留对人体健康和生态环境的危害，除采取上述措施外，还应积极研制和推广使用低毒、低残留、高效的农药新品种，尤其是开发和利用生物农药，逐步取代高毒、高残留的化学农药。在农业生产中，应采用病虫害综合防治措施，大力提倡生物防治。进一步加强环境中农药残留监测工作，健全农田环境监控体系，防止农药经环境或食物链污染食品和饮水。此外，还须加强农药在贮藏和运输中的管理工作，防止农药污染食品，或者被人畜误食而中毒。大力发展无公害食品、绿色食品和有机食品，开展食品卫生宣传教育，增强生产者、经营者和消费者的食品安全知识，严防食品中农药残留对人体健康和生命的危害。

二、兽药残留

（一）兽药残留的概念

兽药残留是指动物产品的任何可食部分所含兽药的母体化合物及（或）其代谢物，以及与兽药有关的杂质。所以兽药残留既包括原药，也包括药物在动物体内的代谢产物和兽药生产中所伴生的杂质。

兽药在动物体内残留量与兽药种类、给药方式及器官和组织的种类有很大关系。一般情况下，对兽药有代谢作用的脏器，如肝脏、肾脏，其兽药残留量高。由于不断代谢和排出体外，进入动物体内兽药的量随着时间推移而逐渐减少，动物种类不同则兽药代谢的速率也不同，比如通常所用的药物在鸡体内的半衰期大多数在 12h 以下，多数鸡用药物的休药期为 7 天。

（二）兽药残留的来源

为了提高生产效率，满足人类对动物性食品的需求，畜、禽、鱼等动物的饲养多采用集约化生产。然而，这种生产方式带来了严重的食品安全问题。在集约化饲养条件下，由于密度高，疾病极易蔓延，致使用药频率增加；同时，由于改善营养和防病的需要，必然要在天然饲料中添加一些化学控制物质来改善饲喂效果。这些饲料添加剂的主要作用包括完善饲料的营养特性、提高饲料的报酬、促进动物生长和预防疾病、减少饲料在贮存期间的营养物质损失以及改进畜、禽、鱼等产品的某些品质。这样往往造成药物残留于动物组织中，对公众健康和环境具有直接或间接危害。

目前，中国动物性食品中兽药残留量超标的主要原因是使用违禁或淘汰药物；不按规定执行应有的休药期；随意加大药物用量或把治疗药物当成添加剂使用；滥用新的或高效的抗生素，还大量使用医用药物；饲料加工过程受到兽药污染；用药方法错误，或未做用药记录；屠宰前使用兽药；厩舍粪池中含兽药；等等。

（三）影响食品安全的主要兽药

目前对人畜危害较大的兽药及药物饲料添加剂主要包括抗生素类、磺胺类、呋喃类、抗寄生虫类和激素类等药物。

1. 抗生素类

按抗生素在畜牧业上应用的目标和方法，可将它们分为两类：治疗动物临床疾病的抗生素；用于预防和治疗亚临床疾病的抗生素，即作为饲料添加剂低水平连续饲喂的抗生素。尽管使用抗生素作为饲料添加剂有许多副作用，但是由于抗生素饲料添加剂除具有防病治病的作用外，还具有促进动物生长、提高饲料转化率、提高动物产品的品质、减轻动物的粪臭、改善饲养环境等功效。因而，事实上抗生素作为饲料添加剂已很普遍。

为控制动物食品药物残留，必须严格遵守休药期，控制用药剂量，选用残留低毒性小的药物，并注意用药方法与用药目的一致。在中国农业部（现农业农村部）颁发的《饲料药物添加剂使用规范》中规定了各种饲料添加剂的种类和休药期。

2. 磺胺类药物

磺胺类药物是一类具有广谱抗菌活性的化学药物，广泛应用于兽医临床。磺胺类药物于 20 世纪 30 年代后期开始用于治疗人的细菌性疾病，并于 1940 年开始用于家畜，1950 年起广泛应用于畜牧业生产，用以控制某些动物性疾病的发生和促进动物生长。《食品安全国家标准　食品中兽药最大残留限量》中规定：磺胺类总计在所有食品动物的肌肉、肝、肾和脂肪中 MRL 为 100μg/kg，牛、羊奶中为 100μg/kg（除磺胺二甲嘧啶）。

3. 激素类药物

激素是由机体某一部分分泌的特种有机物，可影响其机能活动并协调机体各个部分的作用，促进畜禽生长。20 世纪人类发现激素后，激素类生长促进剂在畜牧业得到广泛应用，但由于激素残留不利于人体健康，产生了许多负面影响，许多种类现已禁用。中国农业农村部规定，禁止所有激素类及有激素类作用的物质作为动物促进生长剂使用，但在实际生产中违禁使用者还很多，给动物性食品安全带来很大威胁。

激素的种类很多，按化学结构可分为固醇或类固醇（主要有肾上腺皮质激素、雄激素、雌激素等）和多肽或多肽衍生物（主要有垂体激素、甲状腺素、甲状旁腺素、胰岛素、肾上腺素等）两类；按来源可分为天然激素和人工激素，天然激素指动物体自身分泌的激素；人工激素是用化学方法或其他生物学方法人工合成的一类激素。

4. 其他兽药

除抗生素外，许多人工合成的药物有类似抗生素的作用。化学合成药物的抗菌驱虫作用强，而促生长效果差，且毒性较强，长期使用不但有不良作用，而且有些还存在残留与耐药性问题，甚至有致癌、致畸、致突变的作用。化学合成药物添加在饲料中主要用于防治疾病和驱虫等，也有少数毒性低、副作用小、促生长效果较好的抗菌剂作为动物生长促进剂在饲料中应用。

（四）兽药残留的危害

兽药残留对人体健康造成多重危害，主要表现在以下几个方面。

1. 毒性作用

人长期摄入含兽药残留的动物性食品后，药物不断在体内蓄积，当浓度达到一定量后，就会对人体产生毒性作用。

2. 过敏反应和变态反应

经常食用一些含低剂量抗菌药物残留的食品能使易感的个体出现过敏反应，这些药物包括青霉素、四环素、磺胺类药物及某些氨基糖苷类抗生素等。

3. 细菌耐药性

动物经常反复接触某一种抗菌药物后，其体内敏感菌株将受到选择性抑制，从而使耐药菌株大量繁殖。而抗生素饲料添加剂长期、低浓度的使用是耐药菌株增加的主要原因。

经常食用含药物残留的动物性食品，一方面具有耐药性的能引起人兽共患病的病原菌可能大量增加；另一方面带有药物抗性的耐药因子可传递给人类病原菌，当人体发生疾病时，就给临床治疗带来很大的困难，耐药菌株感染往往会延误正常的治疗过程。

4. 菌群失调

正常条件下，人体肠道内的菌群由于在多年共同进化过程中与人体能相互适应，对人体健康产生有益的作用。但是，过多应用药物会使这种平衡发生紊乱，造成一些非致病菌的死亡，使菌群的平衡失调，从而导致长期的腹泻或引起维生素的缺乏等反应，造成对人体的危害。

5. “三致”作用

“三致”指致癌、致畸、致突变。苯并咪唑类药物是兽医临床上常用的广谱抗蠕虫病的药物，可持久地残留于肝内并对动物具有潜在的致畸性和致突变性。另外，残留于食品中的丁苯咪唑、丙硫咪唑和苯硫苯氨酯具有致畸作用；克球酚、雌激素则具有致癌作用。

6. 激素的副作用

激素类物质虽有很强的作用效果，但也会带来很大的副作用。人们长期食用含低剂量激素的动物性食品，由于积累效应，有可能干扰人体的激素分泌体系和身体正常机能，特别是类固醇类和β-兴奋剂类在体内不易代谢破坏，其残留对食品安全威胁很大。

第二节 食品添加剂

食品添加剂是食品工业发展的重要影响因素之一，它的使用对食品产业的发展起着重要的作用。它可以改善风味、调节营养成分、防止食品变质，从而提高质量，使加工食品丰富多彩，满足消费者的各种需求。本节首先介绍食品添加剂的基本概念，然后介绍几类常见食品添加剂，主要介绍其安全性问题和检测方法等。

一、食品添加剂的定义与使用原则

（一）食品添加剂的定义

广义的食品添加剂指食品本来成分以外的物质。

我国《食品安全国家标准　食品添加剂使用标准》（GB 2760—2024）将食品添加剂定义为:“为改善食品品质和色、香、味，以及为防腐、保鲜和加工工艺的需要而加入食品中的人工合成或者天然物质。食品用香料、胶基糖果中基础剂物质、食品工业用加工助剂、营养强化剂也包括在内。”

（二）食品添加剂的使用原则

1. 食品添加剂使用时应符合的基本要求

① 不应对人体产生任何健康危害；

② 不应掩盖食品腐败变质；

③ 不应掩盖食品本身或加工过程中的质量缺陷或以掺杂、掺假、伪造为目的而使用食品添加剂；

④ 不应降低食品本身的营养价值；

⑤ 在达到预期效果的前提下尽可能降低在食品中的使用量。

2. 可使用食品添加剂的情况

① 保持或提高食品本身的营养价值；

② 作为某些特殊膳食用食品的必要配料或成分；

③ 提高食品的质量和稳定性，改进其感官特性；

④ 便于食品的生产、加工、包装、运输或者贮藏。

3. 食品添加剂质量标准

按照本标准使用的食品添加剂应当符合相应的质量规格要求。

4. 带入原则

在下列情况下食品添加剂可以通过食品配料（含食品添加剂）带入食品中：

① 根据本标准，食品配料中允许使用该食品添加剂；

② 食品配料中该添加剂的用量不应超过允许的最大使用量；

③ 应在正常生产工艺条件下使用这些配料，并且食品中该添加剂的含量不应超过由配料带入的水平；

④ 由配料带入食品中的该添加剂的含量应明显低于直接将其添加到该食品中通常所需要的水平。

二、食品添加剂存在的卫生问题

1. 用量不规范

食品添加剂在食品加工过程中不按国家规定标准而随意使用的现象较为突出。

2. 超范围使用

在《中华人民共和国食品安全法》（简称《食品安全法》）中，明确规定了禁止生产经营超范围、超限量使用食品添加剂的食品。但实际上，如吊白块、孔雀石绿、苏丹红等被广泛应用于食品生产。

3. 使用过期、劣质的食品添加剂

过保质期的食品添加剂，其功效会大打折扣，而且长期存放可能发生化学反应，产生有毒有害物质，影响添加食品的安全性；劣质食品添加剂，不仅产品不纯，而且含有汞、铅等重金属有害物质，添加到食品中，会严重影响食品的安全。

4. 重复、多环节使用食品添加剂

一般有两种情况。一种是在某一食品中添加了单一的添加剂后，又因其他功用添加了复合食品添加剂，而复合添加剂由于配方保密不便公开，可能会出现重复添加的情况。比如某种食品防腐剂应用在酱油中使酱油防腐，但酱油被用于某种罐头食品中，这种防腐剂就被带入罐头食品中，这种罐头食品可能未被批准用这种食品防腐剂，或者这种食品防腐剂限量低，罐头食品生产厂家不知道原料酱油里使用了防腐剂，再添加就超标了。另一种是多个环节进行了添加。

三、违禁非食用物质添加剂

在食品中添加非食用物质问题越来越引起人们的注意。近些年来出现的食品安全事故似乎都与此有关。苏丹红、孔雀石绿、三聚氰胺、瘦肉精都是在食品中禁止添加的非食用物质。

1. 非食用物质添加剂的概念

2009 年颁布实施的《食品安全法》明确指出不得在食品生产中使用非食品原料，不得添加食品添加剂以外的化学物质和其他可能危害人体健康的物质。非食用物质不是食品添加剂，不是兽药，更不是食品原料。

2. 常见的食品中添加的非食用物质

2008 年以来，中国卫生部（现为国家卫生健康委）与国家质检总局（现为国家市场监管总局）等九部门，开展打击违法添加非食用物质和滥用食品添加剂专项整治工作，于 2011 年公布了已经发现的 151 种食品和饲料中的非法添加物名单。这个名单中包括 47 种可能在食品中“违法添加的非食用物质”、22 种“易滥用食品添加剂”和 82 种“禁止在饲料、动物饮用水和畜禽水产养殖过程中使用的药物和物质”。食品中部分常见禁用或滥用的非法添加物名单见表 4-1。

表 4-1 食品中可能违法添加的非食用物质名单

序号	名称	可能添加的食品品种	序号	名称	可能添加的食品品种
1	吊白块	腐竹、粉丝、面粉、竹笋	25	敌敌畏	火腿、鱼干、咸鱼等制品
2	苏丹红	辣椒粉、含辣椒类的食品（辣椒酱、辣味调味品）	26	毛发水	酱油等
3	王金黄、块黄	腐皮	27	工业用乙酸	勾兑食醋
4	蛋白精、三聚氰胺	乳及乳制品	28	肾上腺素受体激动剂类药物（盐酸克伦特罗、莱克多巴胺等）	猪肉、牛羊肉及肝脏等
5	硼酸与硼砂	腐竹、肉丸、凉粉、凉皮、面条、饺子皮	29	硝基呋喃类药物	猪肉、禽肉、动物性水产品
6	硫氰酸钠	乳及乳制品	30	玉米赤霉醇	牛羊肉及肝脏、牛奶
7	玫瑰红 B	调味品	31	抗生素残渣	猪肉
8	美术绿	茶叶	32	镇静剂	猪肉
9	碱性嫩黄	豆制品	33	荧光增白物质	双孢蘑菇、金针菇、白灵菇、面粉
10	工业用甲醛	海参、鱿鱼等干水产品、血豆腐	34	工业氯化镁	木耳
11	工业用火碱	海参、鱿鱼等干水产品、生鲜乳	35	磷化铝	木耳
12	一氧化碳	金枪鱼、三文鱼	36	馅料原料漂白剂	焙烤食品
13	硫化钠	味精	37	酸性橙 II	黄鱼、鲍汁、腌卤肉制品、红壳瓜子、辣椒面和豆瓣酱
14	工业硫黄	白砂糖、辣椒、蜜饯、银耳、龙眼、胡萝卜、姜等	38	氯霉素	生食水产品、肉制品、猪肠衣、蜂蜜
15	工业染料	小米、玉米粉、熟肉制品等	39	喹诺酮类	麻辣烫类食品
16	罂粟壳	火锅底料及小吃类	40	水玻璃	面制品
17	革皮水解物	乳与乳制品含乳饮料	41	孔雀石绿	鱼类
18	溴酸钾	小麦粉	42	乌洛托品	腐竹、米线等
19	β-内酰胺酶（金玉兰酶制剂）	乳与乳制品	43	五氯酚钠	河蟹
20	富马酸二甲酯	糕点	44	喹乙醇	水产养殖饲料
21	废弃食用油脂	食用油脂	45	碱性黄	大黄鱼
22	工业用矿物油	陈化大米	46	磺胺二甲嘧啶	叉烧肉类
23	工业明胶	冰淇淋、肉皮冻等	47	敌百虫	腌制食品
24	工业酒精	勾兑假酒			

第三节　金属污染

一、重金属污染的来源

食品污染的化学元素以镉最为严重，其次是汞、铅、砷等，其来源如下。

1. 自然环境

有的地区因地理条件特殊，土壤、水或空气中这些元素含量较高。在这种环境里生存的动、植物体内及加工的食品中，这些元素往往含量较高。

2. 食品生产加工

在食品加工时所使用的机械、管道、容器或加入的某些食品添加剂中，存在的有毒元素及其盐类，在一定条件下可能污染食品。

3. 农用化学物质及工业“三废”的污染

随着工农业生产的发展，有些农药中所含的有毒元素，在一定条件下，可引起土壤的污染并残留于食用作物中。工业废气、废渣和废水的不合理排放也可造成环境污染，并使这些工业“三废”中的有毒元素转入食品。

二、重金属的危害

食品中的有毒元素经消化道吸收，通过血液分布于体内组织和脏器，除了以原有形式为主外，还可以转变成较高毒性的化合物形式。多数有毒元素在体内有蓄积性，能产生急性和慢性毒性反应，还有可能产生致癌、致畸和致突变作用。有毒元素对人体的毒性机制是十分复杂的，一般情况下，下列任何一种机制都能引起毒性。

① 阻断了生物分子表现活性所必需的能基。如 Hg^{2+}、Ag^{+} 与酶的半胱氨酸残基的巯基结合，半胱氨酸残基的巯基是许多酶的催化活性部位，当结合重金属离子时，就抑制了酶的催化活性。

② 置换了生物分子中必需的金属离子。如 Be^{2+} 可以取代 Mg^{2+} 激活酶中的 Mg^{2+}，由于 Be^{2+} 与酶结合的强度比 Mg^{2+} 大，因而可阻断酶的活性。

③ 改变生物分子构象或高级结构。例如核苷酸负责贮存和传递遗传信息，一旦构象或结构发生变化，就可能引起严重后果，如致癌和先天性畸形。

对食品安全性有影响的有毒元素较多，下面就几种主要的有毒元素的毒性作简要介绍。

三、汞

汞呈银白色，是室温下唯一的液体金属，俗称水银。汞在室温下有挥发性，汞蒸气被人体吸入后会引起中毒，空气中汞蒸气的最大允许浓度为 $0.01mg/m^3$。汞不溶于冷的稀硫酸和盐酸，可溶于氢碘酸、硝酸和热硫酸。各种碱性溶液一般不与汞发生作用。汞的化学性质较稳定，不易与氧作用，但易与硫作用生成硫化汞，与氯作用生成氯化汞及氯化亚汞

（甘汞）。与烷基化合物可以形成甲基汞、乙基汞、丙基汞等，这些化合物具有很大毒性，有机汞的毒性比无机汞大。

1. 食品中汞的毒性与危害

食品中的汞以单质汞、二价汞的化合物和烷基汞三种形式存在。人类通过食品摄入的汞主要来自鱼类食品，且所吸收的大部分的汞属于毒性较大的甲基汞。

（1）急性毒性　有机汞化合物的毒性比无机汞化合物大。由无机汞引起的急性中毒，主要可导致肾组织坏死，发生尿毒症。有机汞引起的急性中毒，早期主要可造成肠胃系统损害，引起肠道黏膜发炎，剧烈腹痛，严重时可引起死亡。

（2）亚慢性及慢性毒性　长期摄入被汞污染的食品，可引起慢性汞中毒，使大脑皮质神经细胞出现不同程度的变性坏死，表现为细胞核固缩或溶解消失。由于局部汞的高浓度积累，造成器官营养障碍，蛋白质合成下降，导致功能衰竭。

（3）致畸性和致突变性　甲基汞对生物体还具有致畸性和生育毒性。母体摄入的汞可通过胎盘进入胎儿体内，使胎儿发生中毒。严重者可造成流产、死产或使初生幼儿患先天性水俣病，表现为发育不良、智力减退，甚至发生脑麻痹而死亡。另外，无机汞可能还是精子的诱变剂，可导致畸形精子的比例增高，影响男性的性功能和生育力。

2. 食品中汞的限量标准

WHO 规定成人每周摄入总汞量不得超过 0.3mg，其中甲基汞摄入量每周不得超过 0.2mg。我国颁布实施的《食品安全国家标准　食品中污染物限量》（GB 2762—2022）规定汞允许残留量（mg/kg，以 Hg 计）为：谷物及其制品≤0.02，蔬菜及其制品≤0.01，乳及乳制品≤0.01，肉及肉制品≤0.05，水产动物及其制品（肉食性鱼类及其制品除外）≤0.5（甲基汞），食用菌及其制品≤0.1（甲基汞）。

四、铅

铅在自然界以化合物状态存在。纯净的铅是较软的、强度不高的金属，新切开的铅表面有金属光泽，但很快变成暗灰色，这是受空气中氧、水和二氧化碳的作用，表面迅速生成一层致密的碱式碳酸盐保护层的缘故。铅的化合物在水中溶解性不同，铅的氧化物不溶于水。

1. 食品中铅的毒性与危害

摄入含铅的食品后，其中的铅有 5%～10% 主要在十二指肠被吸收。经过肝脏后，部分随胆汁再次排入肠道中。进入体内的铅可产生多种毒性和危害。

（1）急性毒性　铅中毒可引起多个系统症状，但最主要的症状为食欲不振、口有金属味、流涎、失眠、头痛、头昏、肌肉关节酸痛、腹痛、便秘或腹泻、贫血等，严重时出现痉挛、抽搐、瘫痪、循环衰竭。

（2）亚慢性和慢性毒性　当长期摄入含铅食品后，对人体造血系统产生损害，主要表现为贫血和溶血；对人体肾脏造成伤害，表现为肾小管上皮细胞出现核包含体，肾小球萎缩，肾小管渐进性萎缩及纤维化等；对人体中枢神经系统与周围神经系统造成损伤，引起脑病与周围神经病，其特征是迅速发生大脑水肿，相继出现惊厥、麻痹、昏迷，甚至死亡。

（3）生殖毒性、致癌性、致突变性　微量的铅既可对精子的形成产生一定影响，可引起人类死胎和流产，还可通过胎盘屏障进入胎儿体内，对胎儿产生危害，还可诱发良性和恶性肾脏肿瘤。但流行病学的研究指出，关于铅对人的致癌性，至今还不能提供决定性的证据。

2. 食品中铅的限量标准

中国颁布实施的《食品安全国家标准　食品中污染物限量》（GB 2762—2022）规定了谷物及其制品、蔬菜及其制品、水果及其制品、食用菌及其制品、豆类及其制品、藻类及其制品、坚果及籽类、肉及肉制品、水产动物及其制品、乳及乳制品、蛋及蛋制品、油脂及其制品、调味品、食糖及淀粉糖、淀粉及淀粉制品、焙烤食品、饮料类、酒类、可可制品、巧克力和巧克力制品以及糖果、冷冻饮品、特殊膳食用食品等食品中铅的允许量（mg/kg，以 Pb 计）。如，谷物及其制品［麦片、面筋、粥类罐头、带馅（料）面米制品除外］≤0.2；麦片、面筋、粥类罐头、带馅（料）面米制品≤0.5；新鲜蔬菜（芸薹类蔬菜、叶菜蔬菜、豆类蔬菜、生姜、薯类除外）≤0.1；叶菜蔬菜≤0.3；芸薹类蔬菜、豆类蔬菜、生姜、薯类≤0.2；蔬菜制品（酱腌菜、干制蔬菜除外）≤0.3；酱腌菜≤0.5；干制蔬菜≤0.8；新鲜水果（蔓越莓、醋栗除外）≤0.1；蔓越莓、醋栗≤0.2；水果制品［果酱（泥）、蜜饯、水果干类除外］≤0.2；果酱（泥）≤0.4；蜜饯≤0.8；水果干类≤0.5；豆类≤0.2；豆类制品（豆浆除外）≤0.3；豆浆≤0.05。

五、砷

砷的化合物广泛存在于岩石、土壤和水中，有无机砷化合物和有机砷化合物。砷化氢是一种无色、具有大蒜味的剧毒气体。硫化砷无毒，不溶于水，难溶于酸，可溶于碱，在氧化剂的作用下也可以变成为可溶性和挥发性的有毒物质。

1. 食品中砷的毒性与危害

砷可通过食管、呼吸道和皮肤黏膜进入机体。正常人一般每天摄入的砷不超过 0.02mg。砷在体内有较强的蓄积性，皮肤、骨骼、肌肉、肝、肾、肺是砷的主要贮存场所。元素砷基本无毒，砷的化合物具有不同的毒性，三价砷的毒性比五价砷大。砷能引起人体急性和慢性中毒。

（1）急性毒性　砷的急性中毒通常是由误食而引起。三氧化二砷（俗称砒霜）口服中毒后，主要表现为急性胃肠炎、呕吐、腹泻、休克、中毒性心肌炎、肝病等。严重者可表现为兴奋、烦躁、昏迷，甚至呼吸麻痹而死亡。

（2）慢性毒性　砷慢性中毒是长期少量经口摄入受污染的食品引起的。主要表现为食欲下降、体重下降、胃肠障碍、末梢神经炎、结膜炎、角膜硬化和皮肤变黑。长期受砷的毒害，皮肤出现白斑，后逐渐变黑。

（3）致癌、致畸和致突变性　经世界卫生组织 1982 年研究确认，无机砷为致癌物，可诱发多种肿瘤。

2. 食品中砷的限量标准

FAO/WHO 暂定砷的每日允许最大摄入量为 0.05mg/kg（以体重计），对无机砷暂定每周耐受摄入量建议为 0.015mg/kg（以体重计）。中国颁布实施的《食品安全国家标准　食品中污染物限量》（GB 2762—2022）规定砷的含量（mg/kg，以 As 计）为：谷物≤0.5，蔬菜及其制品≤0.5，油脂及其制品≤0.1，生乳、巴氏杀菌乳、灭菌乳、发酵乳、调制乳≤0.1，乳粉≤0.5，肉及肉制品≤0.5，包装饮用水≤0.01mg/L。

六、镉

镉呈银白色，略带淡蓝光泽，质软。在自然界是比较稀有的元素，在地壳中含量估计为 0.1～0.2mg/kg。镉在潮湿空气中可缓慢氧化并失去光泽，加热时生成棕色的氧化层。镉蒸气燃烧产生棕色的烟雾。镉与硫酸、盐酸和硝酸作用生成相应的镉盐。镉对盐水和碱液有良好的抗蚀性。氧化物呈棕色，硫化物呈鲜艳的黄色，是一种很难溶解的颜料。

1. 食品中镉的毒性与危害

一般情况下，大多数食品均含有镉，摄入镉污染的食品和饮水，可导致镉中毒。

（1）急性毒性　镉为有毒元素，其化合物毒性更大。自然界中，镉的化合物具有不同的毒性。硫化镉、硒磺酸镉的毒性较低，氧化镉、氯化镉、硫酸镉毒性较高。镉引起人中毒的剂量平均为 100mg。急性中毒者主要表现为恶心、流涎、呕吐、腹痛、腹泻，继而引起中枢神经中毒症状。严重者可因虚脱而死亡。

（2）亚慢性和慢性毒性　长期摄入含镉食品，可使肾脏发生慢性中毒，主要是损害近曲肾小管和肾小球，导致蛋白尿、氨基酸尿和糖尿。同时，由于镉离子取代了骨骼中的钙离子，从而妨碍钙在骨质上的正常沉积，也妨碍骨胶原的正常固化成熟，导致骨软骨病。

（3）致畸、致突变和致癌性　1987 年国际抗癌联盟（IARC）将镉定为Ⅱ A 级致癌物，1993 年被修订为Ⅰ A 级致癌物。镉可引起肺、前列腺和睾丸的肿瘤。在实验动物体中，可引起皮下注射部位、肝、肾和血液系统的癌变。镉是一个很弱的致突变剂，其致癌作用与镉能损伤 DNA、影响 DNA 修复及促进细胞增生有关。

2. 食品中镉的限量标准

FAO/WHO 推荐镉的暂定每周耐受摄入量（PTWI）为 0.007mg/kg（以体重计），中国颁布实施的《食品安全国家标准　食品中污染物限量》（GB 2762—2022）规定镉的限量（mg/kg，以 Cd 计）为：谷物≤0.1，稻谷、大米≤0.2，新鲜蔬菜≤0.05，叶菜蔬菜≤0.2，新鲜水果≤0.05，豆类≤0.2，肉类（畜禽内脏除外）≤0.1，蛋及蛋制品≤0.05。

七、其他金属

1. 铝

世界卫生组织的研究表明，人体每千克体重每天允许摄入的铝不能超过 1mg。而中国疾病预防控制中心的调查显示，中国居民平均每天铝的摄入量为 34mg，这对于成人来说比较安全，但已超过了儿童的承受能力。

（1）铝的毒性　人体内的铝主要是通过肠道吸收和非肠道吸收进入的。当食入含铝的食品后，其摄入量的 98% 以上经粪便直接排出，其余的部分被消化道吸收。吸收部分主要在胃及十二指肠的酸性环境中，吸收的数量主要取决于铝的离子化程度和胃内 pH。如氢氧化铝凝胶在胃内 pH 从 6.5 变为 5.5 后，其溶解度增加十万倍，从而有利于铝的吸收。被吸收进入血液的铝离子，主要与白蛋白、运铁蛋白结合，没有被结合的铝很快分布到各个组织中。组织中的铝浓度相对恒定，大约为 2mg/kg（以干重计），正常机体的总铝量为 30mg。

① 急性毒性。通过食品摄入的铝及其化合物产生的急性毒性作用不大，仅在大剂量或长时间摄入时有一定的损害。铝化合物的可溶性程度会影响其毒性，铝的氟化物溶解度大，其毒性也较大。

一次摄入大剂量的可溶性铝化合物，具有一定毒性。对家兔口服的致死量，以体重计，醋酸铝为 5～15g/kg，氯化铝为 3～5g/kg，钠矾为 2g/kg；磷化铝对大鼠急性吸入致死量为 1mg/kg；家兔皮下注射硫酸铝的致死量为 1100mg/kg。

② 慢性毒性。铝及其化合物有一定的慢性毒性。长期摄入含铝食品后，在体内可造成铝的蓄积，导致慢性中毒。铝可影响磷的代谢，使肝、肾、脾中的磷脂、DNA、RNA 均减少。短期大剂量摄入或长期少量摄入铝化合物后，可引起动物佝偻病、卵巢萎缩及肺部纤维化损害。

③ 神经毒性。铝具有神经毒性，动物实验表明，铝对中枢神经系统有毒性作用，可导致进行性学习记忆力减退，运动时协调性下降，反应迟钝，严重者出现局限和全身性痉挛、抽搐直至死亡。

④ 骨骼毒性。铝可产生骨骼毒性。长期经食品摄入的铝造成蓄积后，可增加粪便中磷的排出量，造成磷酸盐缺乏，钙磷代谢紊乱。严重的磷缺乏，可影响骨基质的形成，使矿化速率减慢，成骨和矿化过程严重受阻，导致骨软化症。

⑤ 致畸性。铝的原子半径小，穿透性强，易通过胎盘，引起胚胎发育异常。试验证明 $AlCl_3$ 对鸡胚具有一定的致死和致畸作用。但对人是否有致畸作用，尚缺乏直接的证据。

（2）食品中铝的限量标准　面制食品中铝的国家卫生标准限量为 100mg/kg；饮用水中铝的标准限量为 0.2mg/L。

2. 铬

铬及其化合物包括二价铬、三价铬和六价铬。二价铬毒性最小，而三价铬相对六价铬毒性也较小。中国预防医学科学院卫生研究所（现为中国疾病预防控制中心）提出六价铬（以 $K_2Cr_2O_7$ 计）的每日允许摄入量为 0.05mg/kg（按体重计），而山西医学院（现山西医科大学）提出三价铬（以 $CrCl_3$ 计）的每日允许摄入量为 1mg/kg（按体重计）。由于环境和食品中的三价铬和六价铬在一定条件下可以相互转化，食品中和人体内同时存在三价铬和六价铬，而我们目前测定方法也不区分三价铬和六价铬。为了安全起见，确定的每日允许摄入量以毒性较大的六价铬计算的无可见不良作用水平（NOAEL）为依据，以中国人的体重 65kg 计算，$K_2Cr_2O_7$ 的每日允许摄入量为 3mg；如果以铬计，则为 1mg。为此，我国食品中总铬允许限量标准科研协作组（1990）采用 1mg 作为每人每日允许摄入量来制定我国食品中铬允许限量标准，见表 4-2。

表 4-2 GB 2762—2022 食品中铬的限量指标

食品类别（名称）	限量（以 Cr 计）/(mg/kg)
谷物及其制品	
谷物①	1.0
谷物碾磨加工品	1.0
蔬菜及其制品	
新鲜蔬菜	0.5
豆类及其制品	
豆类	1.0
肉及肉制品	1.0
水产动物及其制品	2.0
乳及乳制品	
生乳、巴氏杀菌乳、灭菌乳、调制乳、发酵乳	0.3
乳粉和调制乳粉	2.0

① 稻谷以糙米计。

八、减少食品重金属污染的措施

化学元素造成的污染比较复杂，有毒元素污染食品后不容易去除，因此为保障食品的安全性，防止食物中毒，应积极采取各种有效措施，防止其对食品的污染。

① 加强食品卫生监督管理。制订和完善食品化学元素允许限量标准。加强对食品的卫生监督检测工作。进行全膳食研究和食品安全性研究工作。

② 加强化学物质的管理。禁止使用含有毒重金属的农药、化肥等化学物质，如含汞、含砷制剂。严格管理和控制农药、化肥的使用剂量、使用范围、使用时间及允许使用农药的品种。食品生产加工过程中使用添加剂或其他化学物质原料应遵守食品卫生规定，禁止使用已经禁用的食品添加剂或其他化学物质。

③ 加强食品生产加工、包装、贮藏过程中器具等的管理。生产加工、包装、贮藏食品的容器、工具、器械、导管、材料等应严格控制其卫生质量。对镀锡、焊锡中的铅含量应当严加控制。限制使用含砷、含铅等金属的上述材料。

④ 加强环境保护，减少环境污染。严格按照环境标准执行工业废气、废水、废渣的处理和排放，避免有毒化学元素污染农田、水源和食品。

第四节 有害有机物的危害

一、硝酸盐、亚硝酸盐与 *N*- 亚硝基化合物

20 世纪 50 年代，人们开始对亚硝基化合物毒性，特别是致癌性进行研究。1954 年 Barnes 和 Magee 详细描述了二甲基亚硝胺急性毒性的病理损害，主要表现为肝小叶中心性

坏死及继发性肝硬化。1956 年，Magee 和 Barnes 用大鼠证实了二甲基亚硝胺的致癌作用，从而引起了对 *N*- 亚硝基化合物毒性的广泛研究。

（一）*N*– 亚硝基化合物的化学结构和性质

N- 亚硝基化合物是一大类有机化合物，根据其化学结构的不同，分为 *N*- 亚硝胺和 *N*- 亚硝酰胺两类。

（1）*N*- 亚硝胺

是研究最多的一类 *N*- 亚硝基化合物，其基本结构如图 4-1 所示。

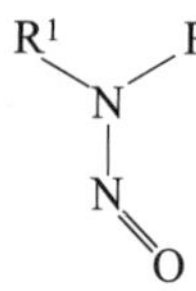

亚硝胺

图 4–1　亚硝胺结构

（2）*N*- 亚硝酰胺　亚硝酰胺类是指化学性质和生物学作用相似的一类亚硝基化合物，其基本结构为 R^1（R^2CO）═ N—N ═ O。

（二）*N*– 亚硝基化合物前体物的来源

1. *硝酸盐和亚硝酸盐的来源*

食品是硝酸盐和亚硝酸盐的主要来源，人体通过食物和饮水摄入硝酸盐已成为当今社会与农业有关的环境问题之一。膳食中硝酸盐和亚硝酸盐来源很多，主要包括食品添加剂的使用，农作物从自然环境中摄取和生物机体氮的利用，以及含氮肥料和农药的使用、工业废水和生活污水的排放等。其中食品添加剂是直接来源，肥料的大量使用是主要来源。

（1）食品添加剂　硝酸盐和亚硝酸盐是允许用于肉及肉制品生产加工中的发色剂和防腐剂。同时，亚硝酸钠具有独特的抑制肉毒梭菌生长的作用，与食盐并用可增加抑菌效果。目前还没有找到它的最佳替代品。

（2）环境中的硝酸盐和亚硝酸盐及在植物体中的富集　硝酸盐广泛存在于自然环境（水、土壤和植物）中。矿物质（如煤和石油）燃料和化肥等工业生产以及汽车尾气排放等因素造成的大气污染，使得大气中富含氮氧化物 $N—O_x$。岩石是土壤中氮源的主要来源，使水体中硝酸盐含量增加。大量使用含氮肥料（土壤缺锰、钼等微量元素时更严重）、农药以及工业与生活污水的排放，均可造成土壤中硝酸盐含量的增加，同时也加剧了土壤中硝酸盐的淋溶过程。硝酸盐由土壤渗透到地下水，对水体造成严重污染，水体中的亚硝酸盐含量一般不太高，但它的毒性是硝酸盐的 10 倍。

亚硝酸盐发色机理

微生物的根瘤菌及植物的固氮作用，构成了植物体硝酸盐的重要来源。农作物在生长过程中吸收的硝酸盐，在体内植物酶的作用下还原成可利用氮，并与经过光合作用合成的有机酸生成氨基酸和核酸，从而构成植物体。当光合作用不充分时，造成过多硝酸盐在植物体内蓄积，同时植物体还可以从土壤中富集硼酸盐，因此人摄入的植物类食品，尤其是蔬菜中含有大量的硝酸盐。

（3）硝酸盐和亚硝酸盐的体内转化与合成　植物体中的硝酸盐和摄入人体的硝酸盐都可以在各自体内硝酸盐还原酶的作用下转化为亚硝酸盐，硝酸盐和亚硝酸盐还可由机体内源性形成。

试验发现，有如下几种情形可导致蔬菜中亚硝酸盐含量增加。

① 新鲜蔬菜中亚硝酸盐含量相对较少，在存放过程中尤其是腐烂后，亚硝酸盐含量显著增加，且腐烂程度愈严重，亚硝酸盐含量就愈多。推断其机理可能是蔬菜本身含有一定量亚硝酸盐，采摘时机械损伤导致总的呼吸强度增加，植物体内酶活性增强，因而加速了亚硝酸盐的生成。在贮藏后期，由于细菌生长活跃，细菌的硝基还原酶可将植物体内的硝酸盐转变为亚硝酸盐，尤其是在自然通风和自然密封贮藏的后期。

② 新腌制的蔬菜，在腌制的 2～4 天亚硝酸盐含量增加，在 20 天后又降至较低水平。变质腌菜中亚硝酸盐含量更高。

③ 烹调后的蔬菜存放过久，亚硝酸盐含量增加。硝酸盐和亚硝酸盐还可以由机体内源性形成，已经证实机体每天可以恒定产生大约 85mg 硝酸钠。机体内存在一氧化氮合酶，可将精氨酸转化成为一氧化氮和瓜氨酸，一氧化氮可以形成过氧化氮，后者与水作用释放亚硝酸盐。

2. 前体胺和其他可亚硝化的含氮化合物及来源

在食品中多肽和氨基酸也可以发生亚硝化反应。如肉中大量存在的脯氨酸很容易形成 *N*- 亚硝基脯氨酸，在食品加工过程中高温加热可脱去羧基形成致癌的 *N*- 亚硝基吡咯烷。研究还发现，最简单的甘氨酸发生亚硝化，可以形成具有致癌、致突变性的重氮乙酸；而腌菜、腌肉中的酪氨酸可以脱氨基形成酪胺，同样可以形成具有致癌、致突变性的重氮化合物。

另外，许多胺类也是药物、化学农药（特别是氰基甲酸酯类）和一些化工产品的原料，它们也有可能作为 *N*- 亚硝基化合物的前体物。

（三）*N*- 亚硝基化合物的来源

1. 食品中 *N*- 亚硝基化合物的来源

N- 亚硝基化合物的前体物广泛存在于食品中，在食品加工过程中易转化成 *N*- 亚硝基化合物。据目前已有的研究结果，鱼类、肉类、蔬菜类、啤酒类等食品中含有较多的 *N*- 亚硝基化合物。

（1）鱼类及肉制品中的 *N*- 亚硝基化合物　鱼和肉类食物中，本身含有少量的胺类，但在腌制和烘烤加工过程中，尤其是油煎烹调时，能分解出一些胺类化合物。腐烂变质的鱼和肉类，可分解产生大量的胺类，其中包括二甲胺、三甲胺、脯氨酸、腐胺、脂肪族聚胺、精胺、吡咯烷、氨基乙酰 -1- 甘氨酸和胶原蛋白等。这些化合物与添加的亚硝酸盐等作用生成亚硝胺。鱼、肉类制品中的亚硝胺主要是亚硝基吡咯烷（NPYR）和二甲基亚硝胺（NDMA）。腌制食品如果烟熏，则 *N*- 亚硝基化合物的含量将会更高，一些食物中的 *N*- 亚硝基化合物含量见表 4-3。

表 4-3 各种肉制品和鱼制品中亚硝胺的含量水平

名称	国家或地区	含量 /（mg/kg）	亚硝胺
干香肠	加拿大	10 ～ 20	NDMA
沙拉米香肠	加拿大	20 ～ 80	NDMA
咸肉	加拿大	4 ～ 40	NPYR
大红肠	加拿大	20 ～ 105	NPYR
油煎咸肉	美国	1 ～ 40	NPYR
牛肉香肠	美国	50 ～ 60	NPIP（*N*- 亚硝基哌啶）
咸鱼	英国	1 ～ 9	NDMA

（2）蔬菜瓜果中的 *N*- 亚硝基化合物　前已述及，植物类食品中含有较多的硝酸盐和亚硝酸盐，表 4-4 列出了一些新鲜蔬菜中硝酸盐和亚硝酸盐的含量。在对蔬菜等进行加工处理（如腌制）和贮藏过程中，硝酸盐转化为亚硝酸盐，并与食品中蛋白质的分解产物胺反应，生成微量的 *N*- 亚硝基化合物，其含量在 0.5～2.5μg/kg 范围内。

表 4-4 一些新鲜蔬菜中硝酸盐和亚硝酸盐的含量

蔬菜名称	含量 /（mg/kg）		蔬菜名称	含量 /（mg/kg）	
	硝酸盐	亚硝酸盐		硝酸盐	亚硝酸盐
韭菜	160 ～ 240	0.1	胡萝卜缨	24 ～ 320	0.2 ～ 0.3
大白菜	600 ～ 1530	0.6 ～ 2.0	芹菜	3912	—
小白菜	700 ～ 800	1.0 ～ 1.2	油菜	3466	—
菠菜	2164	—	丝瓜	118	0.16
苦瓜	91	0.09	莴苣	1954	—
冬瓜	100 ～ 288	0.5	黄瓜	125	—

（3）啤酒中的 *N*- 亚硝基化合物　啤酒酿造所用大麦芽经过明火直接加热干燥过程，空气中的氮被高温氧化成氮氧化物后作为亚硝化剂与大麦芽中的胺类［大麦芽碱（hordenine）、芦竹碱（gramine）等］及发芽时形成的大麦醇溶蛋白反应形成 NDMA。一些国家啤酒中 NDMA 的含量见表 4-5。

表 4-5 一些国家啤酒中 NDMA 的含量

国家	NDMA/(μg/L)	国家	NDMA/(μg/L)
美国	5.0	加拿大	1.5
英国	0.5	瑞士	1.0
日本	5.0	荷兰	0.5
德国	0.5	比利时	0.5

（4）乳制品中的 *N*- 亚硝基化合物　一些乳制品中，如干奶酪、奶粉、奶酒等，存在微量的挥发性亚硝胺。可能与啤酒中的 *N*- 亚硝基化合物形成机制相同，是奶粉在干燥过

程中产生的。亚硝胺含量一般在 0.5～5.2μg/kg 范围内。

（5）霉变食品中的 *N*- 亚硝基化合物　霉变食品中也有亚硝基化合物的存在，某些霉菌可引起霉变粮食及其制品中亚硝酸盐及胺类物质的增高，为亚硝基化合物的合成创造了物质条件。

2.*N*- 亚硝基化合物的内源性合成

研究表明，在人和动物体内均可内源性合成 *N*- 亚硝基化合物。因此人体除通过食品摄入的亚硝基化合物外，体内合成也是亚硝基化合物的来源之一。人体合成亚硝胺的部位主要有口腔、胃和膀胱。唾液中含有亚硝酸盐，每天唾液分泌的亚硝酸盐约 9mg，在不注意口腔卫生时，口腔内残余的食物在微生物的作用下发生分解并产生胺类，这些胺类和亚硝酸盐反应可生成亚硝胺，而唾液成分中的硫氰酸根可加速这一反应的进程，胃酸使胃内呈酸性环境，为亚硝胺的合成提供条件，而胃液的重要成分氯离子也会影响 *N*- 亚硝基化合物的形成。但正常情况下，胃内合成的亚硝胺不是很多，而在胃酸缺乏如慢性萎缩性胃炎时，胃液的 pH 增高，细菌可以增长繁殖，硝酸盐还原菌将硝酸盐还原为亚硝酸盐，腐败菌等杂菌将蛋白质分解产生胺类，使合成亚硝胺的前体物增多，有利于亚硝胺在胃内的合成；当泌尿系统感染时，在膀胱内也可以合成亚硝基化合物。

（四）*N*- 亚硝基化合物及前体物的毒理学

1. 硝酸盐和亚硝酸盐的毒性

亚硝酸盐的急性毒性作用包括镇静、平滑肌松弛、血管扩张和血压下降，以及高铁血红蛋白血症。亚硝酸盐的 LD_{50} 为 220mg/kg（以体重计）（小鼠，经口），ADI 值为 0～0.2mg/kg（以体重计）（FAO/WHO，1994），人体摄入 0.3～0.5g 纯亚硝酸盐可引起中毒，3g 可致死。硝酸盐的毒性作用主要是由于在食品和体内还原成亚硝酸盐。硝酸钠的 LD_{50} 为 1.1～2.0mg/kg（以体重计）（大鼠，经口），硝酸钠的 ADI 值为 0～5mg/kg（以体重计）（FAO/WHO，1994）。

亚硝酸盐的毒性作用机制是亚硝酸盐是强氧化剂，高剂量的亚硝酸盐进入血液后，迅速使血红蛋白中二价铁氧化成为三价铁，大量的高铁血红蛋白的形成使其失去携氧和释氧能力，引起全身组织缺氧，出现高铁血红蛋白血症（即亚硝酸盐中毒），产生肠源性发绀。由于中枢神经系统对缺氧最为敏感而首先受到损害，从而引起呼吸困难、循环衰竭、昏迷等。正常人体内，高铁血红蛋白仅占血红蛋白总量的 0.5%～2%，高铁血红蛋白占血红蛋白总量 30% 以下时，通常不出现症状，高铁血红蛋白达 30%～40% 时出现轻微症状，超过 60% 时即有明显缺氧的症状，超过 70% 时可致人死亡。此外，大剂量的亚硝酸盐可以直接作用于血管（特别是小血管）平滑肌，有松弛血管平滑肌的作用，造成血管扩张，血压下降，导致外周血液循环障碍。这种作用又可加重高铁血红蛋白血症所造成的组织缺氧。

引起亚硝酸盐中毒的主要原因是误食。由于市场上硝酸盐和亚硝酸盐的销售比较混乱，使用中又缺乏有效的管理，因而每年都有误将亚硝酸盐当作食盐使用而引起的急性中毒事件。给婴儿喂食菠菜汁、芹菜汁（特别是过夜等放置时间较长）和饮用苦井水等也是造成肠源性发绀的重要原因。另外，食品中添加亚硝酸盐过量也可能引起中毒。

2.*N*- 亚硝基化合物的毒性

不同种类的亚硝基化合物，其毒性大小差别很大，大多数亚硝基化合物属于低毒和中等毒，个别属于高毒甚至剧毒。化合物不同其毒性作用机理也不尽相同，其中肝损伤较多见，也有肾损伤、血管损伤等。

3.*N*- 亚硝基化合物的致癌性

动物实验证明，*N*- 亚硝基化合物具有致癌作用。*N*- 亚硝胺相对稳定，需要在体内代谢成为活性物质才具备致癌、致突变性，称为前致癌物。*N*- 亚硝酰胺类不稳定，能够在作用部位直接降解成重氮化合物，并与 DNA 结合发挥直接致癌、致突变性，因此，称 *N*- 亚硝酰胺是终末致癌物。迄今为止尚未发现一种动物对 *N*- 亚硝基化合物的致癌作用有抵抗力，不仅如此，多种给药途径均能引起实验动物的肿瘤发生，不论经呼吸道吸入、消化道摄入以及皮下、肌内注射，还是皮肤接触都可诱发肿瘤。反复多次接触，或一次大剂量给药都能诱发肿瘤，且都有剂量 - 效应关系。可以说，在动物实验方面，*N*- 亚硝基化合物的致癌作用证据充分。在人类流行病学方面，某些国家和地区流行病学资料表明，人类某些癌症可能与之有关，如智利胃癌高发可能与硝酸盐肥料大量使用，从而造成土壤中硝酸盐与亚硝酸盐过高有关；日本人爱吃咸鱼和咸菜，故其胃癌高发，前者胺类特别是仲胺与叔胺较高，后者亚硝酸盐与硝酸盐含量较多。中国林县食管癌高发，也被认为与当地食品中亚硝胺检出率较高（23.3%，另一低发区仅 1.2%）有关。

4.*N*- 亚硝基化合物致畸、致突变作用

在遗传毒性研究中发现许多 *N*- 亚硝基化合物可以通过机体代谢或直接作用，诱发基因突变、染色体异常和 DNA 修复障碍。亚硝酰胺能引起仔鼠产生脑、眼、肋骨和脊柱的畸形，而亚硝胺致畸作用很弱。二甲基亚硝胺具有致突变作用，常用作致突变试验的阳性对照。据此人们也有理由认为 *N*- 亚硝基化合物可能是人的致癌物。

（五）*N*- 亚硝基化合物及前体物的限量标准

1. 食品中亚硝酸盐的允许限量标准

中国目前执行的各类食品中亚硝酸盐允许限量标准见表 4-6。

表 4-6　中国食品中亚硝酸盐、硝酸盐的限量指标（GB 2762—2022）

食品类别（名称）	限量 /（mg/kg）	
	亚硝酸盐（以 $NaNO_2$ 计）	硝酸盐（以 $NaNO_3$ 计）
蔬菜及其制品（酱腌菜）	20	—
乳及乳制品		
生乳	0.4	—
乳粉和调制乳粉	2.0	—
饮料类		
包装饮用水（饮用天然矿泉水除外）	0.005mg/L（以 NO_2^- 计）	—
饮用天然矿泉水	0.1mg/L（以 NO_2^- 计）	45mg/L（以 NO_3^- 计）

2. 食品中 *N*- 二甲基亚硝基化合物的限量标准

2022 年中国对食品中 *N*- 二甲基亚硝胺制定出限量标准，规定如表 4-7 所示。

表 4-7 食品中 *N*- 二甲基亚硝胺限量指标

食品类别（名称）	限量 /(μg/kg)
肉制品（肉类罐头除外）及熟肉干制品	3.0
水产制品（水产品罐头除外）及干制水产品	4.0

二、多氯联苯

多氯联苯（polychlorinated biphenyl，PCB）是一种持久性有机污染物（permanent organic pollution，POP），又是典型的环境内分泌干扰物（environmental endocrine disruptor，EED），也被称为二噁英（dioxin）类似化合物。PCB 是含氯的联苯化合物，依据氯取代的位置和数量不同，异构体有 200 多种。据估计，全世界历年来 PCB 的总产量约 120 万吨，其中约 30% 已释放到环境中，60% 仍存在于旧电器设备或垃圾填埋场中，并将继续向环境中释放。中国从 20 世纪 70 年代开始生产 PCB，年产量近万吨，主要用作电容器的浸渍剂。

多氯联苯对人畜均有致癌、致畸等毒性作用，即使在极低浓度下也可对人的生殖、内分泌、神经和免疫系统造成不利影响，被列入优先污染物 POP 的首批行动计划名单。由于 PCB 具有持久性、生物蓄积性、长距离大气传输性等 POP 类物质的基本特性，因此，尽管 1977 年后各国陆续停止生产和使用 PCB，但其对环境和人体健康的影响依然普遍存在。

（一）多氯联苯的毒理学

动物实验表明，PCB 对皮肤、肝脏以及神经系统、生殖系统和免疫系统的病变甚至癌变都有诱导效应。随着人们对环境与健康问题的日益重视，该类污染物在毒性方面的研究也越来越深入，成为环境毒理学领域的一个热点。

（二）多氯联苯的危险评估

环境危险评价要求说明毒物对生态系统的潜在影响，必须通过研究毒物在环境中的暴露方式与生物反应间的关系，测定毒物对生态系统的风险概率。有关多氯联苯的毒性数据还不足以全面了解多氯联苯对环境的短期和长期污染的影响。从对日本发生的米糠油事件的调查来看，如果连续使用含有多氯联苯的食物达到 87μg/（kg·d）即可引起中毒。为减少这类污染物的危害，国际社会已经在采取行动，制订公约，从而有效地在全球范围内消除这类物质。

目前，研究表明某些 PCB 虽本身无直接毒性，但它们可以通过对生物体的酶系统产生诱导作用而引起间接毒性。另有一些非共平面型 PCB 可以经光解作用生成高毒性的共平面型 PCB 同类物，使整个体系的毒性当量值（TEQ）下降缓慢甚至有所增加。通常前者在环境中的含量远高于后者，甚至某些邻位取代的同类物为商业 PCB 混合物中的主要组分。因此，在分析环境中 PCB 的归趋转化时，有关的潜在毒性也应该引起重视。

（三）多氯联苯的监测和控制

1. 多氯联苯的监测

由于环境水样和生物样品的组成成分十分复杂，对其中的多氯联苯分析往往产生严重干扰。多氯联苯的检测采用气相色谱法，这种方法根据多氯联苯具有高度脂溶性的特点，用有机溶剂萃取，同时提取多氯联苯和有机氯农药，经色谱分离后，用带有电子捕获检测器的气相色谱仪进行测定。

2. 多氯联苯的控制措施

多氯联苯是《斯德哥尔摩国际公约》中 12 种持久性有机污染物之一。由于多氯联苯难于分解，在环境中循环造成广泛的危害，从北极的海豹到南极的海鸟蛋中都含有多氯联苯。其毒性不但能引起人体痤疮、肝损伤乃至致癌等危害，而且还是干扰人和动物机体内分泌系统的“环境激素”，使人和动物机体的生殖系统发生严重病变。多氯联苯的同类物在土壤、水体和大气等环境介质中不停地迁移，并最终通过生物圈的食物链在生物体内积累和浓缩。在海水、河水、土壤、大气中都发现有多氯联苯的污染。目前，世界各国对多氯联苯的生产和使用均有控制。

三、二噁英

二噁英（dioxin）是指多氯代二苯并对二噁英（PCDD）和多氯代二苯并呋喃（PCDF）类似物的总称，共计 210 种，包括 75 种 PCDD 和 135 种 PCDF。其中以 2,3,7,8- 四氯二苯并对二噁英（2,3,7,8-TCDD 或 TCDD）毒性最强。二噁英和多氯联苯（PCB）的理化性质相似，是已经确定的除有机氯农药以外的环境持久性有机污染物。二噁英具有极强的致癌性、免疫毒性和生殖毒性等多种毒性作用。已经证实这类物质化学性质极为稳定、难于生物降解，并能在食物链中富集。1962～1970 年美国在越南战争中使用的枯叶剂中含有二噁英，致使越南 1970 年以后的癌症、皮肤病、流产、新生儿先天性畸形等病例剧增。二噁英的剧毒性以及其在环境介质中的持久性，引起人们的广泛关注。1996 年美国环境保护局（EPA）指出二噁英能增加癌症死亡率、降低人体免疫力并可干扰内分泌功能。1997 年国际癌症研究中心（IARC）将 2,3,7,8-TCDD 列为人的 I 类致癌物，对人体具有潜在的危害。1998～1999 年西欧一些国家相继发生了肉制品和乳制品中二噁英严重污染的事件，近年来二噁英已成为国内外研究的热点。

二噁英化合物均为固体，具有很高的熔点和沸点，蒸气压很小，属于非极性化合物，大多不溶于水和有机溶剂，易溶于油脂，易吸附于土壤、沉积物和空气中的飞尘上，具有较高的热稳定性、化学稳定性和生物稳定性，一般加热到 800℃才能分解。在环境中自然降解很慢，半衰期（half life）约为 9 年。

（一）二噁英的毒理学性质

二噁英不仅具有致癌性，而且具有免疫和生殖毒性，作为内分泌干扰物可造成雄性动物雌性化，这些毒性与体内负荷有关。二噁英的生物半衰期较长，2,3,7,8-TCDD 在小鼠体内为 10～15d，大鼠体内为 12～31d，人体内则长达 5～10 年（平均为 7 年）。因此，即使一次染毒也可在体内长期存在，如果长期接触二噁英还可造成体内蓄积，可能造成严重损害。

1. 二噁英的毒性

二噁英是一类急性毒性物质，它的毒性相当于氰化钾的1000倍以上，只要1盎司（28.35克）二噁英，就能将100万人置于死地，被称为“地球上毒性最强的毒物”。生物化学研究认为，二噁英具有类似人体激素的作用，称为“环境激素”，是一种对人体非常有害的物质。即使在很微量的情况下，长期摄取仍可引起癌症、畸形等。任何一个二噁英类分子都能与细胞内的特殊蛋白质受体结合成复合物，这一复合物能进入细胞核，作用于DNA，影响和危害人体的细胞分裂、组织再生、生长发育、神经系统、新陈代谢和免疫功能等。

2. 二噁英的生化效应

二噁英毒性效应的发挥主要通过机体及细胞内平衡的改变。这一过程的调节，依靠生长因子及其受体、激素及其受体与这些因子合成或降解酶的相互作用。

（二）二噁英的危险评估

1990年WHO根据人和实验动物的肝脏毒性、生殖毒性和免疫毒性，结合毒物动力学资料，制定了TCDD的每日耐受摄入量（tolerable daily intake，TDI）为10pg/kg（以体重计）。1998年WHO根据最新获得的神经发育和内分泌毒性效应，将TDI修订为1～4pg/kg（以体重计）。2001年6月JECFA首次对PCDD、PCDF和共平面PCB提出暂定每月耐受摄入量（PTMI）为70pg/kg（以体重计）。

（三）二噁英的监测和控制

1. 二噁英的监测

20世纪80年代中期，二噁英的分离及超痕量定量分析被列为化学界的难题之一。90年代初，二噁英检测成为最昂贵的常规分析方法。采用同位素稀释法毛细血管色谱/高分辨质谱定量测定17种有毒的二噁英同族体，克服了分析中的三大难点；将17个有毒同族体从210个同族体中分离出来。这种方法能使二噁英毒性测定误差小于30%，满足了环境研究的要求。PCDD、PCDF的样品处理方法与农药残留检测方法相同，但更应注意避免检测过程的交叉污染。PCB及基质中其他含氯化合物的干扰使得PCDD和PCDF超痕量分析难度极大。定量测定要尽量减少化学噪声和改善检出限，以保证PCDD和PCDF这一类复杂化合物的痕量分析。

2. 二噁英的控制措施

① 监测饲料中PCDD、PCDF和PCB的污染以预防食品中二噁英及其类似物的污染。

② 垃圾焚烧是二噁英产生的一个重要来源。目前中国建设垃圾焚烧厂和垃圾发电厂时应当充分考虑控制二噁英的产生，如广东将严格控制新建日处理300吨以下的垃圾焚烧厂项目，并拟关闭污染严重的小型垃圾焚烧厂，同时建立二噁英检测中心。

③ 建立食品和饲料（包括谷物、油脂和添加剂等）中二噁英（PCDD和PCDF）和二噁英样PCB的监控水平、监测方法和允许限量标准。

④ 定期施行对食品和饲料中PCDD、PCDF和PCB污染水平和膳食摄入量的监测。

3. 食品中的 PCDD 或 PCDF 允许限量

控制二噁英污染的第一步是确定一个合适的二噁英的每日允许摄入量，WHO 推荐的标准是 1～4μg/kg（以体重计），但世界各国制定的标准相差很大，通常低于世界卫生组织的标准，故防止其产生与治理同等重要。二噁英的发生源具有多样性的特点，要减少其产生的环节，对生产销售和使用违禁产品的应坚决打击。尽快建立全面和有效的检测网络，对空气、土壤中的二噁英含量进行定期检测，制定全国统一的标准，对食品等加强检查，并积极开展二噁英的基础性研究。

四、丙烯酰胺

丙烯酰胺（acrylamide，AA）从 20 世纪 50 年代开始就是一种重要的化工原料，是已知的致癌物，并能引起神经损伤，2002 年 4 月瑞典国家食品管理局（National Food Administration，NFA）和斯德哥尔摩大学研究人员率先报道了在一些油炸和烧烤的淀粉类食品，如炸薯条、炸土豆片、谷物、面包等中检出丙烯酰胺，其含量均大大超过 WHO 制定的饮用水水质标准中丙烯酰胺限量值。食品中的丙烯酰胺是否具有致癌性，成了国际上十分令人关注的食品安全问题。

（一）食品中丙烯酰胺的形成

研究表明，丙烯酰胺的主要前体物为游离天冬氨酸（马铃薯和谷类中的代表性氨基酸）与还原糖，二者发生美拉德反应生成丙烯酰胺。食品加工前检测不到丙烯酰胺，主要在高碳水化合物、低蛋白质的植物性食物加热（120℃以上）烹调过程中形成丙烯酰胺，140～180℃为其生成的最佳温度，当加工温度较低，如用水煮时，丙烯酰胺的水平相当低。水分含量也是影响丙烯酰胺形成的重要因素，特别是烘烤、油炸食品最后阶段水分减少、表面温度升高后，其丙烯酰胺形成量更高；但咖啡除外，在焙烤后期反而下降。食品中形成的丙烯酰胺比较稳定，但咖啡除外，随着储存时间延长，丙烯酰胺含量会降低。可见，加热温度、时间、羰基化合物、氨基酸种类、含水量都是影响丙烯酰胺形成的因素。

（二）丙烯酰胺的毒理学性质

丙烯酰胺的 α，β- 不饱和氨基系统非常容易和亲核物质通过迈克尔（Michael）加成发生化学反应，而蛋白质和氨基酸上的巯基是主要的反应基团。丙烯酰胺与神经、睾丸组织中的蛋白质发生加成反应可能与丙烯酰胺对这些组织的毒性有关。

1. 急性毒性

根据毒理学的研究，丙烯酰胺对小鼠、兔子和大鼠的半数致死量（LD_{50}）是 100～150mg/kg（以体重计）。

2. 神经毒性和生殖发育毒性

丙烯酰胺对于人的神经毒性已得到了许多试验的证明，神经毒性作用主要为周围神经退行性变化和脑中涉及学习、记忆和其他认知功能部位的退行性变化，早期中毒的症状表现为皮肤皲裂、肌肉无力、手足出汗、麻木、震动感觉减弱、膝跳反射丧失、感觉器官动作电位降低、神经异常等周围神经损害，如果时间延长，还可损伤中枢神经系统的功能，如小脑萎缩。动物实验研究显示，丙烯酰胺的神经毒性具有累积性，每一次的摄入量不会决定最终的神经损坏程度，而是决定神经损坏开始的时间。有许多理论可以用来解释丙烯酰胺神经毒性的机理，但并无定论。

生殖毒性作用表现为雄性大鼠精子数目和活力下降及形态改变和生育能力下降。大鼠90天喂养试验，以神经系统形态改变为终点，无可见不良作用水平（NOAEL）为0.2mg/（kg・d）（以体重计），大鼠生殖和发育毒性试验的NOAEL为2mg/（kg・d）（以体重计）。

3. 遗传毒性

遗传毒理学的研究表明，丙烯酰胺表现有致突变作用，可引起哺乳动物体细胞和生殖细胞的基因突变和染色体异常，如微核形成、姐妹染色单体交换、多倍体、非整倍体和其他有丝分裂异常等，显性致死试验阳性，并证明丙烯酰胺的代谢产物环氧丙酰胺是其主要致突变活性物质。

4. 致癌性

以大鼠作为实验材料，每天饮水中放入0mg/kg、0.5mg/kg、1mg/kg、2mg/kg（以体重计）的丙烯酰胺，经过2年的喂养，然后对各部分的组织作生物鉴定，发现对激素敏感的组织中癌症的发病率显著升高，例如子宫腺癌、乳腺癌、神经胶质细胞瘤等。这些病的发生都需要一定的量［每天2mg/kg（以体重计）］才行，用小鼠进行的实验也观察到了肺肿瘤的发生。国际癌症研究机构（IARC）1994年对其致癌性进行了评价，将丙烯酰胺列为人类可能致癌物，其主要依据为丙烯酰胺在动物和人体内均可代谢转化为其致癌活性代谢产物环氧丙酰胺。

（三）丙烯酰胺的监测和控制

目前，使用较多的方法是气相色谱-质谱法（GC-MS）和液相色谱-质谱/质谱法（LC-MS-MS）。这两种方法均可进行定量、定性分析，且灵敏度高，但相对来说LC-MS-MS法因不需溴化而显得较简便。我国现行的《食品安全国家标准　食品中丙烯酰胺的测定》（GB 5009.204—2014）规定了稳定性同位素稀释的液相色谱-质谱/质谱法和气相色谱-质谱法测定食品中丙烯酰胺的方法。

尽管丙烯酰胺的致癌性尚无定论，但它并不是人体所需的物质，不应存在于食品中。目前，欧洲有些食品生产企业在减少食品加工过程中丙烯酰胺产生方面已取得了很好的效果。Dhiraj等研究发现，生薯条上涂抹鹰嘴豆粉糊（chickpea batter）后其成品中丙烯酰胺含量由1490μg/kg降至580μg/kg。同样，赫尔辛基大学的研究人员发现在制作薯条过程中添加少量类黄酮可使丙烯酰胺减少一半。日本科学家发现马铃薯在低温（2～4℃）下保存，其淀粉有一部分会转变为还原糖，导致丙烯酰胺增多，同时他们还开发出用远红外线烘焙法制作低丙烯酰胺的非油炸薯条技术。Ktmi等认为马铃薯应避免低于10℃保存，切片后浸在温水（约60℃）中15min可提取出天冬酰胺和糖，用此制成的炸薯条丙烯酰胺含量可大幅减少，同时还保留了原有的烹调效果。Sandra等从颜色、口味、丙烯酰胺含量三个方面进行研究得出，马铃薯应储存在4℃以上的环境中，其还原糖含量在0.2～1g/kg时最适合烘烤和煎炸。

作为中国的普通消费者，增强食品安全的意识对于保持自己的身体健康非常重要。我们可以摄入多种食物，均衡膳食，减少油炸食品的摄入量，少吃炸薯条之类的西式快餐，少吃含糖量高的食品，多吃蔬菜和水果。食品加工处理时应尽可能避免不必要的长时间高温加热，尽量减少丙烯酰胺的产生。

五、多环芳烃

多环芳烃（polycyclic aromatic hydrocarbon，PAH）是含有两个或两个以上苯环的碳氢化合物。PAH 广泛存在于空气、水和土壤中，为煤、石油、煤焦油、烟草和一些有机化合物的热解或不完全燃烧的一系列产物，其中一些有致癌作用。PAH 多以混合物出现，这些混合物随其产生过程而有所变动，在大气颗粒物和燃煤排放中已鉴定出上百种 PAH，在香烟烟雾中发现了约 200 种 PAH。PAH 是重要的环境和食品污染物，具有致癌、致畸、致突变和生物难降解的特性，是目前国际上关注的一类持久性有机污染物。多环芳烃在环境中虽是微量的，但分布广，人们通过大气、水、食品、吸烟等摄取，是癌症的重要起因。这类有毒物质几乎都能直接通过呼吸道、消化道、皮肤等被人体吸收，或通过食物链在动物和人体内累积，而且人们在呼吸含有多环芳烃的空气或食用含有多环芳烃的食品或蔬菜时，其致癌作用一时不易发现，平均潜伏期长，严重影响人体健康与生态环境。多环芳烃是发现最早而且数量最多的一类有机致癌物。

PAH 的基本结构单位是苯环，苯环的数目和连接方式的不同引起分子量、分子结构变化，进而导致了某些不同的物理化学性质。PAH 具有致突变性，且结构稳定，生物难降解。1979 年，美国环保局（EPA）首先公布了 179 种优先监测污染物，其中 PAH 有 16 种。中华人民共和国生态环境部也将 PAH 列入中国环境优先污染物黑名单。

室温下，PAH 皆为固体，其特性是高熔点和高沸点，低蒸气压，水溶解度低。PAH 易溶于许多溶剂中，具有高亲脂性。

（一）多环芳烃的毒理学

1. 急性毒性

PAH 种类很多，急性毒性也各有差异，为中等或低毒性。如萘，小鼠经口和静脉给药的 LD_{50} 为 100～500mg/kg（以体重计），大鼠口服 LD_{50} 为 2700mg/kg（以体重计）。其他 PAH 的 LD_{50} 值类似。PAH 的毒性主要表现为神经毒、肺毒、血液毒、肝毒和心肌损伤及致敏等。神经毒主要是导致头晕、恶心、呕吐等。肺毒主要见于吸入染毒，因其刺激性引起呼吸道的炎症，甚至肺水肿。某些多环芳烃，如芘有明显的血液毒性，可引起红细胞数和血红蛋白量降低，白细胞数增加，血清白蛋白和球蛋白的比值下降等。苯并蒽酮对人的皮肤有致敏作用。母体结构如图 4-2 所示。

非致癌性或弱致癌性 PAH 如苯并 [*e*] 芘、蒽等经皮肤涂抹均无皮肤毒副作用。致癌的 PAH 如苯并 [*a*] 芘、二苯并 [*a*，*h*] 蒽和苯并 [*a*] 蒽可引起皮肤过度角化。蒽和萘的气体刺激眼睛。苯并 [*a*] 芘诱发小鼠和豚鼠接触性过敏皮炎。苯并 [*a*] 芘、二苯并 [*a*，*h*] 蒽和苯并 [*a*] 蒽及萘对小鼠和大鼠有胚胎毒性。苯并 [*a*] 芘还具有致畸性和生殖毒性。在小鼠和兔

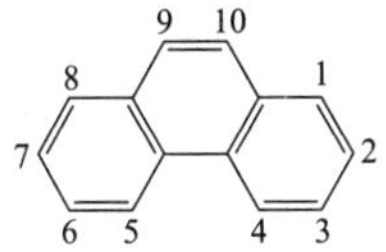

菲(PHE)

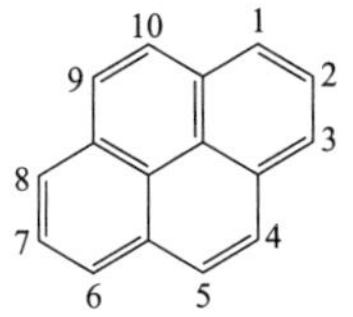

芘(PYR)

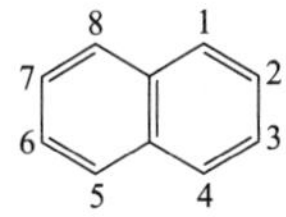

萘(NAP)

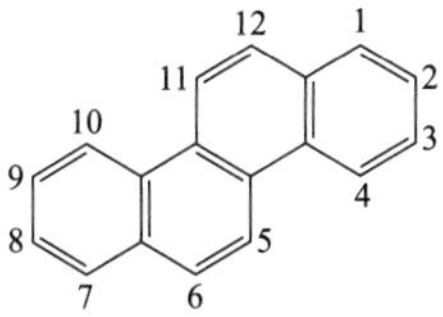

䓛(CHR)

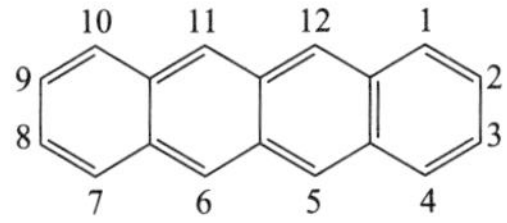

并四苯(NAP)

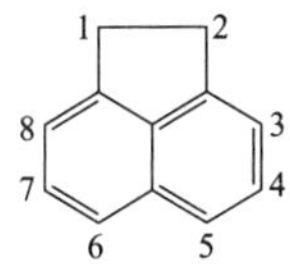

苊烯(ANY)

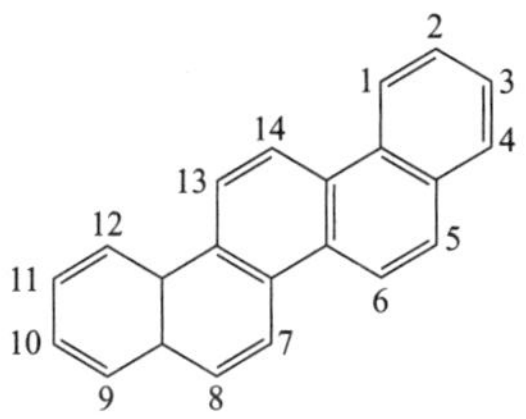

苉(PIC)

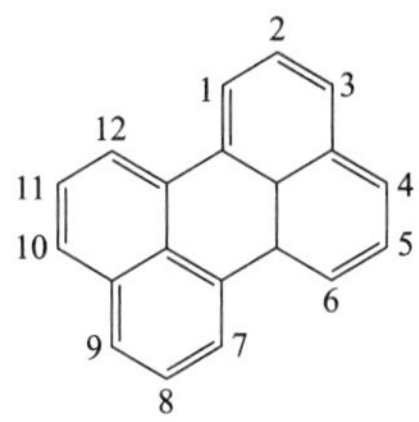

苝(PER)

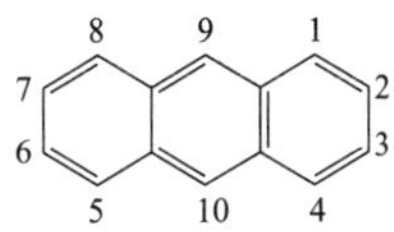

蒽(ANT)

稠合多苯：

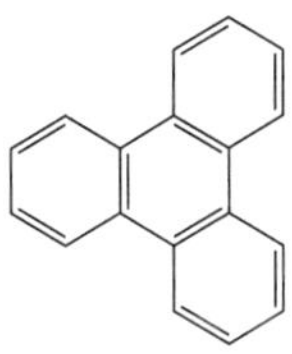

三亚苯

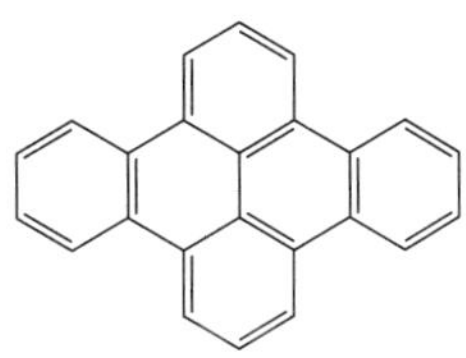

二苯并[e, i]芘

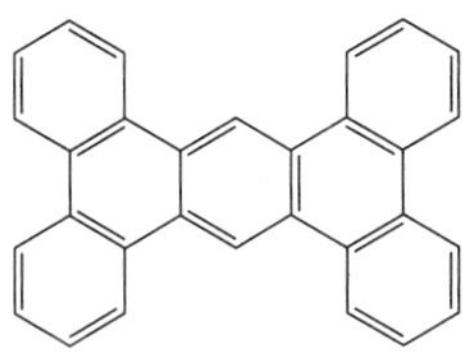

四苯并[a, c, h, i]蒽

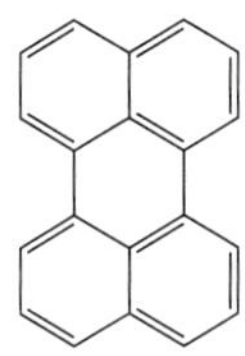

苝

角状结构：

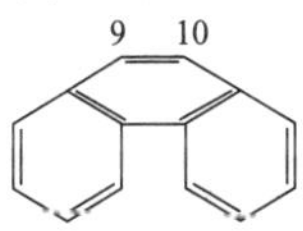

菲

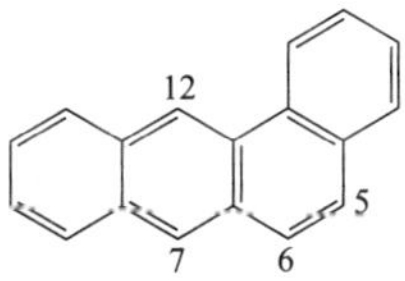

苯并[a]蒽

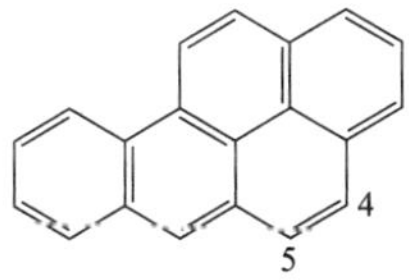

苯并[a]芘

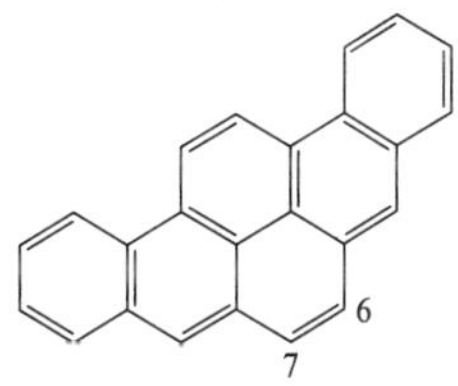

二苯并[a,i]芘

图 4-2 常见多环芳烃的结构

中，苯并 [a] 芘能通过血液 - 胎盘屏障发挥致癌活性。目前，甚至有人将苯并 [a] 芘归为环境内分泌干扰物。

2. 遗传毒性

多环芳烃除了有致癌性外，还具有其他毒性，主要是致突变性、生殖毒性及致畸性。如苯并 [a] 芘，多种方法的致突变试验均为阳性结果；对雄性生育力指数（受孕的雌性数 / 与可孕但未受孕的雌性接触的雄性数）有不良影响；对胎儿颅面、皮肤、肌肉、骨组织、淋巴网状系统等有影响而致畸胎；对脐带、胎盘也有影响；对断奶和授乳指数（断奶尚存活数 / 第四天存活数）有影响；同时，对新生儿生长发育也会造成不良的影响等。

3. 致癌性

多环芳烃类在混合功能氧化酶作用下生成具有致癌活性的多环芳烃环氧化物。涉及的部位广泛，包括皮肤、肺、胃、乳腺等。许多单个的 PAH 对动物致癌，在动物实验中发现致癌的那些 PAH，对人同样致癌，暴露于 PAH 混合物的人群癌症发病率增加。PAH 致癌的潜能根据暴露途径不同而有所变动。

4. 光致毒效应

由于多环芳烃的毒性很大，对中枢神经以及血液作用很强，尤其是带烷基侧链的 PAH，对黏膜的刺激性及麻醉性极强，所以过去对多环芳烃的研究主要集中在生物体内的代谢活动性产物对生物体的毒性作用及致癌活性上。但是越来越多的研究表明，多环芳烃的真正危险在于它们暴露于太阳光中紫外线辐射时的光致毒效应。有实验表明，同时暴露于多环芳烃和紫外线照射下会加速具有损伤细胞组成能力的自由基形成，破坏细胞膜损伤 DNA，从而引起人体细胞遗传信息发生突变。在有氧条件下，PAH 的光致毒作用将使 PAH 光化学氧化形成过氧化物，进行一系列反应后，形成醌。Katz 等观察到由苯并 [*a*] 芘产生的苯并 [*a*] 芘醌是一种直接致突变物，它将引起人体基因的突变，同时也会引起人类红细胞溶血及大肠埃希菌的死亡。

5. 肝脏毒性

目前人们对 PAH 的肝脏毒性的认识主要来源于动物实验。动物急性经口、腹腔内、皮下注射 PAH 后可出现癌前肝脏毒性，包括肝实质细胞（如谷氨酰转肽酶族）的诱导、羧酸酯酶和醚脱氢酶活性的改变、肝质量增加和刺激肝再生。尽管上述肝脏毒性并非属于严重的不良效应，但已有研究表明其发生率和严重性与 PAH 的致癌潜能有关，因此，肝功能及其组织完整性的检测有助于 PAH 暴露后的效应评价。

不同的 PAH 及染毒时间在动物肝脏损伤效应上有差异，动物长期 PAH 暴露也可引起肝损伤。小鼠按每天 350mg/kg（以体重计）剂量分别喂饲苊和荧蒽 13 周，苊可导致小鼠肝绝对质量和相对质量明显增加，而荧蒽除此效应外，还可以引起肝小叶中央色素沉着，同时伴随肝酶活性的增加。

相对于动物实验资料，PAH 致肝脏损伤的人群流行病学资料比较缺乏。国内外均有焦化厂作业工人肝癌死亡率增高的报道。另外，临床研究也提示，PAH 可能具有肝脏毒性。PAH 还具有肝损伤的遗传易感性。并不是所有人接触 PAH 都会产生不良的健康效应，提示可能存在个体遗传易感性。PAH 可以在体内各种组织中代谢，因此，代谢酶活性的强弱可能影响 PAH 的生物效应。但 PAH 在体内经代谢活化成活性中间代谢产物后，机体并不一定就会出现功能改变或器质性损伤，因为机体还有一套完善的保护机制，个体 DNA 修复能力的差异、内稳态维持水平的不同以及免疫功能的强弱等都构成了个体对 PAH 暴露易感性的不同。

（二）多环芳烃的危险评估

1. 人群资料

口服致死剂量成人为 5000～15000mg，儿童为 2000mg。经皮或经口接触的典型影响是溶血性贫血，也可通过胎盘转移影响胎儿。

膳食中 PAH 对人类癌症发生的作用尚未阐明，更多的证据来自职业接触。在高度工业化区，人体负荷 PAH 增加是由于 PAH 污染了大气。早在 1775 年第一次发现职业接触煤灰是阴囊癌的起因。此后，职业接触焦油、沥青和石蜡引起皮肤癌的事件相继被报道。由于现在的个人卫生较好，皮肤肿瘤逐渐减少。肺是 PAH 引发肿瘤的主要部位。

2. 食品中苯并芘的限量

在英国，总膳食中 PAH 主要来自油脂，其中 28% 来自黄油、20% 来自奶酪、77% 来自人造奶油。其次为谷物，其中 56% 来自面包、12% 来自面粉。虽然谷物中 PAH 水平不高，但它们在膳食总量中占很大比重。再次为蔬菜、水果。奶类和饮料不是重要来源。在瑞典，谷物为主要来源（约 34%），其次为蔬菜（约 18%）和油脂（约 16%）。熏鱼和熏肉在瑞典也只是一般膳食组成中的极小部分，因而在 PAH 总摄入量中不占重要地位。表 4-8 列出了部分食品中苯并 [*a*] 芘限量的卫生标准（GB 2762—2022）。

表 4-8 食品中苯并 [*a*] 芘限量指标

食品类别（名称）	限量 /(μg/kg)	食品类别（名称）	限量 /(μg/kg)
谷物及其制品	2.0	水产动物及其制品	5.0
肉及肉制品	5.0	油脂及其制品	10

3. 多环芳烃的暴露途径和环境行为

（1）多环芳烃的暴露途径 多环芳烃大多是无色或淡黄色的晶体，个别颜色较深，熔点及沸点较高，蒸气压很小，不易溶于水，性质稳定，极易附着在固体颗粒上，在环境中难降解。多环芳烃的来源可分为人为与天然两种，前者是多环芳烃污染的主要来源。多环芳烃的形成机理很复杂，一般认为多环芳烃主要是由石油、煤炭、木材、气体燃料、纸张等不完全燃烧以及还原过程中热分解而产生的，有机物在高温缺氧条件下，热裂解产生碳氢自由基或碎片，这些极为活泼的微粒，在高温下又立即热合成热力学稳定的非取代多环芳烃。有的多环芳烃可以使生物体产生遗传毒性而对人体具有潜在的危害性。目前，由动物实验证实的有较强致癌性的多环芳烃有：苯并 [*a*] 芘、苯并 [*a*] 蒽、苯并 [*b*] 荧蒽、二苯并 [*a*，*h*] 芘、二苯并 [*a*，*h*] 蒽等，其中以苯并 [*a*] 芘的致癌作用最强。

（2）多环芳烃的环境行为 环境中的多环芳烃除氧化、挥发、吸附等物理化学行为外，生物转化作用也是多环芳烃重要的环境行为，沉积物和海水中的微生物可降解 PAH，其反应机理是通过一个含有二氢醇的中间体把羟基结合到芳环上，经过酶解作用使 PAH 发生转化，产生顺式的二氢醇中间体。而哺乳类动物体中的微粒体酶通过一氧化物中间体产生反式异构体，这种中间体氧化产物显然对 PAH 的致癌作用或诱变性起着生物转化作用。多环芳烃存在于各种环境介质中，不同的环境介质，多环芳烃的作用机制并不一样。大气中的多环芳烃大多吸附在大气微小颗粒物上，通过沉降和降水冲洗作用而污染地面水和土壤。最近研究表明，PAH 光降解速度常数随光强、温度和湿度的升高而增大。但光化学降解机理目前尚不很清楚，可能是羟自由基与 PAH 分子的撞击所致。PAH 也可与其他物质反应而转化，转化产物使毒性产生不同变化（有的可以使原来无致突变性的多环芳烃变为致突变性的，但有的转化具有相反的效应）。

（三）多环芳烃的监测和控制

1. 多环芳烃的监测

PAH 的检测方法从最早的柱吸附色谱、纸色谱、薄层色谱（TLC）和凝胶渗透色谱（GPC）发展到现在的气相色谱（GC）、反相高效液相色谱（RP-HPLC）、紫外吸收光谱（UV）和发射光谱（包括荧光、磷光和低温发光等），还有质谱分析、核磁共振和红外光谱技术等。较为常用的是分光光度法和反相高效液相色谱法。RP-HPLC 法测定 PAH 不需高温，对某些 PAH 的测定具有较高的分辨率和灵敏度，柱后馏分便于收集进行光谱鉴定等优点。所以近年来 RP-HPLC 法广泛用于 PAH 的分离鉴定和定量测定，其已经成为主要的分析方法，特别是对大环、高分子量的多环芳烃，具有其他方法不可替代的作用。

2. 多环芳烃的控制措施

（1）制定具体的排放标准，用政策法规来限制多环芳烃的排放　工业“三废”及其他烟尘，是环境污染进而导致食品中多环芳烃类含量升高的主要原因。给发动机车辆安装净化系统，回收烟囱排出的大量烟尘，以及工业“三废”及废料处理后达标排放，均可使环境中多环芳烃类含量明显降低，进而减少对食品的污染。针对中国的国情，还可以制定一些具体的减少 PAH 排放的方案。如在大城市生活区采取集中供热、消除小煤炉取暖，逐步实现家庭煤气化。

（2）改进食品加工工艺　食品的烘烤、熏制，尤其是使用易发烟的燃料，如木柴、煤炭、锯末等，使食品中多环芳烃类的含量大大升高。特别是直接接触燃烧产物时，污染更为严重。选用发烟少的燃料如木炭、煤气，最好是电热烘烤，加消烟装置，均可减少污染量，据报道，可减少污染 70% 左右。同时防止烤焦炭化。

（3）研究去毒措施　对于 PAH 已经造成的污染，则可以采用生物及化学的方法来处理。还可以利用物理化学及生物净化技术加快多环芳烃的生物利用速度，如加入表面活性剂、共代谢物及硝酸根等含氧酸根（在厌氧条件下）来加快多环芳烃的降解速度，从而实现对多环芳烃的净化。对于已污染的食品，采取揩去表层烟油，用活性炭吸附，日光或紫外线照射及激光处理措施，均有较好的去毒效果。如食油中加入 0.3% 的活性炭，在 90～95℃搅拌，可使其中苯并 [*a*] 芘的含量减少 90%。经揩去烟油的肉食品中，苯并 [*a*] 芘含量减少 20%。

（4）改善焦化厂等多环芳烃的高暴露环境　应开展清洁生产，加强多环芳烃及苯并 [*a*] 芘暴露剂量的监测，特别是焦化厂在进行技术改造时，应本着以人为本的原则，积极采取有效降低多环芳烃暴露剂量的措施。并且加强职工的自我保护意识，加强对人体危害和保护方法的宣传力度，制定并严格执行轮班制和定期体检制等相应的制度，保护职工的健康。

六、氯丙醇和氯丙醇酯

氯丙醇是继二噁英之后，食品污染领域又一个热点问题。早在 20 世纪 70 年代，人们发现氯丙醇能够使精子减少和活性降低，抑制雄激素生成，使生殖能力下降。曾有报道称，二氯丙醇生产车间的工人，因吸入大量氯丙醇，造成肝脏严重损伤而暴死。国内外研究表明 3- 氯丙醇常见于水解蛋白调味剂和酱油中，已被认为具有生殖毒性、神经毒性，且能引起肾脏肿瘤，是确认的人类致癌物。在非天然酿造酱油、调味品、保健食品以及儿童营养食品中，可能含有氯丙醇。

（一）氯丙醇

1. 氯丙醇的化学结构

氯丙醇（chloropropanol）是甘油（丙三醇）上的羟基被氯取代所产生的一类化合物，包括以下类别（图 4-3）。① 单氯取代的氧代丙二醇：3- 氯 -1,2- 丙二醇（3-monochloropropane-1,2-diol，3-MCPD）和 2- 氯 -1,3- 丙二醇（2-monochloropropane-1,3-diol，2-MCPD）。② 双氯取代的二氯丙醇：1,3- 二氯 -2- 丙醇（1,3-dichloro-2-propanol，1,3-DCP）和 2,3- 二氯 -1- 丙醇（2,3-dichloro-1-propanol，2,3-DCP）。氯丙醇化合物均比水重，沸点高于 100℃，常温下为液体，一般溶于水、丙酮、苯、甘油、乙醇、乙醚、四氯化碳等。它们是食品在加工、贮藏过程中形成的污染物。

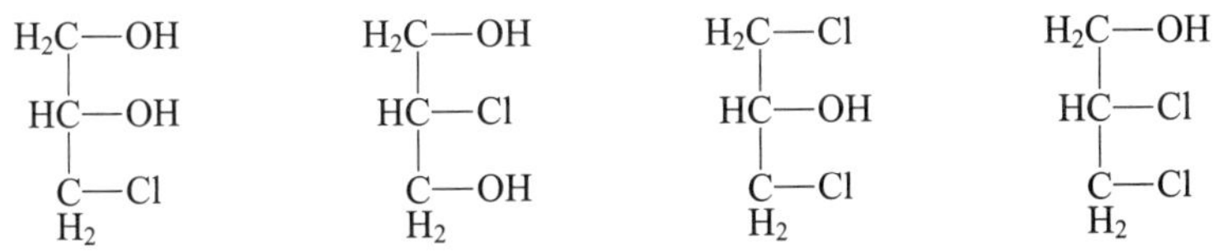

3-MCPD　　2-MCPD　　1, 3-DCP　　2, 3-DCP

图 4-3　氯丙醇化合物结构

2. 氯丙醇污染的来源

（1）酸水解植物蛋白（酸解 HVP）　食品中氯丙醇的污染首先在酸解 HVP 中发现，许多风味食品添加酸解 HVP 的生产过程中可污染氯丙醇（3-MCPD 和 1,3-DCP）。

（2）酱油　对不同类型的酱油进行调查，结果发现在没有很好控制手段的情况下，酸处理可以产生 3-MCPD。

（3）不含酸水解 HVP 成分的食物　主要是焙烤食品、面包和烹调与腌制肉鱼。

（4）家庭烹调　在烤面包、烤奶酪和炸奶油过程中可以使 3-MCPD 水平升高。

（5）包装材料　食品和饮料由于包装材料的迁移有低水平的 3-MCPD 污染，某些采用 ECH 交联树脂进行强化的纸张（如茶叶袋、咖啡滤纸和肉吸附填料）和纤维素肠衣也含有 3-MCPD。目前正在开发第三代树脂，以显著降低 3-MCPD。

（6）饮水　英国的饮用水含有氯丙醇，这是由于一些水处理工厂使用以 ECH 交联的阳离子交换树脂作为絮凝剂对饮用水进行净化。目前，经过努力，在聚胺型絮凝剂中 3-MCPD 的水平在 40mg/kg，水处理时聚胺型絮凝剂中 3-MCPD 的使用量为 2.5mg/L，这可以使饮用水中 3-MCPD 的污染水平小于 0.1μg/L。

3. 氯丙醇的毒性

3-MCPD 大鼠经口 LD_{50} 为 150mg/kg。美国在 1993 年的 FAO/WHO 报告中表明，如果 3-MCPD 使用 30mg/（kg • d）会使大鼠肾小管坏死或扩张；30mg/（kg • d）连续使用 4 周会引起猴子贫血、白细胞减少、血小板减少。给大鼠和小鼠经口剂量≥25mg/（kg • d）的

3-MCPD 能引起中枢神经，特别是脑主干损伤，损伤程度与剂量相关。在大鼠和小鼠亚急性毒性试验中发现，肾脏是 3-MCPD 毒性作用的靶器官。

4. 氯丙醇的危险性评估

JECFA 决定采用肾小管增生作为确定 3-MCPD 耐受摄入量的最敏感毒性终点，该作用是在大鼠的慢性毒性和致癌性试验中发现的，得出最低可见作用水平（LOEL）为 1.1mg/kg（以体重计），并采用安全系数 500（包括考虑从 LOEL 推导出 NOEL 而扩大的 5 倍系数），最后得出暂定每日最大耐受摄入量为 2g/kg（以体重计）。委员会指出从各国提交的摄入量数据看，食用酱油的消费者大多接近或超过这个水平。

5. 氯丙醇的监测和控制

目前，我国现行的《食品安全国家标准　食品中氯丙醇及其脂肪酸酯、缩水甘油酯的测定》（GB 5009.191—2024）规定了食品中氯丙醇、氯丙醇脂肪酸酯和缩水甘油酯的测定方法，其包括两篇。第一篇规定了食品中氯丙醇含量的测定，适用于含酸水解植物蛋白的调味品、肉及肉制品、婴幼儿配方食品中 3- 氯 -1,2- 丙二醇（3-MCPD）、2- 氯 -1,3- 丙二醇（2-MCPD）、1,3- 二氯 -2- 丙醇（1,3-DCP）和 2,3- 二氯 -1- 丙醇（2,3-DCP）含量的测定，包括同位素稀释 - 气相色谱 - 质谱法测定食品中氯丙醇含量一种方法。第二篇规定了食品中氯丙醇脂肪酸酯和缩水甘油酯的测定，包括了同位素稀释 - 碱水解 - 气相色谱 - 串联质谱法、同位素稀释 - 酸水解 - 气相色谱 - 串联质谱法和同位素稀释 - 碱水解 - 气相色谱 - 质谱法测定食品中 3- 氯 -1,2- 丙二醇酯（3-MCPDE）、2- 氯 -1,3- 丙二醇酯（2-MCPDE）和缩水甘油酯（GE）含量的三种方法。

目前部分国家和地区已制订酱油中氯丙醇推荐限量（表 4-9）。李祥等采用酸水解与传统酿造工艺相结合，最佳工艺为以豆粕为原料，采用 5% 盐酸溶液，水解 18h，中和 pH 值至 6，然后添加适量炒麸皮、豆粕，接种沪酿 3.042 米曲霉制曲、发酵。此工艺生产的产品中氯丙醇含量低于各国标准，且酱香浓郁、味道鲜美。

美国 CPC 国际有限公司有一称为酸酶法加工工艺的专利，是先采用中性蛋白酶进行水解蛋白，然后在缓和条件（40～45℃，pH6.5～7.0）下进行酸水解，这样制得的 HVP 产品检测不到氯丙醇。

表 4-9　部分国家和地区氯丙醇推荐限量

国家	3-MCPD/(mg/kg)	2-MCPD/(mg/kg)	1,3-DCP/(mg/kg)	2,3-DCP/(mg/kg)
中国	≤ 1	未提及	未提及	未提及
美国	≤ 1	未提及	≤ 0.05	≤ 0.05
英国 / 欧盟	≤ 0.01	未提及	未提及	未提及
日本	≤ 1	未提及	未提及	未提及
澳大利亚	≤ 0.3	未提及	≤ 0.005	未提及

（二）氯丙醇酯

1. 氯丙醇酯的结构

氯丙醇酯包括单酯和二酯，由 3-MCPD、2-MCPD、1,2-DCP、1,3-DCP 与不同的脂肪酸（棕榈酸、油酸、硬脂酸等）结合而成，在一定条件下部分氯丙醇酯呈现旋光性。氯丙醇酯的部分结构如图 4-4 所示。

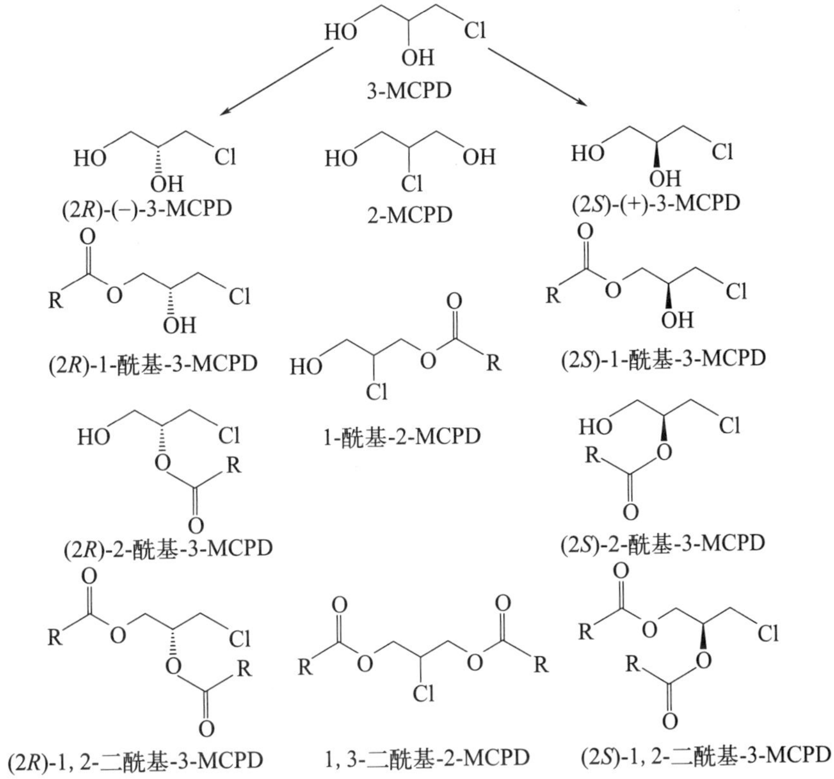

图 4-4 3-MCPD 与 2-MCPD 的单酯和二酯结构

一般食品加工过程单氯丙二醇的生成量是双氯丙醇的 100～10000 倍，而单氯丙二醇中 3- 氯丙醇的量又是 2- 氯丙醇的几倍至十倍，因此以 3- 氯丙醇可作为反映食品加工中氯丙醇类物质生成状况的主要检测指标。

2. 氯丙醇酯的污染来源

氯丙醇酯是氯丙醇的前体物。1980 年 Davideak 等发现在酸水解植物蛋白液（HVP 液）中有一定量的 3-MCPD 脂肪酸单酯和二酯存在，其中 3-MCPD 二酯的含量远高于 3-MCPD 单酯。由于在酸水解植物蛋白液（HVP 液）加工过程中，通过过滤可将 3-MCPD 酯去除，所以，接下来 20 多年里，3-MCPD 酯并没有被视作食品污染物。近年来国外陆续有报道多种食品中检测出含量较高的 3-MCPD 酯，特别是在婴幼儿奶粉中发现高浓度的 3-MCPD 酯后，引起了政府和相关行业的重视。

3. 氯丙醇酯的毒性

体外水解实验已证明 3-MCPD 酯可被胰脂酶水解为 3-MCPD，进入血液、器官和组织中。

欧洲食品安全局（EFSA）对 3-MCPD 棕榈酸酯进行 90d 的毒理学研究表明：3-MCPD 棕榈酸酯对大鼠的肾和睾丸均能产生类似 3-MCPD 的影响，对雄性大鼠肾和睾丸造成损害的 BMDL10（10% 肿瘤发生率的 95% 置信区间内最低剂量）为 17.4mg/（kg • d）和 44.3mg/（kg •d）[相当于 3-MCPD 3.3mg/（kg •d）和 8.4mg/（kg •d）]。Onami 对 3-MCPD 酯类（主要是棕榈酸双酯、棕榈酸单酯、油酸双酯）进行为期 13 周的大鼠亚慢性毒性试验，结果表明：3-MCPD 酯的急性肾毒性比 3-MCPD 低，但 3-MCPD 酯可能对大鼠的肾脏和附睾具有亚慢性毒性，程度与 3-MCPD 类似。

参考文献

[1] Abraham K，Appel K E，Berger-Preiss E，et al. Relative oral bioavailability of 3-MCPD from 3-MCPD fatty acid esters in rats[J]. Arch toxicol，2013，87（4）：649-659.

[2] 白永文，王明强. *N*-亚硝基化合物对食品安全的污染及其对策[J]. 中国调味品，2011，36（8）：9-11.

[3] 白顺，孙建霞，邹飞雁，等. 食品污染物 3-氯-1，2-丙二醇毒理作用的研究进展 [J]. 食品工业科技，2013，34（5）：358-362.

[4] 陈炳卿. 营养与食品卫生学 [M]. 4 版. 北京：人民卫生出版社，2000.

[5] 曹梦思，王君，张立实，等. 食品中多环芳烃的研究现状 [J]. 卫生研究，2015，44（1）：151-157.

[6] 杜芳芳，郑晓辉，曾远平，等. 微生物油脂中氯丙醇酯的形成及应对措施综述 [J]. 食品安全质量检测学报，2014，5（7）：2161-2167.

[7] 费永乐，王丽然，李书国. 食品中丙烯酰胺检测方法研究进展 [J]. 粮油食品科技，2015，23（1）：70-73.

[8] 傅武胜，林升清，黄剑锋. 氯丙醇的毒理学研究进展 [J]. 现代预防医学，2003，30（2）：228-230.

[9] 高洁，苗虹. 兽药残留检测技术研究进展 [J]. 食品安全质量检测学报，2013，4（1）：11-18.

[10] 钱建亚，熊强. 食品安全概论 [M]. 南京：东南大学出版社，2006.

[11] 金征宇，胥传来，谢政军，等. 食品安全导论 [M]. 北京：化学工业出版社，2005.

[12] 李向丽，李蓉，杨公明，等. 食品中丙烯酰胺的含量调查研究 [J]. 安徽农业科学，2015，43（14）：236-238.

[13] 李莹莹，赵靖，程杨. 食品中亚硝酸盐和硝酸盐检测方法研究 [J]. 食品研究与开发，2013，34（16）：82-84.

[14] 中国食品添加剂生产应用工业协会. 食品添加剂分析检验手册 [M]. 北京：中国轻工业出版社，1999.

[15] 马敬中，肖国斌，张涛，等. 我国果蔬农药残留研究现状及安全措施 [J]. 化学世界，2015，56（2）：120-124.

[16] 倪新，张艺兵，胡萌，等. 食品和土壤中重金属镉污染及治理对策 [J]. 山东农业大学学报：自然科学版，2008，39（3）：419-423.

[17] 国家卫生健康委员会，国家市场监督管理总局. 食品安全国家标准　食品添加剂使用标准：GB 2760—2024[S]. 北京：中国标准出版社，2024.

[18] 国家卫生健康委员会，国家市场监督管理总局. 食品安全国家标准　食品中污染物限量：GB 2762—2022[S]. 北京：中国标准出版社，2022.

[19] 王向东. 食品毒理学 [M]. 南京：东南大学出版社，2007.

[20] 国家卫生健康委员会，农业农村部，国家市场监督管理总局. 食品安全国家标准　食品中农药最大残留限量：GB 2763—2021[S]. 北京：中国标准出版社，2021.

[21] 王丽，金芬，张雪莲. 食品中多环芳烃及卤代多环芳烃的研究进展 [J]. 食品工业科技，2012，（10）：369-373.

[22] 汪曙晖，汪东风. 食品中可能添加的非食用物质 [J]. 食品与机械，2009，25（5）：145-147.

[23] 吴永宁．食品中化学危害暴露组与毒理学测试新技术中国技术路线图 [J]. 科学通报，2013，58（26）：2651-2656.

[24] 谢蕴欣，许远俊．食品接触材料中重金属迁移相关研究进展 [J]. 中国包装，2015，35（4）：46-48.

[25] 杨洁彬，王晶，王伯琴，等．食品安全性 [M]. 北京：中国轻工业出版社，1999.

[26] 姚玉红，刘格林．二噁英的健康危害研究进展 [J]. 环境与健康杂志，2007，24（7）：560-563.

[27] 赵云峰，陈达炜．食品中农药、兽药残留检测研究进展 [J]. 食品安全质量检测学报，2015，6（5）：1644-1645.

[28] 张建新，沈明浩．食品安全概论 [M]. 郑州：郑州大学出版社，2011.

[29] 钟耀广．食品安全学 [M]. 2 版．北京：化学工业出版社，2010.

[30] 周禄斌，张蒙．食品中常见重金属污染的现状与防控措施 [J]. 海峡预防医学杂志，2013，19（1）：15-17.

[31] Vattem D A，Shetty K. Acrylamide in food：a model for mechanism of formation and its reduction[J]. Innovative Food Science and Emerging Technologies，2003，4（3）：331-338.

[32] Grob K，Biedermann M，Biedermann-Brem S，et al. French fries with less than 100μg/kg acrylamide. A collaboration between cooks and analysts[J]. European Food Research and Technology，2003，217（3）：185-194.

[33] Biedermann-Brem S，Noti A，Grob K，et al. How much reducing sugar may potatoes contain to avoid excessive acrylamide formation during roasting and baking?[J]. European Food Research and Technology，2003，217（5）：369-373.

[34] 李祥，李运涛，魏尚洲．酸水解蛋白质调味液安全生产工艺研究 [J]. 中国酿造，2004，23（3）：11-15.

·第五章·

包装材料和容器对食品安全性的影响

早在原始社会，我们的祖先用烧制的陶器盛放食与物，便有了包装的雏形。伴随着食品生产、交换和消费的发展，食品包装已成为食品作为商品不可或缺的一部分。食品包装的初衷在于便于贮运，保证食品的品质和卫生，从而确保食品的价值及原有状态得以保持。目前，随着对食品安全问题的日益关注，诸多国家制定并完善了食品包装的相关法规。可降解包装和电子扫描条码大范围推广，都极大地推动了食品包装行业的发展。本章主要介绍塑料、橡胶、纸制品、金属、玻璃、搪瓷和陶瓷等包装材料和容器对食品安全性的影响。

第一节　概述

食品包装用于保护食品，确保其在出厂转至消费者手中的整个流通过程中不被污染，保持食品本身的特性，同时将商品内在质量、价格和成本的竞争转向更高层次的形象竞争，给商品增值。但这也导致一些商家过分追求食品包装的视觉效果和经济效益，导致过度包装。更有甚者采用不合格的包装材料，导致其中的有毒有害成分迁移到食品中，使得食品的卫生与安全性无法得到保障。

一、食品包装的定义

美国对包装的定义为“使用适当的材料和容器，采用一定的技术，将产品安全送达目的地”；加拿大则认为“包装是将产品完好地由供应者送到顾客或者消费者手中的工具”；而日本包装工业标准对包装的定义为：包装是在商品的运输与保管过程中，为保持其价值和状态，而以适当的材料和容器等对商品所施加的处理及处理后所保持的状态。根据中华人民共和国国家标准，包装（package）是指在流通中为了保护产品、方便贮运、促进销售，按一定技术方法而采用的容器、材料和辅助材料的总称，也指为了达到上述目的而在采用容器、材料和辅助物的过程中施加一定技术方法等的操作活动。

虽然各国对包装的定义不尽相同，但它们均包含以下内涵：关于包装商品的容器、材料及辅助物品的选择和实施包装封缄的技术活动。在此基础上，我们不难得到食品包装（food package）的定义，指采用适当的包装材料、容器和包装技术，把食品包裹起来，以确保食品在运输和贮藏过程中保持其价值和原有状态。

二、食品包装的功能

现代包装技术的发展及应用，使食品包装的功能从保证食品质量与卫生，在不改变损失营养成分的基础上方便贮运、延长货架期等过渡到提高商品竞争力和促进销售，进而提升商品价值。其功能主要包括以下 4 个方面。

（一）保护商品

食品包装的核心功能是保护食品。在贮运、销售和消费等流通环节中，食品通常会受到各种不利因素的影响，主要不利因素包括以下两类：一是自然因素，包括光、氧气、温度、湿度、水分、微生物、昆虫及尘埃等，可引起食物色味改变、氧化、腐败和污染等；二是人为因素，包括冲击、振动、跌落、负荷及人为蓄意污染等，可引起食品的变形、破损甚至变质等。所以采用科学合理的包装可使食品免于破坏或减弱影响，从而达到保护食品的目的。

（二）延长保质期和方便贮运

合理的包装可有效地削弱不利因素对食品的影响，使食品尽可能长时间保持其原有品质，延长保质期，同时也为食品的生产、流通及消费各个环节提供方便，诸如方便搬运、存贮及陈列销售等，也方便消费者携带、取用和消费，除此之外，现代包装还注重包装形态的展示、自动售货功能的实现、消费时开启的便捷性及定量取用的方便性。

（三）促进销售

食品包装是提高商品竞争力和促进销售的重要手段，对于品质相差无几的食品，精美的包装更能吸引消费者的注意，激发购买欲，为此现代包装设计已成为营销战略的重要组成部分。食品包装除追求精美外，若能够展示全面的商品信息并方便取用，也能有效促进销售。

（四）提高商品价值

包装是商品生产的继续，产品在经过科学包装后，其原有价值得以很好地保持，且令消费者满意的包装是其购买的推动力。因此，虽然在包装上有所投入，但在销售时可得到补偿，为商品直接增值或塑造品牌价值。如果包装增值策略运用得当，将起到锦上添花的效果。

三、食品包装的分类

（一）按在流通过程中的作用分类

（1）运输包装（transport package）　根据 GB/T 4122.1—2008《包装术语　第 1 部分：基础》规定：以运输贮存为主要目的的包装为运输包装。它具有保障食品的安全，方便储运装卸，加速交接、点验等作用。运输包装一般体积相对较大，常见的包装形式有木箱、瓦楞纸箱、集装箱、金属大桶等，外表多有明显的文字说明，诸如："此面向上""易碎""易燃"等。

（2）销售包装（consumer package） 根据 GB/T 4122.1—2008《包装术语 第 1 部分：基础》规定：销售包装为以销售为主要目的，与内装物一起到达消费者手中的包装。它具有保护、美化、宣传产品，促进销售的作用，通常，上架销售的包装均属此类，如盒装、袋装、罐装等包装形式。

（二）按包装材料和容器分类

食品包装按照包装材料和容器分为：纸与纸板、塑料、金属、复合材料、玻璃、陶瓷、木材、橡胶等。

（三）按包装结构形式分类

（1）真空贴体包装（vacuum skin package） 是将食品置于底板（纸板或塑料片材）上，在真空作用和加热条件下使得贴体薄膜紧贴产品表面，并与底板封合的一种包装形式。

（2）泡罩包装（blister package） 食品被封合在用透明塑料片材料制成的泡罩与盖材之间。

（3）热收缩包装（shrink package） 食品被热收缩膜所包裹，通过加热使该膜收缩而形成的食品包装。

（4）托盘包装（palletizing package） 通过捆扎、包裹或粘贴等方式将堆码在托盘上的食品固定，形成搬运单元，方便机械设备搬运，此搬运单元称为托盘包装。

（5）组合包装（assembly package） 与托盘包装类似，此搬运单元包括同类或不同类的食品。

此外，还有可拆卸包装、可折叠式包装、捆扎包装等包装形式。

（四）按包装使用次数分类

（1）一次性包装（portion package） 是仅使用一次的包装，如一次性食品包装纸盒、一次性很薄的塑料袋等。

（2）可重复利用包装（returnable package） 又称周转包装，即可使用一次以上的包装。如托盘包装、玻璃酒瓶和金属或塑料周转箱等。

（五）按包装销售对象分类

分为出口包装、内销包装、军用品包装及民用品包装等。

（六）按包装技术方法分类

分为防潮包装、防水包装、热成型包装、热收缩包装、真空和充气包装、脱氧包装、冷冻包装、软罐头包装、缓冲包装等。

（七）按包装质地分类

分为硬质包装和软包装两大类。

四、食品包装的安全与卫生

食品安全不仅关乎食品本身的安全，包装后的安全同样不容忽视。其包装的原材料、辅料和包装工艺方面的卫生与安全将直接影响食品安全质量，继而对人体健康产生影响。近年来，因食品包装安全性引起的食品安全事故频发，其安全隐患主要表现在：一是包装工艺操作不当造成食品的二次污染；二是因采用不符合食品卫生安全要求的包装材料造成的食品危害。

我国《食品安全法》对食品包装提出了明确要求：贮存、运输和装卸食品的容器、工具和设备应当安全、无害；直接入口的食品应当使用无毒、清洁的包装材料、餐具、饮具和容器；禁止生产、经营被包装材料、容器、运输工具等污染的食品、食品添加剂。而《食品卫生法》的出台是将食品包装材料纳入监管范围的一大进步，规定食品包装材料应当无毒、清洁，生产、经营被包装污染的食品将会受到应有的处罚。2009 年，国家质检总局开展了食品用纸包装无证查处行动，同年强制性国家标准 GB 9685—2008《食品容器、包装材料用添加剂使用卫生标准》正式实施。2016 年，对该标准进行了修订，标准名称修改为《食品安全国家标准　食品接触材料及制品用添加剂使用标准》（GB 9685—2016），标准中规定了食品容器、包装材料添加剂的使用原则、允许使用的添加剂品种、使用范围、最大使用量、特定迁移量或最大残留量及其他限制性要求，对食品接触用塑料、纸制品、橡胶等材料中用到的增塑剂、增韧剂、固化剂、引发剂、促进剂、防老剂、阻燃剂等都做了明确规定。2013 年，国家广泛征求各方面在实施标准过程中遇到的意见，进一步开展标准的修订工作。紧接着国际食品包装协会发布了 2013 年中国食品包装安全消费警示，涉及吸管、瓶盖瓶身、不锈钢制品、纸质餐饮具等 12 项内容。与此同时，欧盟、美国和日本等也对食品包装管理出台了相关法案，并在不断完善中。

第二节　塑料包装材料及其制品的食品安全性

塑料是一种以高分子物质——树脂为基本成分，再加入一些用来改善其性能的各种添加剂制成的高分子材料。它是近年来世界上发展最快的包装材料之一，因其原材料丰富、成本低廉、性能优良而被广泛应用于食品包装，并逐步取代了纸类、金属、玻璃和陶瓷等传统包装材料。另外，塑料相对密度仅为铝的 30%～50%，有着质量轻、运输销售方便、化学稳定性好、易于加工、装饰效果好以及对食品具有良好的保护作用等特点而受到包装行业的青睐。与此同时，其用于食品包装还存在卫生安全及废弃物回收处理导致的环境污染等问题。

一、塑料包装材料及其制品的组成、分类及包装性能

（一）常用塑料树脂

塑料树脂也就是高分子物质，分子量通常在 10^4～10^6，所含原子数常达几万、几十万甚至高达几百万，分子长度可达 10^2～10^4nm 或更长，在塑料中所占比例为 40%～100%。目前生产商常用树脂主要分为两类：一类为加聚树脂，如聚乙烯、聚丙烯、聚氯乙烯、聚

苯乙烯等，此类为食品包装常用树脂；另一类为缩聚树脂，如环氧树脂、酚醛树脂、氨基酸酯等，在食品包装上应用相对较少。

常用塑料树脂有聚乙烯、聚丙烯、聚苯乙烯、聚氯乙烯、聚偏二氯乙烯、聚酰胺、聚酯和聚碳酸酯等。

1. 聚乙烯（polyethylene，PE）

PE 是由乙烯单体经加成聚合而成的高分子化合物，为半透明和不透明的固体物质。PE 具有良好的阻水阻湿性，但阻气和阻有机蒸气的性能相对较差；具有良好的化学稳定性，常温下与一般酸碱物质不发生反应，但耐油性稍差；有一定的机械抗拉和抗撕裂强度，柔韧性好；耐低温性良好，能适应食品的冷冻处理，但耐高温性能欠佳，一般不能用于高温杀菌食品的包装；光泽度透明度不高，印刷性能也较差，用作外包装需经电晕处理或表面化学处理改善印刷性能；加工成型方便，制品灵活多样，且热封性能很好。PE 树脂本身无毒，添加剂量极少，因此被认为是一种安全性很好的包装材料。采用不同工艺方法聚合而成的聚乙烯，因其分子量大小及分布不同、分子结构和聚集状态不同，形成不同聚乙烯品种，分为高密度聚乙烯（high density polyethylene，HDPE）、低密度聚乙烯（low density polyethylene，LDPE）和线性低密度聚乙烯（linear low density polyethylene，LLDPE）。HDPE 具有直链线形大分子结构，结晶度较高，密度高，故其阻隔性、强度、耐热性较高，但柔韧性、透明性、热成型加工性等性能下降。利用其耐高温性的特点，可用于复合膜的热封层以及高温杀菌食品的包装。此外，也可制成瓶、罐容器盛装食品。LDPE 具有分支的线形大分子结构，结晶度较低，密度也相对较低，故阻气、阻油性较差，机械强度等性能有所下降，但延伸、抗撕裂、耐冲击、热封和加工性能较好，透明度较高。LDPE 在包装上主要用于制成薄膜，用于包装要求较低的食品，尤其是有防潮要求的干燥食品。利用其透气性好的特点，可用于生鲜果蔬的保鲜包装和冷冻食品包装，但不宜单独用于有隔氧要求的食品包装。经拉伸处理后可用于热收缩包装，由于其热封性、卫生安全性好、价格便宜，常作复合材料的热封层，广泛应用于各类食品包装。LLDPE 的大分子的支链长度和数量均介于 LDPE 和 HDPE 之间，具有比 LDPE 更优异的强度性能，拉伸强度和柔韧性能明显提高，加工性能也较好，可不加增塑剂吹塑成型。LLDPE 在包装上主要制成薄膜，用于包装肉类、冷冻食品和奶制品等，但其阻气性差，不能满足较长时间的保质要求。为改善这一性能，采用与丁基橡胶共混来提高阻隔性，这种改性的 PE 产品在食品包装领域具有较好的应用前景。

2. 聚丙烯（polypropylene，PP）

由丙烯聚合而成，具有高结晶结构。阻隔性优于 PE，水蒸气透过率和氧气透过率与高密度聚乙烯相似，但阻气性仍较差；机械性能较好，具有的强度、硬度、刚性都高于 PE，尤其是具有良好的抗弯强度；化学稳定性优异，在一定温度范围内，对酸碱盐及许多溶剂等有稳定性；耐高温性优良，可在 100～120℃范围内长期使用，无负荷时可在 150℃下使用，但耐低温性比 PE 差，–17℃时能变脆；光泽度高，透明性好，印刷性差，印刷前表面需经一定处理，但表面装潢印刷效果好；成型加工性能良好，但制品收缩率较大；热封性比 PE 差，但比其他塑料要好；卫生安全性高于 PE。PP 在包装上主要制成薄膜材料，用于包装食品。由于强度、透明光泽效果、阻隔性比普通薄膜有所提高，PP 适宜包装含油食品，在食品包装上可替代玻璃纸包装糕点；由于其阻湿、耐水性比玻璃纸好，透明度、光泽性及耐撕裂性不低于玻璃纸，可用作糖果、点心的扭结包装。PP可制成热收缩膜进行热收缩包装，也可制成透明的其他包装容器或制品，同时还可制成各种形式的捆扎绳、带，在食品包装上用途十分广泛。此外，家庭常用的微波炉餐盒采用PP制成，可耐130℃高温。

3. 聚苯乙烯（polystyrene，PS）

由苯乙烯聚合而成。PS阻湿、阻气性能较差；机械性能好，具有较高的刚硬性，但脆性大，耐冲击性能很差；能耐一般酸、碱、盐、有机酸、低级醇，其水溶液性能良好，但易受到有机溶剂如烃类、酯类等的侵蚀软化甚至溶解；透明度好，有良好的光泽性；耐热性差，连续使用温度为60～80℃，耐低温性良好；成型加工性好，易着色和表面印刷，制品装饰效果很好；无毒无味，卫生安全性好。在食品包装上主要制成透明食品盒、水果盘、小餐具等，可制成收缩薄膜，片材大量用于热成型包装容器，还可用作保温及缓冲包装材料，但由于包装废弃物难以处理而成为环境公害，因此将被其他可降解材料所取代。

4. 聚氯乙烯（polyvinyl chloride，PVC）

由氯乙烯聚合而成。聚氯乙烯塑料以聚氯乙烯树脂为主要原料，再加以增塑剂、稳定剂等添加剂组成。PVC树脂热稳定性差，在空气中超过150℃会降解而放出HCl，长期处于100℃温度下也会降解，在成型加工时也会发生热分解，一般需在PVC树脂中加入2%～5%的稳定剂。PVC树脂具有较高黏流化温度，同时黏流态时的流动性差，需加入增塑剂来改善其成型加工性能。PVC的阻气阻油性优于PE塑料；化学稳定性优良，透明度、光泽性比PE优；机械性能好，但柔韧性和抗撕裂强度较PE高；耐高低温性差，有低温脆性；加工性能可由加入增塑剂和稳定剂改善，加工温度在140～180℃；着色性、印刷性和热封性较好。根据增塑剂加入量不同可分为软质PVC和硬质PVC。软质PVC一般不用于直接接触食品的包装，可利用其柔软性、加工性好的特点制作弹性拉伸膜和热收缩膜，又因其价廉，透明性、光泽度优于PE，且有一定透气性而常用于生鲜果蔬的包装；硬质PVC中不含或含微量增塑剂，可直接用于食品包装。

5. 聚偏二氯乙烯（polyvinylidene chloride，PVDC）

由偏二氯乙烯为单体加成聚合的高分子化合物，聚偏二氯乙烯塑料由聚偏二氯乙烯和少量增塑剂、稳定剂等添加剂组成。PVDC具有较高的阻隔性、耐高低温性，适用于高温杀菌和低温冷藏；化学稳定性好，不易受酸、碱和普通有机溶剂的侵蚀；透明性、光泽性良好，适用于畜肉制品的灌肠包装，但因其热封性较差，薄膜封口强度低，一般需采用高频或脉冲热封合，也可采用铝丝结扎封口。PVDC膜除单独用于食品包装外，还大量用于与其他材料复合制成高性能复合包装材料。由于具有良好的熔黏性，可作复合材料的黏合剂，或溶于溶剂成涂料，涂覆在其他薄膜材料或容器表面，提高阻隔性能，适用于长期保存的食品包装。

6. 聚酰胺（polyamide，PA）

通称尼龙（nylon），是主链上含大量酰胺基团结构的线形结晶型高分子化合物，PA树脂分子为极性分子，分子间结合力强，易结晶。在食品包装上PA主要是薄膜类制品，阻气性优良，但由于分子极性较强，是一种典型的亲水性聚合物，吸水性强且随吸水量的增加而溶胀，造成阻气、阻湿性能降低；具有较高的耐油、耐碱性，能够和大多数盐液作用，但不受强酸侵蚀；拉伸强度较大，但随吸湿量增加而降低；抗冲击强度高，且随吸湿量增加而提高；耐高低温性优良，正常使用温度范围在 –60～130℃，短期可耐 200℃高温；成型加工性较好，但热封性不良，因此常与其他材料复合使用。PA 薄膜制品大量用于食品包装，为提高其包装性能，可使用拉伸 PA 薄膜，并与 PE、PVDC 或普通薄膜等复合，提高防潮、阻湿和热封性能，可用于畜肉类制品的高温蒸煮包装和深度冷冻包装。

7. 聚酯（polyester，PET）

聚酯是分子链中含有酯基的高分子化合物，一般指聚对苯二甲酸乙二醇酯（polyethylene terephthalate，PET），俗称涤纶，具有较高的强韧性和较好的柔顺性。PET 具有优良的阻气、阻湿、阻油等高阻隔性，化学稳定性良好；具有其他塑料所不及的高强韧性能和抗冲强度，还具有良好的耐磨和耐折叠性；具有优良的耐高低温性能，可在 –70～120℃温度下长期使用，短期可耐 150℃高温，且高低温对其机械性能影响很小；光亮透明，可见光透过率高达 90% 以上，并可阻挡紫外线；印刷性能较好；由于熔点高，故成型加工、热封过程相对困难。在食品包装上 PET 主要是薄膜类制品，包括：无晶型未定向透明薄膜，抗油脂性很好，可用来包装含油及肉类制品，还可作食品桶、箱、盒等容器的衬袋；无晶型定向拉伸收缩膜，表现出高强度和良好热收缩性，可用作畜肉食品的收缩包装；结晶型塑料薄膜，薄膜的强度、阻隔性、透明度、光泽性等性能较高，可用于食品包装；其他材料复合，如真空涂铝、涂 PVDC 等制成高阻隔包装材料，用于保质期较长的高温蒸煮杀菌食品包装和冷冻食品包装。PET 也具有较好的耐药品性，因此被广泛用作很多饮料的包装瓶，也可作为保香性包装材料。

8. 聚碳酸酯（polycarbonate，PC）

聚碳酸酯是分子链中含有碳酸酯基的高分子化合物，目前只有双酚 A 型的芳香族聚碳酸酯树脂可以用作食品包装材料和容器。这种树脂以双酚 A 与碳酸二苯酯为原料，经酯交换和缩聚而成。PC 具有很好的透明性和机械性能，尤其是低温抗冲击性能，但因价格贵而在一定程度上限制了它的广泛应用。在食品包装领域，PC 可注塑成型为盆、盒，吹塑成型为瓶、罐等各种韧性高、透明性好、耐热又耐寒的产品，用途较广。在包装食品时因其透明而可制成“透明”罐头，可耐 120℃高温杀菌处理，但因刚性大，其耐应力开裂性和耐药品性较差。

（二）常用添加剂

1. 增塑剂

为一些低分子有机聚合物，加入后可使分子间距增大，降低分子间作用力，提高树脂可塑性和柔软性，改善塑料加工性能。包括酞酸酯（邻苯二甲酸酯）、脂肪族二元酸酯、环氧酯、柠檬酸酯等。酞酸酯类化合物是应用于塑料工业的主要增塑剂和软化剂，最常使用的为邻苯二甲酸二乙酯（DEP）、邻苯二甲酸二丁酯（DBP）、己二酸二（2- 乙基己基）酯（DEHA）、邻苯二甲酸二（*α*- 乙基己酯）（DOP）和邻苯二甲酸二异辛酯（DEHP）。

2. 阻燃剂

分为有机型和无机型两大类。有机阻燃剂包括氯系、溴系、磷系及卤化磷系等，溴系阻燃剂在相当长时间内将是我国阻燃剂的主导品种，包括溴化二苯醚、溴化二苯酚等化合物，最常用的是十溴二苯醚（DBDPO）；无机阻燃剂包括锑系、硼系等。

3. 稳定剂

用于防止或延缓高分子材料老化变质的稳定剂主要分三类：第一类为光稳定剂，其品种繁多，主要功能为反射或吸收紫外线，防止塑料老化以达到延长寿命的目的，效果比较显著，用量相对较少；第二类为热稳定剂，目前应用最多的是聚氯乙烯用热稳定剂，其次为有机锡稳定剂，而铅稳定剂和金属皂类热稳定剂因含重金属而毒性较大，此类热稳定剂的主要功能为防止塑料加工和使用过程中因受热引起的降解；第三类为抗氧剂，分为胺类和酚类抗氧剂，其中酚类抗氧剂的抗氧性能不及胺类，但其具有低毒和不易污染等特点而广为应用。按化学结构可分为铅盐、复合金属皂（铅、镉、钡等的硬脂酸盐）、有机锡、有机锑等，广泛用于 PVC 管道中。

4. 填充剂

用于弥补塑料树脂的某些不足性能，改善塑料的使用性能，提高制品的尺寸稳定性、耐热性、硬度、耐气候性等，同时降低塑料成本。目前，常用碳酸钙、陶土、滑石粉、石棉、硫酸钙等作填充剂，用量一般为 20%～50%。

5. 着色剂

分无机颜料、有机颜料和其他颜料，用于改变塑料等合成材料固有的颜色，既可美化外观、提高商品价值，也可起到屏蔽紫外线以保护内容物的作用。

食品包装也可根据使用需要添加其他添加剂，但必须具备无毒、无味、不溶出等特性，当然也要具备与树脂有很好的相溶性、稳定性和互不影响等特点，在起到保护食品作用的同时不会影响其品质、风味及卫生安全性。

（三）塑料的分类

1. 热塑性塑料

热塑性塑料以加成聚合树脂为基料，加入适量的添加剂而制成。此类塑料可在特定温度范围内反复受热软化流动和冷却硬化成型，而其树脂化学组成和基本性能不发生改变，有成型加工简单、包装性能良好、可反复成型等优点，但其耐热性不高，刚性较低。常见的热塑性塑料包括聚乙烯、聚丙烯、聚氯乙烯、聚酰胺、聚碳酸酯、聚偏二氯乙烯、聚乙烯醇等。

2. 热固性塑料

热固性塑料以缩聚树脂为基料，加入适量添加剂而制成。在一定温度下经一定时间固化成型，再次受热，不能软化，只能分解，故不可反复成型。此类塑料耐热性好，刚硬性高，但较脆弱且不能反复成型。常见的热固性塑料包括氨基塑料、环氧塑料和酚醛塑料等。

（四）塑料的包装性能指标

1. 稳定性

指包装材料抵抗环境因素（温度、介质、光等）的影响而保持其原有特性的能力，包括耐高温性、耐低温性、耐老化性、耐化学性等。

2. 阻透性

指对水分、气体、光线等的阻隔性能。

3. 机械力学性能

指在外力作用下，包装材料表面抵抗外力作用而不发生形变甚至破坏的性能，包括硬度、抗张、抗压、抗弯曲程度、爆破强度、撕破程度、戳刺程度等。

二、塑料包装材料及其制品的安全性

在众多的食品包装材料中，塑料包装材料及其制品占有举足轻重的地位，这种包装材料因具有质量轻、运输销售方便、化学稳定性好、易于加工和装饰等优点及良好的食品保护作用得到了广泛应用。然而，由于食品包装与食品直接接触，塑料包装材料及其制品也存在着卫生安全方面的隐患。欧盟和美国是对食品接触性材料控制管理体系最为完善的国家和组织，与食品接触的包装材料中的化学物质在获得批准使用之前都必须经过严格的评价程序。2016 年我国发布了 GB 9685—2016《食品安全国家标准　食品接触材料及制品用添加剂使用标准》，该标准批准使用添加剂的品种增加到 1294 种，并详细列出了允许使用的添加剂名单、使用范围、最大使用量、特定迁移量或最大残留量及其他限制性要求。塑料包装材料及其制品的安全性主要表现在以下几方面。

（一）塑料树脂的安全性

塑料是由小分子单体合成的有机高分子材料，其分子量大，不易向食品中迁移，但单体分子量较小，或多或少具有一定的毒性，塑料中残留的单体或者低聚物容易透过包装向食品迁移而污染食品。此外，在使用过程中塑料会出现老化、裂解等现象进而产生有毒物质，对消费者的健康也构成危害。

1. 聚乙烯（polyethylene）

聚乙烯是一种无毒材料，其 LD_{50} 大于最大可能灌胃量，在许多经口亚急性毒性试验、慢性毒性试验、致畸试验和致癌试验中均未见明显的毒性作用。聚乙烯塑料的残留物主要包括聚乙烯单体乙烯、低分子量聚乙烯、回收制品污染物残留以及添加色素残留，其中乙烯单体有低毒。由于乙烯单体在塑料包装材料中残留量极低，而且加入的添加剂量又很少，一般认为聚乙烯塑料是安全的包装材料。但低分子量聚乙烯溶于油脂使油脂具有蜡味，从而影响产品质量。聚乙烯塑料回收再生制品存在较大的安全隐患，由于回收渠道复杂，回收容器上常残留有许多有害污染物，难以保证清洗处理完全，从而造成对食品的污染；同时为掩盖回收品质量缺陷往往添加大量涂料，从而使涂料色素残留污染食品。因此，一般规定聚乙烯回收再生品不能再用于制作食品的包装容器。

2. 聚丙烯（polypropylene）

其残留物主要是添加剂和回收再利用品残留。由于其易老化，需要加入抗氧化剂和紫外线吸收剂等添加剂，造成添加剂残留污染。其回收再利用品残留与聚乙烯塑料类似。聚丙烯作为食品包装材料一般认为较安全，其安全性高于聚乙烯塑料。

3. 聚苯乙烯（polystyrene）

其残留物主要是苯乙烯单体、乙苯、异丙苯、甲苯等挥发性物质，它们能向食品中迁移，均有低毒性，其中，残留于包装食品中的苯乙烯单体对人体最大无作用剂量为 133mg/kg。

4. 聚氯乙烯（polyvinyl chloride）

其残留物主要是氯乙烯单体、降解产物和添加剂（增塑剂、热稳定剂和紫外线吸收剂等）溶出残留。聚氯乙烯树脂本身是一种无毒聚合物，但其原料单体氯乙烯具有麻醉作用，同时还具有致癌和致畸性。氯乙烯在肝脏中可代谢形成氧化氯乙烯，具有强烈的烷化作用，可与 DNA 结合诱肿瘤。因此，在用聚氯乙烯作为食品包装材料时，应严格控制材料中的氯乙烯单体残留量。单体氯乙烯对人体的安全限量要求小于 1mg/kg（以体重计），我国国产聚氯乙烯树脂单体氯乙烯残留量可控制在 3mg/kg 以下，成品包装材料已控制在 1mg/kg 以下。由于聚氯乙烯易与低分子化合物相溶，所以需加入多种辅助原料和添加剂，主要添加剂为增塑剂（如邻苯二甲酸二丁酯或邻苯二甲酸二辛酯）。聚氯乙烯塑料所用的增塑剂邻苯二甲酸二己酯、邻苯二甲酸二甲氧乙酯具有致癌性，它们可向外溶出而进入包装食品中。由于 PVC 增塑剂会对食品安全性产生影响，也决定了其使用上的局限性。软质 PVC 中增塑剂含量较大，用于包装食品时安全性差。硬质 PVC 中不含或极少含增塑剂，安全性好。

5. 聚偏二氯乙烯（polyvinylidene chloride）

其残留物主要是偏二氯乙烯单体和添加剂。从毒理学试验来看，偏二氯乙烯单体代谢产物呈致突变阳性。日本试验结果表明：聚偏二氯乙烯的单体偏二氯乙烯残留量小于 6mg/kg 时，不会迁移进入食品中，因此日本规定聚偏二氯乙烯中的偏二氯乙烯残留量应小于 6mg/kg。聚偏二氯乙烯塑料所用的稳定剂和增塑剂的安全性问题与聚氯乙烯塑料相似，都存在残留危害，因为聚偏二氯乙烯所添加的增塑剂在包装脂溶性食品时可能溶出，因此在选择添加剂时要谨慎，同时要严格控制残留量。目前，我国尚未制定此类添加剂的残留限量标准规定，日本规定增塑剂的蒸发残留量小于 30mg/kg。

6. 聚酰胺（polyamide）

其残留物主要是尼龙单体己内酰胺和尼龙低聚体。虽然口服己内酰胺毒性不大，但它能使食品产生不协调的苦味。我国规定己内酰胺在尼龙成型品中的含量不超过 15mg/L。

7. 聚酯（polyester）

其残留物主要是一些氯苯、苯酚、乙醛、苯甲酮、苯基环己烷、甲苯等化合物。经检测证实这些化合物中乙醛含量较高，可以达到 100mg/L，脱醛后含量低于 5mg/L，其他化合物的含量均小于 5mg/L。

8. 聚碳酸酯（polycarbonate）

本身无毒，但双酚 A 与碳酸二苯酯进行酯交换时有中间体苯酚产生。苯酚不仅具有一定的毒性，而且还会产生异味，影响食品的感官性状。中国规定食品包装材料和容器用的聚碳酸酯树脂和成品中游离苯酚含量应控制在 0.05mg/L 以下，而且不宜接触高浓度乙醇溶液。

对于塑料包装材料中有害物质的溶出残留量测定，目前国际上采用模拟溶剂溶出试验，并对溶出物进行毒性试验，以评价包装材料毒性，进而保障人体安全的有害物溶出残留限量和某些特殊塑料材料的使用限制条件。

模拟溶媒溶出试验具体操作

（二）塑料加工过程中所用添加剂的安全性

为了改善塑料的加工性能和使用性能，在后期的加工过程中，需要添加增塑剂、稳定剂、润滑剂、着色剂和增白剂等化学添加剂，这些化学物质也存在着不同程度向食品迁移、溶出的问题，威胁食品安全，特别是一些物质具有毒性甚至致癌作用。

1. 增塑剂

己二酸二（2-乙基己基）酯（DEHA）对动物有致癌性，属于三类致癌物。DEHA可在常温下从保鲜膜中释放并渗入食物中，尤其是在包装脂肪含量较高的食物，如奶酪和熟肉时，在加热食品时，保鲜膜中的DEHA会加速释放；酞酸酯对动物和人均有毒性，是目前全球范围内广泛存在的化学污染物之一，其急性毒性较低，但对肾脏、肝脏有慢性毒性；此外，邻苯二甲酸酯类增塑剂虽没有明显的急性毒性，但在体内长期累积会损害动物体的内脏，干扰人体激素的分泌，减弱生育能力，也存在潜在的致癌作用。例如：邻苯二甲酸二丁酯（DBP）对人上呼吸道黏膜细胞及淋巴细胞有遗传毒性；邻苯二甲酸二辛酯（DOP）可导致啮齿类动物的肝脏癌变；邻苯二甲酸二α-乙基己酯（DEHP）有致畸、致突变和致动物肝癌作用。

2. 稳定剂

铅盐中的铅是一种对人体有害的金属元素，主要损害神经系统、消化系统、造血系统和肾脏，还损害人体的免疫系统，降低身体的抵抗力，婴幼儿和学龄前儿童尤其容易受到影响。铅一旦在体内蓄积，不易排出，就会引起血铅中毒。目前研究发现，随着温度的升高，与食品相接触的聚乙烯包装材料中的铅、铬、镉等重金属的迁移量会明显增加。2,6-二叔丁基对甲基苯酚（BHT）是一种常见的抗氧剂，如果BHT迁移到食品中，通过消化道吸收进入人体，可能引发肝脏肥大、染色体异变等病变，也会对人体肾脏造成严重损害。微波条件下，聚烯烃中的抗氧化剂可向脂肪类食品迁移。研究表明，相同加热功率下，抗氧化剂的迁移量随着微波加热时间的延长而增大；同一加热时间的迁移量随着微波加热功率的增大而增大。此外，使用溴系阻燃剂引发的二噁英问题，也引起了极大关注。

3. 润滑剂

氨基脂肪酸常作为润滑剂用于塑料食品包装材料中，可使材料表面光滑，不互相粘连，减少静电干扰等。目前研究主要关注其从塑料制品向模拟脂肪食品的扩散问题，如：测定油酰胺、硬脂酰胺、油烯基棕榈酸酰胺等氨基脂肪酸类物质含量。实验结果表明氨基脂肪酸向模拟食品中的迁移主要受模拟食品类型、包装材质和接触条件的影响，低密度聚乙烯包装材料中的氨基脂肪酸向脂肪食品模拟物中的迁移量较大，含量在1.8～3.1mg/kg之间，而向水性食品模拟物中的迁移量小于0.05mg/kg。

4. 着色剂

生产企业违禁添加着色剂，长期食用此类产品将严重危害人体健康。塑料食品包装袋上的印刷油墨中，因苯等有毒物质不易挥发，对食品安全的影响更大。然而厂家往往仅考虑树脂对食品安全的影响，却忽视颜料和溶剂可能带来的间接危害。部分油墨为提高附着牢度会添加一些促进剂，如硅氧烷类物质，此类物质会在一定的干燥温度下会发生基团键的断裂，生成甲醇等物质，而甲醇会对人体神经系统造成危害。

5. 增白剂

荧光增白剂主要用于白色塑料制品，可显著改善产品外观的白度和光亮度，给人感官上更白、更鲜艳的感觉，从而提高其商业价值。我国用于非食品塑料领域荧光增白剂的主要类型为双苯并噁唑类、三嗪苯基氧杂萘酮、双苯乙烯基联苯及苯并三唑与萘并三唑苯基香豆素等化学物质，尤其以前三种物质最为常见。2011 年国际食品包装协会发布的调查信息显示，影院及超市爆米花桶、纸杯、餐店里的食品桶均被检出含有荧光增白剂类物质。

（三）塑料包装材料、容器的表面污染

在生产、运输、贮存和再加工的过程中，外界微生物、微尘等很可能会污染塑料包装材料和容器，因此根据塑料包装容器的不同，在消毒方法的选择上也存在着较大的差异。比如紫外线消毒法，可应用于糕点包装袋的消毒中，利用传送带，向消毒房中传送开启后的包装袋，然后进行包装。而经常选用吹塑成型的无菌塑料瓶，因为这些塑料瓶内部不存在细菌、酵母或其他松散颗粒，并且瓶口经常处于密封状态，在存贮和运输的过程中能保持无菌状态，那么只需要利用无菌液体来对瓶体外部进行消毒即可。

（四）塑料包装材料的缺损

如果塑料包装材料中存在缺损问题，比如在制造中有小孔、破裂以及封口不正确等情况，就会影响到食品包装的密封性，出现渗透问题，这样包装内的食品就会受到虫害以及其他微生物的污染。

（五）回收利用塑料的安全性

随着环境问题和资源问题日趋紧张，塑料材料的回收复用是以后发展的一个重要趋势，那么，目前需要重点研究的是哪些可以在食品包装中再次利用。目前，一些国家已经开始将回收的 PET 树脂用作芯层料，部分树脂经过清洗切片，也达到了相关的要求，可以在食品包装材料中直接使用。但是通过调查分析发现，我国在这方面的标准法规尚不完善。相对来讲，在夹层材料生产中，利用回收的 PET 可以保证卫生安全性符合相关要求，但是设备投资比较大，我国企业为了节约资金，往往用回收材料来充当新材料，这就会影响到食品卫生的安全性。多层复合包装材料之间的黏合剂也可能导致污染物的迁移。再者，废旧塑料的回收再生利用，可以保护环境和最大化循环利用资源，但再生原料来源极其复杂，不可避免地含有非食品包装成分、未知的污染物及肉眼看不见的微生物、病菌，使用再生塑料包装食品会对人体健康造成极大危害。许多发达国家针对用于食品包装材料的再生塑料建立了比较完善的回收体系，并制定了相应的法律法规。我国 1995 年颁布了《中华人民共和国固体废弃物污染环境防治法》并进行了多次修订，但迄今为止，尚未出台明确的法律法规限制再生塑料用于食品包装材料。

（六）其他安全隐患

每种食品包装上均有商标，用于表明商品的名称、生产厂家、成分以及生产日期和保质期等信息，而商标印刷过程中重金属、有机挥发物和溶剂等有害物质的残留及微生物的污染等问题普遍存在。目前，国内市场上印刷精美的塑料复合膜多使用苯溶性油墨，苯是

致癌物，如果苯残留量过大，就会对人体造成危害。因此，在选择食品时务必检查包装的印刷质量，对过于鲜艳以及闻起来有刺鼻味道的食品包装一定要提高警惕，也为具有开发低残留溶剂、符合国家标准迁移量的绿色复合油墨创造了巨大的市场需求。

三、塑料包装材料及其制品的管理

（一）完善法规标准

近年来，国家越来越重视食品的安全，食品总体质量有所提高，并开始对食品包装材料实行强制性的市场准入管理制度。我国对六大单元39种产品实施了市场准入制度，包括非复合膜和复合膜类塑料袋、塑料片材、塑料编织袋、塑料桶和瓶、塑料餐具等，并相继制定和修订了多项与食品塑料包装材料有关的法规和标准，出台了新版《食品安全法》，并分别于2016年和2023年对《食品安全国家标准　食品接触材料及制品用添加剂使用标准》《食品安全国家标准　食品接触用塑料材料及制品》等标准进行了修订，对进一步严格和规范塑料食品包装的生产、加工和使用以及保障食品安全起到了积极作用。

（二）强化生产厂家的安全责任

作为食品的生产厂家，一定要加强食品的安全生产意识，严把质量关，不负消费者的信任，担起食品安全的重任。

（三）加大监管部门的监督、检查

为保障公众的健康与安全，各监管部门要加大监督、检查的力度，杜绝不合格食品包装材料的使用，全面推动食品安全监督工作的开展。

（四）提高消费者的安全意识

消费者作为食品的终端使用者，其身体健康与食品安全息息相关。因此，消费者也要提高安全意识，学会鉴别和正确使用塑料食品包装材料。例如，聚苯乙烯塑料包装不宜放进微波炉中加热，以免因温度过高而释出化学物质；不适用于盛装强酸、强碱性物质，以免分解出对人体有害的物质；尽量不要用快餐盒打包滚烫的食物等。此外，一些微波炉餐盒，盒体以PP制造，盒盖却以PS制造。PS透明度虽好，但不耐高温，不能与盒体一并放进微波炉，因此在容器放入微波炉前应把盖子取下。因此，在高度关注食品安全的同时，也要倍加重视食品包装的安全，将食品包装安全与食品自身安全放在同等重要的位置，让无毒无害、绿色环保、物美价廉、方便使用的食品包装材料为食品提供更可靠的安全保障。

第三节　橡胶制品的食品安全性

橡胶分为天然橡胶和合成橡胶两种。橡胶制品以天然橡胶或合成橡胶为主要原料加入适当添加剂制成，常用作直接接触食品的奶嘴、瓶盖、垫片、高压锅垫圈等和非直接接触的管道和传送带等。

一、橡胶分类

（一）天然橡胶

一种以聚异戊二烯为主要成分的天然高分子化合物，其成分中 91%～94% 是橡胶烃（聚异戊二烯），其余为蛋白质、脂肪酸、灰分、糖类等非橡胶物质，是由巴西橡胶树上采集的天然胶乳，经过凝固、干燥等加工工序而制成的弹性固状物。通常在人体中不会被细菌和酶分解吸收，所以一般认为天然橡胶无毒。但为了满足一些包装产品的特殊要求，会在制成包装材料时添加一些化学合成的添加剂，如填充剂、抗老化剂、硫化促进剂等，可能会向食品中迁移而导致食品污染。

（二）合成橡胶

采用不同原料人工合成的高弹性聚合物，也称合成弹性体。与天然橡胶相似，大部分合成橡胶主要用于制造汽车轮胎、胶带、胶管、胶鞋、电缆、密封制品、医用橡胶制品、胶黏剂和胶乳制品等。合成橡胶材料可节约成本、提高橡胶制品的特性，也具有优良的耐热性、耐寒性、防腐蚀性且受环境因素影响小，可在 –60～250℃之间正常使用，但拉伸效果比较差，抗撕裂强度以及机械性能也比较差，但因其成本低廉成为很多企业生产中低档型产品的首选。常用于食品工业的有丁橡胶、硅橡胶、苯乙烯丁二烯橡胶及丁腈橡胶等，均为高分子化合物，未完全聚合的单体也残留在橡胶制品中，单体和添加剂成为与食品接触时的最大污染源。

二、橡胶制品安全性

目前，橡胶制品的主要卫生问题是加工过程中所使用各种添加剂和未能完全聚合的单体及其裂解产物两个方面。

（一）橡胶添加剂

全面分析橡胶制品的水提取液，得到 30 多种成分，其中三分之二左右为有毒物质，主要为各种添加剂，包括防老剂、硫化促进剂、抗氧化剂、增塑剂、填充剂和色素等。这些都有可能迁移到食品中，对食品造成污染，故食品包装应慎选橡胶制品，尤其是合成橡胶制品。

1. 防老剂

是一种在橡胶生产过程中加入的能够延缓橡胶老化、延长橡胶使用寿命的化学药品，根据其主要作用可分为抗热氧老化剂、抗臭氧剂、有害金属离子抑制剂、抗疲劳剂、紫外线吸收剂、抗龟裂剂等。常用的防老剂主要为酚类和芳香胺类化合物，尤其以萘胺类化合物中的 β- 萘胺有明显的致癌性，可能会诱发膀胱癌。

2. 硫化促进剂

主要用硫黄来进行，但是硫黄与橡胶的反应非常慢，因此硫化促进剂应运而生。促进剂加入胶料中能促使硫化剂活化，从而加快硫化剂与橡胶分子的交联反应，达到缩短硫化时间和降低硫化温度的效果。加工过程中使用的有机促进剂有醛胺类、胍类、硫脲类、噻唑类、次磺酰胺类和秋兰姆类等，其中次磺酰胺类综合性能最好。1,2- 亚乙基硫脲（促进剂 NA-22）有致癌性，二苯胍（促进剂 D）对肝脏及肾脏有毒性，因此禁止将这类促进剂用于食品包装的橡胶制品中。无机促进剂有氧化钙、氧化镁、氧化锌等，除含铅的促进剂外一般认为均较安全。

3. 增塑剂

指在橡胶中加某些物质，以降低橡胶分子间的作用力，从而使其玻璃化温度降低，令橡胶可塑性、流动性增强，便于压延、压出等成型操作，同时还能改善硫化胶的某些物理机械性能的物质。增塑剂可按来源分为石油系增塑剂、煤焦油系增塑剂、松油系增塑剂、脂肪系增塑剂及合成增塑剂等，其中邻苯二甲酸酯类增塑剂有一定毒性，欧美国家已明确禁止使用，而以无毒的柠檬酸酯类代替。

4. 填充剂

指能大量加入橡胶，且能改进胶料某些性能并降低体积成本的物质，分为有机填充剂和无机填充剂两类。炭黑在使用时，因炭燃烧过程中能发生脱氧和聚合反应，产生苯并芘物质而有危害。无机填充剂中的氧化锌一般认为较安全，但奶嘴中的活性锌在吮吸时可溶出进入体内，可能造成危害。

（二）未能聚合的单体及裂解产物

在合成橡胶中，氯丁二烯橡胶（chloroprene rubber）中氯丁二烯（chloroprene）单体为无色、易挥发、具有辛辣气味的有毒液体。接触低浓度氯丁二烯，可引起强烈的刺激症状，出现眼结膜充血、流泪、咳嗽、胸痛，以及头痛、头晕、嗜睡、恶心、呕吐等症状，吸入高浓度氯丁二烯，可引起严重呕吐、烦躁不安、兴奋、抽搐、血压下降、肺水肿、休克。严重者迅速陷入昏迷，长期接触可致毛发脱落，发生接触性皮炎、结膜炎、角膜周边性坏死以及贫血和肾脏损害；丁基橡胶（butyl rubber）制品耐油性和耐热性都较好，丁基橡胶的单体异丁烯可引起窒息、弱麻醉和弱刺激，出现黏膜刺激症状、嗜睡、血压稍升高，高浓度中毒可引起昏迷，长期接触异丁烯，工人有头痛、头晕、嗜睡或失眠、易兴奋、易疲倦、全身乏力、记忆力减退等现象；丁腈橡胶由丙烯腈和丁二烯聚合而成，以强耐油性著称，丙烯腈在体内析出氰根，抑制呼吸酶，对呼吸中枢有直接麻醉作用，急性中毒以中枢神经系统症状为主，伴有上呼吸道和眼部刺激症状，表现与氢氰酸相似。

三、橡胶制品卫生标准

我国规定食品包装材料所用原料必须是无毒无害的，并符合国家卫生标准和卫生要求。《食品安全国家标准　食品接触用橡胶材料及制品》适用于以天然橡胶、合成橡胶（包括经硫化的热塑性弹性体）和硅橡胶为主要原料制成的食品接触材料及制品。《食品安全国家标准　奶嘴》适用于以天然橡胶、顺式 -1,4- 聚异戊二烯橡胶、硅橡胶为主要原料加工制成的奶嘴。

第四节　纸和纸板包装材料的食品安全性

纸是古老而传统的包装材料，以纤维素为原料制成材料的统称。公元105年，东汉蔡伦在原有基础上改进造纸术，使造纸的成功率更高，成本更低，极大地促进了文明的传播和科技的发展。现代包装工业体系中，纸和纸板在包装材料中占据了主导地位，某些发达国家纸包装材料占包装材料总量的40%～50%，我国占40%左右。

纸质包装材料的主要性能体现为四个方面：第一，有一定的强度、挺度和机械适应性；第二，对水分、气体、光线、油脂等具有一定程度的阻隔性，受温湿度的影响较大；第三，因吸收和黏结油墨的能力较强，所以印刷性能较好；第四，有良好的加工性能，可折叠处理，并可采用多种封合方式，容易加工成具有各种性能的包装容器，易实现机械化加工操作。

一、纸和纸板包装材料的分类

纸类产品分纸和纸板两大类，其中纸的定量在225g/m^{2}以下或者厚度小于0.1mm，定量在225g/m^{2}以上或者厚度大于0.1mm的称为纸板。但此划分标准并非绝对严格，也会根据实际用途有所通融，如白卡纸、绘图纸等定量都大于225g/m^2，但通常也会称为纸；瓦楞原纸的定量虽小于225g/m^2，但其厚度大于0.1mm，也称为纸板。用作包装时，纸主要用来直接包装商品或制作纸袋等，纸板则主要用来生产纸盒、纸筒和纸箱等包装容器。

（一）包装纸的分类

1. 牛皮纸（kraft paper）

采用硫酸盐针叶木浆为原料，经打浆后在长网造纸机上抄造而成，强度很高，本色通常呈黄褐色，因其坚韧结实似牛皮而得名，定量一般在30～100g/m^{2}之间。该纸大量用于食品的销售包装和运输包装，如点心、粉末等，此类包装用纸多强度不大，表面涂树脂等材料。

2. 食品包装纸（food wrapping paper）

按用途分为Ⅰ型和Ⅱ型，Ⅰ型为糖果包装原纸，为卷筒纸，经印刷上蜡加工后供糖果包装和商标纸。Ⅱ型为普通食品包装纸，有双面光和单面光两种，色泽可根据订货合同进行生产。

3. 半透明纸（translucent paper）

采用漂白硫酸盐木浆特殊压光处理而成的双面光纸，定量为31g/m^2，软且薄，质地紧密坚韧并可防油、防水、防潮，可用于乳制品、糖果等的包装，也可用于糕点、土豆片等脱水食品的包装。

4. 鸡皮纸（machine glazed wrapping paper）

是一种单面光的平板薄型包装纸，定量为40g/m^2，纸质坚韧，比牛皮纸略有不及，但有较高的耐破度、耐水性和良好的光泽度，可用来包装食品和日用百货等，卫生条件需符合国家标准。

5. 羊皮纸（parchment paper）

是将化学木浆或破布浆进行羊皮化处理，即原料抄成纸页后再送入 72% 浓硫酸浴槽内处理几分钟，经洗涤中和残酸，再用甘油浸渍塑化形成质地紧密坚韧的半透明乳白色双面平滑纸，定量为 $45g/m^2$ 和 $60g/m^2$，也称植物羊皮纸或硫酸纸。具有良好的耐油性、防潮性和机械性能，非常适于包装油脂、乳制品、糖果点心、茶叶等食品，也符合冷冻食品、防氧化食品和油性食品的要求，卫生要求应符合相关标准。

6. 玻璃纸（glass paper）

是一种以棉浆、木浆等天然纤维为原料，用胶黏法制成的再生纤维素薄膜，又称赛璐玢，定量为 $30\sim60g/m^2$，透光率为 100%，为透明度最好的一种包装材料。纸质柔软光滑，有较强的耐水性、耐油性、阻气性、可热封等优点，也有较好的拉伸强度和印刷性，主要用于糖果、糕点、化妆品等中高档商品的美化包装。

7. 涂布纸（coated paper）

在原纸上涂上一层涂料，如 LDPE 或 PVDC 乳液、改性蜡、沥青等，使纸张具有良好的光学性质及印刷性能。

8. 复合纸（compound paper）

是用黏合剂将纸、纸板与其他塑料、铝箔、布等层合起来，得到复合加工纸。常用的复合材料有塑料及塑料薄膜（如 PE、PP、PET、PVDC 等）和金属箔（如铝箔）等。复合加工纸不仅能改善纸和纸板的外观性能和强度，更重要的是提高了防水、防潮、耐油、气密保香等性能，同时还会获得热封性、阻光性、耐热性等。

9. 茶叶袋滤纸（tea bag paper）

是一种低定量专用包装纸，用于袋泡茶的包装，要求纤维组织均匀，无折痕皱纹，无异味，具有较大的湿强度和一定的过滤速度，耐沸水冲泡，同时应有适应袋泡茶自动包装机包装的干强度和弹性。国外多用马尼拉麻生产，我国用桑皮纤维经高游离状打浆后抄造，再经树脂处理，也可用合成纤维（即湿式无纺布）制造。因原料不同分为热封型茶叶滤纸和非热封型茶叶滤纸两种，适用于包装茶叶、咖啡、中成药等。

（二）包装纸板的分类

1. 标准纸板（calibrated board）

是一种经压光处理，适用于制作精确特殊模压制品以及重制品的包装纸板，是一种平板纸板，根据质量分 A 和 B 等，颜色为纤维本色，纸板尺寸为 1350mm×920mm、1300mm×900mm，或按照订货合同规定。

2. 白纸板（white board）

是一种纤维组织较为均匀、面层具有填料和胶料成分且表面涂有一层涂料，经多辊压光制造出来的一种纸张，纸面色质纯度较高，有单面和双面两种，结构由面层、衬层、芯层和底层四层组成。单面白纸板面层通常用漂白的化学木浆制成，表面平整、光亮和洁白，芯层和底层常用半化学木浆、精选废纸浆、化学草浆等低级原料制成；双面白纸板底层原料与面层是相同的，仅芯层和衬层原料较差。白纸板有较为均匀的吸墨性，有较好的耐折度，所以经彩色印刷后主要用于商品包装盒、商品表衬、画片挂图等，不仅可保护商品，还可装潢美化商品。作为一种重要的高级销售包装材料具有以下优点：具有一定的挺度和良好印刷性；缓冲性能好，制成纸盒后能够有效地保护商品；具有优良的成型性和折叠性，机械加工能够实现高速连续生产；废旧纸板可再生利用，自然条件下能被微生物降解，不污染环境；可作为基材与其他材料复合，制成包装性能优良的复合包装材料。

3. 箱纸板（liner board）

又名麻纸板，一般用化学未漂草浆为原料，高级的则掺用褐色磨木浆、硫酸盐木浆、棉浆或麻浆等。纸浆经妥善蒸煮，使质地柔软，并经充分洗涤和适当打浆，然后在多网板机上抄造成纸，经过机械压光，表面平滑，色泽淡黄浅褐，有较高的机械强度、耐折性和耐破性。水分应适当控制（通常不超过 14%），以避免商品受潮变质或纸板起拱分层等现象。箱纸板用于制造瓦楞纸板、固体纤维板等产品的表面材料，分为普通箱纸板、牛皮挂面箱纸板和牛皮箱纸板。按照质量分为优等品、一等品和合格品三个等级。优等品适合制造重型、精细、贵重和冷藏物品包装用的瓦楞纸板；一等品适宜制造一般物品包装用的瓦楞纸板；合格品适宜制造轻载瓦楞纸板。

4. 加工纸板（processing board）

为了改善原有纸板的包装性能，通常会对纸板进行再加工处理，如在纸板表层涂聚乙烯、蜡或聚乙烯醇等，处理后纸板的强度增加，防潮性能等综合性能大大提高。

5. 瓦楞芯纸（corrugating base paper）

也称瓦楞原纸，以本色阔叶木半化学浆、冷碱浆或本色碱法草浆或配以废纸浆，经游离状打浆后，即送入圆网多缸造纸机上抄造而成。为一种低定量的报纸板，定量为 112～200g/m^2。纤维组织均匀，纸幅厚薄一致，色泽黄亮，有一定的松厚度，具有较高的挺度、环压强度和吸水性，优良的贴合适应性。瓦楞芯纸经过瓦楞机加工，由加热至 160～180℃的瓦楞辊将芯纸起楞而成瓦楞纸。瓦楞纸在瓦楞纸板中起支撑和骨架作用，故提高瓦楞芯纸的质量可提高纸箱抗压强度。瓦楞芯纸的含水量应控制在 8%～11%，低于 8%，纸质会发脆，压楞会出现破裂现象；而高于 15% 时，加工时会出现纸身软、挺力差、压不起楞、不吃胶、不黏合等现象。瓦楞纸板是一个多层的黏合体，它最少由一层波浪形瓦楞芯纸夹层及一层纸板（俗称“牛皮咭”）构成，按材料组成分为单面、双面、双芯双面和三芯双面四种类型，60%～70% 的体积为中空，具有良好的缓冲减震性能，比相同定量的层合纸板厚度大 2 倍，增强了纸板的机械强度，能抵受搬运过程中的碰撞和摔跌。

（三）包装纸箱

包装纸箱即瓦楞纸箱，由瓦楞纸板经过模切、印刷、压痕、钉箱或粘箱制作而成，是使用最广的纸包装容器，用量一直是各种包装制品之首。与传统的运输包装相比，瓦楞纸箱有轻便牢固、缓冲性能好、原料充足、成本低、加工简便、贮藏和运输方便、适用范围广和易于印刷装潢等优点。

二、纸和纸板包装材料的安全性

造纸工业在世界众多国家中都是国民经济的重要组成部分。纸包装材料占包装材料总量的 40%～50%，我国占 40% 左右。纸和纸板包装原料主要有木浆、棉浆、草浆和废纸，使用的化学辅助原料有硫酸铝、碱亚硫酸钠、次氯酸钠、松香和滑石粉等。纯净的纸是无毒、无害的，但由于原材料受到污染，或经过加工处理，纸和纸板中通常会有一些杂质、细菌和某些化学残留物，如挥发性物质、农药残留、制浆用的化学残留物、重金属、荧光物质等，从而影响包装食品的安全性。用纸包装可使食品避免外来污染，增强食品感官效果和便于携带，但如使用不洁或含有害物质的纸包装食物，就会造成对食品的污染。因此，必须要根据包装内食品来正确选择各种纸和纸板，避免残留物溶入食品中而造成对食品安全的影响。目前，食品包装用纸的安全问题包括以下几方面。

（一）纸和纸板包装材料本身的污染

食品包装纸的生产原材料主要为木质纤维、非木质纤维、非植物纤维。由于一些木浆、草浆、棉浆原料作物在种植过程中使用杀虫剂等农药，可能存在有害物质。其中，苯类溶剂不能被彻底清除，总会有一部分残留在墨层中，如果被人体吸收，会损害人体的神经系统和破坏人体的造血功能，引起呕吐、失眠、厌食、乏力、白细胞降低、抵抗力下降等典型的永久性苯中毒症状，在职业病中占有很大的比例。此外，油墨中含有苯胺或多环芳烃类等致癌物质；颜料、染料中存在着重金属（铅、镉、汞、铬等），会阻碍儿童的身体发育和智力发育，对人体的神经、消化、内分泌系统和肾脏产生危害作用，损害人脑，造成骨骼损害，发生“痛痛病”，甚至导致死亡。

（二）纸和纸板包装材料中的添加物

造纸需在纸浆中加入化学品，如荧光增白剂、施胶剂、增塑剂、蜡以及表面活性剂等，这些化学物质有可能通过溶出而引发食品安全性问题。

1. 荧光增白剂

最常用的是双三嗪氨基二苯乙烯基磺酸（盐）及其衍生物，染料的化学结构与荧光增白剂非常相似，其分子中有长共轭双键系统。染料和荧光增白剂能够与纸张的纤维很好地结合，如果纸浆中有钙、镁和铝离子存在时，它们与纤维之间的结合力将会更强。其结合力的稳固性也与它们在水中的溶解度有关。在水中的溶解度高，意味着荧光增白剂和染料更容易从纸张中迁移到食品中。有报道指出，荧光增白剂一旦进入人体就不容易被分解，毒性可能会累积在肝脏或其他重要器官中，成为潜在的致癌因素。但是，由于荧光增白剂在水中的溶解度远远大于其在油脂类中的溶解度，所以一般很难迁移到油脂高的食品中，而只有在温度比较高的情况下，会迁移到湿度比较大的食品中。

2. 施胶剂

与食品直接接触的纸质包装材料通常需要施胶，在酸性施胶中使用的松香和铝盐性能都比较稳定，溶解性差，一般不会迁移到食品中，也就不会对食品产生任何不良的影响。但是，随着中 - 碱性造纸的发展，合成施胶剂如烷基烯酮二聚体（AKD）和烯基琥珀酸酐（ASA）以及丙烯酸酯类等得到了广泛应用，使用松香的用量大大减少。这类合成型的施胶剂是否会对包装食品有迁移行为还有待证实。

3. 增塑剂

常用的增塑剂有己二酸盐、柠檬酸盐、癸二酸盐、邻苯二甲酸酯等。废纸中的增塑剂主要来源于纸张后续加工过程中使用的漆、胶黏物、胶以及油墨。其中，邻苯二甲酸盐会对人体造成很大的危害。毒理学试验表明，它具有潜在的致癌作用，还可能减弱人的生育能力。

4. 蜡

主要是蜡纸。在温度较低时蜡迁移到食品中的量可以忽略不计。但是，如果食品中含有较多的油脂，并且在温度逐渐升高的情况下，会有大量的石蜡从纸张迁移到食品中。也可能是食品与蜡纸之间的摩擦和黏附行为造成的，这与其他物质通过扩散行为进行迁移有所不同。纸质包装材料中的蜡对人体的危害问题，目前尚未见有研究者详细报道。

5. 表面活性剂

在造纸过程中，常用表面活性剂来清除树脂障碍，在废纸制浆的过程中，也用表面活性剂脱墨。常用的表面活性剂有烷基酚和烷基苯酚聚氧乙烯醚等。烷基酚特别是辛基酚和壬基酚会通过雌激素受体的干扰作用而对人体的内分泌系统产生干扰。烷基苯酚聚氧乙烯醚同样也会干扰雌激素的活性。而且，上述的这些表面活性剂是持久性物质，会长期残留在纸质包装中，从而有可能迁移到食品中。

（三）贮存、运输过程中的污染

纸包装物在贮存、运输时表面受到灰尘、杂质及微生物污染，对食品安全造成影响。

三、纸和纸板包装材料的管理

我国食品包装纸必须按照相关食品安全国家标准的规定进行检测。成品必须符合《食品安全国家标准　食品接触用纸和纸板材料及制品》（GB 4806.8—2022）中规定的各项卫生指标要求，包括感官要求、理化指标、微生物限量和添加剂，并经检验合格后方可出厂；凡不符合卫生标准的产品不得用于包装食品；生产、加工、经营和使用单位要做好各环节的卫生工作，防止污染；生产加工食品包装用原纸的原料（包括纸浆、黏合剂、油墨、溶剂等）须经省级食品卫生监督机构审批后方可使用。

食品包装纸检测项目及相对应的食品安全国家标准

为防止包装用纸对食品污染，应采取如下措施：① 生产加工包装用纸的各种原料，必须无毒无害，不得使用回收的废旧报纸、书本、垃圾纸等作为原料；② 不得使用荧光增白剂；③ 制造蜡纸所用的石蜡应是食用级石蜡，以防多环芳烃等致癌物的污染；④ 用于印刷各种食品包装材料的油墨、颜料均应符合卫生要求；⑤ 生产食品包装用纸，应做到专厂或专机生产。

为防止包装用纸中添加剂对食品的污染，《食品安全国家标准　食品接触材料及制品用添加剂使用标准》（GB 9685—2016）中列出了可用于食品接触材料及制品用添加剂的品种及相关的使用要求。由于添加剂新品种的更新速度很快，部分产品在生产过程中会使用超出所规定的添加剂。针对没有列入新国标的食品容器、包装材料用添加剂，按照《食品相关产品新品种行政许可管理规定》的要求进行。该标准明确规定了食品相关产品新品种的定义、使用要求、申报所需材料以及许可程序等方面的相关内容。生产企业可以向卫生行政部门提交相关产品的安全性评估材料，经审批许可后方能使用，明确指出食品相关产品新品种许可的范围，以下情况应及时报国务院卫生行政部门行政许可审批：① 尚未列入食品安全国家标准或者国务院卫生行政部门公告允许使用的食品包装材料、容器及其添加剂；② 扩大使用范围或者使用量的食品包装材料、容器及其添加剂；③ 尚未列入食品用消毒剂、洗涤剂原料名单的新原料；④ 食品生产经营用工具、设备中直接接触食品的新材料、新添加剂。

第五节　金属、玻璃、搪瓷和陶瓷包装材料及其制品的食品安全性

一、金属、玻璃、搪瓷和陶瓷包装材料及其制品的组成、分类及包装性能

（一）金属包装材料及其制品的分类及包装性能

金属包装材料及其制品用作食品包装已有近两百年的历史，它们以金属薄板或箔材为主要原材料，经加工制成各种形式的容器来包装食品。

1. 金属包装材料及其制品的分类

食品包装常用的金属材料按材质主要分为两类：一类为钢基包装材料，包括镀锡薄钢板（马口铁）、镀铬薄钢板、涂料板、镀锌板、不锈钢板等；另一类为铝质包装材料，包括铝合金薄板、铝箔、铝丝等。

① 镀锡薄钢板：由低碳薄钢板表面镀锡而制成的产品，简称镀锡板，俗称马口铁板，广泛用于制造包装食品的各种容器，其他材料容器的盖或底。

② 无锡薄钢板：锡为贵金属，故镀锡板成本较高。为降低产品包装成本，在满足使用要求前提下由无锡薄钢板替代马口铁用于食品包装，主要品种有镀铬薄钢板、镀锌板和低碳钢薄板。

③ 铝薄板：将工业纯铝或防锈铝合金制成厚度为0.2mm以上的板材称铝薄板。

④ 铝箔：铝箔是一种用工业纯铝薄板经多次冷轧、退火加工制成的金属箔材，食品包装用铝箔厚度一般为0.05～0.07mm，与其他材料复合时所用铝箔厚度为0.03～0.05mm，甚至更薄。

2. 金属包装材料及其制品的包装性能

① 高阻隔性能：可完全阻隔气、汽、水、油、光等的透过，用于食品包装表现出极好的保护功能，使包装食品有较长的货架寿命。

② 机械性能：金属材料具有良好的抗拉、抗压、抗弯强度，韧性及硬度，用作食品包装表现出耐压、耐温湿度变化和耐虫害性能，包装的食品便于运输和贮存，同时适宜包装的机械化、自动化操作，密封可靠，效率高。

③ 容器成型加工工艺性：金属具有优良的塑性变形性能，易于制成食品包装所需要的各种形状容器。现代金属容器加工技术与设备成熟，生产效率高，可以满足食品大规模自动化生产的需要。

④ 耐高低温性、良好的导热性、耐热冲击性：用作食品包装可适应食品冷加工、热加

工、高温杀菌以及杀菌后的快速冷却等加工需要。

⑤ 表面装饰性：金属具有光泽，通过表面彩印装饰可以呈现出更理想美观的商品形象。

⑥ 包装废弃物：金属包装废弃物的易回收处理减少了对环境的污染，同时，它的回炉再生可节约资源、节省能源。

（二）玻璃、搪瓷和陶瓷包装材料及其制品的分类及包装性能

玻璃、搪瓷和陶瓷包装材料及其制品是很常用的包装容器之一。尽管它们有易碎、易损、质量过大等缺点，但由于其固有的特点，今天仍然是重要的包装容器，特别是在食品、饮料的包装方面需求量还在继续上升。

1. 玻璃包装材料及其制品的分类

无机玻璃的种类很多，根据组成可分为元素玻璃、氧化物玻璃、卤化物玻璃、硫属玻璃等。工业生产的商品玻璃主要是氧化物玻璃，它们由各种氧化物组成。氧化物玻璃的组成主要有 SiO_2、B_2O_3、P_2O_5、Al_2O_3、Li_2O、Na_2O、K_2O、CaO、SrO、BaO、MgO、BeO、ZnO、PbO、TiO_2、ZrO 等。其中，SiO_2、B_2O_3 和 P_2O_5 等可以单独形成玻璃，叫作玻璃形成体氧化物；而碱金属和碱土金属氧化物本身不能单独形成玻璃，但可以改变玻璃的性质，叫作改变体氧化物；介于二者之间的氧化物，如 Al_2O_3 和 ZnO 等，在一定条件下可以成为玻璃形成体的氧化物，叫作中间体氧化物。

根据玻璃形成体氧化物的不同，可以把玻璃分为硅酸盐玻璃、硼酸盐玻璃、磷酸盐玻璃和铝酸盐玻璃等。由两种以上玻璃形成体氧化物组成的玻璃，则以其含量多少来命名。例如，由 SiO_2 和 B_2O_3 两种氧化物组成的玻璃，当 SiO_2 含量比 B_2O_3 多时，叫作硼硅酸盐玻璃。在 SiO_2、B_2O_3、Al_2O_3 作玻璃形成体构成的玻璃中，如果氧化物含量 $SiO_2>B_2O_3>Al_2O_3$，叫作铝硼硅酸盐玻璃；如果氧化物含量 $SiO_2>Al_2O_3>B_2O_3$，叫作硼铝硅酸盐玻璃。还可根据用途把玻璃分为平板玻璃、瓶罐玻璃、器皿玻璃、医药玻璃、光学玻璃、电真空玻璃、乳浊玻璃、有色玻璃、玻璃纤维等。

2. 玻璃包装材料及其制品的包装性能

① 耐热性：玻璃有一定的耐热性，但不耐温度急剧变化。作为容器玻璃，在成分中加入硅、硼、铅、镁、锌等的氧化物，可提高其耐热性，以适应玻璃容器的高温杀菌和消毒处理。

② 机械性能：玻璃的强度和硬度是玻璃的物理机械性能的重要指标。玻璃的强度决定于其化学组成、制品形状、表面性质和加工方法。玻璃中如果存在着未熔夹杂物、结石、节瘤或微细裂纹会降低其机械强度。抗拉强度是决定玻璃品质的主要指标，通常为40～120MPa。玻璃的硬度取决于其组成成分。玻璃的硬度比较高，用普通的刀、锯等不能切割。

③ 光学性能：包括折射、反射和透射，这些性质取决于玻璃的组成，也与制造工艺与光的波长有关。对玻璃容器来说，透明的玻璃包装可促进产品在市场的销售，但可见光与紫外线的穿透可以加速玻璃容器中的食品、药品等产品的变质、氧化或腐败。某些光催化反应可以改变产品的颜色、气味或味道，因此需要用有色玻璃屏蔽光线，保护内容物。适当加入能选择吸收某些波长光的过渡金属或稀土金属离子，可使玻璃呈现与被吸收的光互补的颜色。

④ 化学稳定性：玻璃具有良好的化学稳定性，耐化学腐蚀性强。只有氢氟酸能腐蚀玻璃。因此，玻璃容器可盛装酸性或碱性食品以及针剂药液。

3. 搪瓷和陶瓷包装材料及其制品的分类及包装性能

搪瓷是一种把无机玻璃质原料熔制后制成搪瓷釉浆（搪釉）再涂附在金属基体上（如铁皮），高温（800～900℃）烧结而成的材料。搪瓷食具以铁皮为原料制坯，内外层涂搪釉、喷花，在高温中烧搪而成。它具有不生锈、易清洗、无毒、耐冷热骤变、耐酸等优良特性。

陶瓷是以黏土为主要原料，加入长石、石英等物质经配料、粉碎、炼泥、成型、干燥、上釉、彩饰，再经高温烧结而成的材料。与金属、塑料等包装材料制成的容器相比，陶瓷容器更能保持食品的风味。其部分酒类包装饮料，相当长时间不会变质甚至存放时间越久越醇香。此外，陶瓷包装的食品给人以纯净、天然的感觉，更能体现传统的民族特色。因此，陶瓷容器在食品包装中主要用于装酒、咸菜、传统风味食品，在保护食品的风味上具有很好的作用。

二、金属、玻璃、搪瓷和陶瓷包装材料及其制品的安全性

（一）金属包装材料及其制品的安全性

金属包装材料及其制品的安全性，主要分为结构性安全、材料性安全、功能性安全以及使用便利性安全等多方面。目前，影响金属包装食品安全的因素包括以下几个部分。

（1）使用过程中因腐蚀造成金属元素迁移　金属作为食品包装材料最大的缺点是化学稳定性差，不耐酸碱性，特别是用其包装高酸性食品时易被腐蚀，同时金属离子易析出，从而影响食品风味。马口铁金属包装经酸腐蚀后，易导致铁离子和锡离子的迁出，但当前这两种元素的迁移量都很低，目前对人没有食品安全的风险。但白铁皮镀有锌层，接触食品后锌会迁移至食品，因此食品工业中应用的大部分是黑铁皮。

（2）铝制金属包装　铝制食品容器是指以铝为原料制作的各种炊具、食具、容器及修补用的材料。铝制金属包装存在铝元素迁出的问题，但目前使用的铝原料的纯度较高，有害金属较少，具有良好的钝化性能，实际的铝元素迁出量也是远低于欧美风险评估的限值，因此铝制金属包装主要的食品安全性问题在于铸铝中和回收铝中的杂质，且回收铝中的杂质和金属难以控制，易造成食品的污染。铝制材料含有铅、锌等元素，长期摄入这些元素可能会造成慢性蓄积中毒，甚至致癌。同时，过量摄入铝元素也将对人体的神经细胞带来危害，此外，铝的抗腐蚀性很差，酸、碱、盐均能与铝起化学反应析出或生成有害物质，应避免使用生铝制作炊具。

（3）金属包装的有机涂层中化学迁移　为防止金属包装材料在使用过程中向内容物迁移，一般在金属容器的内、外壁施涂涂料。内壁涂料是涂布在金属罐内壁的有机涂层，可防止内容物与金属直接接触，避免电化学腐蚀，提高食品货架期，但涂层中的化学污染物也会在罐头的加工和贮藏过程中向内容物迁移造成污染。这类物质有双酚 -A（BPA）、双酚 -A 二缩水甘油醚（BADGE）、酚醛清漆甘油醚（NOGE）及其衍生物。双酚 -A 环氧衍生物是一种环境激素，通过罐头食品进入体内，造成内分泌失衡及遗传基因变异，在选择内壁涂料时应符合国家标准。为了保证食品包装安全，采用无苯印刷将成为发展趋势。用

于金属容器内壁的涂料漆成膜后应无毒，不影响内容物的色泽和风味，有效防止内容物对容器壁的磨损，漆膜附着力好，具有一定的硬度。金属罐头经杀菌后，漆膜不能变色、软化和脱落，在金属罐头贮藏期间稳定性好。金属容器内壁涂料主要有抗酸涂料、抗硫涂料、防粘涂料、快干接缝涂料等。

（二）玻璃包装材料及其制品的安全性

玻璃的安全性问题主要是从玻璃中溶出的迁移物，主要是无机盐或离子。此外，在玻璃制品的原料中，二氧化硅虽然毒性很小，但仍可从玻璃中溶出。作为玻璃着色剂的三氧化二砷、红丹粉（四氧化三铅）等化学物质主要是金属氧化物，这些金属也可以从玻璃制品中溶出，危害人体健康。目前，玻璃食具容器的污染来源主要包括以下几方面。

（1）熔炼过程中有毒物质的溶出　一般来说，玻璃内部离子结合紧密，高温熔炼后大部分形成不溶性盐类物质而具有极好的化学惰性，不与被包装的食品发生作用，具有良好的包装安全性。但是熔炼不好的玻璃制品可能发生来自玻璃原料的有毒物质溶出问题。所以，对玻璃制品应做水浸泡处理或加稀酸加热处理。对包装有严格要求的食品药品可改钠钙玻璃为硼硅玻璃，同时应注意玻璃熔炼和成型加工质量，以确保被包装食品的安全性。

（2）重金属含量的超标　高档玻璃器皿中如高脚酒杯往往添加铅化合物，加入量高达30%。

（3）加色玻璃中着色剂的安全隐患　为了防止有害光线对内容物的损害，用各种着色剂使玻璃着色而添加的金属盐，其主要的安全性问题是从玻璃中溶出的迁移物，如添加的铅化合物可能迁移到酒或饮料中，二氧化硅也可溶出。

（三）搪瓷和陶瓷包装材料及其制品的安全性

涂搪以钦白、锑白、锑钦混合釉瓷为原料，搪瓷的污染主要来自制釉、饰花工序，制釉过程中为降低熔融温度，会添加硼砂和氧化铅等物质；釉彩所用颜料为氧化铅、硫化镉等金属盐类；饰花过程中花版会有镉的残留。釉是一种玻璃态物质，釉料的化学成分和玻璃相似，主要由某些金属氧化物硅酸盐和非金属氧化物的盐类的溶液组成。釉的化学组成中大多含有铅（Pb）、锌（Zn）、镉（Cd）、锑（Sb）、钡（Ba）、钛（Ti）等多种金属氧化物硅酸盐和金属盐类，其中的有害金属盐（如氧化铅）溶出污染食品是主要的卫生问题。

陶瓷容器的主要危害来源于制作过程中在坯体上涂的陶釉、瓷釉、彩釉等。当使用陶瓷容器盛装酸性食品（如醋、果汁）和酒时，这些物质容易溶出而迁移入食品，甚至引起中毒，如铅溶出量过多。陶瓷包装材料用于食品包装的卫生安全问题，主要是指上釉陶瓷表面釉层中重金属元素铅或镉的溶出。铅中毒可引起血红蛋白缺少性贫血、腰肢疼、失眠、疲倦、体重减轻、高血压等病症。镉中毒会导致骨骼软化萎缩、骨折，使人虚弱疼痛，严重时甚至导致死亡，并会引起肾脏等器官病变，因此卫生质量不合格的产品不能上市。

三、金属、玻璃、搪瓷和陶瓷包装材料及其制品的管理

（一）金属包装材料及其制品的管理

我国规定必须按照《食品安全国家标准　食品接触材料及制品　镉迁移量的测定》

（GB 31604.24—2016）、《食品安全国家标准　食品接触材料及制品　铅的测定和迁移量的测定》（GB 31604.34—2016）、《食品安全国家标准　食品接触材料及制品　砷的测定和迁移量的测定》（GB 31604.38—2016）、《食品安全国家标准　食品接触材料及制品　锌迁移量的测定》（GB 31604.42—2016）进行检测，并规定凡回收铝不得用来制作食具，如必须使用时应仅供制作铲、瓢、勺，同时应符合《食品安全国家标准　食品接触用金属材料及制品》（GB 4806.9—2023）。各生产加工单位要严格执行生产工艺，建立健全产品卫生质量检测制度，检测合格后方可出厂。各生产加工单位采用新原料、新工艺时，应由生产单位或其主管部门向当地食品卫生监督机构申请并提供生产工艺、配方及有关资料，经审查同意后方可投产，产品经检验符合卫生标准后方可出厂销售。另外，国家对不锈钢食具容器也制定了严格的有害金属的控制标准，以确保产品的安全性和卫生性。

（二）玻璃包装材料及其制品的管理

目前，我国对玻璃包装材料及其制品的管理主要集中在对玻璃包装废物的回收，而对于玻璃包装材料及其制品的规定主要体现在 SN/T 1888.12—2007《进出口辐照食品包装容器及材料卫生标准　第 12 部分：玻璃制品》和 SN/T 1891.6—2007《进出口微波食品包装容器及包装材料卫生标准　第 6 部分：玻璃制品》这两项标准中。

（三）搪瓷和陶瓷包装材料及其制品的管理

《食品安全国家标准　搪瓷制品》（GB 4806.3—2016）和《接触食物搪瓷制品》（GB/T 13484—2011）规定了搪瓷食具容器产品必须经检验合格后方可出厂，凡不符合卫生标准的不得收购、销售和使用。生产单位使用新原料、采用新工艺、生产新产品在投产前必须提出该产品卫生评价所需的资料和样品，未经食品卫生监督机构审查批准，不得作为食品容器使用。对于使用钛白和锑白混合涂搪原料加工而成的各种食具、容器的搪瓷成型品规定了几种有毒金属的最高限量标准。此外，《食品安全国家标准　陶瓷制品》（GB 4806.4—2016）规定了食品生产经营者不得使用不符合卫生标准的陶瓷食具、容器。陶瓷卫生标准以铅、镉的溶出量为控制要求。

第六节　复合包装材料的食品安全性

复合包装材料是指两种或多种组分形成的结构体，即多层结构经有效（物理、化学、机械等）结合而成的。

一、复合包装材料的组成、分类及包装性能

（一）复合包装材料的组成

复合包装材料一般由基材、层合黏合剂、封闭物及热封合材料、印刷与保护性涂料组成。

（1）基材　主要包括纸张、玻璃纸、铝箔及镀铝材料、双向拉伸聚丙烯薄膜、双向拉伸聚酯薄膜和共挤塑包装材料，它们主要起到美观、印刷、阻湿等作用。

（2）层合黏合剂　是将两层材料黏合为一体的胶黏剂，使被层合材料具有“可润湿性”。分为溶剂型及乳液型、热塑型及热固型、挤塑黏合剂（黏合剂与层合材料）、蜡及蜡混合型（表面上光及自黏层）、其他黏合剂——预制型（热压 PVDC、蜡涂铝箔）。

（3）封闭物及热封合材料　是有形的热黏合胶材。封闭方法包括热封合、冷封合和黏合剂封合。热封合是利用多层结构中的热塑性内层组分，加热时软化封合，移掉热源就固化。封闭物及封闭材料指在层合中具有一定形状和厚度的材料，如塑料热合层。常见的有过塑复合或覆膜，起适应性、耐渗透性、良好的热封性以及透明性等功能。

（4）印刷与保护性涂料　主要有油墨、上光剂及印后的覆膜层，起保护印刷表面、防止卷筒粘连、光泽、控制摩擦系数、热封合性和阻隔性等功能。

（二）复合包装材料的分类

根据其复合基料的不同，复合包装材料可分为纸 / 塑、纸 / 铝箔 / 塑、塑 / 塑、塑 / 铝 / 塑等类型，其中的塑料和其他组分可以是一层或多层，可以是相同品种或不同品种。根据多层复合结构中是否含有加热时不熔化的载体（铝箔、纸等），可以将复合材料分为层合软包装复合材料和塑料复合薄膜。

（三）复合包装材料的性能

主要包括：均一性；互补性；气味阻隔；光线的阻隔；机械性能的稳定和持久。

二、复合包装材料的安全性

复合包装材料最突出的安全问题在于复合工艺中所用的黏合剂。目前，主要使用的是溶剂型双组分聚氨酯系黏合剂。芳香族型聚氨酯胶以甲苯二异氰酸酯（TDI）为固化剂，在复合薄膜袋装食品蒸煮时，TDI 发生水解生成芳香胺—— 2,4- 二氨基甲苯（TDA），迁移入食品中，芳香胺是一种致癌物质。聚氨酯胶黏剂使用时的稀释溶剂有丙酮、正丁酮、醋酸乙酯等，处理不当时，溶剂会残留在胶层里面，不仅影响包装袋质量，甚至影响人体健康。此外，复合包装材料要经过油墨的印刷、用胶黏剂复合，才能做成包装材料。还应注意复合包装材料在印刷中的油墨、有机溶剂等污染。

三、复合包装材料的管理

（一）加强质量监管和市场准入工作

为了保证食品的质量安全，国家建立了具备规定条件的生产者才允许进行生产经营活动，只有符合规定标准的食品才允许生产销售的监督制度。实行食品质量安全市场准入制度是一种政府行为，是一项行政许可制度。目前食品包装材料也已被纳入许可范畴，作为产品质量监管的政府主管部门，要加大投入组织实施好这一市场准入制度，虽然国家对食品用塑料包装和纸包装已经实施市场准入，但相关实施细则应该及时修订更新，增加市场准入的产品种类，如竹木制品、金属制品等食品包装材料尚未实施市场准入制度。只有通过加强质量监管，加强市场准入工作，才能不断提高生产管理能力，提高产品质量水平。

（二）加强科研投入，同时发挥科研院所及协会的作用

复合食品包装材料中很多的质量安全问题，必须依靠科研技术来解决，产品生产工艺、使用条件、有害物的评估、检测依据的解决等问题都要靠加强科研技术来攻关。在这些问题上必须发挥好科研院所的作用，要采取切实有效的办法和措施促使企业、科研机构、行业协会等有机结合，实行联合攻关，从而逐步解决食品包装材料带来的安全问题。

（三）企业应加强诚信，主动提高产品质量

企业不仅是经济组织单位，还是社会的重要组成部分。企业在考虑利润时，更重要的是要承担起自身企业的社会责任。企业作为食品安全第一责任人，必须切实履行食品安全主体责任，加强诚信建设，主动提高产品质量，认真落实执行国家对食品质量安全的要求。诚实守信是市场经济的基础，也是保障食品质量安全的前提。在借鉴近年来社会信用建设工作实践做法的基础上，应积极推动食品工业企业诚信体系建设，以保障消费者的安全。

（四）加强引导，提高消费者质量安全意识

加强产品质量安全的宣传，提高消费者质量安全意识，使得消费者深刻体会到产品的质量安全关系到切身利益。引导消费者转变传统的购买食品的观念，由原来的“价格优先”转向“质量与价格并重”，提高质量安全关注度，营造优胜劣汰的良好环境，进而促进企业不断提高生产管理和产品质量水平，确保食品包装行业的健康快速发展。

参考文献

[1] （英）Barnes K A，Sinclair C R，Watson D H 著 . 食品接触材料及其化学迁移 [M]. 宋欢，林勤保译 . 北京：中国轻工业出版社，2011.

[2] （英）Coles R，McDowell D，Kirwan M J. 食品包装技术 [M]. 蔡和平译 . 北京：中国轻工业出版社，2012.

[3] 王际辉，叶淑红 . 食品安全学 [M]. 2 版 . 北京：中国轻工业出版社，2019.

[4] 杨开，董同力嘎 . 食品包装学 [M]. 北京：中国轻工业出版社，2019.

[5] 李大鹏 . 食品包装学 [M]. 北京：中国纺织出版社，2014.

[6] 钟耀广 . 食品安全学 [M]. 3 版 . 北京：化学工业出版社，2020.

·第六章·

加工食品的安全性

第一节　油脂和油炸食品

油脂是指可供人类食用的动植物油。油脂原料作为贮存能量的物质，普遍存在于自然界的动植物体中。油脂是一种非常重要的食品原料，它具有独特的风味和工艺特性，这是其他食品成分所无法比拟的。食品中油脂根据其来源可分为植物油和动物脂肪两大类。食品加工业中使用的油脂多为植物性油脂，因此在本节中主要就植物性油脂进行讨论。

一、油脂中天然有害物质

（一）芥酸

油菜、甘蓝、芥菜等十字花科植物的种子统称为菜籽，从中提取的油脂称菜籽油。传统菜籽油不饱和酸含量达 90% 以上，其脂肪酸组成的一个显著特点是有较大量的芥酸存在。芥酸即顺 -13- 二十二碳烯酸（22∶1），在菜籽油中常存在于甘油三酯的 1、3 位上，2 位很少发现。

动物实验表明，芥酸可使脂肪在多种动物心肌中聚积，导致心肌的单核细胞浸润和纤维化，另外，也有报道显示芥酸可影响多种动物的生长。但有关对人体毒性作用的报道较少见，芥酸对人体的毒性作用尚需进一步研究。从营养角度来看，芥酸分子链长，分解时多从双键处断裂，形成 13 个碳或 9 个碳的较大分子，在人体内不易被消化，营养价值较低，且芥酸含量较高的油脂腥味较重，口感欠佳。

我国菜籽油国家标准《菜籽油（含第 1 号修改单）》（GB/T 1536—2021）规定，芥酸含量不超过 3% 的菜籽油，即可称为“低芥酸菜籽油”。低芥酸菜籽油中不仅芥酸含量低而且油酸含量平均达到 61%，且经研究表明，食用低芥酸菜籽油的人群的胆固醇总量比常规饮食的人群低 15%～20%，其心血管疾病发生率也相应减少。

（二）棉酚

棉酚是一类复杂的多元酚类化合物，它存在于棉花全株中，并主要集中在棉籽子叶。

棉籽的子叶上布满黑褐色圆形或椭圆形的色素腺体，腺体内除了油脂和树脂外，还含有大量的色素物质，其中以棉酚为主（占色素腺体质量的20.6%～39%），此外还含有多种棉酚的衍生物。棉酚可分为游离棉酚和结合棉酚两类。具有活性羟基、活性醛基的多元酚类化合物称为游离棉酚；而与蛋白质、氨基酸、磷脂等物质结合，没有活性羟基、醛基的棉酚称为结合棉酚。

游离棉酚（酚醛型）共有三种异构体，其分子式为$C_{30}H_{30}O_8$，分子量为518.57，纯品为黄色，其结构式如图6-1所示。

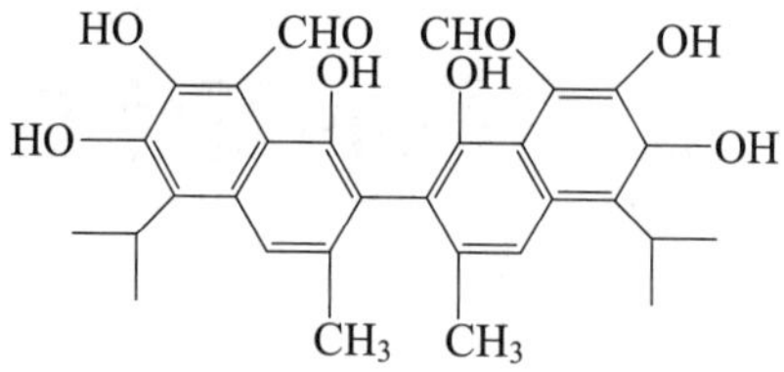

图6-1　游离棉酚结构式

游离棉酚对人体及动物均具有毒性（棉酚的毒性参见第一章），结合棉酚一般不被人体和牲畜吸收，可以通过代谢排出体外，通常被人们认为是无毒的。但近年来，不少专家进行了深入的研究，认为结合棉酚进入人体后，在一定条件下可部分分解成游离棉酚，因此结合棉酚也具有一定的毒性。

未经处理的棉籽中含有0.15%～2.8%的游离棉酚。棉籽经过榨油加工后，其中一部分棉酚残留在饼粕中，另一部分则转入棉籽油中，转入量与加工工艺密切相关。当棉籽油中含游离棉酚量达1%以上时即可引起人体中毒。

传统的棉籽油加工过程中，通常采用油脂碱炼脱酸法除去棉酚，因而并不影响最终油品质量。但饼粕中残留棉酚的含量较高，因而不能做饲料用，从而会造成蛋白质资源的浪费。也有学者尝试采用溶剂萃取法提油，以获得低棉酚含量的棉籽饼，但却容易造成成品棉籽油质量下降等问题。近年来，国内外已培育出无棉酚的棉花新品种。

（三）芥子苷

芥子苷又称葡萄糖异硫氰酸盐或硫代葡萄糖苷，是一类复杂的烃基硫代配糖体，它在甘蓝、萝卜、油菜、芥菜等十字花科植物植株各部分均普遍存在，种子中含量较多，比茎、叶中的含量高20倍以上。

菜籽中的各种芥子苷以钾盐形式存在，它本身并无毒性。但油菜籽的皮壳中均含有芥子酶，在油脂加工过程中包裹有芥子酶的浓缩体破裂释放出芥子酶，同时，菜籽饼粕、动物肠道中的细菌以及外界微生物中均含有一定量的水解酶，在芥子酶或水解酶以及在酸、碱和高热蒸汽处理的条件下，芥子苷可发生水解反应形成多种容易引起甲状腺肿大和功能改变的有毒产物（具体参见相关章节）。

我国油菜籽所含的芥子苷总量因种类而异：以白菜型油菜较低，平均4.04%；芥菜型油菜居中，平均4.85%；甘蓝型油菜最高，平均6.13%。三种油菜的春性类型所含芥子苷量均比冬性类型的低，白菜型春油菜为3.67%、冬油菜为4.09%，芥菜型分别为4.21%和5.47%，甘蓝型则相应为4.77%和6.17%。

在传统油菜籽加工过程中，少量芥子苷分解产物会转移到油脂。工业生产中以前曾采用高温（140～150℃）或70℃加热1h的方法破坏菜籽饼中芥子酶的活性，但该法会造成干物质流失，易破坏营养成分。而以生物育种法优选的“双低”油菜籽不含或仅含微量芥子苷。

二、真菌毒素

真菌毒素是一些产毒素真菌（主要为曲霉属、青霉属及镰孢霉属）在生长繁殖过程中产生的易引起人和动物病理变化和生理变态的次级代谢产物，一般毒性很高。目前已知的有300种真菌代谢产物对人类和动物是有毒的，其中对人类危害较为严重的主要有10多种，包括黄曲霉毒素、赭曲霉毒素、展青霉素等。

油料作物在高温、高湿条件下贮存，最容易受霉菌（尤其是黄曲霉）的污染，导致成品油中残留有真菌毒素。黄曲霉毒素通常存在于花生、花生油、玉米、高粱、小麦、大麦、燕麦、棉籽和大米中。其中花生和玉米最易受到污染，豆类受污染率则比较低。

真菌毒素的脱除方法有碱炼法、吸附法等。按我国《食品安全国家标准　食品中真菌毒素限量》（GB 2761—2017）规定花生油和玉米油中黄曲霉毒素B_1应≤20μg/kg，其他植物油应≤10μg/kg。

三、化学污染

植物油生产分为压榨法和浸出法两种工艺。压榨法是纯物理方法，对产品质量无大影响。浸出法处理不当时容易出现溶剂残留问题，残留的溶剂中可能含有己烷和庚烷等有害组分，而不纯的溶剂中含有多环芳烃等有害物质。另外，若使用被化学农药和工业三废污染的油料作物榨油，易使苯并[*a*]芘的含量增加，从而对植物油脂造成潜在的安全隐患。具体参见相关章节。

四、油脂酸败

油脂长期贮存于不适宜的条件下时，可发生一系列的化学变化，导致油脂的感官性状发生不良变化，这种现象即为油脂酸败，俗称哈喇。

油脂酸败的原因有两个：一是生物学方面的，即由于动植物组织残渣和微生物产生的酶引起的酶解过程；二是纯化学过程，即在空气、阳光、水等作用下发生的水解过程和不饱和脂肪酸的自身氧化。这两种过程通常会同时发生，但也可能由于油脂本身性质和贮存条件不同而主要表现于某一方面。油脂酸败会导致油脂分解出游离脂肪酸使油脂酸值升高，同时释放出酮、醛类等低分子氧化物，产生异味（俗称“哈喇味”）。

酸败油脂对食品的影响主要有以下几方面。

1. 感官品质下降

已经酸败的油脂会产生强烈的不愉快味道和气味，可使油脂感官性状受到不良影响，甚至完全不适于食用。

2. 营养成分尤其是脂溶性维生素遭到破坏，食用价值降低

即使油脂的感官性状改变尚未达到不能食用的程度，一旦酸败，其营养价值也已降低。例如，维生素 E 在油脂开始酸败时首先被氧化；其他几种脂溶性维生素如维生素 A、维生素 D 等在酸败过程中也很快被氧化，因而失去功效。而且，其他食物中的维生素在接触酸败油脂时或摄入胃肠道后亦可遭受破坏，有实验证明长期摄入酸败油脂可加剧核黄素缺乏症。

3. 可能会产生对机体有毒害的成分

酸败的油脂具有一定的毒性，食用后可能会产生不适症状，如恶心、呕吐、腹痛等。此外，动物实验证实，若长期摄入酸败油脂，实验动物可出现体重减轻和发育障碍等问题。

五、油炸食品安全性问题

油炸食品除应考虑油脂本身的安全性问题之外，还应注意三方面的问题：一是油炸食品食品添加剂的安全问题，如膨松剂、护色剂等问题；二是油炸食品包装材料的安全性问题；三是高温油炸过程中可能产生的有害物质带来的安全问题。前两方面的问题可参见有关章节，下面就第三方面问题进行阐述。

1. 多环芳烃

多环芳烃是指分子中含有两个或两个以上苯环的碳氢化合物，主要来源于煤、石油的燃烧，食用植物油及其加热产物中也含有多环芳烃，而且油烟雾中含量更高。

目前已证实 30 余种多环芳烃具有不同程度的致癌性，如苯并蒽、二苯并蒽、苯并 [*a*] 芘等。例如，现代医学证实，食品中苯并 [*a*] 芘的含量与胃癌等多种肿瘤的发生有一定的关系。

2. 杂环胺类化合物

杂环胺类化合物是一类带杂环的伯胺。其主要产生于富含蛋白质的食物在高温烤、炸、煎的过程，形成量主要受煎炸、烤的温度影响。富含蛋白质的食物在较高的煎烤温度（一般在 200℃以上）下会分解产生杂环胺及多环芳烃类等。

杂环胺类化合物具有致突变性和致癌性。

3. 丙烯酰胺

丙烯酰胺是聚丙烯酰胺合成过程中的化学中间体（单体）。食品中的丙烯酰胺主要产生于高碳水化合物、低蛋白质的植物性食物的高温加热烹调过程。一般认为，天冬酰胺和还原性糖在高温加热过程中通过美拉德反应生成丙烯酰胺，是丙烯酰胺产生的最主要途径。油炸、烘烤的淀粉类食品中丙烯酰胺含量较高，其代表性食品为薯条。

目前已经有大量的动物实验数据表明，丙烯酰胺具有一定的神经毒性、生殖毒性、遗传毒性和致癌性，因此食品中丙烯酰胺的污染引起了各国卫生部门的高度关注。

4. 反式脂肪酸

反式脂肪酸是分子中含有一个或多个反式双键的非共轭不饱和脂肪酸（FDA 定义）。

该定义中特别指明反式脂肪酸不包括含有共轭双键的脂肪酸。FDA 的大部分专家支持这个定义，因为共轭脂肪酸的代谢途径与其他含有双键的脂肪酸的代谢途径是不同的。食品中的反式脂肪酸 90% 左右是单不饱和脂肪酸，只有少部分为双烯和多烯不饱和脂肪酸。反式脂肪酸产生的途径主要有如下三个。

（1）反刍动物（如牛、羊）的脂肪和乳与乳制品　天然的反式脂肪酸主要来自于反刍动物（如牛、羊）脂肪组织及其乳制品。反刍动物瘤胃中的丁酸弧菌属菌群在进行酶促生物氢化作用时会将饲料中一部分不饱和脂肪酸转化为反式脂肪酸。这类来源的反式脂肪酸危害性目前尚无充分的佐证材料，一般认为其危害性较小。

（2）食用油的氢化产品　天然油脂在很多方面无法满足食品工业中对油脂的要求（如易于酸败、加热过程中产生不良风味等），油脂氢化处理则可改善油脂的加工品质。但在此过程会有一部分双键发生位置异构或转变为反式构型，其中以反 $C_{18:1}$ 为主，并以反 $C_{18:1}^{\Delta9}$（反油酸）、反 $C_{18:1}^{\Delta10}$ 和反 $C_{18:1}^{\Delta11}$ 这 3 种形式为主。

（3）经高温加热处理的植物油　植物油在精炼脱臭工艺中，通常需要 250℃以上高温和 2h 的加热时间。高温及长时间加热，有可能产生一定量的反式脂肪酸。因此要求油炸食品一般应控制温度在 200℃以下，连续油炸时间不超过 20h；多次炸制食物的油脂应该进行无害化处理后方能供人畜食用。

微量的反式脂肪酸对人体无害，但 FDA 研究了许多病例后发现，当人体摄入的反式脂肪酸含量达到摄入总脂热量的 5% 以上时，会对人体产生明显的不良影响。反式脂肪酸的危害主要表现在以下四个方面：第一，增加心血管疾病的风险，反式脂肪酸特别是与冠心病密切相关，大量食用含这种油脂的食物易导致冠心病发病率的上升。第二，诱发 2 型糖尿病，反式脂肪酸提高了人体内的胰岛素水平，降低了红细胞对胰岛素的反应，可导致增加患糖尿病的风险。第三，影响生长发育，反式脂肪酸能通过胎盘转运给胎儿，母乳喂养的婴幼儿会因母亲摄入人造黄油等含反式脂肪酸的食物而被动摄入反式脂肪酸；母乳中反式脂肪酸的含量占总脂肪酸的 1%～18% 时，会使胎儿和新生儿比成人更容易患上必需脂肪酸的缺乏症，影响生长发育；同时还会对胎儿和新生儿中枢神经系统的发育产生不良影响。第四，造成大脑功能的衰退，美国的研究人员在动物实验以及对几百人的跟踪流行病学调查中发现，那些大量摄取反式脂肪酸的人，认知功能的衰退更快，这是因为反式脂肪酸会增加血液中的胆固醇，不仅加速心脏的动脉硬化，还促使大脑的动脉硬化，因此容易造成大脑功能的衰退。大量食用反式脂肪酸的老年人更容易患阿尔茨海默病。

六、掺假、伪劣和非食用物质的恶意添加

近年来，有个别企业非法使用“地沟油”或“泔水油”代替食用油脂或在食用油中添加矿物油以谋取不正当利益，这都将极大影响到油脂制品的食用安全性。

第二节　调味品

食品加工和烹饪中所需的调味品包括油、盐、酱、醋、糖及各种香料等。调味品可

改善食品感官性质，促进食欲，提高消化吸收率。调味品消费量大，且用于佐餐及凉拌使用时常不经加热而直接食用，因此应防止有毒物质、微生物的污染，保证调味品安全质量。

一、酱油

酱油是以富含蛋白质的豆类和富含淀粉的谷类及其副产品为主要原料，在微生物酶的催化作用下分解熟成并经浸滤提取的调味汁液。酱油按工艺可分为酿造酱油和配制酱油两种。酿造酱油是以豆、谷类粮食为主要原料，经曲菌酶分解，使其发酵熟成的调味汁液，可供调味及复配用。配制酱油指以酿造酱油为基料，添加其他调味品或辅助原料进行加工再制的产品，有液态和固态两种，均供调味用。

酱油是我国消耗量最大的调味品之一，酱油的安全问题尤其值得重视。

酱油的安全问题主要有以下几方面。

1. 氯丙醇污染

氯丙醇是甘油（丙三醇）结构上的羟基被氯原子取代的一类化合物，包括 3- 氯 -1,2- 丙二醇（3-MCPD）、2- 氯 -1,3- 丙二醇（2-MCPD）、1,3- 二氯 -2- 丙醇（1,3-DCP）和 2,3- 二氯 -1- 丙醇（2,3-DCP）。在 20 世纪 70 年代末由捷克斯洛伐克科学家 Velisek 首先在酸水解动植物蛋白中发现。1993 年，WHO 就曾对氯丙醇类物质的毒性提出警告。1995 年，欧共体委员会食品科学委员会对氯丙醇类物质的毒性做出评价，认为它是一种致癌物。有研究指出摄入高剂量的 3-MCPD 对雄鼠生殖能力、肾脏功能和体重产生影响，但不会产生明显的潜在的基因毒性，即不会有遗传性。因此，世界上一些发达国家对食品中的氯丙醇含量做了限量规定。

多数研究表明，传统方法生产酿造酱油中并无氯丙醇产生，超标的氯丙醇主要存在于以酿造酱油为主体，与酸水解植物蛋白调味液、食品添加剂等配制而成的配制酱油中。究其原因，我国酱油行业标准中是以氨基酸态氮的含量作为衡量其级别的主要依据，因此，部分生产商为了提升酱油鲜味，缩短发酵周期，提高利润，在产品中违法添加非食用植物蛋白调味液或动物蛋白调味液（这里统称 HP），导致氯丙醇污染。当采取浓盐酸水解蛋白的方法来生产水解蛋白时，如分解条件恰当，蛋白质可以全部水解为游离氨基酸，其他反应不会发生。但事实上，由于原料中除了蛋白质以外，还有脂质的存在（主要是三酰甘油酯与甘油磷脂），加工过程中为了确保高效的氨基酸转化，投入大量过剩或高浓度的盐酸，使得脂肪水解，在生成甘油和游离脂肪酸的同时，甘油分子中的羟基可能被氯离子取代而生成氯丙醇。

因此很多学者建议在现行的酿造酱油标准中增加氯丙醇检验项目，以杜绝不良商家在酿造酱油中非法添加水解蛋白调味品。但也有工作者认为氯丙醇的检测存在一定的局限性，如部分厂家用化学方法处理配制酱油，加入氢氧化钠可将 3-MCPD 水解，从而使得酸水解蛋白调味液中 3-MCPD 的量减少甚至无法检出。这说明以氯丙醇作为鉴别酿造酱油和酸水解植物蛋白调味液的判定指标意义可能不大。

另外，李国基、武致等人通过对酱油常用的添加剂——焦糖色素中氯丙醇的检测发现，酿造酱油中加入焦糖色素后，很可能会引入氯丙醇，对酱油制品造成污染。

2. 微生物污染

酿造酱油一般以富含蛋白质的豆类和富含淀粉的谷类及其产品为主要原料，在微生物的作用下生产得到。如果这些原料的存贮条件不当，则容易发生霉变。黄曲霉、寄生曲霉等霉菌在生长繁殖的过程中，可能产生黄曲霉毒素，对人体健康造成严重危害。黄曲霉生长繁殖的最适宜温度为13～25℃，最适宜的相对湿度为70%～90%或以上。南方地区，尤其是梅雨季节，黄曲霉污染的发生率高于北方，特别是在梅雨季节，黄曲霉容易生长。如果原料长时间仓储或仓库潮湿、漏雨，库存过多且不注意通风、干燥，打扫卫生不彻底，特别是粉碎的物料，由于颗粒小，容易吸收环境中的水分等，将为黄曲霉的生长和真菌毒素的产生创造有利的条件。我国国标中规定酱油中黄曲霉毒素 B_1 不得超过5μg/L。

另外，酱油酿造过程中，曲霉菌发酵形成酱油的特殊风味成分——有机酸类，因此，酱油应有一定的酸度。但当酱油受微生物污染时，原料中的碳水化合物会被微生物发酵形成过多的有机酸类，这将导致酱油酸度过度增加，即为酸败。酸败的酱油品质下降甚至失去食用价值。我国酱油的卫生标准中规定酱油的总酸度应≤2.5g/100mL。

另外，在较高温度下，酱油易受到产膜性酵母菌的污染导致酱油表面生出一层白膜，使酱油食用价值降低。

3. 焦糖色素的安全问题

焦糖色素亦称焦糖，俗称酱色，是一种在食品中应用范围十分广泛的食品添加剂，一般用作酱油、糖果等食品的着色剂。传统焦糖色素是将食糖加热聚合获得的，是安全的。当前，焦糖色素的生产有四种生产工艺即普通法、苛性亚硫酸盐法、氨法和亚硫酸铵法。焦糖生产中如加铵盐作为催化剂可以加速反应。但现代研究发现铵盐催化不可避免地产生一种特殊的物质——4-甲基咪唑，该物质可引起人和动物惊厥并具有致癌性。这使得焦糖色素的发展受到了一定的阻碍。后来，联合国粮食与农业组织、世界卫生组织和国际食品添加剂联合专家委员会经过一系列的深入研究和实验后均认为，焦糖色素作为食用色素是安全的，但对4-甲基咪唑作了限量的规定。中国国家食品安全风险评估中心也表示低含量焦糖色素不会危害健康。但焦糖色素的安全性在国内外依然备受争议，尤其是国内。这可能与三方面原因有关：第一，在铵盐法生产焦糖色素过程中，4-甲基咪唑产生量与工厂生产条件密切相关，而我国目前焦糖色素的生产还存在一定量条件简陋、卫生条件差、片面追求低成本的个体小作坊；第二，我国现行的食品添加剂标准中对焦糖色素的要求是“按需使用”，因此公众很担心焦糖色素的滥用；第三，4-甲基咪唑含量在食品中标签上并未公示。

4. 铵盐的安全问题

酱油中的铵盐来源主要有三方面。首先，发酵过程中细菌污染导致蛋白质异常发酵，生成的氨基酸会继续降解或失去 CO_2 生成胺类或同时进行脱氨基和脱羧基反应，放出游离 NH_3 和 CO_2。这种过度发酵导致酱油中游离氨及铵盐的含量增加，产生异臭味。其次，着色剂焦糖色素会带入一定量铵盐。再次，生产商违法添加。一些不法生产者为了提高酱油中氨基酸态氮和全氮的含量非法添加低成本的铵盐以达到酱油卫生指标。

有研究证实，体内过高的铵盐在一定条件下可影响人体尤其是儿童的肝、肾功能，增加患肿瘤的危险性，并可诱发心脏病。

5. 防腐剂的安全问题

酱油是一种低酸性食品，pH 值在 4.7～4.9 之间，而水分活度在 0.78～0.85 之间，因而易于滋生微生物导致腐败。为了防止酱油被微生物污染变质，酱油产品中添加一定量的防腐剂是必要的。目前酱油产品一般使用苯甲酸及其钠盐、山梨酸及其钾盐作防腐剂，最常用的是苯甲酸钠。

苯甲酸钠在人体内能与甘氨酸反应生成马尿酸随尿液排出体外，对人体毒性小。但是如果长期摄入过量添加了苯甲酸钠的酱油，容易消耗人体内的甘氨酸，干扰正常代谢，对健康不利。

6. 非食用物质的恶意添加

食盐在酱油中是必不可少的，它不但起着调味作用还能抑制微生物及寄生虫的繁殖作用。为此我国酱油的卫生标准中规定酱油中食盐的含量不得低于 15%，所用食盐必须符合 GB 2721—2015《食品安全国家标准　食用盐》规定。但个别不良商家出于降低成本的要求，会用价格低廉的工业盐替代食用盐，2012 年就曾曝出某品牌酱油使用工业盐事件。值得注意的是，工业盐中可能含有致癌性亚硝酸钠及有毒重金属等有害物质。

二、食醋

食醋是以粮食、果实、酒类等含有碳水化合物或酒精的原料，经微生物酿造而成的一种液体酸性调味品。食醋按工艺可分为酿造食醋和配制食醋。酿造食醋是单独或混合使用各种含有糖的物料或酒精，经微生物发酵酿制而成的液体调味品。配制食醋是以酿造食醋为主体（酿造食醋的添加量不得少于 50%），与冰醋酸（食品级）、食品添加剂等混合配制而成的调味品。

我国是食醋生产和消费主要国。据中国调味品协会估算，2010 年我国食醋总产量达到 300 万吨，总销售值近 90 亿元。

食醋目前可能存在的安全问题主要有以下几方面。

1. 微生物污染问题

我国规定食醋生产的卫生及管理按《食品安全国家标准　食醋生产卫生规范》（GB 8954—2016）执行，符合《食品安全国家标准　食醋》（GB 2719—2018）的产品方可出厂销售。

食醋生产中为防止微生物污染应从以下几方面做起。

（1）原料　生产食醋的粮食原料贮存过程中谨防霉变，应符合《食品安全国家标准　粮食》（GB 2715—2016）的相关规定。

（2）发酵菌种　食醋生产用发酵菌种应定期筛选、纯化及鉴定。菌种的移接必须按无菌操作规范进行，种曲应贮藏于通风、干燥、低温、洁净的专用房间，以防霉变。

（3）生产　食醋因具一定的酸度（3%～5%），对不耐酸的细菌有一定的杀菌能力。但生产过程可能会受到醋虱和醋鳗污染，耐酸霉菌也可在醋中生长而形成霉膜，故食醋中可适当添加防腐剂。生产过程中如发现这类污染情况，可将醋加热至 72℃并维持数分钟，然后过滤，即可去除。

2. 掺假、伪劣和非食用物质的恶意添加

多项研究证实酿造食醋除具有调味功效以外，还兼有医疗与食疗效果，例如，助消化、增进食欲、解酒保肝、调节酸碱平衡等。配制食醋则由于口感欠佳、保健功效弱而不易被消费者接受，因而销路不畅，价格难以提升。个别生产厂家为了谋取利益，便使用配制食醋冒充酿造食醋，更有甚者用工业冰醋酸勾兑食醋。直接用冰醋酸配制或勾兑的醋除不含有芳香味物质之外，还可能含有对人体有害的 NO_3^-，或 SO_4^{2-}，或含有过多的砷、铅等重金属毒物。我国卫生部门禁止生产和销售此类醋。

另外，食醋具有一定的腐蚀性，不能贮于金属容器或不耐酸的塑料包装材料中，以免溶出有害物质而污染食醋。

三、味精

味精（谷氨酸钠）是以碳水化合物（淀粉、大米、糖蜜等糖质）为原料，经微生物（谷氨酸棒杆菌等）发酵、中和、结晶精制而成的具有特殊鲜味的白色结晶或粉末。味精是目前市场上常见的增鲜产品，能够促进食欲，适量食用时有益人体健康。

关于味精的安全性，美国 FDA、美国医学协会、联合国粮农组织和世界卫生组织的食品添加剂联合专家委员会（JECFA）、欧盟委员会食品科学委员会（EFSA）都进行过评估和审查。JECFA 和 EFSA 都认为对味精不必有安全性方面的担心，因此在食品中的使用“没有限制”。美国 FDA 的一份报告认可“有未知比例的人群可能对味精有所反应”，但整体上，他们赞同 JECFA 的结论。但这并不意味着味精可以无限制食用。动物实验表明，摄入味精能促使实验动物摄入更多食物，间接地导致肥胖。张强等调查显示，中国成年居民味精消费与超重有一定的关系，味精日均消费量超过 1g 的人群超重和肥胖的比例为 37%，而低于 1g 的为 28%，每天摄入味精累计超过 2.2g，超重风险显著增加。美国北卡罗来纳州立大学的研究人员对中国 1 万名成人的饮食习惯进行了 5.5 年的跟踪调查。结果显示，与每天摄入味精量少于 0.5g 的人相比，摄入超过 5g 的人，5.5 年后超重或肥胖的概率比前者要高 30%。这个可能和味精能增加食品的鲜味，增强人们食欲有关。

另外，婴幼儿不宜食用味精。科学研究表明，味精对婴幼儿，特别是几周以内的婴儿生长发育有严重影响。它能使婴幼儿血中的锌转变为谷氨酸锌随尿排出，造成体内缺锌，影响宝宝生长发育，并可能导致智力减退和厌食等不良后果。我国 GB 2760—2024《食品安全国家标准　食品添加剂使用标准》明确规定味精不得用于婴幼儿配方食品和婴幼儿辅助食品。

第三节　酒类

酒类一般指饮料酒，即酒精度在 0.5% 以上的酒精饮料，包括各种发酵酒、蒸馏酒及配制酒（酒精度低于 0.5% 的无醇啤酒也属于饮料酒）。

酒类按制造方法分为酿造酒、蒸馏酒和配制酒。酿造酒是以粮谷、水果、乳类等为主要原料，经发酵或部分发酵酿制而成的饮料酒。蒸馏酒是以粮谷、薯类、水果、乳类等为主要原料，经发酵、蒸馏、勾兑而成的饮料酒。配制酒是以酿造酒、蒸馏酒或食用酒精为酒基，加入可食用或药食两用的辅料或食品添加剂，进行调配、混合或再加工制成的，已改变了其原酒基风格的饮料酒。

下面将按照酒的制造方法对酿造酒、蒸馏酒及配制酒的安全问题进行介绍。

一、酿造酒

酿造酒通常包括啤酒、葡萄酒、发酵型果酒、黄酒、发酵型奶酒和其他发酵酒。其中，啤酒是用麦芽、啤酒花、水和酵母发酵而产生的含酒精的饮品的总称。葡萄酒主要以新鲜的葡萄为原料酿制而成。目前中国市场上的酿造酒主要是啤酒，其次是葡萄酒，其他酒种份额很小。据统计，2013 年，我国啤酒产量 5061 万吨，葡萄酒产量为 117 万吨。下面将主要针对啤酒生产中可能存在的安全性问题进行论述。

（一）酿酒粮食的安全问题

酒曲、酿造用粮、稻壳等如果发霉或腐败变质，将严重影响酿造及制曲过程中有益菌的生长繁殖，并可能产生如黄曲霉毒素等有害物质，影响酒的风味和品质。因此，应根据不同酒类要求，选用相应优质原料，不使用霉变、生虫等发生了腐败变质的原料。

（二）酿酒过程中的可能存在的安全问题

1. 双乙酰

双乙酰（IUPAC 系统命名：2,3- 丁二酮）又称丁二酮，是一种邻二酮。其分子式为 $C_4H_6O_2$，沸点是 88℃，外观为微绿黄色液体，稀溶液有奶油气味。双乙酰天然品存在于月桂油、香旱芹子油、欧白芷根油、树莓、草莓、奶油、酿造酒等中。啤酒中的双乙酰是酵母和细菌的代谢产物并最终影响成品发酵酒风味。它也是白酒香味成分之一。双乙酰含量的高低是衡量啤酒质量优劣的重要标志之一，可以据此确定啤酒的成熟度及优劣。但当啤酒中双乙酰及其前驱体（α- 乙酰乳酸）的含量超过口味阈值（0.1μg/g）时，会导致啤酒产生馊饭味，不适于饮用。另外，酵母细胞还会将双乙酰还原成乙偶姻，这可能会使啤酒出现苦味及霉味，进一步影响啤酒的口感和品质。

双乙酰急性毒性较低，大鼠经口 LD_{50} 为 1580mg/kg，但双乙酰在啤酒中的含量若较高，表现出刺激性，可引起接触者恶心、头痛和呕吐。据《毒物化学研究》报道，过多摄入含双乙酰的食物，有可能会增大患阿尔茨海默病的风险。研究发现，双乙酰的结构类似于淀粉样蛋白，而这种物质会扰乱神经细胞的信号传递，脑中堆积淀粉样蛋白是阿尔茨海默病的重要病理特征之一。

2. 甲醛

目前在啤酒中被检出的醛类物质有 50 余种，但对啤酒影响最大的醛类物质是乙醛和甲醛。

正常生产中啤酒中甲醛的来源有两种情况。一是食品及其原料中广泛存在微量“甲醛”。据中国酿酒工业协会啤酒分会研究，啤酒中的微量甲醛是细胞代谢的正常产物，在肉类、家禽、鱼和水果等食品中，其数值范围为 0.5～30mg/kg。二是啤酒酿造过程中，甲醛作为加工助剂的残留。啤酒是一种胶体溶液，但其稳定性不强，在生产和贮存过程中容易产生浑浊沉淀现象，影响产品外观。在20世纪60年代初，用甲醛提高非生物稳定性作为一项科技攻关成果开始应用于国内啤酒酿造业。这种工艺通常是在啤酒生产的糖化阶段添加适量甲醛，使之与麦芽中的酰胺生成类似酰胺树脂的化合物，在后续工艺中被有效吸附去除，从而防止非生物浑浊形成，使啤酒澄清透亮，同时也不会对啤酒风味产生不良影响。而且，由于甲醛价格低廉，使用方便，延长保质期的效果明显，所以曾被众多啤酒厂家看好而普遍使用。但残留甲醛具有强毒性，因此，目前大部分厂家已转而使用甲醛替代品。我国自2011年版《食品安全国家标准 食品添加剂使用标准》中就已经将甲醛从加工助剂中除去。GB 2758—2012《食品安全国家标准 发酵酒及其配制酒》也规定发酵啤酒中甲醛含量不得超过2.0mg/L。但目前尚有个别生产厂家违规使用甲醛作为加工助剂。

甲醛的危害参见有关章节。

3. 乙醛类

乙醛是无色、易挥发并具有刺激性气味的液体，沸点为20.8℃，并可溶于水、乙醇及乙醚。

啤酒发酵中，乙醛在主发酵前期大量形成而后很快下降。它对啤酒口味成熟度至关重要。优质啤酒中乙醛的含量则在1.5～2.5mg/L范围内；当乙醛的含量超过10mg/L时，啤酒会有不成熟的生青味口感；乙醛的含量超过25mg/L时，啤酒会有强烈的刺激性和辛辣感；若乙醛含量超过50mg/L，啤酒口感就会变得粗糙、苦涩，难以下咽。

另外，乙醛属微毒物质。它的刺激作用虽比甲醛弱，但对中枢神经的抑制作用比甲醛强。高浓度乙醛蒸气可引起麻醉作用，并出现头痛、嗜睡、神志不清、支气管炎、肺水肿、腹泻、蛋白尿等，低浓度乙醛蒸气可引起眼、鼻、上呼吸道的刺激以及支气管炎、皮肤过敏、皮炎等；长期低浓度接触，可引起慢性中毒，表现为体重减轻、贫血、谵妄、视听幻觉、智力丧失和精神障碍。

4. 杂醇油

杂醇油是碳原子数大于2的高级醇类的总称，包括正丙醇、异丁醇、异戊醇、活性戊醇等。啤酒发酵中生成的高级醇中以异戊醇的含量最高，约占高级醇总量的50%以上，其次为活性戊醇（2-甲基丁醇）、异丁醇和正丙醇，此外，还有色醇、酪醇、β-苯乙醇和糠醇等。杂醇油是由蛋白质、氨基酸和糖类分解而形成的，特别与氨基酸代谢密不可分，它也是酒中芳香气味的组成成分。生产过程有多种因素影响杂醇油的产量和其组成比。例如，酵母细胞数多、温度高或发酵过程染菌，均可促使杂醇油的生成量增加。

作为啤酒发酵的主要代谢副产物之一，杂醇油是构成啤酒风味的重要物质，其中对啤酒风味影响较大的是异戊醇和β-苯乙醇，它们与乙酸乙酯、乙酸异戊酯、乙酸苯乙酯等共同构成啤酒香味。适宜的杂醇油组成及含量，有助于啤酒的协调性和醇厚性口感的形成。但超量的杂醇油存在会给啤酒带来负面作用。例如，当啤酒中高级醇含量超过120mg/L，特别是异戊醇含量超过50mg/L、异丁醇含量超过10mg/L时，饮后就会出现“上头”现象。这种现象的主要原因是高级醇在人体内的代谢速度要比乙醇慢，对人体的刺激时间长。

5. 硫化物

酵母的生长和繁殖离不开硫元素。啤酒中的硫化物分为非挥发性硫化物和挥发性硫化物。前者占94%，对啤酒风味影响较小，但它们却是啤酒中挥发性硫化物的来源；后者占6%，却对啤酒风味影响较大。存在于啤酒中的挥发性硫化物主要有硫化氢（H_2S）、二甲基硫（$CH_3—S—CH_3$，简称DMS）、硫醇（R—SH）、二氧化硫（SO_2）以及某些硫代羰基化合物。其中硫化氢和二甲基硫对啤酒风味影响最大。

硫化物对啤酒风味的影响是双重的，即微量存在时，是构成啤酒风味某些特点的必要条件，过量则不利。如过量的硫化氢会带来生青味和臭味，硫醇含量高时会带来日光味。

另外，挥发性硫化物对啤酒口味产生的不利影响也可能是污染了耐热细菌所致，这些细菌同样会产生类似的副产物。

因此啤酒生产工艺中会采用各种措施以控制硫化物的含量在适宜范围内。

6. 掺假、伪劣和非食用物质的恶意添加

在近代啤酒酿造技术中二氧化碳是必不可少的重要成分，啤酒中含有饱和溶解的二氧化碳。这些二氧化碳或是在发酵过程中产生的，或通过人工充入酒中。二氧化碳在啤酒中的作用主要体现在三方面。首先，二氧化碳有利于啤酒的起泡性，啤酒中的二氧化碳直接决定着啤酒的起泡高度、泡沫附着力和泡持性。其次，二氧化碳能够赋予啤酒入口舒适的刺激感觉，即所谓杀口力。再则，二氧化碳可以掩盖啤酒口味上的一些缺陷并有利于防止酒的氧化和防止杂菌感染。因此，二氧化碳对啤酒独特口感的形成是必不可少的。但需要注意的是啤酒生产中二氧化碳的使用必须符合我国《食品安全国家标准　食品添加剂使用标准》（GB 2760—2024）规定，外加的二氧化碳如果是啤酒工业自己产生的二氧化碳回收或外购食品型二氧化碳是安全的、允许使用的。但却有个别生产商（尤其是小型扎啤生产销售者）为了降低成本，使用价格低廉的工业二氧化碳充入啤酒中。工业二氧化碳的毒性在于它所含多种有害成分以及啤酒中二氧化碳浓度过大带来的健康危害。

二、蒸馏酒

蒸馏酒的制造过程一般包括原材料的粉碎、发酵、蒸馏及陈酿四个过程。这类酒因经过蒸馏提纯，故酒精含量较高。

（一）酿酒粮食的安全问题

我国现行的《食品安全国家标准　蒸馏酒及其配制酒》（GB 2757—2012）明确规定，蒸馏酒原料污染物限量应符合《食品安全国家标准　食品中污染物限量》（GB 2762—2022）的规定，真菌毒素限量应符合《食品安全国家标准　食品中真菌毒素限量》（GB 2761—2017）的规定。

（二）酿酒过程中的可能存在的安全问题

1. 甲醇

甲醇是有机物醇类中最简单的一元醇，最初是从木材干馏制取的，故又称木酒精、木醇。甲醇无色，有微弱的酒精气味，可与水、乙醇任意比例混合，是一种常用的有机溶剂。

蒸馏酒中甲醇主要来源于以下两方面。

① 酿酒原料及辅料中的果胶、果胶质。其是植物细胞壁的组成成分，化学成分主要是半乳糖醛酸甲酯。半乳糖醛酸甲酯中含有甲氧基（$-OCH_3$），在酸、酶和加热的条件下，甲氧基还原可生成甲醇，反应式如下。

$$(RCOOCH_3)_n + H_2O \longrightarrow (RCOOH)_n + nCH_3OH$$

半乳糖醛酸甲酯　　半乳糖醛酸　　甲醇

酿酒原料中果胶物质的含量与原料的品种、部位、种植条件、地区、收割季节、贮存方式等均有关。如薯干中含果胶3.36%，薯蔓中含5.81%，马铃薯皮层含4.15%，马铃薯除皮外仅含0.58%，麸皮中含1.22%，谷糠中含1.07%。因此，原料中果胶含量高者，生产出的酒甲醇含量则高，如薯类生成甲醇为干物质的0.28%～0.36%，谷物则为0.01%～0.04%。所以，水果（特别是腐烂水果）、薯类、糠麸等原料酿制出的酒，甲醇较高，一般不宜作食用酒精，可作为工业酒精使用。

② 酿造生产的各个环节。在原料蒸煮过程中压力、温度越高，持续时间越长，甲醇生成越多；在糖化过程中，糖化剂中含有果胶酶，可使果胶变为甲醇；因不同菌种产生的酶系不同，成品酒中的甲醇含量也不同。

甲醇是一种有毒物质，可经呼吸道、胃肠道和皮肤吸收，其中少部分随呼气排出，而大部分被血液和组织吸收，并分布于全身。进入人体的甲醇被运送至肝脏中，在肝中甲醇被醇脱氢酶代谢为甲醛，然后生成甲酸。若大量摄入甲醇后，生成的甲醛或甲酸会损害视神经，严重的甚至会导致失明。误食甲醇或饮用含甲醇浓度较高的酒精时会造成急性甲醇中毒。误服5～10mL的甲醇即可导致严重中毒，15mL可致失明，30mL左右可致死。甲醇中毒潜伏期常为8～36h，若有饮酒史，则潜伏期可延长。甲醇有蓄积毒性，所以连续饮用或者吸入蒸气时则会产生蓄积作用。工业上就曾有长期接触甲醇而导致的慢性中毒。我国GB 2757—2012《食品安全国家标准　蒸馏酒及其配制酒》规定以谷物为原料的蒸馏酒及其配制酒中甲醇含量不超过0.6g/L（按100%酒精度折算），其他原料则不超过2.0g/L（按100%酒精度折算）。

2. 杂醇油

杂醇油虽是白酒的重要香味成分之一，但含量过高不仅有损酒体风味而且会对人体产生毒害作用。杂醇油在人体内氧化速度很慢，所谓饮酒“上头”，就是杂醇油引起的头晕、头痛。杂醇油的毒性随着其分子量的增加而加剧。例如，丙醇的毒性为乙醇的8.5倍，异丁醇为乙醇的8倍，异戊醇为乙醇的19倍。

3. 氰化物

酒精中的氰化物主要来自原料，含有氰苷的木薯或果核是氰化物的主要来源。而一般以谷物为原料生产的酒，氰化物含量极低。木薯类原料中含有苦杏仁苷（氰苷），苦杏仁苷经水解产生剧毒的氰化物。

氰化物可经由口服、吸入及被皮肤黏膜吸收到体内而引起中毒。在原料蒸煮过程中，氢氰酸大部分通过排气挥发而被驱除，但仍有少部分以结合态存在而残留在成品酒精中。

因此以木薯为原料生产的酒精在生产过程中务必采取措施去除酒体中的氰化物。

我国 GB 2757—2012《食品安全国家标准　蒸馏酒及其配制酒》规定，蒸馏酒及其配制酒的氰化物不超过 8.0mg/L（按 100% 酒精度折算）。

4. 铅

酒中的铅全部来自镀锡的蒸馏器和贮酒容器。蒸馏酒在发酵过程中可产生少量的有机酸，如丙酸、丁酸、酒石酸和乳酸等，含有机酸的高温酒蒸气能使蒸馏器壁中的铅溶出。总酸含量高的酒，铅含量往往也高。故对酒中的铅含量必须严加限制。我国规定蒸馏酒及配制酒铅含量（以 Pb 计）应≤1mg/L。

5. 锰

酒中不应含有锰。然而，在以高锰酸钾处理甲醛含量高的白酒或有铁浑浊白酒时，若不经重蒸馏常使酒体残留较高的锰。尽管锰属于人体必需微量元素，但是因其安全范围窄，长期过量摄入仍有可能引起健康安全问题。

6. 塑化剂

参见第五章第二节。

（三）食品添加剂的安全问题

食品添加剂是为改善食品品质以及为防腐和加工工艺的需要而加入食品中的化学合成或者天然物质。食品添加剂的使用在符合《食品添加剂新品种管理办法》中的规定前提下，所用的食品添加剂还应当符合相应的产品质量标准。

目前我国有多种类型的蒸馏酒，它们相应的添加剂使用标准也有所不同。以白酒为例，除液态法和固液法白酒产品标准中允许使用 GB 2760 规定的食品添加剂外，其他标准中均规定产品中不得添加食用酒精和非白酒发酵产生的呈香、呈味物质，即不得外加食品添加剂。

目前白酒行业食品添加剂使用有不规范之处，其中较为突出的是甜味剂的滥用。美国、日本等发达国家经过膳食风险评估后，制定饮料酒中不同甜味剂的允许添加限量。但在世界范围内对蒸馏酒类产品添加甜味剂安全性尚未定论，也未形成相关标准法规，因此，中国现行的《食品安全国家标准　食品添加剂使用标准》（GB 2760—2024）未允许甜味剂使用于蒸馏酒中。但尚有部分企业违反 GB 2760 及《食品添加剂新品种管理办法》的要求，在蒸馏酒中违规添加甜味剂，例如，糖精钠的滥用。

三、配制酒

配制酒主要有两种配制工艺：一种是在酒和酒之间进行勾兑配制而成；另一种是以酒与非酒精物质包括液体、固体和气体进行勾调配制，即以发酵酒、蒸馏酒或食用酒精为酒基，加入可食用的花、果、动植物或中草药，或以食品添加剂为呈色、呈香及呈味物质，采用浸泡、煮沸、复蒸等不同工艺加工而成的。中国有许多著名的配制酒，如虎骨酒、参茸酒、竹叶青等。

配制酒的安全问题主要来自酒基。

第四节 非热加工食品的安全性

为了更好地保存产品，一般在食品加工包装前或包装后要进行杀菌，其目的是杀死食品中所污染的致病菌、腐败菌，并破坏酶，使食品能长期保存。其中热杀菌技术是食品工业中普遍采用的杀菌技术。热杀菌法是利用高温使微生物的蛋白质和酶变性或凝固，使其结构改变导致功能丧失，新陈代谢受到阻碍而死亡，从而达到灭菌的目的。热杀菌包括巴氏杀菌、高温杀菌、超高温瞬时灭菌、微波杀菌和电阻加热杀菌等方法。这类杀菌方法相对来说比较成熟，易于控制因而更安全可靠。但它们也存在严重的缺陷，即食品受热后，常会发生物理或化学性质的变化，导致热敏性产品的色、香、味、功能性和营养成分有一定程度的破坏作用，不但降低了产品的新鲜度，甚至还产生了蒸煮味，严重影响产品质量。近年来随着人们对食品的新鲜度、营养及安全品质等方面的要求越来越高，非热加工技术的研究开发逐渐成为食品科学研究的热点。

食品非热杀菌（也称冷杀菌）是指食品在杀菌过程中不引起食品本身温度有较大幅度增加的杀菌方法。与传统热力杀菌方法相比，这类杀菌方法依靠电子射线能、压力能、电场能、磁场能等物理能形式作用于食品并达到杀菌的目的。目前，食品非热力杀菌方法有辐照杀菌、超高压杀菌、高压脉冲电场杀菌和电磁场杀菌等方法。其中辐照杀菌、超高压杀菌技术已广泛地应用于食品的商业化生产中。

非热杀菌最大的优点是在杀菌的同时能较好地保持食品的感官品质和营养品质，尤其是能较好地保留食品中的热敏性成分，如香气成分、维生素和其他非营养功能成分等。最近几十年，日本、美国、中国、加拿大等国家在食品非热杀菌技术研究和应用方面发展很快，并已成为食品非热加工技术领域研究和应用的主要推动者。

一、超高压食品

食品超高压杀菌是一种物理杀菌方法，即将包装好的食品物料放入液体介质（通常是食用油、甘油、油与水的乳液）中，在100～1000MPa压力下处理一段时间使之达到灭菌要求，同时能较好地保持食品的色、香、味和营养品质。

（一）超高压杀菌的原理

1. 勒夏特列（Le Chatelier）原理

它是指系统的反应平衡总是朝着减小施加于系统外部作用力的方向进行。对超高压处理而言，目标之一是将食品体积减小，包括食品各组分的体积和结构的压缩。

2. 帕斯卡原理

它指液体物料的压力能够瞬间均匀地传递到物料的各个部位，而与食品的体积、尺寸无关。

超高压处理能够压缩微生物的细胞膜，并使细胞膜破坏，导致细胞内的DNA、酶、蛋白质等大分子物料产生压力变性而被压缩，生物物质的高分子立体结构中非共价键结合部分（氢键、离子键和疏水键等相互作用）发生变化，其结果是食品中的蛋白质呈凝固状变性，淀粉呈胶凝状糊化，酶失活，微生物死亡，或使之产生一些新物料改性和改变物料某些理化反应速度，故食品可长期保存而不变质。

（二）超高压杀菌食品的特点

与热灭菌处理的食品相比，超高压食品处理技术具有下列明显优点。

1. 营养成分受影响小、淀粉无回生现象

高压处理只有物理变化，没有化学变化，不会产生副作用，营养价值不受或很少受影响，因此，食品中维生素等营养成分和风味物质得以最大程度保留，且容易被人体消化吸收。

热杀菌时淀粉糊化后在保存期内会慢慢失水，发生α-淀粉向β-淀粉转化的现象，即淀粉回生或称淀粉老化。超高压处理后食品中的淀粉属于压致糊化，不存在热致糊化后的回生现象。

2. 能较好地保持食品原有的色、香、味，并可产生新的组织结构

超高压处理的范围只对生物高分子物质立体结构中非共价键结合产生影响，由于超高压不会使食品的共价原子键破裂，因而超高压过程对食品中的风味物质、维生素、色素及各种小分子物质的天然结构几乎没有影响。例如，超高压生产草莓果酱时可保持原果的特有风味，不仅不影响果酱营养价值和感官质量，而且能避免苦味物质的生成，从而使果汁保持原果风味、色泽及营养。在柑橘类果汁的生产中，加压不仅可以避免加热异味产生，同时还可抑制榨汁后味。

3. 工艺较简单，污染少

超高压处理过程是一个纯物理过程，瞬间压缩，作用均匀，操作安全，耗能低，有利于生态环境的保护和可持续发展战略的推进。该过程从原料到产品的生产周期短，生产工艺简洁，污染机会相对减少。

（三）超高压杀菌食品安全性

1. 微生物及酶的残存问题

超高压技术尽管对微生物有杀灭作用，使酶失活，但对pH值高的食品来说，容易导致芽孢菌的残存。因为一些产芽孢的细菌，需在70℃以上加压到600MPa或加压到1000MPa以上才能杀死。另外，酶因其分子量和分子结构不同，超高压下活性变化也不一样。若允许残存酶时，为防止流通中质量下降需采用低温流通的方法。因此，必须进一步研究超高压技术对微生物、酶的作用机理，并相应调整超高压灭菌技术。

2. 色泽及气味变化

有些食品可通过热加工处理达到理想风味，如美拉德反应产生的香气，而超高压技术则很难达到这种效果。

另外，超高压食品的风味和色泽在贮藏过程中要受光、氧气和温度等条件的影响，而且比新鲜状态更易发生变化。因此，必须研究合适的包装材料贮藏及运输条件等问题。

3. 超高压加工设备问题

超高压处理法需要专门的加压装置，但目前这种设备价格较贵，且属于间歇式加工，工作容量也比较小，所以在应用范围和规模上受到一定限制。

4. 农药残留问题

传统热杀菌产品在加热杀菌的同时可使部分残存的农药因热分解及挥发作用而得以消除，从而降低了农药在产品中的残留，而高压杀菌处理一般情况下并不能去除农药的残留成分，所以，原料在进行超高压处理前清洗掉残留的农药是非常必要的。

5. 其他方面存在的问题

超高压杀菌是利用帕斯卡定律对食品主成分水压缩而达到杀菌目的的，因此它并不适用于干燥食品、粉状或粒状食品以及像香肠一样两端扎结的食品。

另外，日本学者高桥曾指出：采用超高压技术对果汁进行杀菌，果汁浓度越高，加压杀菌的效果越差。所以对浓缩果汁加压杀菌效果不够理想。

二、辐照食品

20 世纪 70 年代，辐照食品的卫生安全性得到国际权威机构的确认。目前，全世界已有 42 个国家和地区批准辐照农产品和食品 240 多种，年市场销售辐照食品的总量达到 40 多万吨。我国也在 2001 年制定了《食品辐照通用技术要求》，为辐照食品的规范生产确立了总体标准。该标准于 2017 年修订为《食品安全国家标准　食品辐照加工卫生规范》（GB 18524—2016）。

食品辐照是利用电离辐射在食品中产生的辐射化学与辐射生物学效应而达到抑制发芽、延迟或促进成熟、杀虫、杀菌、防腐或灭菌等目的的辐照过程。

辐照食品是为了达到某种实用目的按辐照工艺规范规定的要求经过一定剂量电离辐射辐照过的食品。

（一）食品辐照的特点

1. 对食品品质的不良影响较小

与传统的加工保藏技术（如加热杀菌）相比，辐照处理属于非热作用，可以在常温、低温甚至冷冻条件下进行。辐照处理过程食品内部温度一般不会变化或增加很小，故有“冷杀菌”之称。据测定，用 γ 射线 2kGy 剂量辐照食品，食品内部温度最高上升 0.5℃，即使用高达 250kGy 剂量处理食品，温度最高也只上升 6℃。因此，经适当辐照处理的食品可保持原有色、香、味和质构，有利于保证食品的质量，有的甚至可提高食品的工艺质量。例如，辐照白兰地酒可以加速酒的陈化，减轻辣喉感，提高酒的醇香度；蚕茧辐照杀蛹后，可提高蚕丝的强韧度和解舒率；牛肉经辐照后更滑嫩可口；大豆制品经辐照后更易被人体消化吸收等。

2. 无化学残留

传统的化学防腐保藏技术面临着化学残留及污染问题，而辐照是一个物理加工过程，其过程可以进行精确控制，无须添加化学物质，因此也不会产生化学残留物。

3. 能耗小

与热处理、干燥和冷冻保藏相比，辐照食品能耗降低。

（二）辐照食品的安全性

1. 感生放射性污染问题

物质在经过射线照射后，可能诱发放射性，称为感生放射性。射线必须达到一定的阈值才可能诱发感生放射性。

按我国《食品安全国家标准　食品辐照加工卫生规范》，目前应用于食品辐照的放射源有三种：一是 ^{60}Co、^{137}Cs 等放射性核素产生的 γ 射线（^{60}Co 射线的能量为 1.17MeV 或 1.33MeV，^{137}Cs 射线能量为 0.66MeV）；二是加速器产生的 5MeV 或 5MeV 以下的 X 射线；三是加速器产生的 10MeV 或 10MeV 以下的电子束。这些放射源所放出的射线能量均在产生感生放射性的能量阈值以下。

因此，目前所允许的辐照源，若规范使用，不足以诱发放射性，所以在推荐剂量范围内处理食品，辐照安全性有充分保障。

2. 辐照食品的微生物学安全性

辐照通过直接或间接作用引起生物体 DNA、RNA、蛋白质、脂类等有机分子中化学键的断裂、蛋白质与 DNA 分子交联、DNA 序列中的碱基的改变，可以抑制或杀灭细菌、病毒、真菌、寄生虫，从而使食品免受或减少导致腐败和变质的各种因素的影响，延长食品贮藏时间。在辐照的具体实施过程中，可以选择不同的剂量达到不同的目的。在不严重影响食品营养元素损失的前提下，选择合适的辐射剂量可有效控制生物性因素对食品安全造成的危害。但是，以辐照方法处理食物的微生物存在一定的隐患，即可能会由此产生耐辐射的菌种突变体。有研究者担心一些病原微生物或病毒可能会因辐照受伤而变异，从而产生毒性更强的病原体。尽管现有的研究尚未发现有这种情况，但这种可能性是存在的。已有实验证明，在完全杀菌剂量以下，微生物出现耐放射性，而且反复照射，其耐性成倍增高。随着非杀灭性辐照的广泛应用，可能会诱变出新的抗性菌株，抗性菌株的抗性基因可能通过质粒和转座子进行横向转移，进入其他微生物而导致致病菌株产生抗性。微生物的这种变化，可能会带来新的有害物质，造成新的危害。这方面的结论还有待研究确认。

3. 辐照食品的毒理学评价

食品接受辐照后，可以产生辐照产物，其中包括一些有毒物质如醛类。为了更准确地评价辐照食品的安全性，应做毒理学评价，从辐照食品问世起，许多国家就开展了辐照食品的毒理学试验。大量的动物实验和人体实验结果都证实了经 10kGy 以下剂量辐照的食品是安全的，不存在毒理性问题。联合国粮农组织（FAO）、国际原子能机构（IAEA）、世界卫生组织（WHO）共同组成的国际食品辐照卫生安全评价联合专家委员会（JECFI），根据长期的毒理学研究结果，于1980年在日内瓦正式宣告：用10kGy以下剂量处理的任何食品，毒理学上都是安全的，不需要对经过该剂量辐照处理的食品再做毒理试验，在微生物学和营养学上都不存在问题。1997年，世界卫生组织高剂量辐照食品专家研究小组也得出结论：在当前技术所能达到的剂量范围内的辐照食品都是安全的，不存在毒理学、营养学和微生物学问题。我国也曾进行过人体食用辐照食品的试验。最终试验结果发现，食用辐照食品对人体未产生任何有害的影响。也有辐照食品的反对者指出，现有的人体试验中，最长的试验时间仅为15周，这并不能证明长期食用辐照食品对人体尤其是对婴儿的健康没有不良影响。因此，关于辐照食品的安全性问题尚需进一步研究。

4. 辐照食品管理问题

目前，我国辐照食品在生产加工过程中存在诸多问题，主要有以下几方面。一是监管部门管理不到位，相关法规标准未得到很好落实，甚至违法辐照现象比较突出。部分企业盲目追求灭菌或保鲜效果，随意加大辐照剂量，大大超过限定标准。由于缺乏强制性标准，且辐照具有良好的灭菌效果，很多企业甚至放松了对中间过程的卫生控制，以超剂量的辐照完成最终的灭菌过程。二是生产商对食品作辐照处理后，忽视对标识的要求，不按规定进行标识。我国GB 7718—2011《食品安全国家标准　预包装食品标签通则》规定：经电离辐射线或电离能量处理过的食品，应在食品名称附近标示“辐照食品”；经电离辐射线或电离能量处理过的任何配料，应在配料表中标明。然而，我国辐照食品企业对辐照食品的标识使用并没有按照国家管理办法的要求执行，这也可能与我国消费者接受程度有关。三是近年来我国因辐照不符合输入国标准要求而遭退货并造成不良影响的事件频见报道。四是辐照食品缺乏在大众媒体上的宣传，其公众接受性较差。消费者对辐照食品普遍存在恐惧心理。

第五节　其他加工食品的安全性

一、肉制品

肉制品以禽畜肉或其可食副产品等为主要原料，添加或不添加辅料，经腌、腊、卤、酱、蒸、煮、熏、烤、烘焙、干燥、油炸、成型、发酵、调制等有关工艺加工而成的生或熟的肉类制品。按加工工艺的不同，肉制品可分为腌腊肉制品、酱卤肉制品、熏烧焙烤肉制品、干肉制品、油炸肉制品、肠类肉制品、火腿肉制品、调制肉制品和其他类肉制品。

（一）肉的自溶和腐败变质

肉类食品从屠宰后开始，从新鲜到腐败变质一般要经过僵直、后熟、自溶、腐败四个阶段的变化。

1. 肉的僵直

畜禽屠宰后，由于肌肉中肌凝蛋白凝固、肌纤维硬化所产生的肌肉僵硬挺直的过程称为肉的僵直。

新屠宰过的鲜肉呈弱碱性（pH 值为 7.0～7.4）。此后，肌肉中的糖原和含磷有机化合物在组织酶的作用下分解为乳酸和游离磷酸，肉品的酸度也随之逐渐增高。当 pH 值降至 5.4 左右时，即达到肌凝蛋白等电点，肌凝蛋白开始凝固，肌细胞硬化导致肉制品变得僵直。这一阶段的畜禽肉虽然新鲜可食但感官品质欠佳，表现为口感发柴，风味寡淡，汤汁浑浊。

2. 肉的后熟

僵直后的肉品糖原分解酶继续活动，糖原减少，乳酸增加，pH 值进一步下降，肌肉结缔组织逐渐变软多汁并具有一定弹性，这一过程称后熟，俗称排酸。

肉制品后熟过程与畜肉温度、糖原含量有关。温度越高，后熟越快，温度在 4℃时，通常宰后经 1～3d 可完成后熟过程。疲劳牲畜肌肉中糖原减少，其后熟过程相应延长。后熟后的肉制品最适宜食用：首先，此阶段肉制品制作时会变得松软多汁，味道鲜香；其次，后熟肉中的乳酸具有一定的杀菌作用，如患口蹄疫病畜肉通过后熟产酸可达到无害化处理；另外，后熟肉表面形成的一层硬膜，也具有阻止微生物侵入内部的作用。

后熟后的肉品若保藏不当会发生自溶进而腐败变质影响其食用功能。

3. 肉的自溶

肉的自溶是指肌肉在内源性酶的作用下，出现肌肉松弛、色泽发暗、变褐、弹性降低、气味和滋味变劣的现象。

宰后肉制品如未经冷却即行冷藏，或相互堆叠无散热条件，使肉长时间保持较高温度，即使组织深部没有细菌存在，也会引起组织自体的分解。这是由于肉品长时间保持较高温度时，组织蛋白酶活性增高而发生的组织蛋白强烈分解现象。一般内脏肉组织更易发生自溶。这是由于内脏中组织酶丰富，其组织结构也适合于酶类活动，故内脏比肌肉类更易发生自溶。

肉的自溶特征是：① 具有强烈的酸臭气味且硫化氢呈阳性反应，此时，肉品除产生多种氨基酸外，还释放出硫化氢和硫醇等不良气味的挥发性物质；② 肌肉组织暗淡无光，呈红褐色、灰绿色或绿色，肉品释放的硫化物与肌红蛋白结合生成硫化肌红蛋白，使肌肉出现暗绿色斑；③ 肌肉弹性减退，指压痕恢复缓慢，有时不能完全恢复；④ 氨反应为阴性，自溶阶段一般没有氨或氨的含量极微。

因此，禽畜屠宰后应及时挂晾降温或冷藏；在进行肉制品加工前应避免堆放。自溶肉相当于次新鲜肉，若发现肉有自溶现象后，应马上处理。肉品自溶程度较轻时，可将肉品切成小块，放在通风好的地方，散发不良气味，除去变色部位，可供食用；若自溶程度重，除采取上述措施外，应经高温处理后才可食用。

自溶为细菌的侵入、繁殖创造了条件，容易导致肉的腐败。

4. 肉的腐败

发生自溶的肉在腐败菌和组织酶的作用下蛋白质的分解进一步进行，可生成胺、氨、硫化氢、酚、吲哚、粪臭素、硫化醇，即为蛋白质的腐败；同时，脂肪的酸败和糖的酵解也引起肌肉组织的破坏和色泽变化。腐败肉的特征是：① 肉表面发枯，肉质软糜或变得脆弱；② 肉组织和脂肪变色，由于微生物的种类不同，腐败肉所呈现的颜色各异，最常见的是变绿；③ 异味，最常见的是腐败的恶臭，还可见于酸臭味、苦味道和其他不愉快的难闻气味；④ 霉菌在肉上生长形成霉斑；⑤ 腐败肉煮沸后的肉汤污浊，有酸败气味，肉汤表面几乎无脂肪滴。

肉类腐败变质主要由微生物引起，其原因如下：① 健康牲畜在屠宰、加工、运输、销售等环节中被微生物污染；② 病畜宰前就有细菌侵入，并蔓延至全身各组织；③ 牲畜因疲劳过度，宰后肉的后熟力不强，产酸少，难以抑制细菌生长繁殖，易导致肉的腐败变质。

引起肉类腐败变质的细菌有多种，最初在需氧条件下皮层出现各种球菌，以后为大肠埃希菌、普通变形菌、化脓性球菌、兼性厌氧菌（如产气荚膜杆菌、产气芽孢杆菌），最后是厌氧菌。因此，根据菌相的变化，可确定肉类腐败变质的阶段。

（二）人兽共患传染病

禽畜的疾病很多，其中有很多疾病对人有传染性，这类疾病称为人兽共患传染病，如炭疽、布鲁菌病、口蹄疫以及近年来发生的禽流感等（参见第二章）。人兽共患传染病是最严重的食源性疾病，因此，应做好畜禽屠宰前后的检疫与检查工作，剔除患病畜禽，对食物彻底加热等。

（三）常见人兽共患寄生虫病

人兽共患寄生虫病指在脊椎动物与人之间自然传播的寄生虫病。动物的寄生虫病，有些可通过肉品传染给人，有些不通过肉品而通过其他途径感染人，还有的虽不感染人，但可感染其他动物，从而给养殖业带来经济损失。

常见人兽共患寄生虫病包括囊虫病、华支睾吸虫病、弓形虫病、旋毛虫病、蛔虫病等（参见第二章第四节）。

（四）细菌污染

肉制品在生产、加工中因灭菌不彻底，往往会引起厌氧菌的繁殖，同时在保藏、运输和销售中也很容易污染致病菌，可造成食物中毒（参见第二章第一节）。肉类食品是引起细菌性食物中毒最多的食品。

（五）添加剂的滥用问题

食品添加剂是伴随现代食品加工技术发展而兴起的行业。添加剂的使用给食品行业的发展带来巨大的变化，在改善食品感官性能、降低加工成本和延长货架期等方面，起到了很大的作用。但食品添加剂使用不当，会危害人体健康。GB 2760 对食品添加剂的使用范围和最大添加量做出了严格的规定（参见第四章第二节相关内容）。

（六）掺伪、掺假和非食用物质的恶意添加问题

肉制品常见的掺假问题之一是注水肉，它是指在宰前向猪、牛、羊、鸡、鸭、鹅等动物活体内，或屠宰加工过程中向屠体及肌肉内注水所得到的肉。注入肉体的水有自来水、屠宰场血水、食盐水、明矾水、漂白粉水等，更有甚者往肉中注入卤水。

我国《食品卫生法》规定："禁止生产经营下列食品……掺假、掺杂、伪造、影响营养卫生的。"

近年来非食用物质的恶意添加问题屡见报道，其中肉制品表现最为突出。这里既有食品产业监管的问题也有肉制品自身特点的原因。肉制品产品种类繁多，加工工艺复杂，需要添加的辅材较多，产品与原料在各方面相差较大，并且肉制品价格高于其他类型食品，非食用物质的恶意添加能给加工者带来更高的利润。例如"三腺肉"问题。早在1959年由农业部、卫生部、对外贸易部、商业部联合颁发的《肉品卫生检验试行规程》中就强调，在家畜屠宰加工过程中必须摘除甲状腺、肾上腺、病变淋巴腺，以保障人身健康和防止畜禽疫病的传播；农业农村部组织制定了《生猪屠宰肉品品质检验规程（试行）》，规定了生猪屠宰过程中甲状腺、肾上腺和病变淋巴结、病变组织的摘除、修割及处理。但由于屠宰过程不规范，使少量"三腺"未被剔除干净混入市场或被一些不良商家低价收购，剁成肉末出售。一旦误食，便可能造成食物中毒。

肉制品还容易出现安全问题的是兽药残留、激素残留、农药残留等问题，具体可参见有关章节。因此应充分重视肉及肉制品的安全问题。

二、乳制品

乳制品是以生鲜牛（羊）乳及其制品为主要原料，经加工制成的产品，包括液体乳类（杀菌乳、灭菌乳、酸牛乳、配方乳）、乳粉类（全脂乳粉、脱脂乳粉、调味乳粉、婴幼儿配方乳粉）、炼乳类、乳脂肪类（奶油）、干酪类等。

影响乳品安全的有害物质包括微生物、化学物质（主要是农药、兽药、重金属等）等。有害物质可能来源于乳牛的饲养过程、鲜乳生产过程以及乳制品生产过程。

（一）乳的腐败变质

鲜乳中含有多种抑菌或杀菌物质，如乳烃素、溶菌酶等，可使鲜乳保持一定的新鲜度并延缓乳的变质。鲜乳的抑菌作用的时间与乳中存在的细菌数和存放的温度有关，具体参见表6-1。

表6-1 鲜乳温度对保鲜时间的影响

乳温/℃	抑菌特性作用时间/h	乳温/℃	抑菌特性作用时间/h
37	＜2	5	＜36
30	＜3	0	＜48
25	＜6	–10	＜240
10	＜24	–25	＜720

注：资料来源于《奶牛健康高效养殖》，王杏龙。

但乳及乳制品由于含丰富的营养成分并且有一定的水分，也非常适合微生物生长繁殖。鲜乳的腐败变质主要是由细菌引起的。导致鲜乳的细菌污染的原因有多种。每克土壤或牛粪中存在的细菌数通常为100万～1000万个，挤奶时若加垫草或喂粗饲料，则空气中的尘埃增加，鲜乳中的尘埃及细菌也相应增加。细菌进入鲜乳后，在乳中繁殖并分解乳糖，产生乳酸，使酸度上升。当酸度达到蛋白质的等电点（乳球蛋白及清蛋白的pI=5.19，酪蛋白的pI=4.7）时，乳中蛋白质开始凝固，并有明显的酸味。变质乳也可因营养成分被分解而产生恶臭味，如蛋白质分解后，可产生吲哚、硫醇、粪臭素和硫化氢等。

（二）致病菌对乳制品的污染

乳制品的致病菌主要指人兽共患传染病（如结核、布鲁菌病、炭疽、口蹄疫等）的病原体。这些病原体可通过乳腺排出，使鲜乳受到污染。此外，在挤奶时和挤奶后到食用前的各个环节中，乳制品也可能被致病菌等污染。若人们经常饮用这种没有经过卫生处理的乳制品会被感染患病。致病菌产生的毒素，也容易导致食物中毒或其他食源性疾病。

（三）农药残留

农药残留是影响乳品质量安全的主要因素之一。

在食物营养链中乳制品处于较高级层次，所以乳制品含有的农药残留量相对较高。国内外毒理学专家经过大量的试验研究证明，牛奶中农药残留污染对人体健康的危害属于长时期、微剂量、慢性细微毒性效应。因此应对乳制品中农药残留予以重视。

（四）兽药残留或使用禁用兽药

兽药残留对人体健康有较大危害作用，主要表现为变态反应、过敏反应、细菌耐药性、致畸作用和致癌作用等。

1. 抗生素残留

对于乳品来说，主要问题之一就是抗生素残留。首先，这与奶牛这种大型经济家畜的病理特点、生产特性、产品特性有关。奶牛的常见感染性疾病主要有乳房炎、子宫炎、气管炎、肺炎、细菌性胃肠炎（包括创伤性网胃炎）、肾炎、蜂窝织炎、腱鞘炎、蹄病及创伤感染等。这些都是必须用抗生素治疗的疾病，而且发病率和抗生素治疗率均很高。其次，在我国，奶牛养殖仍以农、牧民个体为主，奶牛饲养管理技术水平较低，使得奶牛乳房炎和其他感染性疾病的发病率都显著高于发达国家。最后，监管不力也对部分超抗奶流入市场起了推波助澜的作用。

2. 激素残留

激素残留超标是乳制品使用兽药产生的另一严重问题。乳制品激素包括内源性和外源性激素两种，前者指奶牛本身产生的雌激素，后者是应用于奶牛生产的激素。这些激素可被人体吸收，成为环境雌激素的一种。环境雌激素可通过食物链或直接接触等途径进入体内，模拟内源性激素或拮抗正常的内源性激素，干扰内分泌功能，主要表现为雌激素样作用。有研究证实，近20年来青少年性发育异常、人类精子数量减少及生殖系统肿瘤发病率的升高等问题都与环境激素或动物性食物摄取量有关。因此，为减少乳源性激素对食品的污染及进而对人体造成的危害，应加强乳制品市场的监督。

由于目前我国奶牛的饲养主要以小规模、分散型的农户饲养为主，奶源质量控制难度较大，尤其在激素使用方面，在规范使用兽药和严格执行停药期规定等方面监控较难。这直接导致乳制品市场原奶质量不一，生产的乳制品激素含量范围变化也较大。

（五）掺伪、掺假和非食用物质的恶意添加

为提高经济效益，个别生产商使用复原乳粉冒充鲜乳销售，再添加香精、色素、防腐剂等食品添加剂后生产调味乳，但其包装标识上仍注明原料为鲜乳。有的企业为了降低生产成本，使用即将过保质期或已过期乳粉生产“回锅乳”。

另外，一些乳品收购商或奶牛户受利益驱动对原料乳进行掺伪、掺假。由于我国目前原料乳掺假的现场检测箱制度尚不健全，无法对一些掺伪、掺假行为产生有效的监督与管理。

尤其要指出的是，有个别厂商为降低原料奶用量，采用添加过多的糊精、乳清粉、棕榈油、色拉油甚至劣质水解蛋白的方法，如前所述的三聚氰胺奶粉和阜阳劣质奶粉事件。这些物质不但起不到牛乳的营养作用，某些物质甚至具有毒副作用，危害人体健康。

（六）过敏问题

乳制品也是较易引起过敏（尤其是婴幼儿）的食物之一。婴儿及儿童的牛乳过敏发生率为2%～6%，成人的发生率则较小，为0.1%～0.5%。这是由于婴儿免疫系统相对未发育成熟，易受环境过敏原的影响。牛奶中含有抗原蛋白成分，当这些蛋白质进入未发育成熟的新生儿胃肠时，就会产生抗原抗体的结合，引起过敏反应。理论上，绝大多数的牛乳蛋白都具有潜在的致敏性，但目前普遍认为酪蛋白、β-乳球蛋白（β-LG）及α-乳白蛋白（α-LA）是主要的过敏原，而牛血清白蛋白（BSA）、免疫球蛋白（Ig）及乳铁蛋白（Lf）是次要过敏原。乳制品蛋白质过敏症状，主要表现为恶心、呕吐、腹痛、腹泻等与食物摄入相关联的胃肠道症状。降低乳品过敏风险的方法可从三方面考虑：第一，优选经过特殊处理的乳品原料；第二，利用水解法获得低敏乳源蛋白；第三，对乳品进行发酵处理。

（七）乳糖不耐受症

乳糖在人乳及牛乳中的平均含量分别为7.0%和4.8%，是人体尤其是婴幼儿的重要营养源。乳糖进入人体后在乳糖酶的催化下被水解成葡萄糖和半乳糖进而被吸收利用。但是在亚洲和非洲人群中，特别是我国成人中约有55.1%的人体内乳糖酶较为缺乏，这将导致进入人体消化系统的乳糖因不能及时吸收而在大肠中积累，成为肠道微生物的异质性发酵基质，结果引起腹泻、腹胀、腹部疼痛和胃肠胀气等不适症状，这种现象被称为乳糖不耐受症。乳糖不耐受症的解决方法有以下几条途径：婴儿可用无乳糖的乳制品；幼儿可选用发酵型乳制品（其中的乳糖已被乳酸菌转变为乳酸）；成人则应避免空腹时大量饮用牛乳，也可先进食一定量其他食物，降低乳糖在肠道中的相对浓度，使细菌分解缓慢进行，分解

产物逐渐被吸收。

三、水产品

水产品是指所有适合人类食用的淡、海水水生动植物及两栖类动物以及以其为特征组分制成的食品。我国水产品安全性问题主要有以下几个方面。

（一）腐败变质

与其他肉类相比，鱼类营养价值丰富，含有较多的水分和蛋白质，易受微生物污染，且自身组织酶的活性高，更易发生腐败变质。

（二）食品污染

水产养殖环境的内、外源污染加剧使得水产品体内含有较多的重金属，同时还会受到农药、微生物以及寄生虫的污染。

1. 重金属污染

水体中重金属可在水产品中累积，例如，布多曾报道浮游生物富集重金属的量是水体的 7.3 万倍，小鱼则增长到 14.3 万倍，大鱼增加到 858 万倍，到达人体后就变成 1000 万倍。这些重金属进入人体后，累积到一定程度，就会影响人体的正常生长，危害人的健康乃至生命。

2. 微生物污染

水产品中常见的致病性微生物有副溶血性弧菌、沙门氏菌、志贺氏菌、大肠埃希菌、霍乱弧菌以及肠道病毒等。它们不仅会引起水产品的腐败变质而导致其食用品质下降甚至完全丧失，更严重的是很可能引起食物中毒事件。

3. 农药污染

水产品还可能受到有机磷、有机氯等农药以及氯霉素、硝基呋喃等鱼药的污染，淡水鱼受污染程度通常高于海水鱼。此外，寄生虫在鱼体内也极为常见，我国常见的鱼类寄生虫有华支睾吸虫、肺吸虫等。当人类生食含有感染性幼虫的鱼类及其水产品时，可能会感染寄生虫。

（三）天然毒素

许多水产品含有天然毒素，如几乎全身都含有毒素的河鲀，肝脏含有毒素的鲨鱼、旗鱼、鳕鱼等，被人误食后能引起食物中毒（参见第二章）。

四、谷物制品

谷物主要指禾本科植物谷类作物的种子，包括大米、小麦、燕麦、大麦、玉米等。谷类制品是指以谷物为主要原料，加工制成的食品。谷类蛋白质含量总体不高，一般在 7.5%～15% 之间，所含必需氨基酸不够完全，一般容易缺乏赖氨酸。但谷类食品碳水化合物含量丰富，是人体最理想、最经济的热能来源，另外，谷类还是 B 族维生素的重要来源。

谷物制品的安全性问题一方面源自原粮，另一方面源自制品的加工过程。谷物制品的安全问题有以下几方面。

（一）霉菌与霉菌毒素的污染

谷物中富含蛋白质、脂肪、矿物质及维生素等营养成分，这些丰富的营养物质为粮食中微生物的生长、繁殖提供了物质基础。粮食中存在的微生物主要有细菌、酵母菌和霉菌三大类群。就危害粮食的严重程度而言，以霉菌最为突出，细菌次之，酵母较为轻微。联合国粮农组织资料显示，世界上每年约有25%的谷物受到霉菌毒素不同程度的污染。在我国，污染谷类及其制品的霉菌毒素主要是黄曲霉毒素和镰刀菌毒素，其次是赭曲霉毒素A和杂色曲霉毒素。

1. 黄曲霉毒素

该毒素主要由黄曲霉和寄生曲霉产生。目前已鉴定的黄曲霉毒素有20余种，其中以黄曲霉毒素B_1的毒性最大，它具有很强的毒性和致癌性。在我国长江沿岸及其以南的高温、高湿地区，粮食受黄曲霉毒素B_1污染较为普遍，随着纬度增加，黄曲霉毒素B_1的污染逐渐减少。黄曲霉毒素主要污染玉米和花生。在进口粮食中，黄曲霉毒素B_1的污染情况也较为严重，尤其是玉米、花生。

近年来由于普遍重视粮食的存贮条件，黄曲霉毒素的污染率和污染程度有所下降。

2. 镰刀菌毒素

镰刀属的禾谷镰刀菌、串珠镰刀菌等是粮食类作物的常见病原菌。镰刀菌毒素是镰刀菌在粮食作物或粮食类食品上产生的有毒代谢产物。目前已知与人类健康关系密切的代谢产物主要有单端孢霉烯族化合物、玉米赤霉烯酮、串珠镰刀菌素、伏马菌素、丁烯酸内酯等。它们也是谷类饲料和青贮料中普遍存在的镰刀菌毒素，与动物的健康关系密切。在我国，从粮食、饲料中检出镰刀菌毒素的现象屡有报道。近年来的研究表明，大骨节病的病因之一可能是病区产的谷物内单端孢霉烯族化合物的T-2毒素含量过高，地方性乳腺增生症的病因可能是小麦中高含量的玉米赤霉烯酮。此外，镰刀菌毒素也可能引起心脑血管疾病、老年性骨关节病、肿瘤等疾病。

3. 其他

粮食中常见的橘青霉、产黄青霉、黄绿青霉和岛青霉等也能在粮食中产生毒素，如黄变米中毒就是由以上几种真菌产生的毒素引起的。

除了霉菌毒素外，在国外也曾发现粮食中含有魏氏梭菌和肉毒梭菌及其产生的毒素。

（二）农药残留

粮食中的农药残留直接来源是控制病虫害及杀菌、除草时喷洒的农药，间接来源则为水、空气、土壤等。用于农田杀虫、杀菌、除草和粮仓杀虫灭鼠的化学药物品种繁多，残留在谷类制品中的农药也随着农药的广泛长期使用而呈逐渐增加的趋势。

（三）仓储害虫

谷类仓储害虫有 50 余种，主要有甲虫（大谷盗、米象、谷蠹和黑粉虫等）、螨类（粉螨）及蛾类（螟蛾）等。仓储害虫的繁殖与温度、湿度的关系密切。当库温为 18℃以上、相对湿度在 65% 以上时，害虫易于繁殖；当库温降至在 10℃以下时，仓储害虫活动能力大为降低。

仓储害虫在原粮和半成品粮豆上都能生长，害虫分泌物及粪便可促使粮豆发热霉变，降低或失去食用价值，危害人体健康。世界范围内因仓储害虫造成的粮食损失量占总量 5%～30%，因此应予以积极防治。目前，最为有效和经济的防治害虫的手段是化学药剂熏蒸法和施用防护剂法。

（四）掺伪、掺假和非食用物质的恶意添加问题

个别企业或个人为获得较高利润，在粮食、豆类食物中掺伪掺假或加入禁用物质。如为了掩盖霉变，将陈小米洗后染色冒充新小米；在大米中掺入少量霉变米、陈米；在米粉、粉丝、面粉中加入有毒的荧光增白剂、滑石粉、吊白块等；在粮食中掺入砂石；糯米中掺入大米；藕粉中掺入薯干淀粉等。

（五）杂质

泥土、砂石和金属是粮食中主要的无机夹杂物，可来自田间、晒场、农具和加工机械，亦不乏人为混入。它们不仅会影响感官性状，同时也会损伤牙齿和胃肠道组织。粮谷加工过程中可通过过筛、清洗和吸铁装置去除无机夹杂物。

（六）有毒种子污染

谷物在种植收获过程中有时容易被一些有毒的植物污染，导致谷物夹杂有毒作物种子，对人体造成毒害作用。

1. 毒麦

毒麦为黑麦属的一年生草本植物，是混生于麦田中的一种恶性杂草，繁殖力和抗逆性很强，因此对作物生长影响较大。毒麦成熟籽粒极易脱落，通常有 10%～20% 落于田间。毒麦种子颖果内种皮与淀粉层之间容易寄生真菌毒麦菌（*Stromatinia temulenata*）的菌丝，产生毒性较强的毒麦碱，对人畜具有很大的毒性。未成熟或多雨潮湿季节收获的种子毒力最强。人、畜食用毒麦碱后轻者产生头晕、昏迷、呕吐、痉挛等症，重者则会使中枢神经系统麻痹以致死亡。

2. 麦角

麦角是麦角菌侵入谷壳内形成的菌核，通常寄生于黑麦上，小麦、大麦、水稻、谷子、玉米、高粱等也可被侵害。通常人若食用含 1% 以上麦角的粮食即可引起食物中毒，含量达 7% 即可引起致命性食物中毒。其原因在于麦角中含有麦角毒碱、麦角胺和麦角新碱等多种有毒生物碱。麦角碱类可直接作用于血管使其收缩，导致血压升高，使迷走神

经兴奋，引起心动过缓。麦角的毒性稳定，可保持数年不受影响，焙烤加工对其毒性影响很小。

另外，麦仙翁籽、槐籽、曼陀罗籽、苍耳子等也是易于混入粮食中的有毒作物种子。

（七）食品添加剂的滥用

食品添加剂的滥用造成的谷物制品安全问题也较多。以含铝添加剂为例，2015 年 1 月北京市食药监局公布的 16 种不合格下架停售食品中就有 6 批铝超标的粉条，而现行国标中不允许米粉中添加含铝食品添加剂。2011 年 6 月，在食品添加剂联合专家委员会（JECFA）的第 74 次大会上，委员会将铝的暂定每周耐受摄入量修订为每周每千克体重 2mg。这相当于一个体重为 60kg 的成年人每周吃进去 120mg 铝不会导致铝的蓄积并引起健康损害。中国食品风险评估中心的评估结果显示，我国居民吃进去的铝按平均值计算，低于这一参考值；然而 14 岁以下儿童以及一些经常食用铝含量较高食物的消费者，吃进去的铝较多，有一定的健康风险。其中馒头、油条和面条等面制品是铝的主要来源。另外，因为喜爱面食，北方居民铝的摄入量比南方居民高 4 倍多。

因此，谷物制品中添加剂滥用问题也不容忽视。

参考文献

[1] 杨曙明，张辉 . 饲料中有毒有害物质的控制与测定 [M]. 北京：北京农业大学出版社，1994.
[2] 李红，张华 . 食品化学 [M]. 2 版 . 北京：中国纺织出版社，2022.
[3] 贡汉坤 . 食品生物化学 [M]. 北京：科学出版社，2010.
[4] 欧阳万坤 . 优势传统产业知识 [M]. 武汉：湖北人民出版社，2011.
[5] 曲径 . 食品安全控制学 [M]. 北京：化学工业出版社，2011.
[6] 王兴国，金青哲 . 油脂化学 [M]. 北京：科学出版社，2012.
[7] 于殿宇 . 油脂工艺学 [M]. 北京：科学出版社，2012.
[8] 陈辉 . 食品安全概论 [M]. 北京：中国轻工业出版社，2011.
[9] 王杏龙 . 奶牛健康高效养殖 [M]. 北京：金盾出版社，2008.
[10] 陈洁 . 油脂化学 [M]. 北京：化学工业出版社，2004.
[11] 胡晋，关亚静 . 种子生物学 [M]. 2 版 . 北京：高等教育出版社，2022.
[12] 中国酿酒工业协会，《中国酿酒工业年鉴》编委会 . 中国酿酒工业年鉴 [M]. 北京：中国轻工业出版社，2011.
[13] 中国轻工业联合会 . 中国轻工业年鉴 2021[M]. 北京：中国轻工业年鉴社，2021.
[14] 李云 . 食品安全与毒理学基础 [M]. 成都：四川大学出版社，2008.
[15] 冯志哲 . 食品冷藏学 [M]. 北京：中国轻工业出版社，2001.
[16] 林春艳，李威娜 . 肉制品加工技术 [M]. 2 版 . 武汉：武汉理工大学出版社，2017.
[17] 谢明勇，陈绍军 . 食品安全导论 [M]. 3 版 . 北京：中国农业大学出版社，2021.
[18] 周家春 . 食品工艺学 [M]. 2 版 . 北京：化学工业出版社，2008.
[19] 孔保华 . 畜产品加工储藏新技术 [M]. 北京：科学出版社，2007.
[20] 陈彦长，罗祎 . 辐照食品与放射性污染食品 [M]. 北京：中国质检出版社，2012.
[21] 刘大森，强继业 . 核农学 [M]. 北京：中国农业出版社，2006.

[22] 丁晓雯，柳春红 . 食品安全学 [M]. 3 版 . 北京：中国农业大学出版社，2021.

[23] 李国基，耿予欢 . 关于中国传统酿造酱油中是否含有氯丙醇的考证报告 [J]. 中国酿造，2001，20（5）：7-9.

[24] 武致，杨芳，邓涛，等 . 老抽酱油中氯丙醇的新来源分析 [J]. 中国调味品，2008，33（2）：88-89.

[25] 张强，翟凤英，张兵，等. 中国成年居民味精消费与超重关系的研究[J]. 卫生研究，2011，40（6）：718-719.

·第七章·

转基因食品的安全性

转基因食品（genetically modified foods，GMF），又称基因修饰食品，作为一种新兴的食品类型，是基因技术的产物。目前，转基因食品在提高抗除草剂能力、抗害虫能力和增加食品性状等方面表现出了极大的优越性，从 1983 年诞生最早的转基因作物（烟草），到美国孟山都研制的延熟保鲜转基因番茄 1994 年在美国批准上市，产品品种及产量成倍增长，为解决人类面临的食品短缺、能源危机以及传统农业对环境的污染等问题提供了新的思路和途径。然而，转基因作为一种新兴的生物技术，其技术的不成熟和不确定性，使得转基因食品的安全性成为人们关注的焦点。

与传统食品（traditional food）相比，转基因食品独特之处就在于物种发生本质性转变。传统食品通过自然选择或人为的杂交育种来进行，而转基因技术虽与传统的以及新近发展的亚种间杂交技术无实质差别，但转基因技术着眼于从分子水平上，在不同类物种间进行基因操作（通过重组 DNA 技术做基因的修饰或转移）。然而，由于转基因作物对环境造成的影响未知，且在环境中生长很难控制，因此，转基因食品从诞生之日起就受到包括遗传生物学专家在内多领域学者的争议。为确保其食用的安全性，转基因食品应首先进行活体过敏试验和毒理测试。

第一节　转基因食品概述

随着生物技术的不断发展和日趋成熟，转基因作物给人类带来了巨大的社会和经济效益。然而，转基因技术与任何一项新技术一样，在实际应用中有利有弊，转基因食品作为利用生物技术改造的非传统食品具有一定的风险性，特别是由于目前的科学水平还难以准确预测该技术所造成的生物变化对人体健康和环境的影响，尤其是长期效应。因此，转基因食品的安全性问题已越来越受到各国政府、消费者和国际组织的关注。

转基因生物范围很广，包括转基因植物、转基因动物和转基因微生物，由此而来的转基因食品也相应地分为转基因植物源食品、转基因动物源食品和转基因微生物源食品。

转基因植物源食品的研究重点包括培育延缓成熟、耐极端环境、抗虫害、抗病毒、抗枯萎等性能的作物；培育不同脂肪酸组成的油料作物、高蛋白质的粮食作物等。转基因植物源食品是目前研究最多和商业化最广的转基因食品。根据转基因植物的类型，转基因植物源食品又可分为抗除草剂转基因食品、抗虫转基因食品、抗病毒转基因食品、抗真菌转基因食品和抗环境胁迫的转基因食品等。而且，转基因植物也是高效、便宜、可食用疫苗的来源。

抗除草剂转基因食品：农达 [Roundup，草甘膦（glyphosate）的商品名] 除草剂由孟山都公司生产，为推广其销售，该公司开发了一系列 RR 转基因植物，如 RR 大豆、RR 玉米、RR 小麦、RR 油菜等，其中 RR 大豆商业化种植面积最广。

抗虫转基因食品：Bt 转基因的抗虫玉米、马铃薯、油菜等已投入商业化生产。

抗病毒转基因食品：依据 Sanford 和 Johnston（1985）提出的病原衍生抗性原理，人们已从毒原病毒开发出了许多抗病毒基因和抗病毒转基因植物。病毒基因已成为当前植物抗病毒基因工程的重要来源。病毒的衣壳蛋白（CP）基因是植物抗病毒基因工程研究的重点。美国农业部（1995）批准第一个转衣壳蛋白基因南瓜品种“Freedom Ⅱ”投入商业应用。该品种可以不用杀虫剂就消灭传播病毒的昆虫，确保品种产量。

20 世纪 80 年代末，科学家们开始把十多年分子研究的成果运用到转基因食品上，1995 年成功地生产出抗杂草黄豆，并在市场上出售。现在转基因技术已批量生产出抗虫害、抗病毒、抗杂草的转基因玉米、黄豆、油菜、土豆、西葫芦等。目前，转基因食品的主要产地是美国、加拿大、欧盟、南非、阿根廷等。植物源转基因食品涉及的食品或食品原料包括大豆、玉米、番茄、马铃薯、油菜、番木瓜、甜椒、西葫芦等。从 1994 年美国第一例转基因番茄被批准商业化以来，转基因作物的商业化进程发展很快，截至 1998 年 6 月，国外批准商业化应用的各类转基因作物近 90 种，仅美国和加拿大就超过 50 种。在美国，已经有超过 60% 的加工食品含有转基因成分；在英国，与转基因有关的食品达 7000 种，包括婴儿食品、巧克力、冷冻甜品、面包、人造奶油、香肠、肉类及代肉类产品等。

2023 年 12 月 25 日，农业农村部发布公告，批准 37 个转基因玉米和 14 个转基因大豆品种大规模种植，批准进口用作加工原料的转基因作物，包括大豆、玉米、油菜、棉花、甜菜。2023 年，全球 30 个国家种植了 2.063 亿 hm^2 的转基因作物，其中美国的转基因作物种植面积最大，达到 7469 万 hm^2，其次是巴西（6692 万 hm^2）、阿根廷（2500 万 hm^2）、印度（1210 万 hm^2）和加拿大（1150 万 hm^2），总计 1.902 亿 hm^2，占全球种植面积的 92%，我国种植面积达 280 万 hm^2。

1997 年，我国转基因食品植物开始种植。1998 年，我国从美国和加拿大进口了较大数量的粮油，其后每年都保持了不小的进口数量。2002 年以后，我国转基因大豆的进口基本维持在 2000 万吨左右。转基因大豆主要用作加工原料，生产豆油和豆粕。其中，在国内用转基因大豆生产的大豆色拉油比例相当高，可能高达 80% 以上，而大豆油是食品加工最基本的原料之一。目前，我国对进口转基因食品原料已发放转基因生物安全证书的有转基因大豆、转基因油菜、转基因棉花和转基因玉米。

转基因动物食品：自从 1980 年美国耶鲁大学 Gordon 成功完成转基因小鼠的转基因工作后，转基因动物研究得到迅速发展。目前，生长速度快、抗病力强、肉质好的转基因兔、猪、鸡、鱼均已问世。1988 年，研究人员成功地利用转基因羊在羊乳中表达了人的凝血因子Ⅸ。近十年来，已经有几十种不同的蛋白质在泌乳家畜的乳中得到表达，其中11种蛋白质的表达量达到1g/L以上。采用基因重组的猪生长激素，注射至猪体内，可使猪肉瘦型化，有利于改善肉的品质。在肉的嫩化方面，可利用生物工程技术对动物体内的生长发育基因进行调控，通过基因工程获得嫩度好的肉质。

转基因微生物源食品：将编码动植物活性蛋白质和营养功能成分的基因或调控基因导入微生物细胞中，利用微生物的快速繁殖来改造有益微生物，用以生产食用酶和天然活性物质等。如将人类母乳中存在的微量活性蛋白——乳铁蛋白的基因克隆到工程菌酵母中，使之稳定表达，可获得人乳铁蛋白。美国Bio Technica公司将黑曲霉的葡萄糖淀粉酶基因克隆入啤酒酵母，用以生产低热量啤酒。第一个采用基因工程改造的食品微生物为面包酵母。把具有优良特性的酶基因转移至该菌中，使该菌含有的麦芽糖渗透酶及麦芽糖酶的含量比普通酵母高，面包加工中产生二氧化碳的量较多，从而使制得的面包制品具有膨发性能良好、松软可口的特点。在工业发酵上，采用基因工程技术，将大麦中的α-淀粉酶基因转入啤酒酵母中并实现高效表达，这种酵母便可以直接利用淀粉进行发酵，不需要淀粉酶再进行液化，可缩短生产流程，简化工序，导致啤酒生产的革新。20世纪80年代中期，猪、牛等胰岛素，干扰素，生长素基因克隆入微生物，开创了微生物生产高等动物基因产物的新途径。现在，基因工程已能将许多酶、蛋白质、香精以及其他多种物质的基因克隆入合适的微生物宿主细胞中，利用细菌的快速繁殖来大量生产，这使得人们对于自然界“微量”产品的依赖性有所下降。例如牛胃蛋白酶的基因克隆入微生物体内，解决了奶酪工业受制于牛胃蛋白酶来源不足的问题。

一、转基因食品

（一）转基因食品的定义

基因工程（gene engineering）指利用DNA体外重组和PCR扩增技术，从某种生物基因组中分离出感兴趣的基因，或通过人工合成的方法获取，然后经过一系列切割、加工修饰、连接反应形成重组DNA分子，再将其转入适当的受体细胞，以期获得基因表达的过程。这种工程所使用的分子生物技术通常称为转基因技术。

转基因食品（genetically modified foods，GMF），就是指利用现代基因工程技术，将某些生物的基因转移到其他物种中去，改造它们的遗传物质，使动物、植物或微生物具备或增强某种特性，使其在性状、营养品质和消费品质等方面向人们所需要的目标转变，可以降低生产成本，增加食品或食品原料的产量或价值，这种以转基因生物为直接食品或为原料加工生产的食品就是转基因食品，又称基因工程食品或基因修饰食品。转基因食品含有用DNA重组技术构建的外源基因，包括目的基因和标记基因。目的基因含有人们期望宿主生物获得的某一或某些性状的遗传信息，标记基因是帮助对转基因生物体进行筛选和鉴定的一类外源基因，包括选择标记基因和报告基因。

转基因食品有诸多优点：第一，成本低、产量高，成本虽然只有传统产品的50%，但产量至少增加20%，甚至有的可以增加几倍或几十倍；第二，具有抗草、抗虫、抗逆境等特征，一方面可以降低农业生产成本，另一方面可以提高农作物的产量；第三，食品的品质和营养价值提高，如通过转基因技术提高谷物中赖氨酸含量，增加营养价值；第四，保鲜性能增强，例如，利用反义 DNA 技术抑制酶活力，延迟成熟和软化，延长贮藏和保鲜时间。

转基因技术及优点

（二）转基因食品的种类

1. 转基因植物

（1）转基因抗病虫害植物　大多数转基因作物的目的在于通过导入抗病毒基因、抗真菌性或抗细菌性疾病的基因、抗害虫基因，提高作物产量或使作物便于管理。目前主要应用于棉花、玉米、大豆、番茄等植物，我国已将抗黄瓜花叶病毒的基因导入青椒和番茄中，并获得良好的抗病效果。

（2）转基因耐受除草剂植物　如将耐除草剂基因导入植物内，使植物耐受除草剂，方便植物生产管理。

（3）转基因改善食物成分植物　转入作物中生产高营养价值的作物，避免营养素缺乏症，如黄金米、不同脂肪酸组成的油料作物、多蛋白质的粮食作物等，主要品种有小麦、玉米、大豆、水稻、土豆、番茄等。

（4）转基因改善农业品质植物　如转入与产量相关的基因或抗逆境基因（耐热或耐寒和抗旱以及耐盐碱等的基因），使植物能更好地适应环境。

（5）转基因延长食品货架期植物　如利用基因工程技术抑制成熟基因，从而达到推迟果蔬成熟衰老、保鲜的目的。目前，国内外都已有商品化的转基因耐贮番茄生产，其相关研究也已扩大到草莓、香蕉、芒果、桃、西瓜等。

2. 转基因动物

转基因动物性食品主要应用于鱼类、猪、牛等，主要以提高动物的生长速度、瘦肉率、饲料转化率、产奶量和改善奶的组成成分为主要目标。此外，转基因技术也可将人类所需的各种生长因子的基因导入动物体内，使转基因动物能够分泌出人类所需的各种生长因子。如 1997 年英格兰罗斯林（Roslin）研究所克隆的携带有人凝血因子Ⅸ基因的绵羊；1999 年上海医学遗传研究所培育的中国第一头转基因牛携带有人体白蛋白；2002 年中国科学院水生生物研究所首次亮相的“转基因黄河鲤鱼”等。

二、转基因技术在食品工业中的应用

在 21 世纪，为了提高农产品营养价值，更快、更高效地生产食品，满足日益增长的人口需求，转基因食品应运而生。转基因食品利用现代分子生物技术手段，将某些生物的基因转移到其他物种中去，从而改造生物的遗传物质，使其在形状、营养品质、消费品质等方面向着人们所需要的目标转变。我国《转基因食品卫生管理办法》中将转基因食品定义为：利用基因工程技术改变基因组构成的动物、植物和微生物生产的食品和食品添加剂。

目前转基因技术在食品工业中的应用主要表现在以下几个方面。

（一）酶制剂的生产

酶的传统来源是动物脏器和植物种子，随着发酵工程的发展，逐渐出现了以微生物为主要酶源的格局。近年来，基因工程技术的发展，更使我们可以按照需要来定向改造酶，甚至创造出自然界从未发现的新酶种。蛋白酶、淀粉酶、脂肪酶、糖化酶和植物酶等均可利用基因工程技术进行生产。

利用基因工程技术改善酶制剂的生产菌株、酶制剂的质量和品质，在酶制剂工业上得到了广泛应用。如利用基因工程菌生产凝乳酶，实现高效表达，表达率可达 1mg/g（以湿菌体计），解决了凝乳酶供不应求的状况。1990 年美国 FDA 已批准在干酪生产中使用。采用基因工程生产 α- 淀粉酶的产量提高了 7～10 倍。目前利用基因工程菌发酵生产的酶制剂已有几十种。应用于食品工业的酶制剂见表 7-1。

表 7-1 应用于食品工业的酶制剂

酶种类	用途
蛋白酶	乳酪生产，啤酒去浊，浓缩鱼胨，制酱油，制蛋白胨
脂肪酶	鱼片脱脂，毛皮脱脂等
淀粉酶	麦芽糖生产，醇生产等
纤维素酶和半纤维素酶	用于乙醇生产、植物抽提物的澄清和将纤维素转化为糖
糖化酶	酶法制糖
果胶酶	用于葡萄酒和果汁的澄清及减少其黏度
植酸酶	可将饲料中的植酸盐降解成无机磷类物质
葡萄糖异构酶	制造高果糖浆

（二）改良微生物菌种性能

最早采用基因工程改造的微生物是面包酵母（*Saccharomyces cerevisiae*）。人们把具有优良特性的酶基因转移至该菌种，使经基因工程改良的面包酵母含有的麦芽糖透性酶（maltose permease）及麦芽糖酶（maltase）含量大大提高，提高面包加工中产生的 CO_2 气体，从而使得面包膨发性能好、松软可口。此外，采用基因工程技术，将大麦中的 α- 淀粉酶基因转入啤酒酵母中并高效表达，这种酵母可以直接利用淀粉进行发酵，既节省了原材料，又缩短了生产流程、简化了工序，推进了啤酒技术的革新。

（三）改善食品原料的品质

利用基因工程技术对动植物品种进行改良可获得高品质的食品加工原料。

1. 动物食品性状的改良

基因工程动物生长激素在改善饲养动物的效率，加速动物生长，改变畜产品和鱼类的营养品质等方面具有广阔的应用前景。例如，将基因工程化的牛生长激素注射到母牛上，可以提高其产奶量；而将基因工程猪生长激素注射到猪上，可使猪瘦肉型化，改善肉食品质。

2. 改造植物性食品原料

主要是通过提高植物性食品氨基酸含量、增加食品甜味（环化糊精）、改造油料作物、改良植物食品蛋白质品质、改良园艺产品的采后品质等来改善植物性食品原料品质。

（1）蛋白质的改良　植物蛋白含量不高或氨基酸的比例不恰当或优质蛋白质缺乏等，

可能导致食用者蛋白质营养不良。采用转基因的方法可以提高植物性食品中蛋白质的质量。例如，通过将谷类植物基因导入豆类植物，获得甲硫氨酸含量高的转基因大豆；我国学者把玉米种子中克隆得到的富含必需氨基酸的玉米醇溶蛋白基因导入马铃薯中，使转基因马铃薯块茎中的必需氨基酸提高了 10% 以上。

（2）油脂的改良　油脂的酸败是油脂品质下降的主要原因，目前已知豆类中的脂氧合酶在酸败过程中扮演重要角色。对油脂品质的改善主要集中在两个方面：控制脂肪酸的链长和饱和度。美国 DuPont（杜邦）公司通过反义抑制和共同抑制油酸酯脱氢酶，成功开发了高油酸含量的大豆油。这种新型油具有良好的氧化稳定性，很适合用作煎炸油和烹调油。另有研究结果显示，导入硬脂酸 -ACP 脱氢酶的反义基因油菜种子中，可使转基因作物中的饱和脂肪酸（软脂酸、硬脂酸）的含量下降，不饱和脂肪酸（油酸、亚油酸）的含量增加，其中油酸的含量可增加 7 倍。

（3）碳水化合物的改良　在高等植物中，淀粉合成的酶类主要有淀粉合酶（SS）、ADPP 葡萄糖焦磷酸酶（ADP-GPP）和分支酶（BE）。通过反义基因技术抑制淀粉分支酶可获得只含直链淀粉的转基因马铃薯。孟山都公司开发了淀粉含量平均提高 20%～30% 的转基因马铃薯，油炸后的产品更具马铃薯风味且吸油量较低。

（4）改良园艺产品的采后品质　基因工程方法在延缓蔬果成熟、控制果实软化、提高抗病抗冻能力、延长保藏期方面均得到较广泛应用。果实的成熟是一个复杂的发育过程，是由一系列基因相继活化而控制的，且乙烯是果实成熟过程中调节基因表达的最重要、最直接的指标。目前，日本学者通过控制产生乙烯的基因表达，减慢乙烯的合成速度，从而减缓果蔬衰老，达到保鲜效果。此外，国外研究发现，番茄后熟过程中细胞成分变化受基因控制，番茄“不熟种”缺少衰老基因，后熟慢。因此，可以利用基因工程技术从内部控制果蔬后熟，或修饰遗传信息，或抑制成熟基因，从而达到延迟果蔬成熟、衰老，达到果蔬保鲜的目的。

（四）改进食品生产工艺

1. 改良啤酒大麦的加工工艺

采用基因工程技术，降低大麦中醇溶蛋白的含量，解决了啤酒生产过程中易产生浑浊、过滤困难的难题。

2. 改进果糖和乙醇的生产方法

以谷物为原料生产乙醇和果糖时，要使用造价高且只能使用一次的淀粉酶来分解原料中的糖类物质。然而，利用基因工程技术改变这些酶的编码基因，可大大降低果糖和乙醇的生产成本。

利用基因工程技术将霉菌的淀粉酶基因转入 *E. coli*，并将此基因进一步转入酵母单细胞中，使之直接利用淀粉产生酒精，不需要高压蒸煮工序，可节约 60% 的能源，缩短了生产周期，降低了成本。

（五）生产食品添加剂及功能性食品

食品添加剂如氨基酸、维生素、增稠剂、有机酸、乳化剂、表面活性剂、食用色素、食用香料及调味料等都可以利用基因工程菌发酵生产，同时还可以利用基因工程技术开发得到新的优良添加剂。例如，将酵母甘油醛磷酸脱氢酶启动子导入的 SOD 基因在酵母中高效表达。

为了改变传统保健食品中的有效成分，在动、植物或细胞中，采用转基因技术，能够通过基因表达而制造出有益于人类健康的保健成分或有效因子，如人的血红素基因，具有实际应用价值。

三、转基因食品的发展现状与发展趋势

20 世纪 80 年代，转基因技术逐渐渗入到农业、医药等领域，并先后取得重大突破。其中利用转基因技术生产的转基因食品也应运而生。

1983 年，第一例转基因作物烟草问世。

1986 年，首批转基因作物获准田间试验。

1989年，美国政府批准在奶牛中使用重组牛生长激素（rBST），以增加奶牛的产奶量。

1992 年，中国成为第一个商品化种植转基因作物烟草的国家。

1994 年，美国在世界上第一个批准商业化转基因食品，延熟保鲜转基因番茄问世。随后又产生转基因大豆、玉米、大米、土豆、棉花、油菜等。目前已有上百种转基因植物问世，其中有以抗真菌、抗病毒、抗虫害、抗逆、抗除草剂为目的的转基因植物；有以增加果实颗粒营养成分或生产药用成分为目的的转基因植物，如 β- 胡萝卜素含量较高的“金稻米”。

然而，在美国，转基因作物中的大多数都被用来喂养动物或作为原料用来制作其他食物。关于超市中的水果和蔬菜，美国 FDA 认可经过基因改造工程的李子、哈密瓜、木瓜、南瓜、番茄和土豆等。转基因农作物消费非常普遍，如用转基因大豆做动物饲料、豆油，用转基因玉米做乙醇、饲料和加工食品等。2020 年 3 月，美国食品和药物管理局发布的信息显示，目前美国转基因作物有大豆、玉米、棉花、油菜、甜菜、番木瓜、西葫芦、苹果、土豆、苜蓿。1996 年至 2018 年，转基因作物种植国共获经济效益 2249 亿美元，其中美国获益 959 亿美元。有资料显示，2018 年美国转基因大豆和玉米分别占总种植面积的 94%、92%。

在澳大利亚，1996 年转基因棉花开始大规模商业化种植，其中从这些转基因棉花籽中提炼的棉籽油广泛被用于烹饪。2008 年，转基因油菜的大规模商业种植，目前维多利亚州、新南威尔士州和西澳大利亚州都有种植。菜籽油被用于生产人造奶油或罐装食品及零食，油菜籽粕和棉籽粕都被用来饲养牲畜。澳大利亚食品安全局允许食品厂商在进口食品中大范围采用转基因材料，其中包括转基因黄豆、玉米、大米、土豆和甜菜等。其中，转基因黄豆用作多种食品的原料，例如面包、点心、巧克力、薯片、人造奶油和蛋黄酱等；大豆卵磷脂在酱料、蛋糕和糖果食品中被用作黏合剂。

欧盟强烈抵制转基因食品进入，并采取一系列措施限制转基因农产品的进口，并要求转基因成分超过 0.9% 的产品必须贴上“产自转基因生物体”的标签，审批过程极其复杂，形成事实上的限制。

在韩国，截至 2023 年 8 月，食品医药品安全处发布的资料显示，通过安全检查且获得许可的转基因作物有大豆、玉米、棉花、油菜、甜菜、马铃薯和苜蓿等 7 种。

生物技术作物不仅能增加粮食产量，还在环境友好型土地开发方面也起到很大的作用，如节约耕地、减缓环境影响等。1996—2018年间，转基因作物的种植使粮食产量提高了8.22亿t，价值2249亿美元。截至2023年，全球有30个国家/地区批准种植转基因作物，45个国家/地区批准进口应用。1996年以来，全球共批准30种转基因作物转化体3716件。对于发展中国家和处于经济转型期的国家而言，农业占GDP的比重很大，转基因技术够明显提高农业生产率，有助于消除贫困。

目前，大豆、玉米、油菜以及棉花等作为全球的四大基因改造作物，已得到大面积商品化种植。2023年，全球转基因作物种植面积为2.063亿hm^2。按照种植面积统计，全球约72%的大豆、34%的玉米、24%的油菜和76%的棉花是转基因产品。2023年，转基因大豆种植面积达1.009亿hm^2（占全球转基因作物种植面积的48.9%），其次是玉米、棉花，以及油菜。小面积种植的作物有番茄、马铃薯、甜椒、西葫芦、木瓜等。

美国是生产转基因作物最多的国家，自美国批准基因改造作物商业化生产以来，越来越多的转基因作物被批准在不同国家和地区（如加拿大、阿根廷、巴西、中国、印度、南非、西班牙和澳大利亚等）商业化种植。1996—2023年间，全球转基因作物的种植面积扩大了121倍，累计约为34亿hm^2。2019年12月，我国农业农村部公布了192个颁发“农业转基因生物安全证书”的植物品种，其中包括189个棉花品种、2个玉米品种和1个大豆品种。2020年我国大豆进口量首次超1亿t，其中大部分为转基因大豆。我国市场上70%的大豆制品中含有转基因成分，进入我国消费者生活的转基因食品主要是使用转基因大豆加工的食用油和豆制品，在市场上还发现了转基因米粉、饼干、咖啡等。我国转基因植物研究涉及的植物种类50多种，各种功能基因有120多种。另外，我国共有48种转基因作物进行中间试验，其中水稻、玉米、大豆、马铃薯、番茄、甜椒和线辣椒为转基因食品。2023年12月25日，农业农村部第732号公告称裕丰303D等37个转基因玉米品种、脉育526等14个转基因大豆品种已审定通过。在转基因动物源食品研究方面，1999年，我国首例转基因试管牛“陶陶”诞生；2000年，克隆出山羊“阳阳”；2002年，克隆出奶牛“科科”。此外，我国政府已经批准包括烟草、棉花、马铃薯、甜椒和矮牵牛花等在内的31例转基因作物进行商业化生产，批准进行田间试验和环境释放的包括17例微生物、2例转基因鱼和18例转基因作物。

第二节　转基因食品的安全性

对转基因生物安全评价主要集中在环境安全性和食用安全性两个方面。其中食用安全性主要包括营养成分、抗营养因子、毒性和致敏性等。

以重组DNA技术为代表的转基因技术为农业生产、人类生活和社会进步带来巨大的利益。虽然目前转基因技术可以准确地将DNA分子切断和拼接，进行基因重组，但是异源DNA片段对受体基因的影响程度不能事先完全地、精确地预测，因此，受体基因的突变过程及对人类的危害同样无法预料。

一、转基因食品安全问题的产生

20 世纪 80 年代后期，随着第一例基因重组转基因食品——牛乳凝乳酶的商业化生产，转基因食品的安全受到了越来越广泛的关注。1990 年，第一届联合国粮农组织 / 世界卫生组织（FAO/WHO）专家咨询会议，在对转基因食品安全性评价方面迈出了第一步。之后，国际上相关组织先后开展了各项会议讨论转基因食品的安全性评价问题，其中包括“实质等同性原则”的提出和认可。20 世纪 90 年代中期，一些研究结果对转基因食品的安全性提出了严峻的考验，更是增加了各国对转基因食品安全性的关注，转基因食品安全性的相关研究工作也理性化地展开。

1998 年，英国普兹泰（Pusztai）在《自然》（*Nature*）上发表了其对转有雪花莲植物凝集素的转基因马铃薯饲养大鼠的研究论文。研究结果发现，大鼠胃黏膜、腔肠绒毛及肠道的小囊长度均有不同的变化。饲喂转基因马铃薯的大鼠结肠、空肠和部分小肠黏膜变厚，实验鼠肾脏、胸腺和脾脏生长异常或萎缩或生长不当，多个重要器官也遭到破坏，脑部萎缩，免疫系统变弱。然而，英国皇家协会组织的评审指出 Pusztai 的实验存在六方面的错误：① 不能确定转基因和非转基因马铃薯的化学成分有差异；② 对食用转基因土豆的大鼠未补充蛋白质以防止饥饿；③ 供实验用的动物数量少，饲喂的几种不同食物都不是大鼠的标准食物，无统计学意义；④ 实验设计差，未做双盲测定；⑤ 统计方法不当；⑥ 实验结果无一致性。虽然该实验的准确性在后来因其实验设计存在缺陷而被推翻，但由此产生的对转基因食品安全性的怀疑却无法从人们心中抹去。

蝴蝶对化学物质十分敏感，被认为是重要的环境“检测仪”。1999 年 5 月，美国康奈尔大学 Losey 等人研究报道，在一种植物马利筋的叶片上涂上转 *Bt* 基因玉米花粉后喂养帝王蝶，发现 4d 后帝王蝶幼虫死亡率为 44%。该研究引发了转基因植物对生态环境是否安全的争论。结论是，抗虫玉米花粉在田间对帝王蝶并无威胁，其原因是：① 玉米花粉大而重，扩散不远，在田间，所有花粉只落在 10m 以内，在距玉米 5m 的马利筋杂草上，每 $1cm^2$ 叶子上只发现一粒玉米花粉；② 帝王蝶通常并不吃玉米花粉，它们在玉米撒完粉后才大量产卵；③ 在经调查的美国中西部，转 *Bt* 基因玉米占玉米面积的 25%，但田间的帝王蝶数量却很大。美国环境保护局报告中指出，评价转基因作物对非目标昆虫的影响应以野外实验为准，而不能仅仅依靠实验室的数据。这一事件的发生，加剧了人们对转基因食品安全性的疑虑。

此外，2001 年 11 月的墨西哥玉米事件，以及 2003 年 6 月绿色和平组织发布的《转 *Bt* 基因抗虫棉花环境影响的综合报告》等此类事件的相关报道，使人们产生了对转基因技术所带来的未知事物的担忧和对新技术的不信任感；同时，科学家们也提出了需要对转基因食品的安全性给予更多的研究和关注。

事实上，由于转基因技术用来改造食品的基因通常来源于完全无关的物种，很多是人类极少食用的物种，因此，相对于传统的自然食品而言，存在着不确定的因素和未知的长期效应，其安全性尚有待于进一步的检验。① 过敏性反应。据报道，有些转基因生物产品可能含有有毒物质和过敏原，会对人体健康产生不利影响，严重的甚至可以致癌或导致某些遗传疾病。然而，到目前为止，尚无有力证据表明这些改良品种有毒，但一些学者认为，对于基因的人工提炼和添加，可能会增加和积聚食物中原有的微量毒素，这种毒素的积累是个相当长的过程。因此，目前谁也不能确保这些改良品种没有毒。英国科学家普斯陶教授研究发现，经过基因改造的马铃薯对实验老鼠的肝、胃和免疫系统都会造成伤害。虽然他的实验结果有待于进一步证实，但仍可提示人们转基因食品可能有损于人类的健康。针对过敏反应问题，对于一种食物过敏的人，有时还会对一种以前他们不过敏的食物产生过敏，原因就在于这种食品中含有了导致过敏的蛋白质。例如，科学家将玉米的某一段基因加入核桃、小麦和贝类食品的基因中，那么，以前吃玉米过敏的人就可能对核桃、小麦和贝类食品过敏。② 改变营养成分。有研究者认为，外来基因会以一种人们目前还不甚了解的方式破坏食物中的营养成分。例如，美国伦理和毒性中心的实验报告指出，与一般大豆相比，耐除草剂的转基因大豆中，防癌的成分异黄酮减少了。③ 污染环境。大量的转基因生物进入自然界后很可能会与野生物种杂交，造成基因污染，这种污染对环境及生态系统造成的危害一般难以消除，影响到生物多样性的保护和持续利用。例如，抵抗除莠剂的转基因油菜会使野生芥菜受到传染，致使野生芥菜对除杂草措施不敏感。④ 改变生态。有些作物插入抗虫或抗真菌的基因可能对其他非目标生物起到作用，从而杀死了环境中有益的昆虫和真菌。有科学家用抗虫转基因的玉米分别饲喂玉米钻心虫和草蛉，实验结果表明，在钻心虫的死亡率高达60%的同时，草蛉的成熟期也比正常时间晚了3d。草蛉是一种益虫，被农民大量繁殖以防治棉铃虫和蚜虫等农业虫害。由此可见，抗虫转基因玉米没有识别益虫和害虫的能力，它在毒杀害虫的同时，也损害了益虫。若大规模种植抗虫作物可能意味着减少有益昆虫的种群。

二、转基因食品潜在的安全问题

目前，转基因食品的安全性问题主要有两方面：转基因植物的环境安全性和转基因食品的食用安全性。转基因食品的潜在问题有：转基因食物的过敏性，转基因食品的毒性，营养品质改变问题，转基因生物的环境安全性以及转基因技术中存在的伦理道德问题。与之相应的安全性评价的内容包括：外源基因的安全性、基因载体的安全性、转基因过程、基因插入引起的副作用、基因重组的非预期效应、新表达物质的毒性和致敏性、转基因动物的健康状况、转基因食品营养成分分析、转基因食品在膳食中的作用和暴露水平、食品加工过程对食物的影响、对人体抗病能力的影响以及售后去向和消费人群的流行病学调查。

（一）转基因植物的环境安全问题

生态环境是人类可持续发展的物质基础。外来生物入侵，这是一个传统的生物危害问题。目前，绿色产业已经成为各行业的发展方向，人们对环保问题日益重视，对转基因食品也不例外。环境安全性评价的核心问题是转基因生物是否会破坏生态环境，打破原有生物种群的动态平衡。

1. 破坏生态系统中的生物种群

生态系统是一个有机的整体，任何部分遭到破坏都会危及整个系统。转基因生物具有较强的生存能力或抗逆性，一旦进入环境中，就会间接伤害生态系统中的其他生物。如植入抗虫基因的农作物会比一般农作物耐病虫的侵扰，长此下去，必将取代原来的作物，造成部分物种灭绝，这种问题一般需要经过较长时间才能显现。

2. 转基因生物对非目标生物的影响

释放到环境中的抗虫和抗病类转基因植物，不仅对害虫和病菌致毒，而且对环境中的许多有益生物也会产生直接或间接的不利影响，甚至导致一些有益生物死亡。此外，转基因生物将增强目标害虫的抗性。例如，转基因抗虫棉对第1～2代棉铃虫有很好的抵抗作用，但第3～4代棉铃虫已对转基因棉产生抗性，若这种具有转基因抗性的害虫变成具有抵抗性的超级害虫，就需要喷洒更多的农药才能将它们消灭，因此将会对农田和自然生态环境造成更大的危害。1997年，人们在玉米原产地——墨西哥山区的野生玉米内检测到转基因成分，但转基因玉米的栽培地却是在远离山区几百里之遥的美国境内。另外，如美国的星联（Star link）玉米事件，1998年美国环保局批准将其用作动物性饲料的商业化生产，不用于人食用，因为它对人体有致敏性，可能产生皮疹、腹泻。但是2000年，在市场上30多种玉米食品当中发现了这种玉米的成分，致使美国政府下令回收所有的这种转基因玉米。

3. 影响生物多样性的问题

保持生物多样性是减少生物遭受疫病侵袭的重要方式。由于转基因作物的优良特性，很多人选择种植，致使某些作物的多样性大大降低。

4. 基因漂移产生不良后果

转基因作物可能将其抗性基因杂交传递给其野生亲缘种，从而使原本是杂草的野生亲缘种变为无敌杂草。基因漂移的过程很难人为控制，其后果也难以预测。如加拿大用于试验的油菜，起初只具有抗草甘膦、抗草胺膦和抗咪唑啉酮功能中的1种功能，后来发现了兼具3种功能的油菜，说明这3种油菜之间产生了杂交，而这种油菜对周围的植物造成了很大影响。

5. 对天敌产生的影响

自然界本身具有优胜劣汰规则，物种之间也有天然的相互依存关系。由于病虫害的泛滥而不得不借助农药，但是在杀灭害虫的同时这些害虫的天敌也被杀灭，使得病虫害问题日益严重。如今转基因技术虽然解决了病虫害的问题，但不知道是否会给这些害虫的天敌带来不利的影响。

（二）转基因食品的食用安全问题

1. 营养品质和代谢改变

转基因食品中导入的外源基因可能以难以预料的方式改变食品的营养价值和不同营养素的含量，甚至可能引起抗营养因子的改变。例如，美国生产的一种耐除草剂的转基因大豆中的异黄酮就比一般大豆低12%～14%。此外，由于转基因引起的基因结构、基因产物和基因在功能上的变化，还有基因沉默等基因层次的改变，最后都会部分地影响到代谢水平的改变，从而产生在营养因子和表型上的变化。

2. 抗生素抗性

抗生素抗性标志基因（antibiotic resistance marker genes）在转基因技术中是必不可少

的，主要应用于对已转入外源基因生物体的筛选，即转基因植物基因组在插入外源基因时，通常连接了标志基因用于帮助转化子的选择。人类食用了带有抗生素抗性标志基因的转基因食品后，在体内可将抗生素抗性标志基因插入肠道微生物中，并在其中表达，使这些微生物转变为抗药菌株，可能影响口服抗生素的药效，对健康造成危害。如氨基丁卡霉素抗性基因，一旦在环境中释放，该基因就有可能产生突变，出现氨基丁卡霉素抗性失效，影响人类健康。转基因食品中的抗生素抗性标志基因也可能引发人类的医疗风险，是人体健康的潜在威胁。2002 年，英国进行了转基因食品 DNA 的人体残留试验，7 名做过切除大肠组织手术的志愿者，食用过用转基因大豆做成的汉堡包之后，在其小肠肠道的细菌中检测到了转基因 DNA 的残留物。由于在转基因的时候，是用抗生素做标记的，所以认为如果吃了含有这种标志基因的食物，可能使肠道细菌或者是口腔细菌对抗生素产生一种抗性。

3. 潜在毒性

一些研究学者认为，对于基因的人工提炼和添加，可能在达到人们想达到的某些效果的同时，也增加和积聚了食物中原有的微量毒素，此外，抗虫作物残留的毒素和蛋白酶活性抑制剂的叶片、果实和种子等，既然能使咬食其叶片的昆虫的消化系统功能受到损害，就有对人畜产生类似伤害的可能性。转基因食品可能产生毒性主要有以下两种原因。

① 提供基因的生物很可能是不能作为食物的有毒生物，其基因转入作为食品的生物后，产生有毒物质。自然界中任何生物的存在与繁衍都不是以作为人类食物为目的的，而是根据生存的需要和规律生长及代谢。现在已知的植物毒素约 1000 种，绝大部分是植物次级代谢产物。其中，最重要的是生物碱和萜类植物。如千里光碱等双稠吡咯烷、金雀儿碱等双稠哌啶烷类生物碱具有强烈的肝脏毒性和致癌、致畸作用。

② 新基因的转入打破了原来生物基因的“管理体制”，使一些产生毒素的沉默基因启动，产生有毒物质。

4. 潜在的过敏原

转基因食品引起食物过敏的可能性是人们关注的焦点之一。转基因食品产生过敏的原因可能是：转基因操作将供体过敏原的特性转移到受体动植物体内；许多转基因植物以微生物为基因供体，这些供体是否具有过敏性尚不清楚；一些非食物源的基因或新的基因组合可能产生过敏原；转基因食品本身中含有的一些过敏原如花生、小麦、鸡蛋、牛奶、坚果、豆类、鱼等所含有的蛋白质。上述因素均会激发一些易感消费者出现过敏反应。全世界约有 2% 的人群对某些食物成分过敏。

转基因食品可能产生过敏性的情况有如下几种。① 已知所转外源基因能编码过敏蛋白质。② 外源基因转入后能产生过敏蛋白质。例如，巴西坚果中有一种蛋白质富含甲硫氨酸和半胱氨酸，1996 年，美国先锋种子公司将该基因转到大豆中进行品质改良。然而，研究发现，对巴西坚果有过敏反应的人因为含有这一蛋白质，将其转基因到大豆中检验，发现对巴西坚果过敏的人对这种转基因大豆也过敏。③ 转基因食品产生的蛋白质与过敏蛋白质的氨基酸序列有明显的同源性。④ 转基因表达蛋白质为过敏蛋白质的家族成员。

三、转基因食品安全性的争论

目前，国际上对转基因食品的安全性问题尚无定论。关于转基因食品对人类健康是否有不良影响，转基因技术对环境、物种的进化是否有影响等仍存在争议。

转基因食品的支持派认为，迄今为止并未发现转基因食品危害人体健康和环境的确切证据，有关它们的长远影响还只能做推论。反对者则认为其具有极大的潜在危险：可能损害人类的免疫系统；可能产生过敏综合征；可能对人类有毒性；对环境生态系统有害；对人类和人体存在未知的危害等。在转基因食品最发达的美国，曾有些大食品公司也因其产品被检出含有转基因食品配料（转基因大豆和转基因玉米）而遇到麻烦。

从目前来看，转基因技术的任何所谓不良影响都仅限于理论和可能性，而它的诸多优势及前景已经展示在人们面前。然而，针对转基因食品安全性的争论，除了对转基因作物安全性的认识不同外，国家之间、经济组织之间和商家之间的经济利益冲突等也是重要的影响因素。

参考文献

[1] Pechan P，de Vries G E. 转基因食品 [M]. 北京：中国纺织出版社，2008.

[2] 陈有容，王华 . 基因工程和转基因食品的安全性问题 [J]. 食品科学，2002，23（12）：145-149.

[3] 邵学良，刘志伟 . 基因工程在食品工业中的应用 [J]. 生物技术通报，2009（7）：1-4.

[4] 李顺 . 对转基因食品安全性的探讨 [J]. 魅力中国，2013（6）：34-35.

[5] 秦伟闻，邢莲莲 . 转基因食品安全性问题研究进展 [J]. 内蒙古农业科技，2006（1）：51-54.

[6] 国际农业生物技术应用服务组织 . 2019 年全球生物技术 / 转基因作物商业化发展态势 [J]. 中国生物工程杂志，2021，41（1）：114-119.

第二篇
食品安全评价方法

·第八章·

食品安全性评价

“民以食为天，食以安为先”，食品是人类社会生存发展的第一需要，食品的安全性更是与人们日常生活密切相关。食品应具备的基本条件是：卫生安全、无毒无害；含有人体所需要的营养素和有益成分；感官性状良好、可被人体接受。但是食品除了含有机体必需的营养素外，也可能含有机体非必需的甚至有害的生物或化学物质，这些物质总称为外源化学物质。外源化学物质是存在于人类生活的外界环境，通过与机体接触并进入机体，在体内呈现一定的生物学作用的化学物质。它既包括在食品生产、加工中人类使用的物质，也包括食物原材料本身生长中存在的一些物质以及外源污染的物质。当前，越来越多的化学物质进入空气、土壤、水、植物和动物体中，食物链不断受到污染，食品的安全性越来越成为世界各国政府共同关心的热点问题。食品安全是国家安全的重要组成之一，关系到国家和社会的稳定发展，关系到每个公民的生命和健康。如何解决食品安全问题，保护公众身体健康和生命安全，既是各国政府面临的重要战略任务，也是食品科学工作者的神圣责任，同时也是食品企业和消费者的义务。人类社会的发展和科学技术的进步，正在使人类的食物生产与消费活动经历巨大的变化。与人类历史上任何时期相比，在当今社会一方面现代饮食水平与健康水平普遍提高，反映了食品的安全性状况有了较大的甚至是质的改善；另一方面人类食物链环节增多和食物结构的复杂变化，又增添了新的饮食风险和不确定因素。因此，为确保摄入的食品对人体健康的安全性，需要对食品进行安全性评价。

食品安全性评价（assessment on food safety）是指根据有害物质的毒理学研究资料、在食品中的含量、在各类食品中的分布状况、人的膳食结构、人体暴露量等综合评价食品或食品中有害物质对人体可能造成的危害及其危害程度，并制定切实可行的预防措施的过程。食品中具有的危害通常称为食源性危害（foodborne hazards），主要分为物理性、化学性以及生物性食源性危害3类。食品安全性评价为制定预防措施和食品安全标准提供依据，达到控制食源性危害的目的，在食品安全性研究、监控和管理上具有重要意义。

现代食品安全性评价除了必须进行传统的毒理学评价外，还需要进行人体研究、残留量研究、暴露量研究、膳食结构和摄入风险性评价等。1995 年，国际食品法典委员会（Codex Alimentarius Commission，CAC）在食品安全性评价中提出了风险分析（risk analysis）的概念，并将风险分析分为风险评估（risk assessment）、风险管理（risk management）和风险交流（risk communication）。其中，风险评估在食品安全性评价中占中心位置。

第一节 食品安全性评价的发展历程

食品安全性评价是在人体试验和判断识别的基础上发展起来的。早期的科学家们缺少有关食品中所含物质对人体是否有害的确定的方法和手段。随着观察流行病学和毒理学的发展，人们进行了大量的相关工作，不断去完善观察工作并发展相应的技术方法，使得食品安全性评价得到进一步发展。食品安全性评价技术的发展经历了从观察到科学分析的转变，包括以下四方面：① 剂量反应；② 分析化学及其在食品上的应用；③ 靶物质预测试验（动物研究）；④ 微生物学的应用。继之增加了风险性评价和应用统计学。

随着化学和生物学的发展及其在食品安全性评价方面的应用，食品安全性评价得以进一步发展和完善。随着人们对食品中化学与生物因素安全性认识的不断深入，发现单从观察得出正确的结论存在一定的困难。研究者试图通过传统的毒理学试验得出评价食品安全性的结论，但这只能从急性试验到慢性（暴露）试验，从定性到定量解决化学物质的安全性评价问题，这既是早期的食品中化学污染物的定量评价，同时又是一个费时费力的投入，却解决不了食品安全性评价所要求解决的全部问题。随着现代基因工程技术应用于食品以及新动、植物食品资源的开发，人们开始认识到非定量现象（如行为、情感等）对评价的应用。因此，建立一种新的评价食品安全性的方法显得更为重要。一种可能区别于传统的食品安全性评价的途径随之提出（表 8-1），该途径包括化学分析、体外模型、计算机模拟、传统的安全性试验和人体研究五大方面，与传统的毒理学试验相比，其主要的区别和特点是：① 增加了对化学分析的应用；② 物质进入市场前需做人体研究；③ 强调了代谢和毒性预测知识。现在，随着农业和食品工业的一体化以及全球化食品贸易的发展，现代食品的生产、流通、准备和摄入方式的改变，随着转基因食品的迅猛发展，食品对健康已产生了广泛而巨大的影响，急需食品安全性评价体系不断改进、创新和完善。

表 8-1 食品安全性试验策略

序号	项目	内容
1	化学分析	识别化合物、类型确认
2	体外模型	非哺乳动物系统（即致突变试验）、哺乳动物组织模型，包括标准物质的代谢改变
3	计算机模拟	活性 - 结构关系（SAR）、动力学模型
4	传统的安全性试验	对标准试验物质的影响、对应激系统的影响
5	人体研究	比较分子学、药物动力学和药物动态学模型、对标准试验物质的影响、对应激系统的影响

由表8-1可见，现代食品安全性评价除了进行传统的毒理学评价外，还需有人体研究、残留量研究、暴露量研究、消费水平（膳食结构）和摄入风险评价等。把化学物质评价、毒理学评价、微生物学评价和营养学评价统一起来是目前食品安全性评价的发展趋势。

食品安全性评价工作是一个新兴的领域。由于政治、经济、历史、文化的差异，世界各国虽对食品安全性评价的要求有所不同，但对化学、生物毒性物质进行安全性评价却是各国相应的法律、法规的基本要求。列入食品安全性评价的物质范围将会大大拓宽，各类法律、法规随着社会的发展将不断得到修订和完善，因此，进行食品安全性评价必须严格遵照最新的法律、法规。各国对食品中化学、生物物质进行安全性评价均以人类食用相对安全为前提。在我国，对不同物质进行的安全性评价中，对安全性的要求是指我国法律、法规、食品安全标准允许下的安全，指我国社会发展到现阶段所能接受的危险度水平。

第二节　食品中危害成分的毒理学评价

目前，世界各国对食品安全日益重视，相关的法律、法规日益严格。对发生食品安全事故的卫生行政执法和处罚要以法律、法规为准绳，而食品安全性毒理学评价则是作出这些裁决的基础。食品安全性毒理学是应用毒理学方法研究食品中可能存在或混入的有毒、有害物质对人体健康的潜在危害及其作用机理的一门学科。其研究的外源化学物质一般包括食品生产、加工中使用的物质（食品添加剂、环境污染物等）；动植物生长过程中天然形成或存在的物质（动植物中的天然毒素等）；微生物所产生的毒素（如黄曲霉毒素等）。除上述物质外，又出现了二噁英污染、氯丙醇污染、丙烯酰胺污染、牛海绵状脑病、兽药（包括激素）残留、霉菌毒素污染等新的毒理学问题。另外，有学者认为维持人类正常生理所必需的营养素，尤其是一些微量元素的过量摄入或摄入不足引发的某些毒副作用也属于食品毒理学研究的范畴，因此，在食品毒理学领域研究外源化学物质的同时，也应研究必需营养素过量或不足摄入所引起的毒性作用。随着科学技术的进步和科研水平的提高，一些新技术如基因重组、克隆技术、核酸杂交技术、PCR技术、DNA测序技术和一系列突变检测技术，以及近年来发展的荧光原位杂交技术、流式细胞技术、单细胞凝胶电泳以及转基因动物等用于研究环境致癌物引起的DNA损伤、基因突变、加合物的形成与抑癌基因的检测，已广泛应用于我国的各项食品安全性毒理学评价中。

一、食品毒理学的概念与研究内容

食品毒理学（food toxicology）是借用基础毒理学的基本原理和方法，研究食品中外源化学物的性质、来源与形成，以及它们的不良作用与机制，并确定这些物质的安全限量和评定食品的安全性的科学。食品毒理学是毒理学的基础知识和研究方法在食品科学中的应用，通过研究食品中有毒有害物质的性质、来源及对人体损害的作用与机制，评价其安全性并确定这些物质的安全限量以及提出预防管理措施，是现代食品卫生学的一个重要组成部分。

食品毒理学的研究对象是食品中的外源化学物。外源化学物是指在人类生活的外界环境中存在，通过与机体接触并进入机体，在机体内呈现一定的生物学作用的化学物质。它既包括在食品生产、加工中人类使用的物质，如农药、除草剂、食品添加剂、环境污染物、动物用抗生素等，也包括食物本身生长中存在的物质，如动物毒素和植物毒素。与外源化学物相对的概念是内源化学物，内源化学物是指机体内原已存在的和代谢过程中所形成的产物或中间产物。

食品毒理学是食品安全性评价的基础，研究的是食品中的外源化学物及其与机体相互作用的一般规律，检验并评价食品（包括食品添加剂）的安全性或安全范围，制定相应的安全标准。研究内容主要包括以下几个方面。

（1）食品中外源化学物的性质、来源和分类

食品中与外源化学物毒性相关的理化性质主要是溶解度、解离度、颗粒大小、挥发性、光学特性等。食品中外源化学物根据其来源分为天然物、衍生物、污染物和添加剂等四大类。

（2）食品中的外源化学物的毒理学基础及其在体内的毒性作用规律

明确食品中外源化学物的毒性、剂量 - 效应反应、损害作用、毒效应谱等基础毒理学描述；研究机体对外源化学物的处置（吸收、分布、代谢、排泄）过程；外源化学物对机体的毒性作用机制及影响其毒性作用的因素等。

（3）确立食品中外源化学物对机体毒性作用的评价方法

主要采用毒理学试验评价，根据具体情况，选择急性试验、亚急性 / 慢性试验和慢性毒性试验、特殊毒性试验，还要结合个体观察和流行病学调查等手段，阐明食品中的外源化学物对机体的毒性危害、在机体的代谢过程及其机制。

（4）制定相关的食品卫生与安全标准及法规

研究外源化学物在食品中的安全限量，评定食品的安全性，为食品安全性评价和监控提供科学而详细的理论依据，从而确保人类健康。

食品安全性毒理学评价的发展

二、食品安全性毒理学评价程序和方法

《食品安全国家标准 食品安全性毒理学评价程序》（GB 15193.1—2014）是我国目前开展食品毒理学评价的标准程序。该标准从受试物的要求、食品安全性毒理学评价试验内容、对不同受试物选择毒性试验的原则、食品安全性毒理学评价试验的目的和结果判定、进行食品安全性评价时需要考虑的因素等方面规定了食品安全性毒理学评价的程序，适用于评价食品生产、加工、保藏、运输和销售过程中所涉及的可能对健康造成危害的化学、生物和物理因素的安全性，检验对象包括食品及其原料、食品添加剂、新食品原料、辐照食品、食品相关产品（用于食品的包装材料、容器、洗涤剂、消毒剂和用于食品生产经营的工具、设备）以及食品污染物。

（一）毒理学试验前有关资料的收集

在对待评价物质进行毒理学试验前，必须尽可能地收集其相关资料，以预测其毒性并为毒理学试验设计提供参考。对于单一的化学物质，应提供受试物（必要时包括杂质）的名称、化学结构、分子量、纯度、熔点、沸点、蒸气压、溶解度、杂质含量，受试物及其

代谢产物在环境中的稳定性与定性定量检测方法，可能的用途、使用范围、使用数量和方式、接触人群及可能的人群流行病学资料。用于毒理学试验的受试物一般很少为纯品，必须是符合既定的生产工艺和配方的规格化产品，其组成成分、比例及纯度应与人类实际接触的工业化产品或市售品实际应用相同，在需要检测高纯度受试物及其可能存在的杂质的毒性或进行特殊试验时可选用纯品，或以纯品及杂质分别进行毒性检测。对于配方产品，应收集受试物的原料组成和比例，尽可能收集受试物各组成成分的物理、化学性质等有关资料，受试样品应注明其生产批号和日期等。

（二）对不同受试物选择毒性试验应遵循的原则

凡属我国首创的物质，特别是化学结构提示有潜在慢性毒性、遗传毒性、致癌性或该受试物产量大、使用范围广、人体摄入量大，应进行系统的毒性试验，包括急性经口毒性试验、遗传毒性试验、90d 经口毒性试验、致畸试验、生殖发育毒性试验、毒物动力学试验、慢性毒性试验和致癌试验（或慢性毒性和致癌合并试验）。

凡属与已知物质（指经过安全性评价并允许食用者）的化学结构基本相同的衍生物或类似物，或在部分国家和地区有安全食用历史的物质，则可先进行急性经口毒性试验、遗传毒性试验、90d 经口毒性试验和致畸试验，根据试验结果判定是否需进行毒物动力学试验、生殖毒性试验、慢性毒性试验和致癌试验等。

凡属已知的或在多个国家有食用历史的物质，同时申请单位又有资料证明申报受试物的质量规格与国外产品一致，则可先进行急性经口毒性试验、遗传毒性试验和 28d 经口毒性试验，根据试验结果判断是否进行进一步的毒性试验。

食品添加剂、新食品原料、食品相关产品、农药和兽药的安全性毒理学评价试验的选择。

（1）食品添加剂：不同食品添加剂的安全性毒理学评价的选择不同。

（2）新食品原料：按照《新食品原料申报与受理规定》（国卫食品发〔2013〕23 号）进行评价。

（3）食品相关产品：按照《食品相关产品新品种申报与受理规定》（卫监督发〔2011〕49 号）进行评价。

（4）农药：按照《农药登记毒理学试验方法》（GB/T 15670.1～29—2017）进行评价。

（5）兽药：按照《兽药临床前毒理学评价试验指导原则》（中华人民共和国农业部公告第 1247 号）进行评价。

（三）受试物的要求

① 应提供受试物的名称、批号、含量、保存条件、配制方法、原料来源、生产工艺、质量规格标准、人体推荐（可能）摄入量等有关资料。

② 对于单一成分的物质，应提供受试物（必要时包括其杂质）的物理、化学性质（包括化学结构、纯度、稳定性等）。对于混合物（配方产品），应提供受试物的配方，必要时应提供受试物各组分成分的物理、化学性质（包括化学名称、化学结构、纯度、稳定性、溶解度等）有关资料。

③ 受试物是配方产品，应是规格化产品，其组成成分、比例及纯度应与实际应用的相同。若受试物是酶制剂，应该使用在加入其他复配成分以前的产品作为受试物。

（四）食品安全性毒理学评价试验内容

食品安全性毒理学评价试验分四个阶段，目的是以最短的时间、最经济的方法取得最可靠的结果。

1. 急性经口毒性试验

① 试验目的：了解受试物的急性毒性强度、性质和可能的靶器官，测定 LD_{50}（半数致死量），为进一步进行毒性试验的剂量和毒性观察指标的选择提供依据，并根据 LD_{50} 进行急性毒性剂量分级。

② 结果判定：如 LD_{50} 小于人体推荐（可能）摄入量的 100 倍，则一般应放弃该受试物用于食品，不再继续进行其他毒理学试验。

2. 遗传毒性试验

① 试验目的：了解受试物的遗传毒性以及筛查受试物的潜在致癌作用和细胞致突变性。

② 两个试验项目：

遗传毒性试验内容：细菌回复突变试验、哺乳动物红细胞微核试验、哺乳动物骨髓细胞染色体畸变试验、小鼠精原细胞 / 精母细胞染色体畸变试验、体外哺乳类细胞 *HGPRT* 基因突变试验、体外哺乳类细胞 *TK* 基因突变试验、体外哺乳动物细胞染色体畸变试验、啮齿类动物显性致死试验、体外哺乳动物细胞 DNA 损伤修复（非程序性 DNA 合成）试验、果蝇伴性隐性致死试验。

遗传毒性试验组合：遗传毒性试验组合一般应遵循原核细胞与真核细胞、体内试验与体外试验相结合的原则。根据受试物的特点和试验目的，推荐下列遗传毒性试验组合。

组合一：细菌回复突变试验，哺乳动物红细胞微核试验或哺乳动物骨髓细胞染色体畸变试验，小鼠精原细胞或精母细胞染色体畸变试验或啮齿类动物显性致死试验。

组合二：细菌回复突变试验，哺乳动物红细胞微核试验或哺乳动物骨髓细胞染色体畸变试验，体外哺乳类细胞染色体畸变试验或体外哺乳类细胞 *TK* 基因突变试验。

其他备选遗传毒性试验：果蝇伴性隐性致死试验、体外哺乳类细胞 DNA 损伤修复（程序外 DNA 合成）试验、体外哺乳类细胞 *HGPRT* 基因突变试验。

结果判定：a. 如遗传毒性试验组合中两项或两项以上试验阳性，则表示该受试物很可能具有遗传毒性和致癌作用，一般应放弃该受试物应用于食品；b. 如遗传毒性试验组合中一项试验为阳性，则再选两项备选试验（至少一项为体内试验），如再选的试验均为阴性，则可继续进行下一步的毒性试验；如其中有一项试验阳性，则应放弃该受试物应用于食品；c. 如三项试验均为阴性，则可继续进行下一步的毒性试验。

3.28d 经口毒性试验

① 试验目的：在急性毒性试验的基础上，进一步了解受试物毒性作用的性质、剂量 - 反应关系和可能的靶器官，得到 28d 经口的 NOAEL，初步评价受试物的安全性，并为下一步较长毒性和慢性毒性试验剂量、观察指标、毒性终点的选择提供依据。

② 结果判定：对只需要进行急性毒性、遗传毒性和28d经口毒性试验的受试物，若试验未发现有明显毒性作用，综合其他各项试验结果可作出初步评价；若试验中发现有明显毒性作用，尤其是有剂量-反应关系时，则考虑进行下一步的毒性试验。

4.90d经口毒性试验

① 试验目的：观察受试物以不同剂量水平经较长期喂养后对实验动物的毒性作用、剂量-反应关系和靶器官，得到90d经口未观察到有害作用剂量，为慢性毒性试验剂量选择和初步制定人群安全接触限量标准提供科学依据。

② 结果判定：根据试验所得的未观察到有害作用剂量进行评价。评价原则是：

a. 未观察到有害作用剂量小于或等于人体推荐（可能）摄入量的100倍表示毒性较强，应放弃该受试物用于食品；

b. 未观察到有害作用剂量大于100倍而小于300倍者，应进行慢性毒性试验；

c. 未观察到有害作用剂量大于或等于300倍者则不必进行慢性毒性试验，可进行安全性评价。

5. 致畸试验

① 试验目的：了解受试物是否具有致畸作用和发育毒性，并可得到致畸作用和发育毒性的未观察到有害作用剂量。

② 结果判定：根据试验结果评价受试物是不是实验动物的致畸物。若致畸试验结果阳性则不再继续进行生殖毒性试验和生殖发育毒性试验。在致畸试验中观察到的其他发育毒性，应结合28d和（或）90d经口毒性试验结果进行评价。

6. 生殖毒性和生殖发育毒性试验

① 试验目的：了解受试物对实验动物繁殖及对子代的发育毒性，如性腺功能、发情周期、交配行为、妊娠、分娩、哺乳和断乳以及子代的生长发育等。得到受试物的未观察到有害作用剂量水平，为初步制定人群安全接触限量标准提供科学依据。

② 结果判定：根据试验所得的未观察到有害作用剂量进行评价。评价原则是：

a. 未观察到有害作用剂量小于或等于人体推荐（可能）摄入量的100倍表示毒性较强，应放弃该受试物用于食品；

b. 未观察到有害作用剂量大于100倍而小于300倍者，应进行慢性毒性试验；

c. 未观察到有害作用剂量大于或等于300倍者则不必进行慢性毒性试验，可进行安全性评价。

7. 毒物动力学试验

了解受试物在体内的吸收、分布和排泄速度；为选择慢性毒性试验的合适实验动物种系提供依据；了解代谢产物的形成情况。

8. 慢性毒性试验和致癌试验

① 试验目的：了解经长期接触受试物后出现的毒性作用以及致癌作用；确定未观察到有害作用剂量，为受试物能否应用于食品的最终评价和制定健康指导值提供依据。

② 结果判定：

根据慢性毒性试验所得的未观察到有害作用剂量进行评价的原则是：a. 未观察到有害作用剂量小于或等于人体推荐（可能）摄入量的50倍者，表示毒性较强，应放弃该受试物用于食品；b. 未观察到有害作用剂量大于50倍而小于100倍者，经安全性评价后，决定该受试物可否用于食品；c. 未观察到有害作用剂量大于或等于100倍者，则可考虑允许使用于食品。

根据致癌试验所得的肿瘤发生率、潜伏期和多发性等进行致癌试验结果判定的原则是：凡符合下列情况之一，可认为致癌试验结果阳性。若存在剂量-反应关系，则判断阳性更可靠。a. 肿瘤只发生在试验组动物，对照组中无肿瘤发生。b. 试验组与对照组动物均发生肿瘤，但试验组发生率高。c. 试验组动物中多发性肿瘤明显，对照组中无多发性肿瘤，或只是少数动物有多发性肿瘤。d. 试验组与对照组动物肿瘤发生率虽无明显差异，但试验组中发生时间较早。

9. 其他说明

若受试物掺入饲料的最大加入量（原则上最高不超过饲料的10%）或液体受试物经浓缩后仍达不到未观察到有害作用剂量为人体推荐（可能）摄入量的规定倍数时，综合其他的毒性试验结果和实际食用或饮用量进行安全性评价。

（五）食品安全性评价时需要考虑的因素

1. 试验指标的统计学意义、生物学意义和毒理学意义

对试验中某些指标的异常改变，应根据试验组与对照组指标是否有统计学差异、有无剂量-反应关系、同类指标横向比较、两种性别的一致性及本实验室的历史性对照值范围等，综合考虑指标差异有无生物学意义，并进一步判断是否具毒理学意义。此外，如在受试物组发现某种在对照组没有发生的肿瘤，即使与对照组比较无统计学意义，仍要给予关注。

2. 人体推荐（可能）摄入量较大的受试物

应考虑给予受试物量过大时，可能影响营养素摄入量及其生物利用率，从而导致某些毒理学表现，而非受试物的毒性作用所致。

3. 时间-毒性效应关系

对由受试物引起实验动物的毒性效应进行分析评价时，要考虑在同一剂量水平下毒性效应随时间的变化情况。

4. 特殊人群和易感人群

对孕妇、乳母或儿童食用的食品，应特别注意其胚胎毒性或生殖发育毒性、神经毒性和免疫毒性等。

5. 人群资料

由于动物与人之间存在着物种差异，在评价食品的安全性时，应尽可能收集人群接触受试物后的反应资料，如职业性接触和意外事故接触等。在确保安全的条件下，可以考虑遵照有关规定进行人体试食试验，并且志愿者受试者的体内毒物动力学/代谢资料对于将动物实验结果推论到人具有很重要的意义。

6. 动物毒性试验和体外试验资料

相关标准所列的各项动物毒性试验和体外试验系统是目前管理（法规）毒理学评价水平下所得到的最重要的资料，也是进行安全性评价的主要依据，在试验得到阳性结果，而

且结果的判定涉及受试物能否应用于食品时，需要考虑结果的重复性和剂量 - 反应关系。

7. 不确定系数

即安全系数。将动物毒性试验结果外推到人时，鉴于动物与人的物种和个体之间的生物学差异，不确定系数通常为 100，但可根据受试物的原料来源、理化性质、毒性大小、代谢特点、蓄积性、接触的人群范围、食品中的使用量和人的可能摄入量、使用范围及功能等因素来综合考虑其安全系数的大小。

8. 毒物动力学试验的资料

毒物动力学试验是对化学物质进行毒理学评价的一个重要方面，因为化学物质结构、剂量在毒物动力学 / 代谢方面的差别往往对毒性作用影响很大。在毒性试验中，原则上应尽量使用与人具有相同毒物动力学 / 代谢模式的动物种系来进行试验。研究受试物在实验动物和人体内吸收、分布、排泄和生物转化方面的差别，对于将动物实验结果外推到人和降低不确定性具有重要意义。

9. 综合评价

在进行综合评价时，应全面考虑受试物的理化性质、结构、毒性、代谢特点、蓄积性、接触的人群范围、食品中的使用量与使用范围、人体推荐（可能）摄入量等因素，对于已在食品中应用了相当长时间的物质，对接触人群进行流行病学调查具有重大意义，但往往难以获得剂量 - 反应关系方面的可靠资料；对于新的受试物质，则只能依靠动物实验和其他试验研究资料。然而，即使有了完整和详尽的动物实验资料和一部分人类接触的流行病学研究资料，由于人类的种族和个体差异，也很难做出能保证每个人都安全的评价。

食品安全性是相对的，在进行最终的食品安全性毒理学评价时，应在受试物可能对人体健康造成的危害以及其可能的有益作用之间进行权衡。安全性评价的依据不仅仅是安全性毒理学试验的结果，而且与当时的科学水平、技术条件以及社会经济、文化因素有关。因此，随着时间的推移，社会经济的发展，科学技术的进步，有必要对已通过评价的受试物进行重新评价。

三、保健食品安全性毒理学评价

（一）保健食品及其安全性

保健食品（functional food）是指声称并具有特定保健功能或者以补充维生素、矿物质为目的的食品。即适宜于特定人群食用，具有调节机体功能，不以治疗疾病为目的，并且对人体不产生任何急性、亚急性或者慢性危害的食品（《食品安全国家标准　保健食品》GB 16740—2014）。

保健食品按照食用目的分为两类：一类是以调节人体机能为目的的功能类产品；另一类是以补充维生素、矿物质为目的的营养素补充剂类产品。

营养素补充剂是保健食品的一种，目前我国规定的营养素补充剂仅限于维生素类和矿物质。由于企业用于报批的送检产品与最终市场销售的定型产品不一致以及市售产品质量缺乏监管，造成产品的营养素含量不稳定，故应特别关注长期过量补充营养素产生的蓄积作用和毒性，尤其是同时长期服用多种营养素产品时，过量的危险性明显增大。

《食品安全法》规定，国家对保健食品、特殊医学用途配方食品和婴幼儿配方食品等特殊食品实行严格监督管理。保健食品声称保健功能，应当具有科学依据，不得对人体产生急性，亚急性或者慢性危害。保健食品原料目录和允许保健食品声称的保健功能目录，由国务院食品安全监督管理部门会同国务院卫生行政部门及国家中医药管理部门制定、调整并公布。保健食品原料目录包括原料名称、用量及其对应的功效；列入保健食品原料目录的原料只能用于保健食品生产，不得用于其他食品生产。

目前，我国保健食品原料的安全性结论是建立在长期食用、药用经验基础上，缺少系统全面的毒理学研究资料，尤其是改变了传统食用方式的产品。在对保健食品原料的安全评估时需要考虑“三致”（致癌、致畸、致突变）问题和慢性毒性。应该对配伍的模式进行毒性研究，加强原料中有害成分的鉴定与毒性研究，权衡与判定其有益与有害作用。但目前我国缺乏对保健食品原料成分安全性评价的方法体系，因此，保健食品主要原料的安全性已成为十分重要的食品安全问题。

（二）保健食品安全性毒理学评价程序和方法

根据《食品安全法》，国家市场监管总局制定了《保健食品及其原料安全性毒理学检验与评价技术指导原则（2020 年版）》，这一指导原则于 2020 年 10 月 16 日起执行。

对于保健食品安全性毒理学评价，应按照《食品安全国家标准　食品安全性毒理学评价程序》（GB 15193.1—2014）和《保健食品及其原料安全性毒理学检验与评价技术指导原则（2020 年版）》执行。

《保健食品及其原料安全性毒理学检验与评价技术指导原则（2020 年版）》适用于保健食品及其原料的安全性毒理学的检验与评价。指导原则从受试物、毒理学试验的主要项目、毒性试验的选择、特定产品的毒理学设计要求、动物实验设计共性问题、试验结果的判定与应用、安全性综合评价时需要考虑的因素等方面规定了保健食品安全性毒理学评价程序。

四、新食品原料安全性毒理学评价

2013 年，原国家卫生计生委组织制定了《新食品原料申报与受理规定》和《新食品原料安全性审查规程》，规范新食品原料安全性审查和许可工作。

（一）新食品原料

该规定要求新食品原料应当具有食品原料的特性，符合应当有的营养要求，且无毒、无害，对人体健康不造成任何急性、亚急性、慢性或者其他潜在性危害。符合上述要求且在我国无传统食用习惯的以下物品属于新食品原料的申报和受理范围：① 动物、植物和微生物；② 从动物、植物和微生物中分离的成分；③ 原有结构发生改变的食品成分；④ 其他新研制的食品原料。

以下情形不属于新食品原料的申报范围：① 不具有食品原料特性；② 已列入《食品安全国家标准　食品添加剂使用标准》（GB 2760—2024）、《食品安全国家标准　食品营养强化剂使用标准》（GB 14880—2012）的；③ 国家卫生计生委已作出不予行政许可决定的；④ 其他不符合有关法律、法规规定和新食品原料管理要求的。

（二）新食品原料资料的基本规定

1. 来源

① 动物和植物类：产地、食用部位、形态描述、生物学特征、品种鉴定和鉴定方法及依据等。

② 微生物类：分类学地位、生物学特征、菌种鉴定和鉴定方法及依据等资料。

③ 从动物、植物、微生物中分离的成分以及原有结构发生改变的食品成分：动物、植物、微生物的名称和来源等基本信息，新成分的理化特性和化学结构等资料。原有结构发生改变的食品成分还应提供该成分结构改变前后的理化特性和化学结构等资料。

④ 其他新研制的食品原料：来源、主要成分的理化特性和化学结构，相同或相似的物质用于食品的情况等。

2. 主要营养成分及含量

还包括可能含有的天然有害物质（如天然毒素或抗营养因子等）。

3. 食用历史

国内外人群食用的区域范围、食用人群、食用量、食用时间及不良反应资料。

4. 使用范围和使用量及相关确定依据

5. 推荐摄入量和适宜人群及相关确定依据

6. 实质等同原则

对于新食品原料与食品或已批准的新食品原料具有实质等同性的，还应当提供上述内容的对比分析资料。

（三）新食品原料安全性评价

对于新食品原料，其安全性评价应当包括下列内容。

1. 成分分析

包括主要成分和可能的有害成分，按照相应的检测方法进行检测，并对结果进行评价。

2. 卫生学检验

取 3 批有代表性样品，对其污染物和微生物按照所规定的方法进行检测，并对检测结果进行评价。

3. 毒理学评价

① 国内外均无传统食用习惯的（不包括微生物类），原则上应当进行急性经口毒性试验、三项遗传毒性试验、90d 经口毒性试验、致畸试验和生殖毒性试验、慢性毒性和致癌

试验及代谢试验。

② 仅在国外个别国家或国内局部地区有食用习惯的（不包括微生物类），原则上进行急性经口毒性试验、三项遗传毒性试验、90d经口毒性试验、致畸试验和生殖毒性试验；若有关文献材料及成分分析未发现有毒性作用且人群有长期食用历史而未发现有害作用的新食品原料，可以先评价急性经口毒性试验、三项遗传毒性试验、90d经口毒性试验和致畸试验。

③ 已在多个国家批准广泛使用的（不包括微生物类），在提供安全性评价材料的基础上，原则上进行急性经口毒性试验、三项遗传毒性试验、28d经口毒性试验。

④ 国内外均无食用习惯的微生物，应当进行急性经口毒性试验或致病性试验、三项遗传毒性试验、90d经口毒性试验、致畸试验和生殖毒性试验。仅在国外个别国家或国内局部地区有食用习惯的微生物类，应当进行急性经口毒性试验或致病性试验、三项遗传毒性试验、90d经口毒性试验；已在多个国家批准食用的微生物类，可进行急性经口毒性试验或致病性试验、二项遗传毒性试验。大型真菌的毒理学试验按照植物类新食品原料进行。

⑤ 根据新食品原料可能的潜在危害，选择必要的其他敏感试验或敏感指标进行毒理学试验，或者根据专家评审委员会的评审意见，验证或补充毒理学试验。

4. 微生物耐药性试验和产毒能力试验

微生物类新食品原料应提供微生物耐药性试验报告和产毒能力试验报告。

5. 安全性评价意见

按照危害因子识别、危害特征描述、暴露评估、危险性特征描述的原则和方法进行。其中，第2～4项应当由我国具有食品检验资质的检验机构出具，进口产品第3、4项可由国外符合良好实验室规范（GLP）的实验室出具。第5项应当由有资质的风险评估技术机构出具。

五、辐照食品安全性毒理学评价

（一）辐照食品及其安全性

食品辐照技术是20世纪发展起来的一种灭菌保鲜技术，以辐射加工技术为基础，运用X射线、γ射线或高速电子束等电离辐射产生的高能射线对食品进行加工处理，在能量的传递和转移过程中，产生强大的物理效应和生物效应，达到杀虫、杀菌、抑制生理过程、提高食品卫生质量、保持营养品质及风味、延长货架期的目的。食品辐照技术已成为传统食品加工和储藏技术的重要补充和完善。

目前，全世界已有60个国家和地区批准了几百种辐照食品上市，2019年全球食品辐照市场价值为1.586亿美元，预计到2027年将达到2.726亿美元，复合年增长率达5.16%。然而，辐照食品的安全性备受关注，主要包括辐射安全、微生物安全性、对营养成分的影响、毒理学安全性等方面。

1. 辐射安全

在辐照过程中，食物按设定速度通过辐照区，借以控制食物吸收的能量或辐射剂量。在受控环境下，食物绝对不会直接接触辐射源。研究显示，碎牛肉或牛肉碎屑经能量高达 7.5MeV 电子产生的 X 射线照射后，虽能检测到感生放射性，但其含量远低于食物的天然放射性。相应的年剂量比环境中的辐射量要低几个数量级，对人类来说食用风险极低。

1999 年 10 月，联合国粮农组织（FAO）、世界卫生组织（WHO）、国际原子能机构（IAEA）联合在土耳其安塔利亚召开了“采取辐照加工以确保食品安全和质量国际大会”和“国际食品辐照咨询组（ICGFI）第十六次会议”。这两次会议公报中都重申了 1997 年 FAO/IAEA/WHO 高剂量研究小组宣告的结论：不超过 10kGy 的辐照剂量处理的食品是安全的和具有营养适宜性。食品法典委员会（CAC）据此制订食物的最高辐射吸收剂量不得超过 10kGy，制出这个限量水平的原因之一是避免辐照食物产生感生放射性。

2. 微生物安全性

电离辐射会大幅度减少食物中原生微生物菌群数目，对致病细菌的拮抗作用会下降，若食物经辐照后受到污染，会更容易滋生食源性致病菌。经对辐照鸡肉和碎牛肉的研究显示，无论是沙门氏菌（鸡肉及牛肉）抑或 O157:H7 大肠埃希菌（牛肉），在辐照和非辐照肉类中的滋生速度相同。由此可见，无论肉类是否经过辐照处理，其原生微生物群一般不会影响这两种细菌的生长参数。

因为多年前已发现电离辐射能诱发突变，所以辐照突变的问题备受关注。有研究表明，培养菌经多次辐照后，能诱发耐辐射微生物群的出现。虽然辐照食物理论上可能会引致新致病菌的产生，但没有报告指出食物经辐照后出现这种情况。

3. 对营养成分的影响

辐照处理会使食物发生营养成分变化，与烹煮、焙烤、装罐、巴氏消毒及其他加热处理方式类似。辐照引起食物的营养价值改变取决于多项因素：辐照剂量、食物种类、辐照时的温度及空气环境、包装和贮存时间等。辐照食品营养成分检测表明，低剂量辐照处理不会导致常量营养素（蛋白质、脂质和碳水化合物）和矿物质的明显损失。维生素在辐照过程中流失的情况较复杂，维生素对辐照的敏感性受维生素的种类、食物的复杂性、维生素属水溶性还是脂溶性以及辐照时的空气环境等因素的影响。

如核黄素和维生素 D 的耐辐照性相当高，而维生素 A、维生素 B_1、维生素 E 和维生素 K 则对辐照较敏感。低剂量辐照（＜1kGy）对食物的营养价值影响甚微，高剂量辐照（＞10kGy）可能会使对辐照敏感的维生素（如维生素 B_1）大量流失。不过，若采取保护措施，例如在低温和真空的环境加工处理和贮存食物，可减少维生素流失。

2011 年 4 月 6 日，欧盟食品安全局发布公告更新了关于食品辐照安全性的科学建议。欧盟食品安全局生物性危害专家组（BIOHAZ Panel）（主要关注辐照的功效及其微生物安全性）认为，使用辐照加工食品的方法虽不存在微生物学的风险，但是也不能单一依靠该方法，而应该将其作为多种降低食品中病原菌方法中的一种。专家组表示辐照应该属于以保护消费者健康为目的的食品安全综合管理程序的一部分，这些管理程序还包括良好农业、生产和卫生规范。食品接触材料、酶、调味料和加工助剂专家组（CEF Panel）（主要关注食品辐照所形成的一些化学物质的安全风险）认为，关于辐照食品和辐照剂量的决定不仅应考虑食品的种类，还需要考虑如微生物种类、需要将微生物减少到何水平、食物的状态（是否生鲜、冷冻、干制）以及食物的脂肪或蛋白质含量等其他条件。

（二）辐照食品的毒理学安全性

目前，对辐照食品的毒理学安全性评价是从化学毒理学、动物毒性和人体临床三个方面开展研究的。

（1）化学毒理学研究　辐照食物含有多种化合物，其中以 2- 烷基环丁酮和呋喃的安全性最令人关注。

在辐照过程中，辐照会使含脂肪食物的三酸甘油酯分解为 2- 烷基环丁酮。研究发现，2- 烷基环丁酮只在经辐照的含脂肪食物中存在，以其他食物加工方式处理的非辐照食物则检测不到。因此，该化合物被视为辐照食物的独有物质。辐照食物的 2- 烷基环丁酮含量，与其脂肪含量和辐照吸收剂量成正比，每克脂肪 0.2～2μg 不等。

通过研究，每日让老鼠服用高纯度 2- 烷基环丁酮溶液，并为老鼠注射致癌物质——氧化偶氮甲烷。结果在注射 6 个月后，发现同时服用 2- 烷基环丁酮的老鼠结肠肿瘤总数，比只注射氧化偶氮甲烷一组老鼠多出 3 倍，而且只有同时服用 2- 烷基环丁酮和注射氧化偶氮甲烷的老鼠体内才检测到中型和较大的肿瘤。2- 烷基环丁酮可能会使注射化学致癌物质的动物较易患上结肠癌。但也发现，单纯 2- 烷基环丁酮不会引发结肠癌。值得注意的是，这项研究所用的 2- 烷基环丁酮剂量，远高于一个人从日常含辐照食物的膳食中摄取的 2- 烷基环丁酮的量。

呋喃是在辐照食物过程中产生的另一种受人关注的化学物质，其是国际癌症研究机构认为可能会致癌的物质。有关方面已进行多项研究，探讨 γ 辐照对食物内呋喃含量的影响。结果显示，食物的呋喃含量会随着辐照剂量增加而按比例上升，而且食物的酸碱度和底物浓度会影响辐照产生的呋喃量。研究还发现，单糖含量高而酸碱度低的水果（例如葡萄和菠萝）经辐照后会产生少量呋喃。

（2）以动物进行毒性研究　自 20 世纪 50 年代以来，食用辐照食物可能产生的毒性影响一直被广泛研究。为了进行辐照食物的毒理学安全性评价，研究机构把不同的实验膳食和食物成分给人和多种动物（包括大鼠、小鼠、狗、鹌鹑、仓鼠、鸡、猪和猴子）进食做喂饲测试。

动物喂饲试验包括对动物进行终生和多代的研究，以确定动物是否会因进食不同种类的辐照食物而出现生长、血液化学、组织病理学或生殖方面的变化。由 FAO/IAEA/WHO 共同组成的辐照食物卫生安全联合专家委员会评估过多项研究数据后，于 1980 年得出结论："用低于 10kGy 以下剂量辐照处理的任何食品，不会引起毒理学上的危害，因此用这样的剂量所照射的食品不再需要做毒理学测试。" 近年来，对辐照消毒的食品进行的试验研究也证实，辐照食物是安全的。以辐照剂量介于 25～50kGy（远高于辐照人类膳食所用的剂量）的食物饲喂数代实验动物，这些动物的身体并没有因进食辐照食物而出现基因突变、畸形及肿瘤等症状。由于受多种复杂因素的影响，目前从人体临床研究方面对辐照食品的毒理学安全性评价所做的工作相对较少。

（三）我国对辐照食品的监管

1. 辐照剂量和食品种类的限定

根据 FAO、WHO 等国际组织联合发布的文件，吸收剂量在 10kGy 以下的任何辐照食品都是安全的，因此最大吸收剂量不得超过 10kGy。国际上通常将小于 2kGy 的低剂量用于防止蔬菜的发芽和水果的腐烂，1～10kGy 之间的中等剂量用来降低致病菌的含量水平。我国在辐照食品卫生标准中规定了允许辐照的八大类食品及其辐照剂量。

2. 辐照食品卫生和安全标准

2016 年我国又发布了《食品安全国家标准　食品辐照加工卫生规范》（GB 18524—2016），进一步规范了食品辐照加工的行为。我国对允许辐照的八大类食品除了规定辐照工艺内容外，还规定了卫生指标。目前，我国已批准执行的辐照食品类卫生标准 8 个、工艺标准 18 个以及鉴定标准 8 个。经过辐照的食品，其感官、理化、微生物指标要符合食品安全国家标准中相应产品标准或基础标准中相应条款的规定。

3. 辐照食品的标签管理

预包装辐照食品的标签要符合《食品安全国家标准　预包装食品标签通则》（GB 7718—2011），通则规定：经电离辐射线或电离能量处理过的食品，应在食品名称附近标示“辐照食品”；经电离辐照线或者电离能量处理过的任何配料，应在配料表中标明。

六、纳米食品的安全性评价

（一）纳米食品（nanofood）概况

所谓纳米食品，也称纳米尺度（10^{-9}～10^{-7}m）的食品，有广义和狭义之分。从广义上来说，在食品生产、加工或包装过程中采用纳米技术手段或工具的食品称为纳米食品，即采用纳米技术手段改变食品及相关产品的质量、结构、质地等，改变食品的性状或特性，改善食品风味和营养，通过一些传输方式的改进大大提高食品的生物利用率，再通过食品包装的改善，延长食品货架期。从狭义来说，只有对食品成分本身利用纳米技术改造和加工的产品，才称得上纳米食品。目前所谓的纳米食品均为广义上的纳米食品。

目前我国纳米技术在食品工业中的运用还处于初级阶段，但是已渗透到食品工业中的诸多领域，其中以纳米食品和纳米保鲜技术尤为突出。纳米技术在食品领域的研究开发将给整个食品行业带来新的挑战和机遇。

辐照食品的检测和鉴别

辐照食品的容器、包装材料

纳米食品加工技术

纳米材料毒理学试验决策树

现今在食品工业中采用的纳米技术主要有超细粉碎法、高压均质法、喷雾干燥法、脂质体包埋法、微乳液法、溶剂挥发法以及超临界方法等。现阶段的纳米食品主要有纳米胶囊、纳米化食品营养成分和食品添加剂等。

（二）纳米食品的安全性评价

纳米技术加工处理的食品在带来新的特性和活性的同时也伴随着安全隐患。纳米颗粒极其微小，容易被人体消化吸收，进入人体血液和各个组织器官；虽然化学组分未发生变化，但由于比表面积增大，表面结合力和化学活性增加，使其在机体内的生物活动性、靶器官和暴露途径发生改变，从而产生的生物效应会被放大，这使得纳米颗粒对人体健康存在潜在危害，同时，粒径减小使得食品原料自身所带的毒素、残留农药和重金属成分更易被吸收，增加了纳米技术在食品工业中应用的风险，一般来说，纳米颗粒的毒副作用与其颗粒的尺寸大小密切相关。长期以来，人们认为各种组织屏障可以有效地阻止有害物质通过，但是近年来有研究表明，这一理论不适用于纳米粒子，这是因为一定尺度的纳米颗粒可以透过“肺 - 血屏障”“血 - 脑屏障”“血 - 睾屏障”和“胎盘屏障”，对中枢神经、精子的生成和活力，以及胚胎发育产生不良影响。纳米粒子还比较容易透过生物膜上的孔隙进入细胞和线粒体、内质网、细胞核等细胞器内，与生物大分子发生结合或催化化学反应，改变生物大分子和生物膜的正常立体结构，导致体内一些激素和重要酶系的活性丧失，甚至使遗传物质产生突变而引起肿瘤等疾病的发生和促进老化过程。纳米食品毒理学研究包括代谢动力学研究及安全性毒理学研究。

（1）代谢动力学研究

主要研究纳米材料在体内的吸收、分布、代谢和排泄过程，比较纳米材料与普通尺度物质的动力学数据，可以对进一步的安全性评价提供判断基础，还有助于确定毒效应靶器官、解释毒性作用机制以及为其他的毒性研究提供剂量设置参考。纳米银、纳米二氧化钛以及纳米氧化锌的研究表明，纳米材料可经胃肠道吸收进入人血液循环，分布至肝、肾、脾、肺、脑和睾丸等组织和器官，组织中纳米材料的含量与粒径大小及剂量有关。纳米材料经胃肠道摄入后主要随粪便排出体外，例如纳米银灌胃给予大鼠，24h 后粪便中检出率为 63%±23%，尿液中检出率＜0.1%。

（2）安全性毒理学研究

目前纳米食品安全性毒理学研究报道主要包括体外细胞毒性试验、急性毒性试验、遗传毒性试验（包括体内和体外）、亚急性或亚慢性毒性试验，研究对象包括纳米食品添加剂（如纳米氧化锌、纳米二氧化钛）以及纳米食品包装材料（如纳米银）等。

① 体外细胞毒性试验：细胞毒性试验采用多种细胞系，观察纳米材料对细胞的毒性作用，对于纳米材料毒性筛查和揭示其毒性机制具有重要意义，主要检测指标包括活性氧生成、细胞活力、细胞应激、细胞形态和细胞的粒子摄取等。文献报道，纳米二氧化钛可对神经细胞、心肌细胞、肝细胞、肠细胞、生殖细胞等多种哺乳动物细胞产生有害作用，如活性氧和细胞因子水平增高、细胞活力和细胞增殖降低、诱导细胞凋亡等。

② 急性毒性研究：急性毒性试验是目前纳米材料经口毒性研究最多的内容，其操作简便，可在短期内得到纳米材料对机体的急性毒性大小，还可为进一步的亚慢性毒性研究

提供剂量设置及观察指标选择依据。研究表明纳米材料单次大剂量灌胃给予动物后会引起机体重要器官损伤，如以1000～5000mg/kg氧化锌的剂量灌胃给予小鼠，可致肝、脾、心、肺及胰腺损伤。以5000mg/kg剂量给予小鼠一次灌胃二氧化钛，会导致肝、肾、心脏损伤以及脑部脂肪变性，且毒性大小与其粒径大小呈负相关，粒径25nm和80nm的二氧化钛产生的肝损伤效应明显强于155nm的二氧化钛。

③ 遗传毒性研究：对于纳米材料，彗星试验和微核试验是最常用的两种遗传毒性试验方法，分别用以检测DNA单链（或双链）断裂和染色体损伤。研究表明，一些金属纳米颗粒可引起细胞DNA损伤、染色体畸变以及细胞凋亡等。例如，纳米银在体外系统对多种细胞均具有遗传毒性作用，可致小鼠胚胎干细胞和成纤维细胞、中国仓鼠卵巢细胞和人淋巴细胞DNA损伤，致中国仓鼠卵巢细胞和人TK6淋巴细胞微核形成等。纳米二氧化钛连续灌胃给予小鼠7d，导致骨髓细胞DNA损伤、前胃和结肠上皮细胞有丝分裂指数增加以及睾丸细胞凋亡，33nm二氧化钛还导致肝细胞DNA损伤和前胃细胞凋亡。在体外培养系统，纳米氧化锌可致人肝细胞和人胚肾细胞发生形态改变、线粒体功能障碍和DNA氧化损伤。纳米氧化锌灌胃给予小鼠14d，可致肝脏氧化应激和DNA损伤。

④ 亚急性、亚慢性毒性研究：重复剂量试验可以预测长期反复摄入纳米材料的毒性反应，目前文献报道的有14d、28d和90d喂养试验，其中90d亚慢性毒性试验是评价外源化学物最常用的重复剂量毒性试验。长期摄入纳米材料不仅能引起血液学和血生化指标改变，导致肝、肾等脏器病理损伤，还可造成机体多系统损害。纳米银（56nm）灌胃给予大鼠90d，靶器官为肝脏，未观察到有害效应的水平（NOAEL）为30mg/kg，可观察有害效应最低水平（LOAEL）为125mg/kg。另一项纳米银（22nm、42nm和71nm）的14d和28d重复经口毒性试验表明，纳米银除了导致肝、肾损伤外，还可影响免疫系统，造成血清细胞因子水平、血清IgE水平以及淋巴细胞分型结果的改变。纳米二氧化钛（5nm）重复灌胃给予小鼠可导致神经、免疫、生殖和心血管多系统损伤，纳米二氧化钛重复灌胃给予大鼠，可引起幼鼠和成年鼠产生不同的毒性效应，幼鼠出现肝脏水肿、心脏损伤和非过敏性胃组织肥大细胞活化，成年鼠仅见肝、肾轻微损伤和肠道通透性降低。

随着纳米技术在食品工业中应用的不断深入扩大，这就急切地需要一些实际可行的安全风险评估方案。然而，纳米食品的安全性评价和危险度评估在技术上，如理化特性的鉴定、剂量标准、暴露评估、试验方案等还存在很多问题。2009年2月，欧盟食品安全局（EFSA）在对纳米技术在食品和饲料中应用的安全隐患讨论研究报告中指出，有限的信息提供造成了纳米材料风险评估的不确定性，对于纳米材料在食品或生物组织中的理化特性以及毒物代谢动力学、毒理学的分析检测信息极度缺乏，研究人员无法制订一套有效、完整的评估方案。纳米颗粒危害鉴定需要建立健康指导值，例如，每日可接受摄入量、最高摄入量、适宜摄入量等，这需要以动物毒理学研究数据资料为基础，而其关键效应的无可见有害作用水平或基准剂量形成风险评估的起始点。在确定指导值时，应特别考虑纳米传导系统中生物活性物质（纳米尺度生物活性物质）生物利用率的增加。

2012年，FAO / WHO举办“食品和农业中纳米技术应用”会议，专家们呼吁应以结合分级评价方法制定决策树进行纳米材料的风险评估。由欧洲国际生命科学学会发起的新型食物和纳米技术工作组专注于新型食物和食物成分的安全 / 营养评估的新技术方法，工作组提议人造纳米材料的安全性评估应包括五个步骤：第一步，收集该材料相关的所有数据资料；第二步，进行纳米材料理化性质表征鉴定；第三步，在决策树的帮助下，确定是否需要进一步的安全评价；第四步，对第三步中需进一步安全评价的材料进行毒理学试验，一级试验使用体外方法和体内短期试验（＜28d）研究潜在危害，必要时，进行二级试验从而做出更深入的评价，至少要进行啮齿类动物 90d 喂养试验和一些机制研究；第五步，描述食品中人造纳米材料的整体安全性评估（FAO/WHO，2013：1-60）。

纳米技术虽然给食品工业的发展带来技术革新，但同时带来的是其安全性风险评估和监管问题。目前国际上没有统一的针对纳米材料的毒理学安全性评价标准，也没有完善的针对纳米食品的安全性风险评估和风险管理策略。现有研究表明，纳米材料的毒性与其性质有关，所以其毒理学研究比普通物质更为复杂，存在许多不确定因素，因此，正如 FAO/WHO 所指出，应该鼓励创新和跨学科的综合研究。

第三节　食品安全性风险分析

食品中所含有的对健康有潜在不良影响的生物、化学、物理因素或食品存在的状况称为危害（hazard）。食品中危害产生某种不良健康影响的可能性及其严重性则称为食品安全风险（risk），又称食品安全危险性。食品安全风险的高低与该食品中存在的危害毒性的大小并非同一概念。有些危害的毒性极大，但实际上人们通过食物接触的机会很少，故罕见食品安全风险；而另外一些危害的毒性虽然较小，但人们通过食物接触的概率较大，故食品安全风险较大。因此，食品安全风险的高低不仅取决于危害本身的毒性，还取决于人们与危害接触的可能性、接触剂量、吸收量、吸收速率与频率等多方面因素。通过食品安全性风险分析（risk analysis）有助于明确和判断危害及其所致的风险，为危害控制提供科学依据。风险分析是对引起不良后果的事件进行风险评估（risk assessment）、风险管理（risk management）和风险交流（risk communication）的过程。食品安全风险评估产生于 20 世纪 90 年代初，是指对食品、食品添加剂中生物性、化学性和物理性危害对人体健康可能造成的不良影响所进行的科学评估。面对严峻的食品安全形势，如何科学、合理、全面地分析和评价食品的安全性，并制定有效的食品质量安全管理措施，降低食品安全风险，将食品风险控制在可接受的水平，从而确保消费者的身体健康和国际贸易的顺利进行，已经成为每个食品行业的管理者和工作者面临的一个重要问题。食品安全风险分析理论是国际上针对食品安全问题应运而生的一种食品质量安全管理方法理论，它为食品安全问题提供了一整套科学有效的宏观管理模式和风险评价体系，并且为制定我国食品安全预警体系、控制体系和检测标准体系奠定了基础，为保证公平的食品贸易和消费者健康提供了科学依据。

我国食品安全性毒理学评价程序建立

食品安全风险分析框架表述了风险分析的过程，清晰地表明风险分析三个部分在功能上相互独立，必要时三者间或相互之间需要信息交换。在食品安全风险分析框架内，风险评估与风险管理的相对独立对确保风险评估结果的科学客观具有重要意义（图 8-1）。

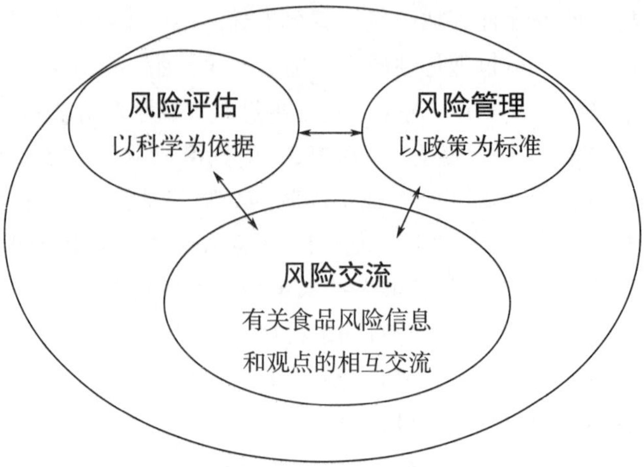

图 8-1　食品安全风险分析各部分之间的关系

一、风险分析概述

20 世纪 80 年代末，风险分析的概念开始出现在食品安全领域。1991 年 FAO/WHO 召开的“食品标准、食品中化学物质及食品贸易会议”建议 CAC 在制定政策时，应以适当的科学原则为基础并遵循风险评估原理。第 19 届、第 20 届 CAC 大会同意采纳上述会议的程序，提出在 CAC 框架下，各分委员会及其专家咨询机构应在各自的化学物质安全性评估中应用风险分析方法。后来，FAO/WHO 在 1995～1999 年又连续召开了有关“风险分析在食品标准中的应用”“风险管理与食品安全”以及“风险信息交流在食品标准和安全问题上的作用”的专家咨询会议，提出了风险分析的定义、框架及 3 个要素（风险的严重性、风险发生的可能性、风险的可测性）的应用原则和应用模式，从而基本构建了一套完整的风险分析理论体系。自此以后，风险分析作为食品安全领域的一项重要技术在全球范围内不断得到应用、推广和发展。

1. 风险分析的相关基本概念

风险分析是一个发展中的理论体系，与之有关的一些概念及其定义也在不断地修改和完善。根据 CAC 工作程序手册，与食品安全风险分析的相关基本概念包括如下几个。

危害：食品中或食品本身可能导致一种健康不良效果的生物、化学或者物理因素。

风险：由食品危害产生不良效果的可能性及强度。

风险分析：指对可能存在的危害的预测，并在此基础上采取的规避或降低危害影响的措施，是由风险评估、风险管理和风险交流 3 部分共同构成的一个评价过程。

风险评估：是一个识别存在的不确定性，以及对暴露于危险因素的特定情况下，对人类或环境产生不良影响的可能性和严重程度的评估过程。

危害特征描述：对于食品中可能存在的生物、化学和物理因素有关的健康不良效果的性质定性和 / 或定量评价。对化学因素应进行剂量 - 反应评估；对生物或物理因素，如数据可得到时，应进行剂量 - 反应评估。

剂量 - 反应评估：确定某种化学、生物或物理因素的暴露水平（剂量）与相应的健康不良效果的严重程度和/或发生频度（反应）之间的关系。

风险描述：根据危害识别、危害描述和暴露评估，对某一给定人群的已知或潜在健康不良效果的发生可能性和严重程度进行定性和/或定量的估计，其中包括伴随的不确定性。

2. 风险分析的基本内容

风险分析包括风险评估、风险管理和风险交流三个主要部分，其中风险评估是风险分析体系的核心和基础。风险评估由四个部分组成：危害识别、危害特征描述、暴露评估和风险特征描述。风险评估体现了风险性分析的科学性，风险管理注重管理决策的实用性，风险交流则强调在风险分析过程中的信息互动。三者的关系如图 8-1 所示。

3. 风险分析原则应用的意义

国际食品法典工作中应用“风险分析”原则的重要意义体现在以下几个方面。

① 建立了一整套科学系统的食源性危害的评估、管理理论，为制定国际上统一协调的食品安全标准体系奠定了基础。

② 将科研机构、政府、消费者、生产企业以及媒体和其他有关的各方有机地结合在一起，共同促进食品安全体系的完善和发展。

③ 有效地防止保护本国贸易利益的非关税贸易壁垒，促进公平的食品贸易。

④ 有助于确定不同国家食品管理措施是否具有等同性，促进国际食品贸易的发展。

二、食品安全风险分析框架

（一）食品安全风险评估

食品安全风险评估在风险分析中具有极其重要的作用，包括危害识别、危害特征描述、暴露评估和风险特征描述等四个基本步骤。这是一个概念化的框架，为评估食品中各种危害对人体健康的影响进行各种信息结构化的综述提供了一种机制。风险评估的一个关键要素是对造成伤害的概率进行估计，风险评估包括两个方面：一是对危害属性的描述；二是为判断危害发生（如概率）提供基础。这要求对毒理学数据、污染物残留数据分析、统计手段、暴露量及相关参数等相关资料作评价，并选用合适模型对资料作出判断。同时要明确认识其中的不确定性，在某些情况下承认根据现有资料可以推导出科学上合理的不同结论。食品安全风险评估应用于食品安全中涉及的方方面面，即食品可能接触到的各类可能危害人体健康的因素都可以应用风险评估的方法。食品安全风险评估包括以下几方面：① 对重金属、持久性有机污染物等化学污染物的评估，确定人体的每日耐受摄入量，结合人群的膳食消费量确定食品中的最大限量；② 对食品添加剂、食品包装材料等食品相关产品新品种的风险评估，确定具体某种化学物质或天然提取物是否适合作为食品添加剂或包装材料，并建立人体每日允许摄入量及规定在食品中的允许使用量；③ 对农药、兽药等农业投入品的评估，建立食品中农药、兽药的最大残留量；④ 对食源性致病菌的定性或定量风险评估，评估致病菌可能造成的致病风险，建立食品中致病菌含量水平的限值；⑤ 评估食品中营养素含量水平对人体健康造成的影响。

CAC 提出风险评估的理念在于：① 对风险评估首先要求对有害物的定性、定量分析和确定，这是基础；② 特别强调要对有害物进行毒理学和生物学评估，这是核心；③ 对风险评估的每一个环节都强调要作出量化的评估，包括相关的不确定性，这是要求立论有据；④ 最终为制定食品安全标准奠定科学依据。因此，风险评估应遵循以下原则，但在实施时需要根据评估任务的性质作具体调整。

① 风险评估应该是客观的、透明的、记录完整的和接受独立审核 / 查询的。

② 尽可能地将风险评估和风险管理的功能分开。一方面要强调功能分开，另一方面要保持风险评估者和风险管理者的密切配合和交流，使风险分析成为一个整体，而且有效。

③ 风险评估应该遵循一定有既定架构的和系统的过程，但不是一成不变的。

④ 风险评估应该基于科学信息和数据，并要考虑从生产到消费的全过程。

⑤ 对于风险估算中的不确定性及其来源和影响以及数据的变异性，应该清楚地记录，并向管理者解释。

⑥ 在合适的情况下，对风险评估的结果应进行同行评议。

⑦ 风险评估的结果需要基于新的科学信息而不断更新。风险评估是一个动态的过程，随着科学的发展和评估工作的进展而出现的新的信息有可能改变最初的评估结论。

1. 危害识别

又称危害鉴定，是风险评估的第一步，主要是识别有害作用，即对可能存在于特定食品和食品类别中具有有害作用的生物、化学和物理等因子的识别，属于定性评估的范畴。危害识别是在毒理学和作用模式等可利用的数据基础上，评价和权衡有害作用的证据。通常主要考虑两个问题：一是任何可能暴露于人群的对健康危害的属性，二是危害发生的条件。危害识别，通过结构 - 活性对人群或家畜的观测数据、实验动物的研究数据、离体研究数据等进行分析，从研究到观测，从毒性到有害作用的发生，从作用的靶器官到靶组织的识别，最后对给定的暴露条件下可能导致有害作用是否需要评估做出科学的判断。危害识别利用的数据及资料主要有：流行病学研究、动物毒理学研究、体外试验以及定量结构与活性关系研究。目前的研究主要以动物和体外试验资料为依据，由于流行病学研究费用昂贵，现今能够提供的数据较少。

（1）流行病学研究

流行病学研究包括实验研究和观察性研究，前者如临床试验或者干预研究，后者如病例对照研究和队列研究。人群实验研究的优点是能够较好地控制混杂因素，并且说服力强，但是由于存在伦理道德、经济方面和实验条件的限制，用人群进行有害作用的实验研究经常是不可行的，甚至是不必要的。此外，人群实验研究还需要受试者主动参与，而这样做通常会导致研究对象具有高度选择性。因此，人群实验研究存在很多的局限性，但观察性研究则可以为人们提供一些证据，这些证据能够说明人群暴露食物有害因素的风险。不过，迄今为止，食物有关的风险评估还是很少进行人体试验。

（2）动物实验研究

虽然用动物代替人体进行危害鉴定并非一种理想的方法，但目前仍然认为动物实验是现有方法中最好的一种。由于用于风险评估的绝大多数毒理学数据来自动物实验，这就要求这些动物实验必须遵循国际上广泛接受的标准化实验程序。国际上的一些机构如联合国经济合作发展组织（OECD）、美国环境保护局（EPA）等曾经制定了化学品的危险评价程序，我国也以国家标准形式制定并修订了食品安全性毒理学评价程序和方法。无论采用哪种程序，所有实验必须按照良好实验室规范（GLP）和标准化质量保证 / 质量控制（QA/QC）方案实施。通过动物毒理学试验的设计可以找出可观察有害效应最低水平（LOAEL）、未观察到有害效应的水平（NOAEL）或者阈剂量。

（3）体外试验研究

体外试验方法被广泛地应用于化学物的筛选和分级，涉及的食品化学物不仅包括用于食品制备的天然成分，也包括暴露后在体内产生的化学物以及批准使用的化学物，如食品添加剂、残留物、补充剂以及来源于食品、包装的化学物和污染物。虽然体外试验资料对于计算每日允许摄入量（ADI）没有直接的意义，但是通过体外试验可以获取关于毒性机制的重要信息，这对充分评估风险是非常有利的。体外试验必须遵循良好实验室规范或其他广泛接受的程序，具有适当的、可靠的验证系统。通过体外试验技术的不断开发和应用，体外试验系统可以成为更有针对性地评估化学物风险的基础。

（4）对致癌物质的识别与分类

500 多万种现存的化合物中，真正做过动物实验、有数据者不超过 1 万种；约有 1000 多种会导致动物癌症，而其中有确证会引起人类癌症的有 118 种（截至 2016 年）。其致癌的分类方法是根据各种动物实验以及流行病学观察的结果来评估的。因为物种之间代谢功能相差甚大，有的化学物只对某种动物有致癌性，对其他动物并不致癌。如果利用多种不同动物进行的多次实验中，其结果皆可出现致癌性，但没有流行病学证据，或只有相当有限的临床观察者，则归类为“有充分证据的可疑致癌物”。鉴于不能采用人类做试验，以及缺乏流行病学的数据，将这些已充分证明会导致动物癌症的物质，视同“有可能导致人类癌症”。

2. 危害特征描述

危害特征描述的主要内容是研究剂量 - 反应关系，主要是将产生的效应进行量化，以便使这一阶段获得的剂量反应关系能够与可能的暴露相比较。食品添加剂、农药、兽药和污染物在食品中的含量一般很低，通常为微量（mg/kg 或 μg/kg），甚至更少（ng/kg 或 pg/kg），但为了能观察到毒性反应，动物毒理学试验的剂量往往很高。为了与人体摄入水平相比较，需要把高剂量条件下的动物实验数据经过处理外推到低得多的人体实际可能的暴露剂量，因此，对剂量 - 反应关系的研究也就成为危害特征描述的核心。在无阈值剂量的假设之下，这种由高至低的外推是必要的也是可行的。

（1）剂量 - 反应关系的评估

就是确定化学物的摄入量与不良健康效应的强度与频率，包括剂量 - 效应关系和剂量 - 反应关系。剂量 - 效应关系是指不同剂量的外源性化学物与其在个体或群体中所表现的效应量（大小）的关系；剂量 - 反应关系是指不同剂量的外源性化学物与其在群体中所引起效应的质（发生率）之间的关系。

通常动物模型可以很好地预测化学物质对人类毒性的结果，但在高剂量到低剂量的外推过程中，由于种属差异，靶器官对化学物的敏感性和选择性可能由于毒代动力学或毒效动力学因素上质和量的差异而不同，危害的性质在从动物到人的外推中或许会随剂量的改变而改变或完全消失。因此，在将高剂量的不良作用外推到低剂量时，研究者必须考虑这些与剂量有关的变化可能存在的不同或潜在影响。

（2）遗传毒性和非遗传毒性致癌物

在传统上，毒理学家对化学物的不良效应存在阈剂量的认识比较认同，但遗传毒性致癌物除外。在20世纪40年代，当时便已认识到癌症的发生有可能源于某一种体细胞的突变，在理论上，少数几个分子，甚至一个分子都有可能诱发人体或动物的突变而最终演变为肿瘤。因此，在理论上通过这种作用机制致癌的致癌物没有安全剂量可言。

近年来，已逐步能够区别各种致癌物，并确定有一类非遗传毒性致癌物，即本身不能诱发突变，但是它可作用于被其他致癌物或某些物理化学因素启动的细胞致癌中的后期过程。遗传毒性致癌物可被定义为能间接或直接地引起靶细胞遗传改变的化学物，其主要作用靶点是遗传物质，而非遗传毒性致癌物作用于非遗传位点，主要是促进靶细胞增殖和/或持续性的靶位点功能亢进/衰竭。目前国际上已建立了一套致突变试验，包括体内试验和体外试验相结合的一组试验。虽然每一种致突变试验本身都存在局限性，但由于多个试验的组合，在区别致癌物属于遗传毒性或非遗传毒性上还是有用的。

世界上许多国家的食品安全管理机构认定遗传毒性和非遗传毒性致癌物之间存在差异。某些非遗传毒性致癌物存在剂量阈值，而遗传毒性致癌物不存在剂量阈值。以非肿瘤和非遗传毒性肿瘤为终点的毒性作用具有阈剂量。不引起任何毒性的最高剂量，一般用作阈剂量。在原则上，非遗传毒性致癌物可以用阈值方法进行管理，但需要提供致癌作用机制的科学资料。

（3）阈值法和非阈值法

将动物实验获得的未观察到有害效应的水平（NOAEL）或可观察有害效应最低水平（LOAEL）值除以合适的安全系数可得到安全阈值水平，即每日允许摄入量（ADI）。假定某化学物对人体与实验动物的有害作用存在合理可比的阈剂量值，则ADI值可提供这样的信息：如果人体摄入该化学物的量低于ADI值，则对人体健康产生不良作用的可能性可忽视不计。但是，人体和实验动物存在种属差异，遗传特性的差异更大，并且膳食习惯更为不同。鉴于此，国际上采用安全系数克服此类不确定性，并同时弥补人群中个体差异带来的变异。通常对长期动物实验资料的安全系数为100，包括来自种属的10倍差异和来自人群个体间的10倍差异。当一个化学物的科学数据有限或制定暂行每日允许摄入量时，原则上可采用更大的安全系数，因为理论上存在某些个体，其敏感程度可能超出常规安全系数的范围。也正因为可能存在极端情况，即使采用安全系数，也不能保证每一个个体的绝对安全。不同国家的卫生机构有时采用不同的安全系数，有些卫生机构可按效应强度和可逆性调整ADI值。ADI值的差异构成了一个重要的风险管理问题，这应当引起重视。

对于遗传毒性致癌物，一般不能采用NOAEL除以安全系数的方法来制定允许摄入量，因为即使在最低摄入量时，仍然有致癌风险。但致癌物零阈值的概念在现实管理中是难以实现的，因为致癌物越来越多，其中一些是难以避免或无法将其完全消除，或者还没有可替代物的化学物，因此，零阈值的概念则演变为可接受风险的概念。对遗传毒性致癌物的管理办法有两种：禁止生产和使用这类化学物；或对化学物制定一个极低而可忽略不计、对健康影响甚微或者社会能够接受的风险水平，即非阈值法。

3. 暴露评估

暴露评估，即对食品和其他相关来源暴露的生物、化学和物理等危害因子可能的摄入量的定性和（或）定量评价。摄入量 / 暴露评估是风险评估的第三步，决定人体暴露危害因子的实际或预期量。暴露评估考虑到膳食中特定危害因子的存在和浓度、消费模式、摄入问题食品的消费人群等。通常暴露评估提供估算的摄入 / 暴露范围（如平均消费量和高消费量）和特定的消费人群（如孕妇、小孩和成人等）。由于 WTO 的 SPS 协议（实施卫生与植物卫生措施协议，Agreement on the Application of Sanitary and Phytosanitary Measures），暴露评估方法的一致性就变得尤为重要，暴露评估应充分考虑到不同的膳食模式和潜在的高消费人群。

这些化学物在膳食中含量过高（如农药残留、真菌毒素等）或过低（如必需微量营养素）都可能对健康有害。在暴露评估过程中，需要两种基础资料：一是化学物在食物中的存在水平，二是含某种化学物食品的消费量。获得以上数据后需要利用代表膳食暴露情况的模型来进行暴露估计。

（1）食物中化学物的含量

在目前暴露评估采用的许多方法中，通常不考虑食物中化学物量的差异。一般只选择一种浓度来代表化学物的平均水平，很少使用明确的上限百分位数。食品添加剂的含量可以从制造商那里获得，而食品污染物（包括农药和兽药残留）的含量则要通过敏感和可靠的分析方法对代表性食品进行分析获得。

为获得食品中化学物的含量，首先需要确定采样方案。根据研究目的，至少存在两种不同的采样方法：代表性采样和目标采样。代表性采样的目的是了解食品中化学物含量的状况，事先并不知道食品中化学物的含量。采样时，可以根据不同种类或品牌的生产和消费数量（种类）或市场份额（品牌）来进行分层。目标采样是依据成本效益原则，采集那些化学物含量可能较高的样本。当怀疑一个生产批次超出目标水平或法定范围时，执法机构和食品管理机构以及生产商就会采用目标采样。实际上，许多残留物或污染物的检测程序是将两种采样方法联合使用或者将采样重点放在残留量可能升高的可疑地点或季节。

（2）摄入量评估

对于食品化学物，如食品添加剂、农药和兽药残留以及污染物等的膳食摄入量评估需要有关食品消费量和这些食物中相关化学物浓度的资料。食品添加剂、农药和兽药残留的膳食摄入量可根据规定的使用范围和使用量来估计，最简单的估计方式是以最高使用量计算摄入量。食物的消费数据可以来自食物供应资料、家庭调查、个体膳食调查、总膳食研究。个体膳食调查的方法包括食物记录、24h 回顾、食物频率法、膳食史法等。FAO/WHO 建议采用总膳食研究估算人群的膳食暴露情况。总膳食研究可采用市场“菜篮子”法、单种食物法或双份饭法。

此外，以生物学标志物为基础的方法可用于估算食物化学物的暴露。大多数情况下，生物学标志物可能是食物化学物本身或其代谢产物。通常以尿液和血液为检测样本，但也可选其他体液，如乳汁、毛发、脂肪组织、呼出气体和粪便。

（3）暴露量评估

暴露量评估是指对于通过食品或其他有关途径的暴露而可能进入的生物、化学和物理性因素进行定性和定量评估。其通用公式如下：如膳食农药残留暴露评价应以农药残留水平和膳食消费结构为基础进行。

$$膳食暴露量 (EXPOSURE_{human})=\sum(C\times F\times f)/W$$

式中，$EXPOSURE_{human}$ 为每人每天每千克体重的暴露量，ng/(kg·d)；C 为食品中某化学物浓度，ng/kg；F 为食品消费量，kg/（人·d)；f 为食物的熟生比数据；W 为体重，kg。

（4）暴露量评估准则

由于暴露评估所需进行的工作项目极多，若无可依循的准则常导致评估结果有极大的差异。完整的暴露量应包括以下六项工作：单一化学危害物或混合物的基本特性；污染源；暴露路径及对环境的影响；通过测量或估计的危害物浓度；暴露人群情况；整体暴露分析。

4. 风险特征描述

即在危害识别、危害特征描述和暴露评估基础之上，对特定人群造成可知或潜在有害作用的发生概率和不确定性的定性和（或）定量估计。风险特征描述是风险评估的最后一步，在这个阶段将暴露评估和危害特征等相关信息整合在一起，形成风险管理所需要的决策建议。风险描述将提供不同的暴露模式情况下对人体健康潜在风险的估计，包括关键性的假设，对人体健康风险的属性、关联性和范畴，对风险管理者的定性、定量建议等。

定性的建议包括：① 即便在高暴露的情况下，化学物质也没有毒性的陈述 / 证据；② 特定使用量情况下化学物质是安全的陈述 / 证据；③ 避免、降低或减少暴露的建议。

定量的意见包括：① 基于健康指导值；② 不同暴露水平的风险估计；③ 最低和最高摄入量时的风险（如营养素）。

（1）有阈值的化学危害物

FAO/WHO 食品添加剂联合专家委员会（JECFA）和 FAO/WHO 农药残留联席会议（JMPR）对有阈值的化学危害物设置健康指导值（health-based guidance values，HBGV）。健康指导值是 JECFA 和 JMPR 针对食品以及饮用水中的物质所提出的经口（急性或慢性）暴露范围的定量描述值，该值不会引起可觉察的健康风险，包括每日允许摄入量（acceptable daily intake，ADI）、每日可耐受摄入量（tolerable daily intake，TDI）、暂定每日最大耐受摄入量（provisional maximum tolerable daily intake，PMTDI）、暂定每周耐受摄入量（provisional tolerable weekly intake，PTWI）、暂定每月耐受摄入量（provisional tolerable monthly intake，PTMI）等。对这类物质的风险特征描述是将估计的或计算出的人体暴露水平（EXPOSURE）与 HBGV 进行比较。

如果 $EXPOSURE_{human}<HBGV$，该危害物不会产生可觉察的风险或其风险可以接受。

如果 $EXPOSURE_{human}>HBGV$，该危害物的风险超过了可以接受的限度，应当采取适当的风险管理措施。

在数据不能满足对有阈值效应的物质建立健康指导值的情况下，JECFA 和 JMPR 会对动物观察到的有毒效应剂量与估计的人体膳食暴露水平之间的暴露限值（MOE）进行评价。MOE 是指临界效应的未观察到不良作用水平或基准剂量下限值与理论的、预期的或估计的暴露剂量或浓度的比值。

（2）无阈值的化学危害物

传统观点认为既有遗传毒性又有致癌性的物质没有阈值剂量，在任何暴露水平都有不同程度的风险。因此，对于遗传毒性致癌物质（如某些污染物），JECFA 并未设定其健康指导值。对遗传毒性致癌物质进行风险特征描述建议的类型包括以下方法：① 推荐的暴露量应在合理可行的前提下尽可能低（ALARA 原则）；② 对不同暴露水平的风险进行定量；③ 将产生相似危害的化合物根据对其估计的风险大小进行分级。

风险特征描述应明确地解释风险评估过程基于科学的数据缺失而产生的任何不确定性。还应包括易感人群的相关信息、最大潜在暴露情况和（或）特定的生理或基因等影响。风险评估之后既可以将评估结果用于风险管理决策，也可以对评估结果进行进一步分析并对影响因素进行研究。风险评估过程产生的所有记录应同时作为风险管理决策的科学依据。如果有新的数据可以利用，风险评估 / 分析可以重新启动。

（二）风险管理

风险管理是依据风险评估的结果，同时考虑社会、经济等方面的有关因素，对各种管理措施方案进行权衡、选择，然后实施的过程，其产生的结果包括制定食品安全标准、准则和其他建议性措施。

1. 风险管理的目标和措施

风险管理的目标：通过选择和实施适当的措施，尽可能有效地控制食品风险，从而保证公众健康。

风险管理的措施：主要包括制定最高限量，制定食品标签标准，实施公众教育计划，通过使用替代品或改善农业或生产规范以减少某些化学物质的使用等。

2. 风险管理的内容

风险管理可以分为 4 个部分：风险评价、风险管理选择评估、执行管理决定以及监控和审查。

（1）风险评价

基本内容包括确认食品安全问题、描述风险概况、对危害的风险评估和风险管理的优先性进行排序、为进行风险评估制定风险评估政策、决定进行风险评估及风险评估结果的审议。

（2）风险管理选择评估

包括确定现有的管理选项、选择最佳的管理方案（包括考虑一个合适的安全标准）以及最终的管理决定。

（3）执行管理决定

通过对各种方案的选择做出了最终的管理决定后，必须按照管理决定实施。保护人体健康应当是首先考虑的因素，同时可适当考虑其他因素（如经济费用、效益、技术可行性、对风险的认知程度等），可以进行费用 - 效益分析；及时启动风险预警机制。

（4）监控和审查

对实施措施的有效性进行评估以及在必要时对风险管理和风险评估进行审查，以确保食品安全目标的实现。

3. 风险管理的一般原则

在风险管理决策中应当首先考虑保护人体健康。对风险的可接受水平应主要根据对人体健康的考虑决定，同时应避免风险水平上随意性的和不合理的差别。在某些风险管理情况下，尤其是决定将采取的措施时，应适当考虑其他因素（如经济费用、效益、技术可行性和社会习俗）。

风险管理的决策和执行应当透明。风险管理应当包含风险管理过程（包括决策）所有方面的鉴定和系统文件，从而保证决策和执行的理由对所有有关团体是透明的。

风险评估政策的决定应当作为风险管理的一个特殊的组成部分。风险评估政策是为价值判断和政策选择制定准则，这些准则将在风险评估的特定决定点上应用，因此最好在风险评估之前，与风险评估人员共同制定。从某种意义上来讲，决定风险评估政策往往成为进行风险分析实际工作的第一步。

风险管理应当通过保持风险管理与风险评估二者功能的分离，确保风险评估过程的科学完整性，减少风险评估和风险管理之间的利益冲突。

风险管理决策应当考虑风险评估结果的不确定性。如有可能，风险的估计应包括将不确定性量化，并且以易于理解的形式提交给风险管理人员，以便他们在决策时能充分考虑不确定性的范围。如果风险的估计很不确定，风险管理决策将更加保守；决策者不能以科学上的不确定性和变异性作为不针对某种食品风险采取行动的借口。

在风险管理过程中，都应当包括与消费者和其他有关团体进行清楚的相互交流。风险情况交流不仅仅是信息的传播，而更重要的功能是将有效进行风险管理的信息和意见并入决策的过程。

风险管理是一个在风险管理决策的评价和审查过程中考虑所有新产生资料的持续过程。在应用风险管理决策后，为确定其在实现食品安全目标方面的有效性，应对决定进行定期评价。为进行有效的审查，监控和其他活动是必需的。

目前，国际上公认的风险评估政策包括：① 依赖动物模型确立潜在的人体效应；② 采用体重进行种间比较；③ 假设动物和人的吸收大致相同；④ 采用 100 倍的安全系数来调整种间和种内可能存在的易感性差异，在特定的情况下允许偏差的存在；⑤ 对发现属于遗传毒性致癌物（食品添加剂、兽药和农药），不制定 ADI 值，不进行定量的风险评估，实际上，具有遗传毒性的食品添加剂、兽药和农药残留还没有认可的可接受的风险水平；⑥ 允许污染物达到“尽可能低的”水平；⑦ 在等待提交要求的资料期间，对食品添加剂和兽药残留可制定暂定的 ADI 值。但需要指出的是，农药残留联席会议并没有将这一政策用于农药残留 ADI 值的制定。

（三）风险交流

风险交流是指风险评估者、风险管理者及社会相关团体公众之间各个方面的信息交流，包括信息传递机制、信息内容、交流的及时性、所使用的资料、信息的使用和获得、交流的目的、可靠性和意义。

1. 风险交流在风险分析中的作用

风险交流是风险分析的重要组成部分，通过风险交流所提供的对所有相关信息和数据方法的综合考虑，为风险评估过程中应用某项决策及相应的政策措施提供指导。在正式进行风险评估前，有关各方须收集适当的信息来进行风险概况的描述。它描述食品安全问题及其来源，确定与各种风险管理决定有关的危害因素。这通常包括一系列初步的风险评估工作，而这些工作有赖于有效的风险交流。通过风险交流将某些解决食品安全问题的措施上升为国家标准，从而为我国标准的制定提供可靠的科学依据。风险交流有利于风险管理者在风险分析过程中确定和权衡所选择的政策和做出的决定。所有有关各方之间相互交流也有助于保证透明度、促进一致性，并提高风险管理水平。在可行的和合理的范畴内，有关各方应参与确定管理措施、制定选择时采用的标准和提供实施与评估措施的相关资料。

2. 风险交流的目的

风险交流的根本目标是用清晰、易懂的术语向具体的交流对象提供有意义的、相关的和准确的信息，这也许不能解决各方存在的所有分歧，但有助于更好地理解各种分歧，也可以更广泛地理解和接受风险管理的决定。有效的风险交流应该具有建议和维护义务以及相互信任的目标，使之推进风险管理措施在各方之间达到更高程度的和谐一致，并得到各方的支持。

风险信息交流的目的在于：① 通过所有的参与者，在风险分析过程中提高对所研究的特定问题的认识和理解；② 在达成和执行风险管理决定时增加一致化和透明度；③ 为理解建议的或执行中的风险管理决定提供坚实的基础；④ 改善风险分析过程中的整体效果和效率；⑤ 制定和实施作为风险管理选项的有效的信息和教育计划；⑥ 培养公众对于食品供应安全性的信任和信心；⑦ 加强所有参与者的工作关系和相互尊重；⑧ 在风险信息交流过程中，促进所有有关团体的适当参与；⑨ 就有关团体对于与食品及相关问题的风险的知识、态度、估计、实践、理解进行信息交流。

3. 风险交流的要素

风险交流的要素包括：风险的性质，利益的性质，风险评估的不确定性，风险管理的选择。

① 风险的性质包括危害的特征和重要性；风险的大小和严重程度；情况的紧迫性；风险的变化趋势；危害暴露的可能性；暴露的分布；能够构成显著风险的暴露量；风险人群的特点和规模；最高风险人群。

② 利益的性质包括与每种风险有关的实际或预期利益；收益者和收益方式；风险和利益的平衡点；利益的大小和重要性；所受影响人群的全部利益。

③ 风险评估的不确定性包括评估风险的方法，每种不确定性的重要性，所得资料的缺点和不准确度、所依据的假设、估计对假设变化的敏感度和风险评估结论的变化对风险管理的影响。

④ 风险管理的选择包括控制或管理风险的行动、个人可采取的降低其风险的行动、选择特定的风险管理选项的理由、特定措施的有效性、特定措施的利益、风险管理的费用和费用的出处以及执行风险管理措施后仍然存在的风险。

三、风险评估的应用

食品中的致病性微生物引起人体疾病一般有两种机制：第一种机制是致病性微生物产生的毒素，即所谓的“食源性中毒”；第二种机制是因摄入能够感染寄生的活体生物而产生病理反应，即所谓的“食源性感染”。食源性危害风险评估是人体暴露于食源性危害后对人体健康产生负面影响和潜在不良作用的科学评价。以食源性致病性微生物单核细胞增生李斯特菌 *Listeria monocytogenes* 为例，讲述风险评估的应用。

（一）危害识别

危害识别的报告应根据评估者的不同而不同，在行文上没有统一的模式。危害识别简明、扼要，重点突出，包括以下几个部分。

① 微生物特性，即发现地点、生长生存的最适条件和环境因素等。

② 食源性疾病作为危害暴露的结果，简要叙述其对人体的负面健康影响。易感人群和亚健康人群应当提及，更具体详细地描述负面健康作用将在危害描述中进行。

③ 传播模式，即简明阐述微生物如何影响宿主。

④ 发生（频率）和暴发数据，文献记载的发生和暴发数据必须是可信的，并通过充分的调研确保数据质量。

⑤ 危害微生物在食品中的含量，需要简述存在此种微生物危害的食品种类以及典型的污染水平。

危害识别和危害描述是协同进行的。对于病原菌与食品而言，危害识别将重点放在病原菌上，而危害描述将考虑食品的特性以及消费者的摄入剂量。

1. 描述

革兰氏阳性，适冷，兼性厌氧无芽孢杆菌，在环境中分布广泛；土壤、蔬菜、粪便、下水道、青贮饲料中经常出现，在食品加工环境中亦经常发现，在人体小肠内有短时间残留，大约有 2%～10% 的带菌者，在一定的环境条件下，能够在各种食品中生长和生存，生长温度 1～45℃，最适生长温度 35～37℃。

2. 食源性疾病

肠道中可以引起低热，当侵入到内部组织后，*L. monocytogenes* 可以扩散到血液、孕妇的子宫或中央神经系统。症状：低度腹泻、脑膜炎、败血病、流产和死产。这种中毒事件不经常发生，但对于易感人群而言，20%～30% 会死亡；致病只与几个高毒性的致病菌种有关；主要风险因素包括免疫缺陷人群、孕妇和老年人。

3. 传播模式

食源性暴露是主要的传播路径，包括垂直传播（母婴传播）、动物传播，以及通过医院感染。

4. 发生（频率）和暴发数据

李斯特菌病相对较少，如澳大利亚每年每百万人约出现此类病例 3 次。在美国、瑞士和法国，奶酪是引起此类疾病的主要食品。严重病患者应及时就医。

5. 食品中含量

在即食食品、海产品和乳制品中发现（尤其是软的乳酪中）。

（二）危害描述

以 *Listeria monocytogenes* 为例的危害描述过程。

从调查已经识别的传染媒介物的流行病学证据得出：食品中污染 *L. monocytogenes* 的水平＜100CFU/g，对普通人口来讲是不可能致病的。然而必须注意的是，在消费之前李斯特菌是否在食品中继续生长。

L. monocytogenes 的人体试验剂量反应数据是不可获得的，由于影响剂量反应的因素很多，包括菌株致病性的变异、食品的作用和个体差异等，因此，这种剂量反应关系需要综合专家观点、流行病学数据、实验动物数据等结合评估而获得。

（三）暴露评估

暴露评估是对一个个体（或人口）将暴露于微生物危害的可能性以及可能摄入的量如频率和摄入量的估计。微生物危害在食品中的负面作用是不考虑其累积效应的，这一点同许多的化学危害物不同。因此，对被污染的每一餐，在不考虑消费者消费食品频率的前提下，其风险水平都是一致的。风险评估者搜集消费食品的数量和频率的数据，需将这些数据与食品中发生的可能性和病原菌的数量相结合进行暴露估计。

（四）风险描述

生物病原体的风险描述需要根据危害识别、危害描述和暴露评估等步骤中所描述的观点和资料来进行描述。风险描述是特定危害因子对特定人群产生不良作用的潜在可能性和严重性的一个定性或定量估计（包括对伴随的不确定性），该描述可以理解为个人风险性或每餐的风险性。当建立一个对风险的估计时，如果没有多少流行病学资料和 / 或发生数据证明这种危害与食源性疾病有无关联，这种情况下，可以认定这种风险是较低的。然而，对于一种危害并不是很大的危害物，但如果有充足的流行病学证据和发生数据说明它与食源性疾病有很大的关联性，则其风险性会大大增加。

在风险描述时，还需要考虑其他重要因素，如微生物危害在特殊食品中的生长特性，包括消费者在食用前所做的最终处理步骤；多少致病菌可以引起疾病，即低量的病原菌暴露能否致病；病原菌是否需要达到一个高的浓度（如 10^6CFU/g）时，才会致病。

参考文献

[1] 李宁，马良 . 食品毒理学 [M]. 2 版 . 北京：中国农业大学出版社，2016.

[2] 中华人民共和国国家卫生和计划生育委员会 . 食品安全国家标准　食品安全性毒理学评价程序：GB 15193. 1—2014[S]. 北京：中国标准出版社，2014.

[3] 刘安然，李宗军 . 纳米食品加工技术及安全性评价 [J]. 河南工业大学学报：自然科学版，2014，35（6）：103-108.

[4] 王硕，王俊平 . 食品安全学 [M]. 北京：科学出版社，2016.

[5] 高金燕 . 食品毒理学 [M]. 北京：科学出版社，2017.

[6] 王周平，孙震 . 简明食品毒理学 [M]. 北京：中国轻工业出版社，2020.

[7] 中华人民共和国国家卫生和计划生育委员会 . 食品安全国家标准　保健食品：GB 16740—2014[S]. 北京：中国标准出版社，2014.

[8] 国家市场监督管理总局 . 保健食品及其原料安全性毒理学检验与评价技术指导原则（2020 年版），2020 年第 44 号 .

[9] 中华人民共和国国家卫生和计划生育委员会 . 新食品原料申报与受理规定，2013 年国卫食品发

23 号 .

[10] 梁春来，贾旭东 . 纳米食品的毒理学研究及其风险评估与管理 [J]. 中华预防医学杂志，2014，48（5）：429-432.

[11] 李慧艳 . 我国预包装辐照食品的监督管理 [J]. 现代预防医学，2022，49（1）：163-166.

[12] Grégoire O，Cleland M R，Mittendorfer J，et al. Radiological safety of food irradiation with high energy X-rays：theoretical expectations and experimental evidence[J]. Radiation Physics and Chemistry，2003，67（2）：169-183.

[13] Joint FAO/IAEA/WHO Study Group. High-dose irradiation：wholesomeness of food irradiated with doses above10 kGy. WHO Technical Series 890. Geneva：WHO，1999.

·第九章·

转基因食品的安全评价及检测方法

转基因食品是指利用现代分子生物学技术将某些生物的基因转移到其他物种中去，改造它们的遗传物质，使动物、植物或微生物具备或增强某种特性，使其在性状、营养品质、消费品质等方面向人们所需要的目标转变，可以降低生产成本，增加食品或食品原料的产量或价值。根据世界卫生组织的定义，转基因食品是指生物体内的基因被以非自然的方法加以改变，使基因由一个生物体移至另一个生物体或在两个没有关系的生物体之间转移而生产的食品或食品原料，在欧盟新型食品条例中将转基因食品定义为：“一种由经基因修饰的生物体生产的或该物质本身的食品。”即以转基因植物、动物或微生物为原料（全部或部分）生产或制造的食品。目前，全球的科学家们还无法为转基因食品安全问题在短时间内下一个定论，由于受体生物体转入了新基因之后，DNA 重组而产生一系列新的生物学效应。这些生物学效应可分为期望效应（intended effect）（如耐旱、抗病害虫及增加某些期待的营养成分）和非期望效应（unintended effect）两大类。由于新基因的插入，基因生物具有人们需要的某些新特性，它们能在生物体内产生某些农业上有利的期望效应（如大米赖氨酸含量增加）；人为地把新基因插入生物体时，新基因不可避免地并非全部插入研究者所期待的位点上，由此可能会产生某些没有预料到的效应，称为非期望效应。全世界人口在短时内迅速增长和环境条件的进一步恶化，加速了耕地沙漠化；另外，大量农药化肥的使用导致病虫害逐渐产生抗性、亩产下降，使环境进一步恶化。为了满足人类对粮食的需求，具有抗虫、抗病、高产特性的转基因作物的出现成为必然。但是到目前为止，有关转基因食品的安全性一直是各国科学家们争论的焦点。

第一节　转基因食品的安全性评价

由于基因的插入是随机的，目前的科学技术水平还不能准确地控制转基因技术产生的所有表现效应，因此可能会产生预料外的效果。例如，引起某种有用基因沉默，从而导致某种营养成分的减少，或者激发某种抗营养因子水平的增加。因此，转基因食品问世以来一直存在着广泛的不确定性，对其开展安全性评价尤为必要。

一、转基因食品安全性评价的原则

我国针对转基因食品的食用安全性评价，已制定出一套较为完整的评价体系，主要评价依据是科学原则、实质等同性原则、预先防范原则、个案评价原则、逐步评估原则和熟悉性原则等。

1. 科学原则

转基因生物的商品化应用是否会带来不可预测的生物安全问题和风险，这需要相关科学数据来对转基因生物的安全性客观地做出判断和评价。要求在对转基因食品进行安全评价过程中应以科学的态度，采用科学的方法，利用科学实验获得的数据和实验结果来对转基因生物的安全性进行科学和客观的评价。

2. 实质等同性原则

实质等同性原则是世界经济合作与发展组织于 1993 年最早提出、FAO 和 WHO 于 1996 年正式采用的。其本质是比较原则，即将转基因食品与传统非转基因食品从农艺性状、营养成分等方面进行比较。如果除了引入性状外，其他性状基本相似，则认为转基因食品与非转基因食品是一样安全的。否则，应实施进一步的动物实验证明其安全性（FAO/WHO，1996）。

3. 预先防范原则

由于科学证据无法充分证明转基因技术的安全性，即使目前没有确实证据证明该危害必然发生，也应该采取必要的评价和预防措施。这种不待相关科学知识的发展而先行采取措施的决定，即为“预先防范原则”。

4. 个案评价原则

由于转基因生物及其产品中导入的基因来源、功能各不相同，受体生物及基因操作也可能不同。因此，必须针对性地逐个进行评估，这也是目前大多数国家采取的评估原则。

5. 逐步评估原则

逐步评估原则要求对转基因生物及其产品必须依次在每个环节上进行风险评估，并以每一步实验累积的相关数据和结果，作为是否进入下一步安全评估的基准。根据逐步评估的原则，每一步生物安全评估均可能有三种结果：① 转基因生物可以进入下一阶段的评估；② 转基因生物暂不能进入下一阶段的评估，需进一步在本阶段补充必要数据和信息；③ 转基因生物由于生物安全性问题不能继续进入下一阶段评估。

6. 熟悉性原则

所谓“熟悉”是指对转基因生物受体种类和转入的目的基因的有关生物学性状，食用历史的背景知识，以及与其他生物种类或环境的相互作用等方面情况的熟悉和了解程度。

“熟悉”是一个动态的过程，随着人们对转基因生物及其产品的知识和经验的不断积累，对其熟悉性也会逐步加深。

7. 风险效益平衡原则

转基因技术虽然可以带来巨大的经济和社会效益，但是该技术可能带来的风险也不容忽视。因此，在对转基因食品进行评估时，应采用风险和效益平衡的原则，综合进行评估，在获得最大利益的同时，将风险降到最低。

二、转基因食品安全性评价的内容

由于转基因技术打破了物种间的界限，确实有可能将新的有毒物质或者过敏原引入传统食物链中。因此，在进行转基因产品的研发及政府审批过程中，都要对新引入的基因及表达产物、获得的新品种进行严格的安全性评价，最大限度地减少危害发生，保护人类健康和生态安全。转基因食品的安全性评价应包括有无毒性、有无过敏性、抗生素抗性标记基因是否导致人体对抗生素产生抗性，以及营养成分是否改变等。

（一）营养学评价

对转基因植物的安全性评价主要是进行实质等同性评价，即将转基因食品与有长期安全食用史的对照物比较，分析它们的差别，在此基础上再决定是否进行进一步的评价分析。实质等同性评价在营养学上需要比较的主要有：主要营养物质、抗营养因子、毒素、过敏原等。主要营养物质包括脂肪、蛋白质、碳水化合物、矿物质、维生素等；抗营养因子主要是指一些能影响人对食品中营养物质吸收和对食物消化的物质，如豆科作物中的一些蛋白酶抑制剂、脂肪氧化酶、植酸等；毒素是对人有毒害作用的物质，如马铃薯茄碱、番茄碱等；过敏原是指能造成某些人群食用后产生过敏反应的一类物质。截至 2023 年，已有 30 个国家 / 地区种植了转基因作物，另外有 45 个国家 / 地区批准进口应用，转基因作物种类已扩展到玉米、大豆、棉花、油菜、马铃薯、苜蓿、甜菜、茄子、甘蔗、苹果等 32 种。

营养成分和抗营养因子是转基因食品安全性评价的重要组成部分。在评价一种转基因食物时，如果按照“实质等同性原则”考虑生物技术食品与传统亲本植物食品在营养学方面的不等同，还应充分考虑这种差异是否在这一类食品的营养范围内。如果在这一范围内，就可以认为在营养方面是安全的。对食品营养成分的评价主要针对蛋白质、淀粉、纤维素、脂肪、脂肪酸、氨基酸、矿物质、维生素、灰分等与人类健康密切相关的物质。

（1）营养成分安全评价

蛋白质、脂类和碳水化合物是食物中重要的营养素，转基因食品通常会改变这三种营养素的质量。例如，蛋白质工程技术改变蛋白质的含量和必需氨基酸的比例，糖类酶工程改变淀粉含量、直链淀粉和支链淀粉的比例等。水分的变化是对转基因作物和其原型对照进行成分分析时最常见的，改变一些基因的性状可能会影响到作物水分的变化。对矿物质营养的评价需要在遵循“实质等同性原则”的基础上，充分考虑与历史上或现在世界各国栽培品种的矿物质营养成分的比较。

（2）抗营养因子的安全性分析

食品中不仅含有大量的营养物质，也含有大量的非营养化学物质，有些物质超过一定量时是有害的。目前已知的抗营养素主要是蛋白酶抑制剂、植酸、凝集素、芥酸、棉酚、单宁、硫苷等。评价抗营养因子时，要根据植物的特点选择抗营养因子进行检测和分析。

（3）转基因食品表型

基因插入后对植物代谢过程酶的调节可能对其表型产生影响。对于食品而言主要指对风味、色泽和成分组成等的改变。这些改变是转基因食物营养学评价的重要内容。

（4）转基因食品营养素的生物利用率

食物营养素的生物利用率是指营养素被人体消化吸收利用的部分，常用来评价营养素的实际营养价值，是转基因食品营养学评价中不容忽视的一部分。此外，动物实验和小规模人群实验也常被用来作为转基因食品营养学评价的手段。

（二）毒理学评价

对于转基因食品要判断其与现有食品是否为实质等同，对于关键营养素、毒素及其他主要成分应进行重点比较。如对于转基因操作引入植物体的新表达蛋白质的毒理学评价，包括新表达蛋白质与已知毒蛋白质和抗营养因子氨基酸序列相似性的比较，新表达蛋白质热稳定性试验，体外模拟胃液蛋白质消化稳定性试验。当新表达蛋白质无安全食用历史、安全性资料不足时，必须进行急性经口毒性试验；28d 喂养试验（亚慢性毒性）取决于该蛋白质在植物中的表达水平和人群可能摄入水平；必要时应进行免疫毒性检测评价。新表达的物质为非蛋白质，如脂肪、碳水化合物、核酸、维生素及其他成分等，其毒理学评价可能包括毒物代谢动力学、遗传毒性、亚慢性毒性、慢性毒性或致癌性、生殖发育毒性等方面。具体需采用哪些毒理学试验，依据个案分析原则。

（三）过敏性评价

转基因食品由于含有用基因工程技术导入的外源基因，并由其表达特定的蛋白质。无论外源基因编码蛋白质是已知过敏原，还是与已知过敏蛋白质的氨基酸序列在免疫学上有明显的同源性，或是所属的某类蛋白质家族中的有些成员是过敏蛋白质，均可能产生过敏反应。因此，评价转基因食品的安全性时，必须对其外源基因产生的新蛋白质进行致敏性评价，以保证转基因食品原料或其衍生食品的安全性。

FAO/WHO（2001）颁布的过敏原评价决定树是目前国际上公认的转基因食品中外源基因表达产物的致敏性评价策略（图 9-1）。其主要包括氨基酸序列同源性的比较、血清筛选试验、模拟胃肠液消化试验和动物模型试验等。最后综合判断该外源蛋白质的潜在致敏性的高低。根据外源基因是否来源于已知过敏原的生物，评价内容和方法有所不同。

（四）抗生素标记基因的安全性评价

标记基因的安全性评价是转基因食品安全性评价的重要环节。WHO 提出了关于标记基因的安全性评价原则：一是明确标记基因的分子、化学和生物学特性；二是将标记基因与转入基因一样进行评价；三是原则上，某一标记基因的资料一旦积累，应可用于任何一种植物，也可与任何一种目的基因连接。常用的标记基因有卡那霉素抗性基因（*Npt* Ⅱ）、潮霉素抗性基因（*Hpt*）、草甘膦抗性标记基因（*Pat*）、草甘膦抗性基因（*Epsps*）等。目前认为可安全使用的标记基因是抗生素抗性基因（*Npt* Ⅱ）及草甘膦抗性基因（*Epsps*）。

（五）转基因食品对有毒物质的富集能力评价

一些生物在生长期间，会对某种有毒物质有富集作用。如有的食用原料可富集重金属

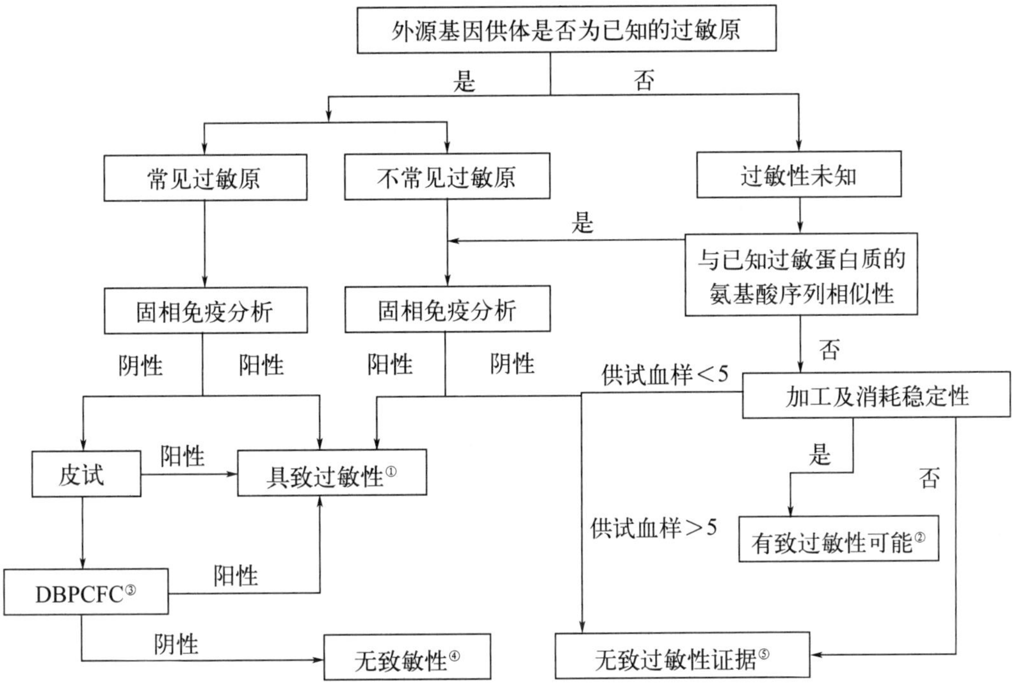

图 9-1 转基因食品致敏性评价流程

① 在血清和人体试验中，任何一个试验结果中出现阳性，都表明该外源基因编码蛋白质为过敏原或潜在过敏原，含有此类外源基因编码蛋白质的转基因食品必须加以标识，防止对此类蛋白质有过敏反应的人群误食。

② 对已知的过敏蛋白质无氨基酸序列相似性，或外源基因供体为不常见过敏原并且外源基因编码蛋白质与过敏人群血清 IgE 免疫反应为阴性，供试血样<5，并且外源基因编码蛋白质具有加工和消化酶稳定性的转基因食品，应视为“有致过敏性可能”。FAO/WHO 认为对此类食品的致过敏性需按“个案处理”（case-by-case）的原则进一步试验确认。

③ 双盲无效物对照试验。

④ 通过一系列的血清和人体试验，结果皆为阴性，表明含有此类外源基因表达蛋白质的转基因食品，可被视为“无致敏性”。

⑤ 对已知过敏蛋白质无氨基酸序列相似性，并且外源基因表达蛋白质不具有加工和消化酶稳定性的转基因食品，应视为“无致过敏性证据”。同样，对外源基因供体为不常见过敏原，外源基因编码蛋白质与过敏人群血清 IgE 免疫反应为阴性，且供试血样>5 的转基因食品，也视为“无致过敏性证据”。但是仅靠上述两个标准来评判此类转基因食品致过敏性的结果可信度一般，FAO/WHO 建议将其他一些因素，如外源基因表达水平、编码蛋白质的功能同时作为转基因食品致过敏性评价的依据。

（螺旋藻富集三价铬）等。目前没有研究发现转基因食品富集有害物质，但按照先预防的原则，需要对转基因作物是否富集有害物质作出评价。

（六）其他评价

目前，国际上普遍认为非预期效应，尤其是潜在的非预期效应，可能是影响包括转基因植物在内的所有现代生物技术产品食用安全的最重要的因素。在已颁发的管理法规、安全性评价原则及技术方案中，非预期效应的检验和评价都被列为重要内容。随着转基因技术的发展，对转基因植物的食用安全性评价的研究也在不断深入，如长期食用转基因植物对人体肠道菌群的影响，以及转基因操作可能造成的非期望效应的检测方法等。

第二节　转基因食品的管理与检验

一、转基因食品的管理

转基因生物的安全性评价是一项很复杂而又耗时的系统工程，它涉及多学科（如化学、生物学、生态学、生理学、营养学、毒理学等）和大量的分析测试工作。目前，人类还难以预料转基因生物是否会带来某些危害，也就无法设计完整可靠的实验进行研究和验证，所以很难对其安全性进行全面的评价。因此，在远期安全性问题未得到明确结论之前，加强对转基因生物的管理是非常重要和合理的。对此，一是要加紧制定转基因生物的国际性安全标准；二是在有关标准和法规未出台之前，应遵循消费者知情权和选择权原则，要做到这一点，有效的办法就是为转基因生物贴上标签，让消费者自己决定是否购买。

跟踪及标识体系是以欧盟各国为代表的一些国家实行的一种对待转基因生物的制度。跟踪体系是传送、保留转基因相关信息，以便进行安全监控及发现问题后及时收回，即在环境释放到投放市场的各阶段（包括生产、流通全过程），以及进口农产品入境后，对转基因生物进行全面的跟踪监管。欧盟决定对大豆、玉米、油菜等商品化的转基因生物实行强制标签制度，规定以质量比 1% 为标签制度的阈值，若食品及加工食品添加物中意外渗入转基因生物，其单项成分之一含量超过 1% 以上者，则需标示“转基因产品或含有转基因成分”，对标签的大小、颜色等作详细规定。标识的目的是为消费者提供完整准确的信息，保证消费者的知情权。日本、韩国、澳大利亚、俄罗斯等国家也制定了阈值不同的标签制度，如澳大利亚和新西兰为 1%，韩国为 3%，日本、俄罗斯为 5%。

转基因生物涉及的生物种类多、影响范围广、生态条件多变、材料方法不同、目标各异、认识理解有别，因此国际上尚无公认的或为各国普遍接受的转基因生物管理标准。不同国家、不同行业对转基因生物安全管理的目标要求也不相同，表现为以下两种完全不同的模式：一种以美国、加拿大等转基因作物生产和出口大国为代表，认为转基因生物的安全性与传统产品没有本质区别，管理应针对转基因产品，而不是转基因技术本身；另一种以欧盟为代表，认为转基因技术本身具有潜在的危险性，与此相关的活动，都应进行安全性评价并接受管理。

最早提出对转基因食品进行标识管理的是欧盟。欧盟从 1990 年就确立了转基因食品标识管理的框架，1997 年颁布的《有关新食品和新食品成分的管理条例》（第 258/97 号）进一步要求在欧盟范围内对所有转基因产品进行强制性标识管理。2002 年，欧盟再次对其转基因标识管理政策进行修改，要求对所有转基因植物衍生的食品及饲料进行标识，并将标识的最低限量降低到 0.9%。

中国也对转基因产品的标识管理制定了相应的法规。2001 年国务院发布第 304 号令，颁布实施《农业转基因生物安全管理条例》。2002 年 1 月 5 日，农业部颁布了《农业转基因生物标识管理办法》，并确定了第一批实施标识管理的农业转基因生物的目录。作为我国转基因食品的对口归属部门，原农业部采取了一系列措施来加强转基因生物安全的监管。① 建立健全了一整套适合我国国情，并且与国际接轨的法律法规、技术规程和管理体系。国务院颁布了《农业转基因生安全管理条例》，并实施4个配套的规章。2021年12月31日第18次农业农村部常务会议审议通过《农业农村部关于修改〈农业转基因生物安全评价管理办法〉等规章的决定》，最新的管理办法自2022年1月21日起施行。② 加强技术支撑体系建设，组建由64位各方面专家组成的国家农业转基因生物安全委员会，负责转基因的生物安全性评价。组建了由41位专家组成的全国农业转基因生物安全管理标准化技术委员会，已经发布了108项转基因生物安全标准。③ 建立转基因生物安全监管体系，建立了由12部门组成的农业转基因生物安全管理部级联席会议制度。④ 加强了转基因标识的管理，发布了《农业转基因生物标签的标识》标准。依法对转基因的大豆、玉米、油菜、棉花、番茄等5类作物的17种产品实行按目录强制标识。⑤ 颁布了农业转基因生物安全监管工作方案，以加强日常监管。

二、转基因食品的检验

转基因食品的检测是指对食品原料和深加工食品中的转基因成分进行检测，是保证其质量和安全的必要手段。其检测是贯彻实施标识管理制度的技术保障。涉及的方法主要包括基于DNA的检测方法、基于蛋白质的检测方法和基于脂肪酸的检测方法。为了能够对转基因作物及其产品作出综合评价，除了需要各国政府和国际机构制定科学的安全评价体系，以及严格的管理法规外，建立有效的方法体系对转基因生物进行检测也很重要，这是对转基因生物进行安全性评价和实施监管的基础，也是农产品国际贸易健康发展的重要保障。转基因生物的检测方法也是1996年以后逐渐发展起来的，与转基因作物的迅猛发展相比，检测方法的发展相对滞后，至今仍面临着一些严峻挑战。

目前国际上针对转基因作物及其产品的检测技术路线通常为：第一步对样品进行筛选检测（screening/detection）来判定是否含有转基因成分；第二步对阳性结果进行验证鉴定（determination/identification）来判定转基成分的性质；最后一步进行定量分析（quantification）来判定是否需要贴示标签。总体来说，转基因生物的检测方法可以分为两类：一种是以表达蛋白质为目标的检测方法；另一种是以外源DNA为目标的检测方法。

（一）蛋白质检测

大多数转基因植物都以外源结构基因表达出蛋白质为目的，因此可以通过对外源蛋白质的定性定量检测来达到转基因检测的目的。常用的方法主要有免疫印迹法（Western blot）、酶联免疫吸附法（enzyme linked immunosorbent assay，ELISA）和试纸条法（lateral flow strip）。

1. 酶联免疫吸附法

对原料而言，ELISA法和试纸条法具有特异性好、操作简便、费用低、对仪器和人员要求不高等特点。但是该类方法仅针对一种特异蛋白质，无法高通量、快速地检测具有多种混合成分的食品样品，覆盖率低；对于加工食品，受到目标蛋白质的构象和含量的限制，尤其是深加工食品中目标蛋白质的变性，影响抗原抗体的特异性识别，而使检测的不确定性增加；有些转基因生物的蛋白质在新宿主内进行新的修饰，只在某些部位表达或根本无新蛋白质的表达，也就难以用该类方法来进行检测，如 Noverttis Bt176 玉米，抗虫蛋白只存在叶片中，而几乎不存在于玉米粒中（＜0.005μg/g）。

2. 试纸条法

试纸条法是 ELISA 方法的另一种形式，该法检测蛋白质也是根据抗原抗体特异性结合的原理，不同之处之一是以硝化纤维代替聚苯乙烯反应板为固相载体，用测试法代替了微孔板，试纸条法主要是将特异的抗体交联到试纸条上和有颜色的物质上，当纸上抗体和特异抗原结合后，再和带有颜色的特异抗体进行反应，就形成了带有颜色的“三明治结构”，并且固定在试纸条上，如果没有抗原，则没有颜色。试纸条法是一种快速简便的定性检测方法，将试纸条放在待测样品抽提物中，就可得出结果，不需要特殊仪器和熟练技能。该法不足之处是只能检测很少的几种蛋白质，不能区分具体的转基因品系，且检测灵敏度低，影响检测结果的准确性。当有些插入基因根本不表达或表达量很低时，就会影响检测结果。

3. 免疫印迹法

Western blot 适用于复杂混合、不可溶、低于或超过预定限值水平的目的蛋白质的分离检测，并可以消除蛋白质溶解、蛋白质凝聚和非目标蛋白质与靶蛋白共沉淀等问题。李允静等采用 Western blot 检测抗草甘膦转基因大豆 GTS40-3-2 中 CP4-EPSPS 蛋白含量，并发现其能够有效检测和检测该蛋白的降解情况。

（二）核酸检测

转基因技术从各种生物体中克隆出来的基因片段插入到靶向受体中时，一般要构建启动子、终止子、选择标记基因、报告基因等。从基因水平进行转基因的检测就是要检测受体的核酸序列、目的片段的整合位点、基因多态性、目的片段的含量分析以及启动子、终止子、选择标记基因、报告基因等。以外源 DNA 为目标的检测方法包括 Southern 印迹杂交（Southern blot）和聚合酶链式反应（polymerase chain reaction，PCR）。

1.Southern 杂交法

Southern 杂交法是通过对特异性探针结合的基因组片段内或其周围序列进行限制性内切核酸酶酶切位点作图来研究基因在基因组内部的组织排列，用于食品外源基因的检测，可检测出外源基因与内源基因有高度同源性的 DNA 片段。该方法准确可靠，但对样品纯度要求较高，费用也较高。在转基因食品检测中，要在知道该转基因食品转入外源基因片段的情况下使用 Southern 技术。该技术可检测出食品外源基因与内源基因有高度同源性的 DNA 片段，且准确可靠，但由于是对样品中的 DNA 进行杂交反应，对基因修饰有机体（genetically modified organisms，GMOs）特异调控序列或结构基因没有进行扩增反应，所以较 PCR 方法的灵敏度低。

2. 聚合酶链式反应

PCR 法指模拟体内 DNA 复制方式，在体外选择扩增 DNA 某个特殊区域的技术，它包括引物、模板、dNTP 和 *Taq* DNA 聚合酶等要素。与 ELISA 法相比，PCR 检测所需的 DNA 存在于各个器官和组织的细胞中，并且对热较稳定，因此，PCR 方法以其检测时短、灵敏度高、可用于加工食品等优点而广泛应用于转基因生物检测（表 9-1）。PCR 的类型很多，目前已用于转基因检测中的有常规 PCR、套式 PCR、PCR-Gene Scan、竞争性 PCR 和实时 PCR 等，具体应用情况分别介绍如下。

表 9-1 转基因生物的检测方法比较

项目	基因检测——PCR	蛋白质检测——ELISA
灵敏性	灵敏度高（< 0.1%）	灵敏度较高（> 0.1%）
检测时间	用时较少	用时较多
方法难易	操作较难	操作容易
适用范围	可用于加工食品	难用于加工食品

（1）常规 PCR

通过 PCR 扩增转基因作物中的启动子和终止子序列，然后用琼脂糖凝胶电泳分析扩增产物，是目前最常用的转基因检测方法。Markus 等和 Meyer 等通过 PCR 检测 *CaMV* 35S 启动子、*Tnos* 终止子基因，筛选抗除草剂转基因大豆 Roundup Ready™ 和抗虫转基因玉米，特异性和灵敏性很高。黎昊雁等和黄东东等用 PCR 检测了转基因水稻种子、转基因食品中 *CaMV* 35S 与 *Tnos* 基因成分，检测限分别为 0.1% 和 1%。常规 PCR 法本身具有局限性，PCR 扩增的高灵敏度常伴随着假阳性现象；而操作上的误差，加上一些反应抑制因素亦可带来假阴性现象。因此该方法的检测结果往往需要用另一种方法进行验证。

（2）套式 PCR（nested PCR）

是由 Brockman 等 1996 年建立的先后用两套引物进行扩增的 PCR 技术。通常先用第一套引物（又称外引物）扩增 15～30 个循环，再用已扩增的 DNA 片段内设定的第二套引物（又称内引物）扩增 15～30 个循环。Koppel 等建立了用于转基因大豆 Roundup Ready™ 中 *cp4epsps* 基因的套式 PCR 检测法，该方法具有很高的特异性和灵敏度，检测限为 20pgDNA，相当于一般原料中含有 0.01%～0.1% 的转基因大豆。毛德倩等通过套式 PCR 扩增了转基因大豆 Roundup Ready™ 中 *Tnos* 终止子基因。采用套式 PCR 将外引物扩增的片段又经内引物扩增，提高了反应的特异性和灵敏度，能检测 DNA 含量低的转基因食品。但存在步骤多、易污染等缺点。

（3）PCR-Gene Scan

特点是在 PCR 扩增反应后，借助 DNA 测序仪中基因片段扫描（gene scan）的功能替代琼脂糖凝胶电泳对 PCR 产物进行分析。该方法可以分辨出相差 5 个或 6 个碱基的 PCR 产物，从而准确地判定扩增片段大小。覃文等应用 PCR-Gene Scan 法从进口食品和食用油脂中成功地检出 *CaMV* 35S 启动子、*Tnos* 终止子、*cp4epsps* 和 *Bt* 等转基因成分，检测灵敏度比传统电泳法高。该方法所需仪器昂贵，并需在 PCR 反应体系中加入荧光标记的 dCTP 进行扩增，限制了其推广应用。

（4）竞争性 PCR（competitive PCR）

该方法以待测的外源 DNA（如 *CaMV* 35S 启动子、*Tnos* 终止子等的基因）与竞争 DNA（以缺失或插入几十个碱基对的外源 DNA 序列构建的质粒）作为相互竞争底物，在同一 PCR 反应体系中竞争引物和酶等，其相差几十个碱基对的 PCR 产物可以通过凝胶成像分析系统进行区分和定量，以系列转基因标准品 DNA（0%、0.1%、0.5%、1%、2% 和 5%）制作“靶 DNA 浓度 - 靶 DNA 产物量 / 竞争 DNA 产物量”的标准曲线，即可依据“待测 DNA

产物量 / 竞争 DNA 产物量”求得样品中的转基因成分含量。Hardegger 等采用竞争性 PCR 法检测 *CaMV* 35S 启动子和 *Tnos* 终止子基因获得了转基因大豆的含量。郭兆奎等制备了用于 PCR 检测转基因烟草中 *Tnos* 终止子的竞争性 DNA 模板。竞争性 PCR 法在一个反应管中同时扩增待测样品与竞争模板，消除了实验中各种可变参数的干扰，获得了较为准确的结果。但存在操作烦琐（需构建竞争性 DNA）、易污染的不足。

（5）实时 PCR（real-time PCR）法

在 PCR 反应体系中加入荧光标记探针，通过光电传导系统直接探测 PCR 扩增过程中荧光信号的变化以获得定量结果，所以具有 DNA 杂交的高特异性和光谱技术的高精确性。数据的采集和分析可自动完成，简化了实验过程，减少了污染和假阳性的机会。Hird 等报道了应用实时 PCR 定量检测大豆粉中的 Roundup Ready™ 大豆的含量，检测灵敏度达到 0.5% 的方法。黄文胜等建立了转基因大豆 Roundup Ready™ 中 *CaMV* 35S 启动子、*Tnos* 终止子基因的实时 PCR 定量检测方法，检测灵敏度达到 0.1%，误差为 3%～5%。

以 PCR 为基础的检测方法虽然被国内外大多数实验室作为检测转基因生物的常用方法，但是实际应用中发现不同方法的优缺点也很明显，现将目前用于转基因检测中几种主要的 PCR 方法的优点及局限性总结于表 9-2。

表 9-2　转基因生物的 PCR 检测方法比较

检测方法	优点	不足
常规 PCR	对设备试剂要求不高，成本低，快速简便，可用作筛选试验	电泳分析粗略，灵敏度和特异性差，结果需验证，难以定量分析
套式 PCR	灵敏度增加，高度特异，结果准确性增加	步骤繁多，时间长，污染机会增加，不适合常规分析
PCR-Gene Scan	灵敏度增加，可以分辨出相差 5 个或 6 个碱基的 PCR 产物	所需仪器昂贵，成本高，检测流程复杂，不适合常规分析
竞争性 PCR	准确性增加，可定量分析，成本较低	要求电泳分析，需构建内部标准 DNA，技术较复杂，污染机会增加
实时 PCR	灵敏度、特异性、准确性增加，可定量分析，自动化程度高	所需仪器昂贵，成本高，方法的标准化程度不高

参考文献

[1] 宋欢，王坤立，许文涛，等 . 转基因食品安全性评价研究进展 [J]. 食品科学，2014，35（15）：295-303.

[2] 王晨光，许文涛，黄昆仑，等 . 转基因食品分析检测技术研究进展 [J]. 食品科学，2014，35（21）：297-305.

[3] 李相，郭胜伟 . 转基因食品的安全性及其检测评价 [J]. 食品研究与开发，2015，36（12）：145-149.

[4] 黄昆仑，许文涛 . 转基因食品安全评价与检测技术 [M]. 北京：科学出版社，2009.

[5] 李允静，万丹凤，刘标，等 . 转基因大豆 CP4-EPSPS 蛋白的降解规律研究 [J]. 中国油料作物学报，2021，43（1）：124-130.

第三篇
食品安全法规与管理体系

·第十章·

国内外法律法规

第一节　国外法律法规体系

为了保证食品的安全供给，很多国家都建立了涉及所有食品及其从生产到消费环节的食品安全法律体系，为有关食品安全方面的标准制定、产品的质量检测检验、质量认证、信息服务等纷繁复杂的工作提供了统一的法律规范。虽然各国有各自不同的食品安全法律体系，法律法规内容和具体的标准也有很大的差异，但各国的食品安全法律体系的目的都是保证食品链的安全，保护国民的健康。因此都包含了如下一些原则。

① 危险性分析。食品安全法律应该是以科学性的危险分析为基础的。

② 从农田到餐桌。食品安全法律应该覆盖食品“从农田到餐桌”的食品链的所有方面，包括化肥、农药、饲料的生产与使用；农产品的生产、加工、包装、储藏和运输；与食品接触工具的卫生；操作人员的健康与卫生要求，食品标签提供信息的充分性和真实性以及消费者的正确使用等。

③ 预防原则。由于科学的不确定性存在，对于一些新产品和技术的安全性不能确定，因此食品安全法律应该采取预防原则。

④ 食品安全责任。食品安全法律应规定饲料生产者、食品生产者和加工者应该对食品安全承担最主要的责任。

⑤ 透明性。

⑥ 信息可追溯性和食品召回。

⑦ 灵活性。食品安全法律是随着社会经济条件的发展而发展的，因此食品安全法律应该有充分的灵活性，为未来的技术进步、过程创新和消费者需求变化留有空间，可以通过调节满足新的需要。

一、美国食品安全法律制度

美国关于食品安全的法律法规非常多。美国食品安全的主要法令包括联邦食品、药物和化妆品法令（FFDCA），联邦肉类检验法令（FMIA），禽类产品检验法令（PPIA），蛋产品检验法令（EPIA），食品质量保障法令（FQPA）和公共健康事务法令（PHAA），以及2011年新颁布的食品安全加强法案，等等。

1. 美国食品安全管理机构

美国涉及食品监督管理的机构比较多，其中最主要的有：美国联邦卫生与人类服务部（HHS）下属的食品药品监督管理局（FDA）、美国农业部（USDA）下属的食品安全检验局（FSIS）、动植物卫生检验局（APHIS）以及联邦环境保护署（EPA）。FDA最重要的职责是执行联邦食品、药品及化妆品法以及食品安全加强法案（Food Safety Modernization Act，FSMA），预防走私食品进入，加强对膳食补充剂的管理，等等。美国FDA管辖的食品范围是除食品安全检验局（FSIS）管辖范围之外的所有食品，具体包括：所有国产和进口的洲际贸易销售的食品（不包括肉类、禽肉类及蛋制品，但管辖带壳的蛋类）。

美国农业部（USDA）下属的食品安全检验局（FSIS）主要负责保证美国国内生产和进口消费的肉类、禽肉及蛋类产品供给的安全、有益，标签、标示真实性，包装适当。FSIS管辖的食品包括国产和进口的肉、禽和不带壳蛋制品。

联邦环境保护署（EPA）负责监管食物中的农药及其他有毒物质的残留限量及饮用水的安全。负责制定饮用水标准、协助各州饮用水的品质监测；制定食品中农残限量标准，发布农药安全使用指南等。FDA和USDA负责这些规定在食品供应环节中的实施。

2. 美国食品质量安全法律法规体系

美国联邦政府行政部门制定了完整的永久性法规，收录在美国联邦法规（Code of Federal Regulation，CFR）中，分50卷，与食品有关的主要是第7卷（农业）、第9卷（动物和动物产品）、第21卷（食品和药品）和第40卷（环境保护）。这些法律法规涵盖了所有食品，为食品安全制定了非常具体的标准以及监管程序。

（1）食品中污染物　根据联邦食品、药物和化妆品法（FFDCA）第402条（a）（1）中规定，含任何有毒或对身体健康有害的物质（如化学污染物）的食品被认为是掺假的。根据FFDCA的这一规定，FDA可对其国内以及进口的食品供应进行监管，一方面通过对食品中污染物（如天然毒素、农药及人为污染物）的监测以及对这些污染物潜在的暴露和风险进行评估。

FDA为食品中不可避免的污染物规定限量标准，对于没有规定标准的情况，则按照污染物的最低检测水平进行监管，禁止将超过限量标准的食品混入其他食品中。FDA为食品中添加的非食品添加剂的有毒有害物质的使用，按照不同的条件制定了容忍量、监管限制，或者行动水平三个不同风险等级的限量。

（2）食品中微生物危害　美国对食品中微生物危害的管理通常和良好生产规范（GMP）、危害分析和关键控制点（HACCP）等结合起来管理，也就是说，在GMP、HACCP符合规定的情况下，认为生产出来的产品应该是安全的，因此，美国并未针对所有终产品设定微生物限量标准。FSIS制定的加工肉禽制品执行标准对所有即食肉制品和部分热加工肉禽制品规定了执行标准。FSIS 在标准中对肉制品分成以下几类：干制品（如肉干）、盐腌制品（如乡村火腿）、发酵制品、熟制和其他加工制品（如墨西哥牛肉卷、鸡肉卷），以及热加工商业无菌产品（如罐头产品）。标准中涉及的微生物包括：沙门氏菌、大肠埃希菌 O157、肉毒梭菌以及单核细胞增生李斯特菌等。

FDA 目前对瓶装水中大肠埃希菌，乳制品中沙门氏菌、大肠埃希菌 O157:H7、出血性大肠埃希菌、空肠弯曲菌、小肠结肠炎耶尔森菌、肉毒梭状芽孢杆菌、肉毒梭状芽孢杆菌毒素、金黄色葡萄球菌肠毒素、蜡样芽孢杆菌，鱼和贝类产品中的大肠埃希菌、粪大肠菌群、需氧菌平板计数、沙门氏菌、肉毒梭状芽孢杆菌、创伤弧菌、单核细胞增生李斯特菌、霍乱弧菌、副溶血弧菌有具体规定。

（3）农兽药残留的管理　美国是世界上农药管理制度最完善、程序最复杂的国家，建立了一整套较为完善的农药残留标准及管理、检验、监测和信息发布机制。EPA 负责农药登记与最大残留限量（maximum residue limits，MRLs）制定，所有 MRLs 和豁免物质均列入 40CFR 第 180 部分中。EPA 已经设定了 9000 多种农药的允许残留量。而 FDA、USDA 则负责农残限量标准的具体执行，USDA 还为落实、收集食品中农药残留数据规划，委托农业市场管理部门组建和实施农药数据规划并每年出版。

FDA 的兽药中心（CVM）负责制定兽药最高残留限量标准。美国批准使用的兽药及残留允许量在美国联邦法规上发布，未列入 CFR 的但已批准的兽药在 CVM 的“新兽药应用”上发布。FSIS 的黄皮书《化学残留物分析方法》是检测、定量分析和确证动物性产品是否存在残留的方法依据。

二、欧盟食品安全法律制度

欧盟具有一个较完善的食品安全法规体系，涵盖了“从农田到餐桌”的整个食物链（包括农业生产和工业加工的各个环节）。由于在立法和执法方面欧盟和欧盟诸国政府之间的特殊关系，欧盟的食品安全法规体系错综复杂。欧盟食品安全法规体系以欧盟委员会 1997 年发布的《食品法律绿皮书》为基本框架。2000 年 1 月 12 日欧盟又发表了《食品安全白皮书》，将食品安全作为欧盟食品法的主要目标，形成了一个新的食品安全体系框架。2002 年 1 月 28 日建立欧盟食品安全管理局（European Food Safety Authority，EFSA），颁布了第 178/2002 号法令，这也是欧盟食品安全方面的主要举措。欧盟的法律法规的数量和内容仍在不断增加和完善中。在欧盟食品安全的法律框架下，各成员国如德国、荷兰、丹麦等也形成了一套各自的法规框架，这些法规并不一定与欧盟的法规完全吻合，主要是针对成员国的实际情况制定的。

1.《食品安全白皮书》

欧盟《食品安全白皮书》包括执行摘要和 9 章的内容，用 116 项条款对食品安全问题进行了详细阐述，制定了一套连贯和透明的法规，提高了欧盟食品安全科学咨询体系的能力。白皮书提出了一项根本改革，就是食品法以控制“从农田到餐桌”全过程为基础，包括普通动物饲养、动物健康与保健、污染物和农药残留、新型食品、添加剂、香精、包装、辐射、饲料生产、农场主和食品生产者的责任，以及各种农田控制措施等。同时，它要求各成员国权威机构加强工作，以保证措施能可靠、合适地执行。

白皮书中的一个重要内容是建立欧洲食品管理局，主要负责食品风险评估和食品安全议题交流；设立食品安全程序，规定了一个综合的涵盖整个食品链的安全保护措施；并建立一个对所有饲料和食品在紧急情况下的综合快速预警机制。欧洲食品管理局由管理委员会、行政主任、咨询论坛、科学委员会和 8 个专门科学小组组成。另外，白皮书还介绍了食品安全法规、食品安全控制、消费者信息、国际范围等几个方面。白皮书中各项建议所提的标准较高，在各个层次上具有较高透明性，便于所有执行者实施，并向消费者提供对欧盟食品安全政策的最基本保证，是欧盟食品安全法律的核心。

2.178/2002 号法令

178/2002 号法令是 2002 年 1 月 28 日颁布的，主要拟订了食品法律的一般原则和要求、建立 EFSA 和拟订食品安全事务的程序，是欧盟的又一个重要法规。178/2002 号法令包含 5 章 65 项条款。范围和定义部分主要阐述法令的目标和范围，界定食品、食品法律、食品商业、饲料、风险、风险分析等 20 多个概念。一般食品法律部分主要规定食品法律的一般原则、透明原则、食品贸易的一般原则、食品法律的一般要求等。EFSA 部分详述 EFSA 的任务和使命、组织机构、操作规程；EFSA 的独立性、透明性、保密性和交流性；EFSA 财政条款；EFSA 其他条款等方面。快速预警系统、危机管理和紧急事件部分主要阐述了快速预警系统的建立和实施、紧急事件处理方式和危机管理程序。程序和最终条款主要规定委员会的职责、调节程序及一些补充条款。

3. 食品卫生条例（EC）852/2004 号条例

该法规规定了食品企业经营者确保食品卫生的通用规则，主要包括：① 企业经营者承担食品安全的主要责任；② 从食品的初级生产开始确保食品生产、加工和分销的整体安全；③ 全面推行危害分析和关键控制点（HACCP）；④ 建立微生物准则和温度控制要求；⑤ 确保进口食品符合欧洲标准或与之等效的标准。

4. 动物源性食品特殊卫生规则（EC）853/2004 号条例

该法规规定了动物源性食品的卫生准则，其主要内容包括：① 只能用饮用水对动物源性食品进行清洗；② 食品生产加工设施必须在欧盟获得批准和注册；③ 动物源性食品必须加贴识别标识；④ 只允许从欧盟许可清单所列国家进口动物源性食品等。

5. 人类消费用动物源性食品官方控制组织的特殊规则（EC）854/2004 号条例

该法规规定了对动物源性食品实施官方控制的规则，其主要内容包括：① 欧盟成员国官方机构实施食品控制的一般原则；② 食品企业注册的批准；对违法行为的惩罚，如限制或禁止投放市场、限制或禁止进口等；③ 在附录中分别规定对肉、双壳软体动物、水产品、原乳和乳制品的专用控制措施；④ 进口程序，如允许进口的第三国或企业清单。

6. 确保对食品饲料法以及动物卫生与动物福利法规遵循情况进行验证的官方控制（EC）882/2004 号条例

882/2004 条例是一部侧重对食品与饲料，动物健康与福利等法律实施监管的条例。它提出了官方监控的两项基本任务，即预防、消除或减少通过直接方式或环境渠道等间接方式对人类与动物造成的安全风险；严格食品和饲料标识管理，保证食品与饲料贸易的公正，保护消费者利益。官方监管的核心工作是检查成员国或第三国是否正确履行了欧盟食品与饲料法，动物健康与福利条例所要求的职责，确保对食品饲料法以及动物卫生与动物福利法规遵循情况进行核实。

7. 关于供人类消费的动物源性产品的生产、加工、销售及引进的动物卫生法规2002/99/EC号指令

该指令要求各成员国2005年前转换成本国法律。该指令提出了动物源性食品在生产、加工、销售等环节中的动物健康条件的官方要求。指令中还包括了相关的兽医证书要求、兽药使用的官方控制要求、自第三国进口动物源性食品的卫生要求等。

8. 饲料卫生要求（EC）183/2005号条例

许多食品问题始于被污染的饲料。为了确保饲料和食品的安全，欧盟的第183/2005规定对动物饲料的生产、运输、存贮和处理作了规定。和食品生产商一样，饲料商应确保投放市场的产品安全、可靠，而且负主要责任，如果违反欧盟法规，饲料生产商应支付损失成本，如产品退货以及饲料的损坏。

三、日本食品安全法律制度

日本保障食品安全的法律法规体系由基本法律和一系列专业、专门法律法规组成。《食品卫生法》和《食品安全基本法》是两大基本法律。《食品卫生法》于1948年颁布，经多次修改，并于2024年进行修订。在《食品卫生法》不断完善的同时，2003年日本又制定出台了《食品安全基本法》，并在内阁府设立食品安全委员会，以便对涉及食品安全的事务进行管理。根据新的食品卫生法修正案，日本于2006年5月起正式实施《食品残留农业化学品肯定列表制度》，即禁止含有未设定最大残留限量标准的农业化学品且其含量超过统一标准的食品流通。

此外，在日本还有很多涉及食品安全的专业、专门法律法规，比如《农药取缔法》《肥料取缔法》《家禽传染病预防法》《牧场法》《农林产品品质规格和正确标识法》《家畜传染病防治法》《饲料添加剂安全管理法》等。这些法律文件分别对食品质量卫生、农产品质量、投入品（农药、兽药、饲料添加剂等）质量、动物防疫、植物保护等5个方面进行了详细而明确的规定。

在日本只有两个监管食品方面的机构——厚生劳动省和农林水产省。

《食品安全基本法》赋予厚生劳动省的职责是作为风险监管机构，全面负责食品安全和分配，制定食品法律和标准，包括食品标签标识、转基因食品和辐照食品的标准以及广告宣传的规定，每年制订进口食品监控指导计划，对进口食品进行监管和实施卫生检疫，要求企业注册以及对从业者进行业务指导检查，也可根据《食品卫生法》对从业者做出处罚。

《食品安全基本法》赋予农林水产省的职责是风险监管，全面负责农产品的生产和质量控制，制定农林水产品的规格、管理政策和振兴农林水产品的生产，促进农产品质量的提高，管理农产品的消费和流通，保证粮食供应，促进国际合作和农产品出口，通过振兴农业促进国民经济的发展。进口加热禽肉食品以及进口动物和活鱼等需要通过农林水产省的许可、注册和检查指导。

《食品安全基本法》赋予食品安全委员会的职责是进行科学化及独立的食品风险评估，以及向相关各省提供建议；向有关各方（即消费者及经营与食品有关业务人士）传达食品风险的信息；就食品事故 / 紧急事故作出回应。

日本对食品安全的监管需要中央管理部门、地方政府、从业者、民间机构和消费者的共同参与，提倡共同参与，责任共担。形成了政府风险管理机构、地方、从业者、公众“四位一体”的管理协调机制。

日本对食品安全管理强调“事前风险预测和预防”与“事后追查和防控”。强调食品的种植、养殖、生产、加工、储存、流通、销售等各个环节，包括转基因食品和辐照食品等必须遵守日本《食品卫生法》的规定，不得使用指定外添加剂和进行虚假标识。2025年，日本消费者厅修订食品标签法，要求产品应标明的原户国，并拟将有关功能性相关成分的标示规定修改为食品相关业者不得在加工食品的食品包装上标示功能性相关成分以外的成分，但以下情况除外：可以标示营养素补充剂的营养成分以及营养成分含量或热量的摄取量。确立了食品生产流通的履历制度。日本政府要求企业引进 HACCP（危害分析和关键控制点），对建立了 HACCP 管理制度的企业确认其资质，资质每 3 年需要重新认定。

日本农林水产省检验检疫的具体执行机构为植物防疫所和动物检疫所。在横滨、名古屋、神户、门司、那霸设有植物防疫所，在成田机场和东京设有支所，在 18 个城市有派出机构。动物检疫所总部设在横滨，除横滨外，在中部机场、成田机场、关西机场、神户、门司和冲绳设有支所。

日本的卫生检疫分为4个层面，首先是中央部门所属检测机构可以检测。通常地方都、道、府、县保健所也可以实施检测并对食品安全进行监控。一般来说，进口食品的检验检疫由厚生劳动省负责，日本也允许经过政府注册的民间检测机构进行检测。事实上形成了国家、地方保健所、民间机构和企业 4 个层面的卫生检测机制，为确保食品安全夯实了检查基础。

第二节 国内法律法规体系

一、食品安全法律法规制定的依据

1. *宪法是食品安全法律法规制定的法律依据*

宪法是国家的根本大法，具有最高法律效力，是其他法律法规的制定依据。宪法有关保护人民健康的规定是食品法律法规制定的来源和法律依据。

2. *保护人体健康是食品法律法规制定的思想依据*

健康是人类自下而上与发展的基本条件，人民健康状况是衡量一个国家或地区的发展水平和文明程度的重要标志。国家的富强和民族的进步，饱含着健康素质的提高。增进人民健康，提高全民族的健康素质，是社会经济发展和精神文明建设的重要目标，是人民生活达到小康水平的重要标志，也是促进经济发展和社会可持续发展的重要保障。

食品是人类生存和发展最重要的物质基础，食品的安全、卫生和必要的营养是食品的基本要求。防止食品污染和有害因素对人体的危害，搞好食品安全是预防疾病，保障人民生命安全与健康的重要措施。以食品生产经营和食品安全监督管理活动中产生的各种社会关系为调整对象的食品法律法规，必然要把保护和增进人体健康作为其制定法律法规的思想依据、制定法律法规的出发点和落脚点。

3. 食品科学是食品法律法规制定的理论依据

食品行业是以医学、生物学、化学、工程学、农学、畜牧学等为核心的科技密集型行业，现代食品行业是在现代自然科学及其应用工程技术高度发展的基础上展开的。因此食品安全法律法规的制定工作在遵循法律科学的基础上，必须遵循食品工作的客观规律，也就是必须把医学、化学、生物学、食品工程和食品技术知识等自然科学的基本规律作为食品法律法规制定的科学依据，使法学和食品科学紧密联系在一起，科学地制定各项法律法规，促进食品科技进步。只有这样才能达到有效保护人体健康的立法目的。

4. 社会经济条件是食品法律法规制定的物质依据

社会经济条件是食品法律法规制定的重要物质基础。改革开放以来，我国社会主义建设取得了巨大成就，生产力有了很大发展，综合国力不断增强，社会经济水平有了很大提高，为新时期的食品法律法规的制定工作提供了牢固的物质依据。不过我们也要看到，我国是发展中国家，与世界发达国家相比，我国的综合国力、生产力和人民生活水平仍需提升，地区间发展又不平衡。这些都是食品法律法规制定工作中的制约因素。因此食品法律法规的制定必须着眼于我国的实际，正确处理好食品安全的各项法律法规与现实条件、经济发展之间的关系，以适应社会主义市场经济的需要，达到满足人民群众不断增长的多层次的需求、保护人体健康、保障经济和社会可持续发展的目的。

5. 食品政策是食品法律法规制定的政策依据

食品政策是党领导国家食品工作的基本方法和手段。它以科学的世界观、方法论为理论基础，正确反映了食品科学的客观规律和社会经济与食品发展的客观要求，是对人民共同意志的高度概括和集中体现。食品立法以食品政策为指导，有助于使食品法律法规反映客观规律和社会发展要求，充分体现人民意志，使食品法律法规能够在现实生活中得到普遍遵守和贯彻，最终形成良好的食品法律秩序。因此，党的食品政策是食品法律法规的灵魂和依据，食品法律法规的制定要体现党的政策精神和内容。

二、食品法律法规体系

食品安全法律法规体系属于安全监督法律体系的重要组成部分，食品安全法律规范是食品生产经营者从事食品生产经营活动必须遵守的行为准则，也是政府及相关部门实施食品卫生监督管理的法律依据。它是由食品安全法律、行政法规、地方性法规、行政规章、食品安全标准以及其他规范性文件有机联系构成的统一整体。建立科学的食品安全法律规范体系是实现食品安全法制化管理的前提。依据食品法律法规体系的具体表现形式及其法律效力层级，食品法律法规体系由以下具有不同法律效力层级的规范性文件构成，即：① 食品安全法律；② 食品安全法规；③ 食品安全规章；④ 食品安全标准；⑤ 其他规范性文件。

1. 食品安全法律体系

法律，从狭义上理解，是指由全国人民代表大会及其常务委员会依立法程序制定和颁布的涉及国家重大事务的规范性文件。在我国，法律依其内容及立法程序可分为宪法、基本法律和法律，其中宪法效力层级最高。基本法律和法律均渊源于宪法，基本法律和法律具有同等的法律效力，其法律效力层级低于宪法，属国家“二级大法”。所不同的是，基本法律是由全国人民代表大会制定的，而法律则是由全国人民代表大会常务委员会制定的。从广义上理解，法律则包括中央和地方权力机构以及政府依法制定和颁布的所有规范性文件，如宪法、基本法律、法律、法规、规章以及其他规范性文件等。我国食品安全法律体系的构成就是从法律的广义概念上去理解和把握的。

然而，这里所指的食品安全法律，则是狭义概念上的法律，即指由第十一届全国人民代表大会常务委员会第七次会议审议通过的《食品安全法》。《食品安全法》在我国食品安全法律体系中的法律效力层级最高，它是制定从属性的食品安全法规、规章以及其他规范性文件的依据。

2. 食品安全法规体系

根据《中华人民共和国宪法》《地方各级人民代表大会和地方各级人民政府组织法》以及国务院发布的《法规、规章备案规定》，食品安全法规体系有国务院制定的行政法规和地方性法规之分。食品安全地方性法规是指省、自治区、直辖市以及省、自治区人民政府所在地的市和经国务院批准的较大的市的人民代表大会及其常务委员会根据本行政区的情况和实际需要，在不与宪法、法律、行政法规相抵触的前提下按法定程序所制定的地方性食品安全法规体系的总称。省、自治区、直辖市的人民代表大会及常委会制定的地方性食品安全法规应报全国人民代表大会常务委员会和国务院备案；省、自治区的人民政府所在地的市和经国务院批准的较大市的人民代表大会及常务委员会制定的地方性食品安全法规，须报省、自治区的人民代表大会及常务委员会批准后施行。食品安全法规的法律效力层级低于食品安全法律，高于食品安全规章。

3. 食品安全规章

食品安全规章，包括国务院卫生行政部门制定的部门规章和地方人民政府制定的食品安全规章。根据国务院发布的《法规、规章备案规定》，部门规章是指国务院各部门根据法律和国务院的行政法规、决定、命令在本部门的权限内按照规定的程序所制定的规定、办法、实施细则、规则等规范文件的总称。

地方性规章指省、自治区、直辖市以及省、自治区人民政府所在地的市和经国务院批准的较大的市的人民政府根据法律和行政法规，按照规定程序所制定的适用于本地区行政管理工作的规定、办法、实施细则、规则等规范性文件的总称。根据《地方各级人民代表大会和地方各级人民政府组织法》第六十条的规定，制定地方性规章，须经各级政府常务会议或者全体会议讨论决定。

4. 食品安全标准

（1）食品安全标准的概念

食品安全标准是指对食品中具有与人类健康相关的质量要素和技术要求及其检验方法、评价程序等所作的规定。这些规定的形成必须通过以下程序，方可颁布实施。调查与技术研究—形成特殊形式的规范性文件—征求有关部门的意见—按照一定程序进行技术审查—由卫生主管部门批准—以特定的形式颁布。

食品标准是食品行业中的技术规范，它涉及食品领域的方方面面，包括食品产品标准、食品卫生标准、食品工业基础及相关标准、食品包装材料及容器标准、食品添加剂标准、食品检验方法标准、各类食品卫生管理办法等。因此，食品标准从多方面规定了食品的技术要求和品质要求，它与食品安全性有着不可分割的联系，是食品安全法律体系中不可缺少的重要组成部分。

（2）食品安全标准的意义

食品安全标准对于保证国民身体健康，维护和促进我国社会与经济发展有着极为重要的意义，主要体现在如下方面。

① 食品安全标准是食品安全法律法规体系的重要组成部分。《食品安全法》只能对调整的食品安全范围做出原则性规定，不可能对技术性要求做出具体规定，这就需要对法律未予明确的内容进行补充。因此，食品安全标准作为与《食品安全法》配套的技术规定，是食品安全法律法规体系的重要组成部分，它保证了食品安全法律法规的系统性与完整性。

② 食品安全标准保证了法制化食品安全监督管理的顺利进行。《食品安全法》规定：食品安全工作实行预防为主、风险管理、全程控制、社会共治，建立科学、严格的监督管理制度。食品安全标准是分析和判断是否符合有关安全要求的主要技术手段和依据。所以，食品安全标准保证了法制化食品安全监督管理工作的顺利进行。

③ 食品安全标准是维护我国主权与促进我国食品国际贸易的技术保障。我国的食品进出口贸易日趋活跃，在复杂的国际食品贸易和市场竞争过程中，我国的食品安全标准发挥了积极的作用。一方面，它对有效阻止国外低劣食品进入中国市场，防止我国消费者遭受健康和经济权益损害，维护国家的主权与利益，起到了重要的技术保障作用；另一方面，它对提高国内出口食品的安全质量，增强国内食品的国际市场竞争力，起到了重要的技术支持作用。

世界贸易组织要求各成员国应遵守关贸总协定 1994 年乌拉圭回合谈判达成的“应减少农产品关税”的有关协议，但是基于对人类健康保护的需要，世贸组织又在其草拟的《卫生和植物卫生法规应用协议（SPS 协议）》和《贸易技术壁垒协议（TBT 协议）》中规定：各成员国有权根据各国国民的健康需要制定各自的涉及健康与安全的食品标准。

（3）WTO 的有关规定对我国食品安全标准制定的指导意义

世界贸易组织要求各成员应参照 WTO 的有关协议制定国家食品标准。WTO 在其草拟的 SPS 协议中规定，WTO 成员应按照以下两种形式制定国家食品标准：一是按照国际食品法典委员会（CAC）的法典标准、导则和推荐要求制定国家食品标准，或等同采用进口国标准，无论食品的出口还是进口，其食品安全质量都应符合国际标准或进口国的标准；二是出于对本国国民实施特殊的健康保护目的。自行制定本国食品标准时，WTO 要求标准制定国必须首先对以下两种危害进行评价：① 某种疾病在本国的流行及其可能造成的健康和经济危害；② 食品、饮料或饲料中的添加剂、污染物、毒素、致病菌对人或动物健康的潜在危害。WTO 认为只有在上述评价的基础上才能制定既能确实保护本国国民身体健康又不致对食品国际贸易产生技术“壁垒”作用的食品标准。每一个 WTO 的成员，都必须履行 WTO 有关食品标准制定和使用的各项协议和规定，研究和分析食品安全标准的制修订工作与 WTO 的有关规定和国际贸易之间的关系，并按照 WTO 的有关规定制定我国的食品卫生标准。

5. 其他规范性文件

在食品安全法律体系中，还有一类规范性文件，它既不属于食品安全法律、法规和规章，也不属于食品安全标准等技术性规范的范畴，然而这类规范性文件同样是食品安全法律体系中的重要组成部分。原国家质量监督检验检疫总局制定的《食品生产许可证审查细则》对食品生产企业的准入条件与技术要求作出了明确规定，而各省、自治区、直辖市出入境检验检疫局发布的《关于加强进口食品安全信息管理的规定》则进一步强化了进口食品的全流程信息追溯与风险防控。这些规范性文件的实施，不仅完善了食品安全监管的法律框架，也为保障公众健康构筑了更加严密的安全防线。

三、食品法律法规制定的程序

食品法律法规的制定程序是指有立法权的国家机关制定食品法律法规所必须遵循的方式、步骤、顺序等的总和。程序是立法质量的重要保证，是民主立法的保障。食品法律法规的制定必须依照全国人大常委会制定食品法律的程序进行。

1. 食品法律的制定程序

（1）食品立法的准备

主要包括编制食品立法规划、做出食品立法决策、起草食品法律草案等。

（2）食品法律草案的提出和审议

主要包括食品法律草案的提出和列入议程、听取食品法律草案说明、常委会会议审议或全国人大教科文卫委员会、宪法和法律委员会审议等。列入常委会会议议程的食品法律草案，全国人大教科文卫委员会、宪法和法律委员会和常委会工作机构应当听取各方面的意见。对于重要的食品法律草案，经委员长会议决定，可以将食品法律草案公布，向社会征求意见。

（3）食品法律草案的表决、通过与公布

食品法律草案提请全国人大常委会审议后，由常委会全体会议投票表决，以全体组成人员的过半数通过，由国家主席以主席令的形式公布食品法律。

2. 食品行政法规的制定程序

（1）立项

国务院的食品药品监督、卫生、检验检疫、农业等行政管理部门根据社会发展状况，认为需要制定食品行政法规的，应当向国务院报请立项，由国务院法制局编制立法计划，报请国务院批准。

（2）起草

起草工作由国务院组织，一般由业务主管部门具体承担起草任务。在起草过程中，应当广泛听取有关机关、组织和公民的意见。

（3）审查

业务主管部门有权向国务院提出食品行政法规草案，送国务院法制局进行审查。

（4）通过

国务院法制局审查完毕后，提出审查报告和修改后的草案，报国务院常务会议或全体会议审议通过，或由总理签批。

（5）公布

食品行政法规由国务院总理签署国务院令公布。

（6）备案

食品行政法规公布后30日内报全国人大常委会备案。

3. 地方性食品法规、食品自治条例和单行条例的制定程序

① 地方性食品法规立法规划和计划的编制。

② 地方性食品法规草案的起草。

③ 地方性食品法规草案的提出。

④ 地方性食品法规草案的审议。

⑤ 地方性食品法规草案的表决、通过、批准、公布与备案。

四、现行食品安全法律法规

早在新中国成立初期，我国政府就制定并实施了一系列旨在保证食品安全的卫生管理要求。其后陆续制定并实施了《中华人民共和国食品卫生法》《中华人民共和国产品质量法》等一系列与食品安全有关的法律法规，为我国食品质量安全的监督工作奠定了法律基础。2009年2月28日，中华人民共和国第十一届全国人民代表大会常务委员会第七次会议表决通过了《中华人民共和国食品安全法》。经过长期的建设完善，我国食品安全法规体系日益完善，取得了很大成绩。目前形成了以《中华人民共和国食品安全法》《中华人民共和国产品质量法》《中华人民共和国进出口商品检验法》等法律为基础，以《食品生产经营监督检查管理办法》《食品添加剂新品种管理办法》《食品生产许可管理办法》《食品召回管理办法》以及涉及食品安全要求的大量技术标准等法规为主体，以各省及地方政府关于食品安全的规章为补充的食品安全法律法规。

1.《中华人民共和国食品安全法》

《中华人民共和国食品安全法》（以下简称《食品安全法》）是由中华人民共和国第十一届全国人民代表大会常务委员会第七次会议审议通过的。最新的《食品安全法》已由中华人民共和国第十二届全国人民代表大会常务委员会第十四次会议于2015年4月24日修订通过，于2015年10月1日起施行。2018年12月29日第十三届全国人民代表大会常务委员会第七次会议第一次修正，2021年4月29日第十三届全国人民代表大会常务委员会第二十八次会议第二次修正。《食品安全法》的立法宗旨是为了保证食品安全，保障公众身体健康和生命安全。

《食品安全法》共10章154条，包括总则、食品安全风险监测和评估、食品安全标准、食品生产经营、食品检验、食品进出口、食品安全事故处置、监督管理、法律责任和附则。

2.《中华人民共和国农产品质量安全法》

《中华人民共和国农产品质量安全法》（以下简称《农产品质量安全法》）是2006年4

月 29 日中华人民共和国第十届全国人民代表大会常务委员会第二十一次会议审议通过的。根据 2018 年 10 月 26 日第十三届全国人民代表大会常务委员会第六次会议《关于修改〈中华人民共和国野生动物保护法〉等十五部法律的决定》修正，2022 年 9 月 2 日第十三届全国人民代表大会常务委员会第三十六次会议修订。《农产品质量安全法》的立法宗旨是保障农产品质量安全，维护公众健康，促进农业和农村经济发展。

《农产品质量安全法》共 8 章 81 条，包括总则、农产品质量安全风险管理和标准制定、农产品产地、农产品生产、农产品销售、监督管理、法律责任和附则。

3.《中华人民共和国产品质量法》

《中华人民共和国产品质量法》（以下简称《产品质量法》）是 1993 年 2 月 22 日颁布的，根据中华人民共和国第九届全国人民代表大会常务委员会第十六次会议《关于修改〈中华人民共和国产品质量法〉的决定》，《产品质量法》于 2000 年 7 月 8 日修正，2009 年 8 月 27 日第二次修正。根据 2018 年 12 月 29 日第十三届全国人民代表大会常务委员会第七次会议《关于修改〈中华人民共和国产品质量法〉等五部法律的决定》第三次修正。《产品质量法》的立法宗旨是为了加强对产品质量的监督管理，提高产品质量水平，明确产品质量责任，保护消费者的合法权益，维护社会主义经济秩序。《产品质量法》共 6 章 74 条，主要内容有产品质量监督、产品质量义务和法律责任 3 部分内容。

4. 食品安全相关的法律法规

（1）《中华人民共和国消费者权益保护法》

《中华人民共和国消费者权益保护法》（以下简称《消费者权益保护法》）是 1993 年 10 月 31 日颁布的。2009 年 8 月 27 日第十一届全国人民代表大会常务委员会第十次会议《关于修改部分法律的规定》进行第一次修正。2013 年 10 月 25 日第十二届全国人大常委会第五次会议《关于修改〈中华人民共和国消费者权益保护法〉的决定》第二次修正。2014 年 3 月 15 日，由全国人民代表大会修订的新版《消费者权益保护法》（简称《新消法》）正式实施。《消费者权益保护法》的立法宗旨是保护消费者的合法权益，维护社会经济秩序，促进社会主义市场经济健康发展。

《消费者权益保护法》共 8 章 63 条，主要包括消费者的权利、经营者的义务、消费者合法权益的保护和法律责任 4 部分内容。

（2）《中华人民共和国标准化法》

《中华人民共和国标准化法》于 1988 年 12 月 29 日第七届全国人民代表大会常务委员会第五次会议通过，1989 年 4 月 1 日起施行，2017 年 11 月 4 日第十二届全国人民代表大会常务委员会第三十次会议修订。《中华人民共和国标准化法》在发展社会主义市场经济，促进技术进步，改进产品质量，提高社会经济效益，维护国家和人民的利益，使标准化工作适应社会主义现代化建设和发展对外经济关系等方面，有十分重要的意义。《中华人民共和国标准化法》共 6 章 45 条。

（3）《中华人民共和国进出口商品检验法》

《中华人民共和国进出口商品检验法》（以下简称《商检法》），1989 年 2 月 21 日第七届全国人民代表大会常务委员会第六次会议通过。根据 2021 年 4 月 29 日第十三届全国人民代表大会常务委员会第二十八次会议《关于修改〈中华人民共和国道路交通安全法〉等八部法律的决定》第五次修正。

①《商检法》的立法目的。为了加强进出口商品检验工作，规范进出口商品检验行为，维护社会公共利益和进出口贸易有关各方的合法权益，促进对外经济贸易关系的顺利发展，制定《商检法》。

② 我国进出口商品检验工作管理体制。国务院设立进出口商品检验部门，主管全国进出口商品检验工作。国家商检部门设在各地的进出口商品检验机构管理所辖地区的进出口商品检验工作；商检机构和经国家商检部门许可的检验机构，依法对进出口商品实施检验；列入目录的进出口商品，由商检机构实施检验。

《商检法》明确了进出口商品检验工作应当根据保护人类健康和安全、保护动物或者植物的生命和健康、保护环境、防止欺诈行为、维护国家安全的原则进行，规定了进出口商品检验和监督管理标准。

参考文献

[1] 陈志成 . 食品法规与管理 [M]. 北京：化学工业出版社，2005.

[2] 付文丽，陶婉亭，李宁，等 . 借鉴国际经验完善我国食品安全风险监测制度的探讨 [J]. 中国食品卫生杂志，2015，27（3）：271-276.

[3] 刘少伟，鲁茂林 . 食品标准与法律法规 [M]. 北京：中国纺织出版社，2013.

[4] 钱建亚，熊强 . 食品安全概论 [M]. 南京：东南大学出版社，2006.

[5] 钱和，林琳，于瑞莲 . 食品安全法律法规与标准 [M]. 2 版 . 北京：化学工业出版社，2019.

[6] 曲径 . 食品安全控制学 [M]. 北京：化学工业出版社，2011.

[7] 王晓英，邵威平 . 食品法律法规与标准 [M]. 郑州：郑州大学出版社，2012.

[8] 吴晓彤，王尔茂 . 食品法律法规与标准 [M]. 北京：科学出版社，2010.

[9] 吴澎，赵丽芹 . 食品法律法规与标准 [M]. 北京：化学工业出版社，2010.

[10] 张建新 . 食品标准与法规 [M]. 北京：中国轻工业出版社，2006.

·第十一章·

标准体系

标准是以提供需求、规范、指南和特征为目的，确保材料、产品、生产流程和服务的技术规范和质量要求。标准体系是以科学、技术和实践经验的综合成果为基础，经有关方面协商一致，由主管机构批准，以特定形式发布，作为共同遵守的准则和依据。食品安全标准体系建立是推进社会、经济和科技发展的食品产业结构调整和推动科技进步的需要，是促进食品贸易发展的需要，是食品产业实现降本增效和增加收入的需要，是依法行政和规范市场经济秩序的需要，是保障食品消费安全和提高食品市场竞争力的需要。

第一节　国际及国外食品安全标准体系

国际、欧盟、美国和日本等国家和地区注重食品安全标准体系的构建，以科学、合理和有效性的制度和法规为基础，通过规范化的程序，制定了科学、合理和安全的食品安全标准，进而形成较为完善的食品安全标准体系。

一、国际食品安全标准体系

食品国际标准主要有国际组织及各个国家的国家标准化组织发布的食品标准、指南等。食品领域的国际标准组织主要有国际标准化组织（International Standardization Organization，ISO）、联合国粮农组织 / 世界卫生组织（Food and Agriculture Organization of the United Nation/World Health Organization，FAO/WHO）、食品法典委员会（Codex Alimentarius Commission，CAC）、国际乳品联合会（International Dairy Federation，IDF）、国际葡萄与葡萄酒组织（International-Vine and Wine Office，IWO）、国际动物卫生组织（World Organisation for Animal Health，OIE）、国际植物保护公约组织（International Plant Protection Convention，IPPC）等。其中，最重要的两大国际食品标准分别为食品法典委员会（CAC）系统和国际标准化组织（ISO）系统的食品标准。国际食品法典的食品标准通

常包含以下要素：标准的适用范围，产品的描述，食品添加剂的使用规定，污染物限量标准，食品的卫生要求、重量与规格，标签规定，以及取样和分析方法。

二、欧盟食品安全标准体系

欧盟是国际上食品安全标准体系最为全面的地区之一，虽然各成员国都已存在适应本国的食品安全法律，但欧盟对食品安全控制制定了一系列较为有效、严密的标准体系，涵盖了食品安全的方方面面。同时，欧盟在适应市场经济发展和改进技术标准体系下，食品安全标准已深入社会各个层面，为法律法规提供技术支撑，也为市场准入、契约合同维护、贸易仲裁、合格评定、产品检验、质量体系认证等提供基本的法律依据，全面的食品安全技术法规在规范和促进欧盟食品安全体系有效运作方面发挥了重要作用。

欧盟负责食品安全的主要机构包括：欧盟健康和消费者保护总司（The Health and Consumer Protection Directorate General）、欧盟食品安全局（European Food Safety Authority，EFSA）和欧盟食品链及动物健康常设委员会（Standing Committee on the Food Chain and Animal Health，SCFCAH），其中EFSA是欧盟食品安全管理的最高行政机构，为欧盟委员会和成员国为第三国的官方监管体系提供最佳的风险评估科学支持，并进行实地评估和出口企业的统一登记，负责进行科学技术的探索、收集、整理、分析和总结，促进和协调统一的风险评估方法的发展，收集和分析数据，对直接或间接影响食品和饲料安全的风险进行特征描述，建立有利于实施风险评估的组织网络系统，负责该系统的运行并对风险评估意见进行解释和评价，向欧盟成员国提供技术和信息支持，包括危机管理，收集并发布科技数据等。欧盟食品安全标准的制定机构包括欧洲标准化委员会（European Committee for Standardization，CEN）和欧盟各成员国家标准，为防止各成员国在具体技术标准差异过大，CEN制定和采用的食品安全标准指令是通用的，包括认为安全的或必须限制使用的物质，可在市场中自由流通。现阶段，欧盟食品安全标准已日趋成熟和完善，并在整个欧盟食品安全体系中发挥了巨大作用。欧盟食品安全立法与监管机构针对食品生产加工等各个环节存在的问题，欧盟以《食品安全白皮书》和（EC/178/2002）为指导建立和完善食品安全技术法规和标准体系，为解决完整食物链中各环节出现的各种因素和危害提供了明确的法律依据和解决方法。欧盟理事会和欧盟委员会（European Economic Community/ European Commission，EEC/EC）已经发布了330多个指令性法规，以及200多个欧洲标准（European Standards，ENs）。

三、美国食品安全标准体系

美国国家标准的制定与监控主要由总统食品安全工作小组负责，该小组下辖多个机构，具体职责如下：隶属美国卫生及公共服务部（United States Department of Health and Human Services，HHS）的食品药品监督管理局（Food and Drug Administration，FDA）负责对国内生产及进口的食品、药品、疫苗、生物医药制剂、医学设备、兽药和化妆品等进行监督管理；疾病控制与预防中心（Center for Disease Control and Prevention，CDCP）负责对食源性食品安全事故进行应急处置，对食源性疾病暴发趋势和规律进行监测；隶属美国农业部（United States Department of Agriculture，USDA）的食品安全检验局（Food Safety and Inspection

Service，FSIS）负责国内生产和进口的肉类、禽类产品安全，发放使用转基因杀虫剂许可证和监测动植物疫病等；动植物检验局（Animal and Plant Health Inspection Service，APHIS）负责规范基因工程生物、监督和处理外来物种入侵、外来动植物疫病传入、野生动物及家畜疾病监控等；环境保护署（Environmental Protection Agency，EPA）负责农药审批工作并制定食物中残留农药的限量标准、饮用水标准，管理有毒物质和废物等。

行业标准主要包括：美国官方分析化学家协会（Association of Official Analytical Chemists，AOAC）负责检验与各种标准分析方法的制定工作，标准内容包括肥料、食品、饲料、农药、药材、化妆品、危险物质和其他与农业及公共卫生有关的材料等；美国谷物化学师协会（American Association of Cereal Chemists，AACCH）负责促进谷物科学的研究，保持科学工作者之间的合作，协调各技术委员会的标准化工作，推动谷物化学分析方法和谷物加工工艺的标准化；美国饲料官方管理协会（Association of American Feed Control Officials，AAFCO）负责制定各种动物饲料术语、官方管理及饲料生产的法规及标准；美国乳制品学会（American Dairy Products Institute，ADPI）负责进行乳制品的研究和标准化工作，制定产品定义、产品规格、产品分类等标准；美国饲料工业协会（American Feed Industry Association，AFIA）负责制定联邦与州的有关动物饲料的法规和标准；美国油料化学师协会（American Oil Chemists' Society，AOCS）负责油脂的提取、精炼和在消费与工业产品中使用规范以及有关安全包装、质量控制等方面的研究；美国公共卫生协会（American Public Health Association，APHA）。标准包括食物微生物检验方法、大气检定推荐方法、水与废水检验方法、住宅卫生标准及乳制品检验方法等。

企业制定的标准主要包括：美国3-A卫生标准由美国乳制品学会、国际食品工业供应商联合会（International Association of Food Industry Suppliers，IAFIS）、国际食品卫生保护联合会（International Association for Food Protection，IAFP）、国际乳制品联合会（International Dairy Federation，IDF）和3-A卫生标准理事会组成，制定食品生产设备、饮料生产设备、乳制品设备及医药工业设备的卫生标准，促进食品安全和公共安全；美国烘烤协会（American Institute of Baking，AIB）为食品供应商专门制定了一套《AIB食品安全统一标准》，包含对设备的认证、卫生设施的设计与建筑、食品加工设备的安装等，以确保食品品质与安全卫生保证能力。国家猪肉制品生产商理事会（National Pork Producers Council，NPPC）主要负责动物健康和食品安全，指导各种猪肉行业问题，接收来自肉类包装的建议。

四、日本食品安全标准体系

日本食品安全标准体系具有以下特点：制定标准的目的明确，种类齐全；标准科学、先进，具有较强的操作性和检验性；执行力强，标准与法律法规结合紧密；标准的制定注重与国际标准接轨。日本食品安全标准根据制定主体不同，可分为国家标准、行业标准和企业标准三个层次。日本食品安全标准立法或文件中的“规格”即成分规格，是指食品、添加剂、器具和容器包装在公共卫生方面所必需的纯度、成分等方面的最低限度的标准。成分规格根据使用对象的不同，又可以划分为一般规格和个别规格两种。“标准”又可作资格要求、技术标准、设施标准、标识标准、管理标准等不同类型的细分。其中，资格要求指从事某项特定食品行业的特定人员的所需具备的条件要求；技术标准指制造加工食品、添加剂、器皿和容器包装的方法、技术的基本要求；设施标准指营业设施所应达到的最低卫生标准；标识标准指食品标识必须包含的内容、标识的方法等所应遵循的标准；管理标准指食品关联企业采取卫生措施进行日常管理的基本要求。目前，日本根据食品安全实际需要已经在生鲜食品、加工食品、有机食品、转基因食品等方面制定了详细的标准和标识制度，而且在标准制定、修订、废除、产品认证、监督管理等方面也建立了完善的组织体系和制度体系，并以法律形式固定下来。

日本负责食品安全的监管机构主要有日本食品安全委员会、厚生劳动省、农林水产省。日本食品安全委员会主要负责食品安全风险评估和协调相关职能的直属机构，其职能包括实施食品安全风险评估、对管理机构进行政策指导与监督，以及风险信息沟通与公开。该委员会的最高决策机构由 7 名委员组成，都是由首相任命并批准的民间专家。委员会下属分三个评估专家组：化学物质评估组负责对食品添加剂、农药、动物用医药品、器具及容器包装、化学物质、污染物质等的风险评估；生物评估组负责对微生物、病毒、霉菌及自然毒素等的风险评估；新食品评估组负责对转基因食品、新开发食品等的风险评估。

日本法律明确规定食品安全的管理机构是农林水产省和厚生劳动省。农林水产省设立消费安全局，下设消费安全政策、农产安全管理、卫生管理、植物防疫、标识规格、总务等 6 个课以及 1 名消费者信息官。消费安全局负责国内生鲜农产品及其粗加工产品在生产环节的质量安全管理；农药、兽药、化肥、饲料等农业投入品在生产、销售与使用环节的监管；进口动植物检疫；国产和进口粮食的质量安全性检查；国内农产品品质、认证和标识的监管；推广危害分析与关键控制点方法；流通环节中批发市场、屠宰场的设施建设；农产品质量安全信息的搜集、沟通等。厚生劳动省将原医药局改组为医药食品局，下属的食品保健部改组为食品安全部。厚生劳动省除设食品药品健康影响对策官、食品风险信息官等职位外，还增设进口食品安全对策室。食品安全部主要负责食品在加工和流通环节的质量安全监管；制定食品中农药、兽药最高残留限量标准和加工食品卫生安全标准；对进口农产品和食品的安全检查；核准食品加工企业的经营许可；食物中毒事件的调查处理以及发布食品安全信息等。农林水产省主要负责生鲜农产品及其粗加工产品的安全性，侧重在农产品生产和加工阶段；厚生劳动省负责其他食品及进口食品的安全性，侧重在食品进口和流通阶段；农药、兽药残留限量标准由两个机构共同制定。

第二节　我国食品安全标准体系

近年来，我国食品安全标准工作取得明显成效，已经基本建立了一个以食品安全国家标准为核心，辅以行业标准、地方标准和企业标准的食品安全标准体系。截至 2025 年 4 月，我国已累计发布食品安全国家标准 1660 项，包含 2 万多项指标，涵盖了食品加工品及农副产品标准、食品工业基础相关标准（包括食品标签通用标准、各种食品工业技术用语、果蔬储藏技术等）、食品检验方法标准、食品加工产品卫生标准（包括各类食品卫生标准、农兽药残留量标准等）、食品包装材料及容器标准、食品添加剂标准等六大类，初步形成了门类齐全、结构相对合理、具有一定配套性和完整性的食品质量安全标准体系。

一、我国现有的食品安全管理体系

我国食品安全标准属于强制性技术法规，是维护公众身体健康、保障食品安全的重要措施，是实现食品安全科学管理、强化各环节监管的重要基础，也是规范食品生产经营、促进食品行业健康发展的技术保障。各部门、各地高度重视食品安全标准制定、修订工作。根据各种食品对其原料、生产过程和贮运、销售等环节可能存在和发生的污染因素，做出标准或限量规定。

（一）食品中化学因素限量标准

1. 农药残留限量标准

农药是指用于预防、消灭或者控制危害农业、林业的病、虫、草和其他有害生物，以及有目的地调节植物、昆虫生长的化学合成物或者来源于生物、其他天然物质的一种物质或者几种物质的混合物及其制剂，指用来防治危害农作物的病菌、害虫和杂草的药剂。广义地说，除化肥以外，凡是可以用来提高农业、林业、畜牧业、渔业生产及环境卫生的化学药品，都被称为农药。按照用途的不同，可以把农药分为杀虫剂、杀菌剂、除草剂和植物生长调节剂等。

农药残留物是指任何由于使用农药而在农产品及食品中出现的特定物质，包括被认为具有毒理学意义的农药衍生物，如农药转化物、代谢物、反应产物以及杂质等。农药残留物浓度超过了一定量就会对人、畜、环境产生不良影响或通过食物链对生态系统造成危害。为了保证合理使用农药，控制污染，保障公众身体健康，需制定允许农药残留于作物及食品上的最大限量，即最大残留限量（maximum residue limits，MRLs）。最大残留限量是指在生产或保护商品过程中，按照农药使用的良好农业规范使用农药后，允许农药在各种农产品及食品中或其表面残留的最大浓度，单位通常为mg/kg，即每千克食品中含有农药残留的量（mg）。

我国现行的国家标准为GB 2763—2021《食品安全国家标准　食品中农药最大残留限量》，该标准替代了原标准《食品安全国家标准　食品中农药最大残留限量》（GB 2763—2019）。与GB 2763—2019相比，新标准增加了2,4-滴丁酸等81种农药，增加了2985项农药最大残留限量，增加了2,4-滴丁酸等66种农药每日允许摄入量（ADI），修订原标准中194项农药最大残留限量值等。该标准规定了食品中农药的最大限量标准和指标，主要技术包括：农药的主要用途、每日允许摄入量（acceptable daily intake，ADI）、残留物、在食品中的最大残留限量，对那些有规定检验方法标准的农药，还列出了检验方法。此外，该标准涉及谷物、油料、蔬菜、水果、哺乳动物肉类（海洋哺乳动物除外）、禽肉类、蛋类、生乳、水产品、饮料类等食品。

2. 兽药残留限量标准

兽药是指用于预防、治疗、诊断动物疾病或者有目的地调节动物生理机能的物质（含动物保健品和动物饲料添加剂），包括血清制品、疫苗、诊断制品、微生态制品、中药材、中成药、化学药品、抗生素、生化药品、放射性药品及外用杀虫剂、消毒剂等。兽药的主要用途是防病治病、促进生长、提高生产性能、改善动物性食品的品质等。

兽药残留是指在动物的任何食用部分中的原型化合物及其代谢产物，并包括与兽药有关杂质的残留。残留总量是指对食用动物用药以后，在动物性食品中某些药物残留的总和，是由残存在食品中的药物母体和全部代谢产物以及来源于药物的产物组成的。总残留量一般用放射性标记药物试验来测定，以相当于药物母体在食品中的含量。兽药最大残留限量（maximum residue limit for veterinary drug，MRLVD）是指使用一种兽药而在食品中允许存在的兽药残留的最高浓度，单位为mg/kg，即每千克食品中含有兽药残留的量（mg）。

兽药残留是影响动物源食品安全的主要因素之一。随着人们对食品安全的重视，动物源性食品中的兽药残留也越来越被关注，在国际贸易中的技术壁垒也有越来越严重的趋势。根据WTO关于货物贸易多边协议的技术性贸易壁垒协议（World Trade Organization/Technical Barriers to Trade，WTO/TBT）和实施动植物卫生检疫措施的协议（World Trade Organization/Sanitary and Phytosanitary，WTO/SPS），进口国为保障本国人民的健康和安全，有权制定比国际标准更加严厉的标准。

我国现行的兽药最大残留限量相关国家标准为GB 31650—2019《食品安全国家标准　食品中兽药最大残留限量》，该标准替代了农业部公告第235号《动物性食品中兽药最高残留限量》相关部分。新标准规定了动物性食品中阿苯达唑等104种（类）兽药的最大残留限量；规定了醋酸等154种允许用于食品动物，但不需要制定残留限量的兽药；规定了氯丙嗪等9种兽药允许作治疗用，但不得在动物性食品中检出的兽药。近年来，为了降低我国动物源性食品中出口的经济损失，我国在新标准的修订整合过程中，参考和借鉴了国际食品法典委员会、欧盟等国际组织和地区标准，使得我国兽药残留标准基本与国际接轨。这是我国兽药残留最新最权威的标准。

3. 污染物限量标准

食品污染物是指食品在生产（包括农作物种植、动物饲养和兽医用药）、加工、包装、储存、运输、销售、食用过程或由环境污染物所导致的、非有意加入食品中的物质。这些物质包括除农药、兽药和真菌毒素以外的污染物。它包括除农药残留、兽药残留、生物毒素和放射性物质以外的污染物。

目前，我国现行有效的食品中污染物限量标准为GB 2762—2022《食品安全国家标准　食品中污染物限量》，该标准替代了原来的《食品安全国家标准　食品中污染物限量标准》（GB 2762—2017）。与GB 2762—2017相比，新标准进一步完善了食品污染物限量要求，覆盖更多的食品品类和污染物种类，以更好地保障食品安全。GB 2762—2022对某些污染物的限量标准进行了调整，新增了对部分食品中重金属、真菌毒素、农药残留等污染物的限量要求，并针对婴幼儿食品、特殊医学用途配方食品等敏感人群食品进行了更加严格的规定。同时，调整了部分食品中铅、镉等重金属的限量要求，增加了对海产品、谷物类、油料及其制品中污染物的监控，提升了标准的科学性与适用性。

（二）食品中微生物限量标准

1. 致病菌限量标准

致病菌是常见的致病性微生物，能够引起人或动物疾病。致病菌主要包括：沙门氏菌、单核细胞增生李斯特菌、大肠埃希菌 O157:H7、金黄色葡萄球菌、副溶血性弧菌。目前，由食源性致病菌导致的食源性疾病仍是我国乃至全球最突出的食品安全问题。要想有效控制微生物性食源性疾病，就必须采取有效措施来预防病原菌对食品的污染和减少人群的暴露概率，其中制定科学合理的食品中致病菌限量标准是一个重要方面。

为了降低食源性疾病的死亡率，预防微生物性食源性疾病发生，保护公众的身体健康，减少食源性致病菌造成的经济损失和严重的社会影响，同时整合分散在不同食品标准中的致病菌限量规定，经食品安全国家标准审评委员会审查通过了《食品安全国家标准　食品中致病菌限量》（GB 29921—2013）。该标准规定了食品中致病菌指标、限量要求和检验方法。其中，涉及的食品种类有肉及肉制品、水产品、蛋制品、粮食制品、豆类制品、焙烤及油炸类食品、糖果、巧克力类及可可制品、蜂蜜及其制品、加工水果、藻类制品、饮料类、冷冻饮品、发酵酒、调味品、脂肪、油和乳化脂肪制品、果冻，以及即食食品。该标准指出无论是否规定致病菌限量，食品生产、加工、经营者均应采取控制措施，尽可能降低食品中的致病菌含量水平及导致风险的可能性。为了加快标准的更新建设，新标准 GB 29921—2021《食品安全国家标准　预包装食品中致病菌限量》代替了原标准 GB 29921—2013。与原标准相比，新标准修改了标准名称，修改了“范围”的描述，修改了“应用原则”的描述，增加了乳制品和特殊膳食用食品的致病菌限量要求等。

2. 真菌毒素限量标准

真菌毒素是指真菌在生长繁殖过程中产生的次生有毒代谢产物，主要是对谷物及其制品和部分加工水果造成污染。人和动物食用含有真菌毒素的后引起致死性的疾病，并且与癌症风险增高有关，且一般加工方式难以去除，所以要对食品中真菌毒素制定严格的限量标准。真菌毒素限量是指真菌毒素在食品原料和（或）食品成品可食用部分中允许的最大含量水平。

为不断完善我国食品中真菌毒素限量标准，GB 2761—2017《食品安全国家标准　食品中真菌毒素限量》已于 2017 年 3 月 17 日发布，将于 2017 年 9 月 17 日正式施行。本标准规定了食品中黄曲霉毒素 B_1、黄曲霉毒素 M_1、脱氧雪腐镰刀菌烯醇、展青霉素、赭曲霉毒素 A 及玉米赤霉烯酮的限量指标。本标准（GB 2761—2017）替代了原标准（GB 2761—2011）。与原标准相比，新标准修改了应用原则，增加了葡萄酒和咖啡中赭曲霉毒素 A 限量要求，增加了特殊医学用途配方食品、辅食营养补充品、运动营养食品、孕妇及乳母营养补充食品中真菌毒素限量要求。《食品安全国家标准　食品中真菌毒素限量》列出了可能对公众健康构成较大风险的真菌毒素，制定限量值的食品是对消费者膳食暴露量产生较大影响的食品，同时，该标准明确指出无论是否制定真菌毒素限量，食品生产和加工者均应采取控制措施，使食品中真菌毒素的含量降至最低水平。

（三）食品卫生标准

1. 食品产品卫生标准

食品产品标准是对产品结构、规格、质量、检验方法等所做的技术规范。食品产品卫生标准由原卫生部制定，主要包括感官分析标准、理化检验标准和微生物检验标准等。感官分析标准是利用人的感觉器官如眼、耳、口、鼻等对食品的感官特性进行分析判断，涉及食品的外观、色泽、香气、滋味、风味、形态和颜色等；理化检验标准是利用物理、化学以及仪器等分析方法对各类食品中的营养成分、特征性理化指标、添加剂以及重金属、真菌毒素、农药残留、兽药残留等有毒有害化学成分进行检验；微生物检验标准是对食品中的菌落总数、大肠菌群、特征微生物、致病菌等进行检验。

目前，我国已经对包括粮食、油料、水果、蔬菜、畜禽、水产品等 18 大类食用农产品，罐头食品、食糖、焙烤食品、糖果、调味品、乳及乳制品、食品添加剂等 19 类加工产品制定了卫生标准。随着我国食品工业的快速发展，食品安全问题也不断涌现，我国食品产品的卫生标准也由原来重视感官和理化指标转向重视安全性指标，并加强了食品安全标准体系建设，以及对现有食品产品卫生标准的清理修订工作，以进一步完善食品安全标准体系。

2. 食品生产卫生标准

《食品安全国家标准　食品生产通用卫生规范》（GB 14881—2013）是规范食品生产行为，防止食品生产过程的各种污染，生产安全且适宜食用的食品的基础性食品安全国家标准。该标准既是规范企业食品生产过程管理的技术措施和要求，又是监管部门开展生产过程监管与执法的重要依据，也是鼓励社会监督食品安全的重要手段。经国内外食品安全管理的科学研究和实践经验证明，严格执行食品生产过程卫生要求标准，把监督管理的重点由检验最终产品转为控制生产环节中的潜在危害，做到关口前移，可以节约大量的监督检测成本和提高监管效率，更全面地保障食品安全。同时，建立与我国食品生产状况相适应、与国际先进食品安全管理方式相一致的过程规范类食品安全国家标准体系，对于促进我国食品行业管理方式的进步，保障消费者健康具有至关重要的意义。

《食品安全国家标准　食品生产通用卫生规范》主要分为 14 章，包括：范围，术语和定义，选址及厂区环境，厂房和车间，设施与设备，卫生管理，食品原料、食品添加剂和食品相关产品，生产过程的食品安全控制，检验，食品的贮存和运输，产品召回管理，培训，管理制度和人员，记录和文件管理。附录“食品加工过程的微生物监控程序指南”针对食品生产过程中较难控制的微生物污染因素，向食品生产企业提供了指导性较强的监控程序建立指南。与之前发布的标准相比，新标准强化了源头控制，对原料采购、验收、运输和贮存等环节食品安全控制措施做了详细规定；加强了过程控制，对加工、产品贮存和运输等食品生产过程的食品安全控制提出了明确要求，并制定了控制生物、化学、物理等主要污染的控制措施；加强生物、化学、物理污染的防控，对设计布局、设施设备、材质和卫生管理提出了要求；增加了产品追溯与召回的具体要求；增加了记录和文件的管理要求；增加了食品加工环境微生物监控程序指南。本标准是食品生产必须遵守的基础性标准。企业在生产食品时所使用的食品原料、食品添加剂和食品相关产品以及最终产品均应符合相关食品安全法规标准的要求，如《食品安全国家标准　食品中污染物限量》（GB 2762—2022）、《食品安全国家标准　预包装食品中致病菌限量》（GB 29921—2021）、《食品安全国家标准　食品添加剂使用标准》（GB 2760—2024）、《食品安全国家标准　预包装食品标签通则》（GB 7718—2011）、《食品安全国家标准　预包装食品营养标签通则》（GB 28050—2011）等。此外，本标准还制定了不同食品类别的生产经营过程卫生要求标准，进一步指导企业根据产品生产工艺特点，严格控制污染风险，确保食品安全。

（四）食品添加剂标准

食品添加剂是为改善食品品质以及为防腐和加工工艺的需要而加入食品中的化学合成或者天然物质，包括食品用香料香精、食品工业用加工助剂、胶基糖果中基础剂物质和食品添加剂营养强化剂。食品添加剂本身不是以食用为目的，也不是作为食品的原料物质，其自身并不一定含有营养物质，但是它在增强食品营养功能、改善食品感官风味、延长食品保质期、改善食品加工工艺以及新产品开发等诸多方面具有重要作用。由于食品工业的快速发展，食品添加剂已经成为现代食品工业的重要组成部分，并且已经成为食品工业技术进步和科技创新的重要推动力。

目前，国内外均允许使用食品添加剂，建立了食品添加剂监督管理和安全性评价法规制度，规范食品添加剂的生产经营和使用管理。我国与国际食品法典委员会和其他发达国家的管理措施基本一致，有一套完善的食品添加剂监督管理和安全性评价制度。列入我国国家标准的食品添加剂，均进行了安全性评价，并经过食品安全国家标准审评委员会食品添加剂分委会严格审查，公开向社会及各有关部门征求意见，确保其技术必要性和安全性。在安全性评价和标准方面，制定了《食品添加剂新品种管理办法》《食品添加剂新品种申报与受理规定》《食品添加剂使用标准》。在生产环节，制定了《食品添加剂生产监督管理规定》《食品添加剂生产许可审查通则》。在流通环节，制定了《关于进一步加强整顿流通环节违法添加非食用物质和滥用食品添加剂工作的通知》和《关于对流通环节食品用香精经营者进行市场检查的紧急通知》。在餐饮服务环节，出台了《餐饮服务食品安全监督管理办法》《餐饮服务食品安全监督抽检规范》和《餐饮服务食品安全责任人约谈制度》，严格规范餐饮服务环节食品添加剂使用行为。

食品添加剂的主要标准包括使用标准和产品标准。

1. 食品添加剂使用标准

我国《食品安全国家标准　食品添加剂使用标准》（GB 2760—2024）规定了食品添加剂的使用原则：使用食品添加剂不应对人体产生任何健康危害；不应掩盖食品腐败变质；不应掩盖食品本身或加工过程中的质量缺陷或以掺杂、掺假、伪造为目的而使用食品添加剂；不应降低食品本身的营养价值，在达到预期目的前提下尽可能降低在食品中的使用量。同时，该标准还规定了食品添加剂的几种合法使用情况：保持或提高食品本身的营养价值；作为某些特殊膳食用食品的必要配料或成分；提高食品的质量和稳定性，改进其感官特性；便于食品的生产、加工、包装、运输或者储藏。食品添加剂的生产、经营和使用者所使用的食品添加剂应当符合相应的质量规格要求。使用食品添加剂的带入原则，即食品添加剂可以在下列情况下通过食品配料（含食品添加剂）带入食品中：食品配料中允许使用该食品添加剂；食品配料中该添加剂的用量不应超过允许的最大使用量；应在正常生产工艺条件下使用这些配料，并且食品中该添加剂的含量不应超过由配料带入的水平；由配料带入食品中的该添加剂的含量应明显低于直接将其添加到该食品中通常所需要的水平。

食品添加剂功能类别主要包括：酸度调节剂、抗结剂、抗氧化剂、漂白剂、膨松剂、胶基糖果中基础剂物质、着色剂、护色剂、乳化剂、酶制剂、增味剂、面粉处理剂、被膜剂、水分保持剂、营养强化剂、防腐剂、稳定剂和凝固剂、甜味剂、增稠剂、食品用香料、食品工业用加工助剂、其他。我国制定了《食品安全国家标准　复配食品添加剂通则（含第1号修改单）》（GB 26687—2011），所谓复配食品添加剂，是指为了改善食品品质、便于食品加工，将两种或两种以上单一品种的食品添加剂，添加或不添加辅料，经物理方法混匀而成的食品添加剂。该标准适用于除食品用香精和胶基糖果基础剂以外的所有复配食品添加剂。此外，我国还制定了《食品安全国家标准　食品营养强化剂使用标准》（GB 14880—2012），所谓营养强化剂是指为了增加食品中的营养成分而加入食品中的天然或人工合成的营养素和其他营养物质。营养素指食物中具有特定生理作用，能维持机体生长、发育、活动、繁殖以及正常代谢所需的物质，包括蛋白质和氨基酸、脂肪和脂肪酸、碳水化合物、矿物质、维生素等。其他营养物质是指除营养素以外的具有营养或生理功能的其他食物成分。该标准规定了食品营养强化剂在食品中的强化原则、食品营养强化剂的使用原则、强化载体的选择原则，并规定了允许使用的食品营养强化剂品种、使用范围及使用量，适用于所有食品中营养强化剂的使用。

2. 食品添加剂产品标准

食品添加剂产品标准规定了食品添加剂的鉴别试验、纯度、杂质限量以及相应的检验方法。截至2024年10月，我国共发布食品添加剂产品标准643项，营养强化剂产品标准75项。对于尚无产品标准的食品添加剂，根据原卫生部、原质检总局等部门《关于加强食品添加剂监督管理工作的通知》（卫监督发89号）规定，其产品质量要求、检验方法可以参照国际组织或相关国家的标准，由卫生部会同有关部门指定。除国家标准外，还有行业标准和团体标准，如《天然薄荷脑》（QB/T 1793—2014）、《氨基酸、氨基酸盐及其类似物　第4部分：L-色氨酸》（QB/T 5633.4—2022）、《食品添加剂　蔗糖脂肪酸酯》（T/ZZB 2645—2022）等。食品添加剂产品标准中主要技术包括：化学名称、分子式、结构式、分子量、性状、技术要求指标、试验方法、检验规则、标志、包装、运输和贮存要求等。

（五）食品包装容器标准

食品包装容器是指包装、盛放食品或食品添加剂的制品。食品包装材料是指直接用于食品包装或制造食品包装的制品，如塑料、纸、玻璃、陶瓷、金属等。食品包装的作用是保护食品，使食品免受外界物理、化学和微生物作用的影响，保持食品质量，延长食品的贮藏期。

目前，我国食品包装的食品安全国家标准有《食品包装容器及材料　术语》（GB/T 23508—2009）、《食品包装容器及材料　分类》（GB/T 23509—2009）、《食品包装容器及材料生产企业通用良好操作规范》（GB/T 23887—2009）、《食品安全国家标准 食品接触材料及制品用添加剂使用标准》（GB 9685—2016）、《食品安全国家标准 食品接触材料及制品通用安全要求》（GB 4806.1—2016）、《食品安全国家标准 食品接触材料及制品生产通用卫生规范》（GB 31603—2015）以及其他技术标准。

（六）食品标签标准

食品标签是指食品包装上的文字、图形、符号及一切说明物。它们提供了食品的内在质量信息、营养信息、时效信息和食用指导信息，是进行食品贸易及消费者选择食品的重要依据。实施食品标签标准，既是保护消费者的利益和健康，维护消费者权益，保障行业健康发展的有效手段，也为了实现食品安全科学管理，保证公平的市场竞争，防止利用标签进行欺诈。

目前，我国食品标签的食品安全国家标准有《食品安全国家标准 预包装食品标签通则》（GB 7718—2011）、《食品安全国家标准 预包装食品营养标签通则》（GB 28050—2011）和《食品安全国家标准 预包装特殊膳食用食品标签》（GB 13432—2013）。其中，预包装食品是指预先定量包装或者制作在包装材料和容器中的食品，包括预先定量包装以及预先定量制作在包装材料和容器中并且在一定限量范围内具有统一的质量或体积标识的食品。《食品安全国家标准 预包装食品标签通则》适用于直接提供给消费者的预包装食品标签和非直接提供给消费者的预包装食品标签，不适用于为预包装食品在贮藏运输过程中提供保护的食品贮运包装标签、散装食品和现制现售食品的标识。《食品安全国家标准 预包装食品营养标签通则》适用于预包装食品营养标签上营养信息的描述和说明，不适用于保健食品及预包装特殊膳食用食品的营养标签标示。《食品安全国家标准 预包装特殊膳食用食品标签》适用于预包装特殊膳食用食品的标签，包括营养标签。标准涵盖了对预包装特殊膳食用食品标签的一般要求，如食品名称、配料表、生产日期、保质期等，以及营养标签要求，包括营养成分表、营养成分含量声称和功能声称。标准明确了特殊膳食用食品的定义和分类，符合定义和分类的产品，其标签标示应符合本标准的规定。其中，特殊膳食用食品是指为满足特殊的身体或生理状况和（或）满足疾病、紊乱等状态下的特殊膳食需求，专门加工或配方的食品，主要包括婴幼儿配方食品、婴幼儿辅助食品、特殊医学用途配方食品以及其他特殊膳食用食品。这类食品的适宜人群、营养素和（或）其他营养成分的含量要求等有一定特殊性，对其标签内容如能量和营养成分、食用方法、适宜人群的标示等有特殊要求。

二、我国现有食品标准体系存在的问题

我国食品标准是食品行业及其相关产业必须遵循的准则。通过长期的实践与总结，我国食品安全标准虽然逐步走向科学化、合理化、严格化和实用化，基本上能满足目前食品行业的需求。但是，食品标准和食品安全仍存在着一些问题，主要表现在以下几个方面。

（一）标准体系不完善

《食品安全法》公布前，我国各部门依职责分别制定关于农产品质量安全、食品卫生、

食品质量等的国家标准、行业标准，标准总体数量多，加之审查把关不严，致使标准之间不够协调统一。行业标准与国家标准之间层次不清，标准间既有交叉重复，又有脱节，标准间的衔接协调程度不高。同一产品有几个标准，并且检验方法不同、含量限度不同，不仅给实际操作带来困难，而且不利于食品的生产及市场监管。

（二）标准的技术指标与国家标准存在一定差距，缺乏深入研究

我国与CAC、欧盟、美国等MRLs标准相比，农药、兽药残留限量标准检测方法，对国际上关注的新污染物限量指标缺乏深入研究，如二噁英、多氯联苯、腹泻性贝类毒素、麻痹性贝类毒素、展青霉素、赭曲霉毒素的限量指标等。

（三）个别重要标准或者重要指标缺失，尚不能满足食品安全监管需求

我国食品生产、加工和流通环节所涉及的品种标准、产地环境标准、生产过程控制标准、产品标准、加工过程控制标准以及物流标准的配套性虽已有改善，但整体而言还没有成型，使得食品生产全过程安全监控缺乏有效的技术指导和技术依据。对已广泛使用的酶制剂、氨基酸或蛋白质金属螯合物、各种抗生素、促生长剂和转基因产品等高新技术产品，目前的技术标准基本还属空白。例如部分配套检测方法、食品包装材料等标准缺失，生产者无标准可依，消费者更觉无法判断，同时也使政府部门难以有效监管企业的生产行为。

（四）食品标准的编制仍有许多不规范

食品标准编制中的不规范主要表现在：标准编写的格式不规范，技术要求的制定不科学，技术要求中项目单位不符合要求，标准未能按要求定期修订或确认，企业标准的管理措施不完善等方面。

（五）标准科学性和合理性有待提高

目前标准总体上标龄较长，《中华人民共和国标准化法实施条例》第二十条规定，标准复审周期一般不超过5年。但由于我国食品产品的行业标准一直延续计划经济时期的各部委制定，无法发挥统一规划、制定、审查、发布的作用，致使管理上缺位、错位、混乱现象时有发生，标准更新周期很长，制定修订不及时、耗费时间长的现象极为普遍。现行国家标准标龄普遍偏长，平均标龄已超过10年，有的甚至20年。一般来说，国家标准修订周期不超过3年，但是已完成修订的国家标准中，按规定时间修订的不到1/10，有的标准制定、修订周期长达10年。如现在还在使用的国家食品标准中有的还是20世纪80年代制定的，距今已40余年，这与我国的经济和社会的发展是极不协调的，食品产品安全标准通用性不强，部分标准指标欠缺风险评估依据，不能适应食品安全监管和行业发展需要，影响了相关标准的科学性和合理性。

（六）标准宣传培训和贯彻执行有待加强

食品安全标准指标多、技术性强、强制执行要求高，由于历史原因，我国食品行业规模化和组织化程度不高，造成从业人员文化程度较低、思想意识相对落后，标准信息的发

布渠道不畅通，标准的宣传、培训、推广措施不到位，部分标准的可操作性不强，需要进一步完善标准管理制度和工作程序，改进征求意见的方式方法，做好标准的宣传解读、解疑和释疑等工作。种子、农药、兽药、化肥、饲料及饲料添加剂等农业投入品类标准以及安全卫生标准虽经发布，但产业界不按标准执行的现象仍很严重。这些问题都极大地影响了我国食品标准的实施和食品安全水平的提高。

（七）标准意识淡薄

《中华人民共和国标准化法》虽已发布37年，但并未能被大多数公民了解和接受，甚至少数从事质量监督和产品生产者对该法也知之甚少。普通消费者对标准了解甚少而无法辨别真伪。在食品的产销环节中，为了地区、局部或少数人的利益，不执行相关标准、随意更改标准要求的现象时有发生，致使伪劣产品进入市场危及人们的身体健康。例如，有些企业明知其生产的食品已有国家标准或行业标准，但由于原辅材料或自身的生产水平等原因，产品质量达不到标准的要求，因而采取降低要求或取消不合格项目的办法，重新制定企业标准登记备案，这显然不符合《中华人民共和国标准化法》中关于企业标准制定的有关条款规定。标准化意识淡薄，还表现为政府的政策支持力度不够，标准化工作缺乏权威性且执行能力不足。相当多的企业缺乏标准化意识，没有认识到标准是经验、科技成果和专家智慧的集合，没有认识到标准化对提高企业竞争力的作用，而将标准视为束缚企业的枷锁。

（八）食品安全国家标准工作受到制约

食品安全国家标准的基础研究滞后，风险评估工作尚处于起步阶段，食品安全暴露评估等数据储备不足，监测评估技术水平有待提高。保障机制有待建立完善，目前专门的食品安全国家标准技术管理机构缺乏，人员力量严重不足且较分散，标准工作经费严重不足，研制标准的能力和水平不能适应当前的工作需要，与当前标准制定、修订工作不相适应，在一定程度上制约了标准工作的质量。

第三节　食品安全标准

食品安全标准是指为了对食品生产、加工、流通和消费等食品链全过程，影响食品安全和质量的各种要素以及各关键环节进行控制和管理，经协商一致制定并由公认机构批准发布，共同使用和重复使用的一种规范性文件。按照级别划分，食品安全标准分为食品安全国家标准、食品安全地方标准、食品安全行业标准。

一、食品安全国家标准

截至2024年10月，我国共发布食品安全国家标准1610项，其中现行有效标准1420项（表11-1）。这对提高我国食品安全标准化总体水平，满足目前食品行业的需要起到了很大的促进作用。

表 11-1 我国主要食品安全国家标准

序号	标准代号	标准名称
1	GB 2760—2024	食品安全国家标准 食品添加剂使用标准
2	GB 16740—2014	食品安全国家标准 保健食品
3	GB 13432—2013	食品安全国家标准 预包装特殊膳食用食品标签
4	GB 28050—2011	食品安全国家标准 预包装食品营养标签通则
5	GB 19304—2018	食品安全国家标准 包装饮用水生产卫生规范
6	GB 2763—2021	食品安全国家标准 食品中农药最大残留限量
7	GB 29922—2013	食品安全国家标准 特殊医学用途配方食品通则
8	GB 14881—2013	食品安全国家标准 食品生产通用卫生规范
9	GB 29921—2021	食品安全国家标准 预包装食品中致病菌限量
10	GB 31621—2014	食品安全国家标准 食品经营过程卫生规范
11	GB 5009.3—2016	食品安全国家标准 食品中水分的测定
12	GB 17401—2014	食品安全国家标准 膨化食品
13	GB 13104—2014	食品安全国家标准 食糖
14	GB 7101—2022	食品安全国家标准 饮料
15	GB 7096—2014	食品安全国家标准 食用菌及其制品
16	GB 2716—2018	食品安全国家标准 植物油
17	GB 2712—2014	食品安全国家标准 豆制品
18	GB 2711—2014	食品安全国家标准 面筋制品
19	GB 7718—2011	食品安全国家标准 预包装食品标签通则
20	GB 29923—2013	食品安全国家标准 特殊医学用途配方食品良好生产规范
21	GB 14963—2011	食品安全国家标准 蜂蜜
22	GB 7099—2015	食品安全国家标准 糕点、面包
23	GB 30616—2020	食品安全国家标准 食品用香精
24	GB 29924—2013	食品安全国家标准 食品添加剂标识通则
25	GB 29938—2020	食品安全国家标准 食品用香料通则
26	GB 22570—2014	食品安全国家标准 辅食营养补充品
27	GB 14880—2012	食品安全国家标准 食品营养强化剂使用标准
28	GB 19645—2010	食品安全国家标准 巴氏杀菌乳
29	GB 2762—2022	食品安全国家标准 食品中污染物限量
30	GB 26687—2011	食品安全国家标准 复配食品添加剂通则
31	GB 2761—2017	食品安全国家标准 食品中真菌毒素限量
32	GB 19300—2014	食品安全国家标准 坚果与籽类食品
33	GB 2757—2012	食品安全国家标准 蒸馏酒及其配制酒

续表

序号	标准代号	标准名称
34	GB 2758—2012	食品安全国家标准　发酵酒及其配制酒
35	GB 2726—2016	食品安全国家标准　熟肉制品
36	GB 19301—2010	食品安全国家标准　生乳
37	GB 19302—2025	食品安全国家标准　发酵乳
38	GB 19646—2025	食品安全国家标准　稀奶油、奶油和无水奶油
39	GB 25190—2010	食品安全国家标准　灭菌乳
40	GB 25191—2010	食品安全国家标准　调制乳
41	GB 19644—2024	食品安全国家标准　乳粉和调制乳粉
42	GB 25192—2022	食品安全国家标准　再制干酪和干酪制品
43	GB 13102—2022	食品安全国家标准　浓缩乳制品
44	GB 10765—2021	食品安全国家标准　婴儿配方食品
45	GB 11674—2010	食品安全国家标准　乳清粉和乳清蛋白粉
46	GB 23790—2023	食品安全国家标准　婴幼儿配方食品良好生产规范
47	GB 12693—2023	食品安全国家标准　乳制品良好生产规范
48	GB 10770—2025	食品安全国家标准　婴幼儿罐装辅助食品
49	GB 10769—2025	食品安全国家标准　婴幼儿谷类辅助食品
50	GB 10767—2021	食品安全国家标准　幼儿配方食品
51	GB 25596—2010	食品安全国家标准　特殊医学用途婴儿配方食品通则
52	GB 31640—2016	食品安全国家标准　食用酒精
53	GB 31650—2019	食品安全国家标准　食品中兽药最大残留限量
54	GB 31647—2018	食品安全国家标准　食品添加剂生产通用卫生规范

二、食品安全地方标准

为满足地方自然条件、风俗习惯等特殊技术要求，省级标准化行政主管部门和经其批准的设区的市级标准化行政主管部门可以在农业等领域制定地方标准，且地方标准技术要求不低于强制性国家标准的相关技术要求，并遵循开放、透明、公平的原则，做到技术上先进、经济上合理。我国主要食品安全地方标准如表 11-2 所示。

表 11-2　我国主要食品安全地方标准

序号	标准代号	标准名称
1	DBS42/ 002—2022	食品安全地方标准　富有机硒食品硒含量要求
2	DBS42/ 007—2021	食品安全地方标准　魔芋膳食纤维
3	DBS42/ 008—2021	食品安全地方标准　熟卤制品气调包装要求

续表

序号	标准代号	标准名称
4	DBS42/ 006—2021	食品安全地方标准　葛粉
5	DBS42/ 005—2021	食品安全地方标准　武汉热干面（方便型）
6	DBS52/ 011—2016	食品安全地方标准　贵州辣椒面
7	DBS53/ 027—2018	食品安全地方标准　紫皮石斛
8	DBS63/ 0003—2017	食品安全地方标准　沙棘果酒
9	DBS52/ 002—2014	食品安全地方标准　代用茶
10	DBS45/ 025—2016	食品安全地方标准　龟苓膏粉
11	DBS61/ 0020—2024	食品安全地方标准　魔芋凝胶制品
12	DBS61/ 0002—2023	食品安全地方标准　秦岭绿茶
13	DBS61/ 0001—2023	食品安全地方标准　秦岭泉茗
14	DBS45/ 033—2025	食品安全地方标准　金花茶叶茶
15	DBS45/ 007—2013	食品安全地方标准　葛根粉
16	DBS45/ 055—2018	食品安全地方标准　淮山全粉
17	DBS45/ 031—2016	食品安全地方标准　留胚大米
18	DBS45/ 018—2015	食品安全地方标准　龟苓膏
19	DBS45/ 030—2016	食品安全地方标准　食用冻鲜桑蚕蛹
20	DBS45/ 028—2016	食品安全地方标准　肉粽
21	DBS41/ 004—2023	食品安全地方标准　花生糕制品
22	DBS41/ 011—2016	食品安全地方标准　食用畜禽血制品
23	DBS41/ 006—2023	食品安全地方标准　方便胡辣汤
24	DBS41/ 005—2020	食品安全地方标准　油茶
25	DBS63/ 0002—2017	食品安全地方标准　沙棘果醋（饮料）
26	DBS63/ 0008—2021	食品安全地方标准　牦牛奶酪
27	DBS63/ 0006—2021	食品安全地方标准　青稞米
28	DBS23/ 010—2019	食品安全地方标准　龙江小烧酒
29	DBS53/ 021—2014	食品安全地方标准　速溶咖啡
30	DBS53/ 007—2015	食品安全地方标准　云南小曲清香型白酒
31	DBS53/ 019—2014	食品安全地方标准　鲜花饼
32	DBS53/ 003—2015	食品安全地方标准　云腿月饼
33	DBS53/ 017—2023	食品安全地方标准　米线、卷粉、饵丝（块）
34	DBS23/ 006—2019	食品安全地方标准　干制黄芪花
35	DBS45/ 014—2014	食品安全地方标准　腌制山黄皮
36	DBS45/ 013—2014	食品安全地方标准　黑凉粉（干粉）

续表

序号	标准代号	标准名称
37	DBS45/ 012—2024	食品安全地方标准　巴氏杀菌水牛乳
38	DBS45/ 011—2024	食品安全地方标准　生水牛乳
39	DBS44/ 012—2019	食品安全地方标准　湿米粉
40	DBS14/ 008—2024	食品安全地方标准　山西陈醋
41	DBS44/ 007—2017	食品安全地方标准　预包装冷藏、冷冻膳食
42	DBS32/ 002—2023	食品安全地方标准　盐水鸭
43	DBS32/ 005—2021	食品安全地方标准　方便菜肴
44	DBS50/ 024—2015	食品安全地方标准　香辛料油
45	DBS50/ 004—2021	食品安全地方标准　泡椒肉制品
46	DBS50/ 003—2024	食品安全地方标准　保鲜花椒
47	DBS22/ 032—2014	食品安全地方标准　代用茶
48	DBS22/ 024—2024	食品安全地方标准　食品原料用人参
49	DBS65/ 021—2023	食品安全地方标准　奶片
50	DBS15/ 010—2016	食品安全地方标准　炒米

三、食品安全行业标准

食品行业标准是指没有国家标准而又需要在全国某个行业范围内统一的技术要求。制定行业标准，要坚持新型工业化道路原则和科学发展观的要求，以市场需求为导向，重点突出、科学合理；制定行业标准要有效采用国际标准和国外先进标准，有利于参与国际竞争，有利于合理利用和节约资源、发展循环经济，有利于保护人体健康和人身安全、保护环境，与产业政策、行业规划相互协调，有利于科学技术成果的推广应用，促进产业升级、结构优化。

我国食品产品标准中一大部分是行业标准。行业标准由行业标准归口部门统一管理，根据我国的国情，由食品和食品相关产品的行业部门制定，涉及轻工、商业、粮油、农业、林业、渔业、化工等部门。其中涉及食品安全的商业标准（SB）及轻工行业标准（QB）分别如表 11-3 和表 11-4 所示

表 11-3　我国主要食品安全商业标准

序号	标准代号	标准名称
1	SB/T 11030—2013	瓜类贮运保鲜技术规范
2	SB/T 10948—2012	熟制豆类
3	SB/T 10895—2012	鲜蛋包装与标识
4	SB/T 10878—2012	速冻龙虾
5	SB/T 10158—2012	新鲜蔬菜包装与标识

续表

序号	标准代号	标准名称
6	SB/T 10823—2012	畜禽肉制品加工中使用非肉类蛋白质制品导则
7	SB/T 10379—2012	速冻调制食品
8	SB/T 10369—2012	真空软包装卤蛋制品
9	SB/T 10673—2012	熟制扁桃（巴旦木）核和仁
10	SB/T 10755—2012	芥末酱
11	SB/T 10712—2012	葡萄酒运输、贮存技术规范
12	SB/T 10752—2012	马铃薯雪花全粉
13	SB/T 10294—2012	腌猪肉
14	SB/T 10754—2012	蛋黄酱
15	SB/T 10753—2012	沙拉酱
16	SB/T 10018—2017	糖果　硬质糖果
17	SB/T 10652—2012	米饭、米粥、米粉制品
18	SB/T 10104—2017	糖果　充气糖果
19	SB/T 10649—2012	大豆蛋白制品
20	SB/T 10635—2011	速冻春卷
21	SB/T 10631—2011	马铃薯冷冻薯条
22	SB/T 10633—2011	豆浆类
23	SB/T 10632—2011	卤制豆腐干
24	SB/T 10610—2011	肉丸
25	SB/T 10611—2011	扒鸡
26	SB/T 10419—2017	植脂奶油
27	SB/T 11194—2017	方便面调味料
28	SB/T 11191—2017	蚝汁
29	SB/T 10526—2009	排骨粉调味料
30	SB/T 10528—2009	纳豆
31	SB/T 10525—2009	虾酱
32	SB/T 10513—2008	牛肉粉调味料

表 11-4　我国主要食品安全轻工标准

序号	标准代号	标准名称
1	QB/T 5473—2020	超高压方便米饭
2	QB/T 5535—2020	食品加工用盐
3	QB/T 8011—2024	咸鸭蛋黄
4	QB/T 4575—2023	食品用菌种制剂

续表

序号	标准代号	标准名称
5	QB/T 4631—2014	罐头食品包装、标志、运输和贮存
6	QB/T 4260—2018	水苏糖
7	QB/T 5323—2018	植物酵素
8	QB/T 5471—2020	方便菜肴
9	QB/T 4259—2011	浓香大曲
10	QB/T 4262—2011	荔枝酒
11	QB/T 4221—2011	谷物类饮料
12	QB/T 4222—2023	复合蛋白饮料
13	QB/T 5358—2018	冷冻烘焙食品

参考文献

[1] 国家标准化管理委员会农轻和地方部 . 食品标准化 [M]. 北京：中国标准出版社，2006.
[2] 胡秋辉 . 食品标准与法规 [M]. 2 版 . 北京：中国标准出版社，2013.
[3] 刘少伟，鲁茂林 . 食品标准与法律法规 [M]. 北京：中国纺织出版社，2013.
[4] 杨玉红 . 食品标准与法规 [M]. 北京：中国轻工业出版社，2014.

·第十二章·

控制体系

面对食品安全事件带来的巨大社会影响，以及我国食品行业在质量管理、安全控制方面所承受的巨大压力，如何通过控制体系解决食品安全问题已成为我国食品工业发展的关键。在此环境背景下，我国在借鉴发达国家先进经验的基础上，逐步发展和完善了GAP、GMP、SSOP、HACCP、ISO9000、ISO22000等质量、安全控制体系，它们对提高我国食品质量安全保证、提升食品在国际市场上的竞争力有着十分重要的意义。

第一节 重要操作规范

一、良好操作规范

良好操作规范（good manufacturing practice，GMP），是一种特别注重在生产过程中实施对产品质量与卫生安全的自主性管理制度。它是一套适用于制药、食品等行业的强制性标准，要求企业从原料、人员、设施设备、生产过程、包装运输、质量控制等方面按国家有关法规达到卫生质量要求，形成一套可操作的作业规范，帮助企业改善企业卫生环境，及时发现并解决生产过程中存在的问题。食品GMP作为目前国际上获得一致认可的食品安全控制体系，已成为食品加工质量控制和安全保障最有效的体系之一。

（一）良好操作规范及其发展实施

早在第一次世界大战期间，美国食品工业的不良状况和药品生产的欺骗行为，促使美国制定了食品、药品和化妆品法，开始以法律形式来保证食品、药品的质量，由此还建立了世界上第一个国家级的食品药品管理机构——美国食品药品监督管理局（FDA）。1963年美国食品药品监督管理局（FDA）制定了药品GMP，并于1964年开始实施。美国也是最早将GMP用于食品工业生产的国家之一，美国在食品GMP的执行和实施方面做了大量的工作。

1969 年世界卫生组织（WHO）要求各会员国家政府制定实施药品 GMP 制度，以保证药品质量。同年，美国公布了《食品制造、加工、包装储存的现行良好操作规范》。FDA 于 1969 年制定的《食品良好生产工艺通则》，为所有企业共同遵守的法规，1996 年版的美国 CGMP（近代食品制造、包装和贮存）第 110 节内容包括：定义、现行良好生产规范、人员、厂房及地面、卫生操作、卫生设施和设备维修、生产过程及控制、仓库与运销、食品中天然的或不可避免的危害控制等。自美国实施 GMP 以来，世界上不少国家和地区采用了 GMP 质量管理体系，如日本、加拿大、新加坡、德国、澳大利亚等积极推行食品 GMP 质量管理体系，并建立了有关法律法规。日本受美国药品和食品 GMP 实施的影响，厚生省、农林水产省、日本食品卫生协会等先后分别制定了食品产品的《食品制造流通基准》《卫生规范》《卫生管理要领》等。

加拿大卫生部根据《食品和药物法》制定了《食品良好制造法规》，规定了加拿大食品加工企业最低健康与安全标准，提出了实施 GMP 的基础计划，并将基础计划定义为一个食品加工企业为在良好的环境条件下加工生产安全卫生的食品所采取的基本控制步骤或程序。实施 GMP 的基础计划包括厂房、运输和储藏、设备、人员、卫生和虫害的控制、回收 6 个方面的内容。英国推广食品良好操作规范，新加坡由民间组织——新加坡标准协会（SISIR）推广 GMP 制度。法国、德国、瑞士、澳大利亚、韩国、新西兰、马来西亚等国家，也都积极推行了食品的 GMP 制度。

我国食品企业质量管理规范的制定工作起步于 20 世纪 80 年代中期，我国从 1988 年开始颁布食品 GMP 国家标准和行业标准。2009 年《食品安全法》颁布前，原卫生部以食品卫生国家标准的形式发布了近 20 项“卫生规范”和“良好生产规范”。有关行业主管部门制定和发布了各类“良好生产规范”“技术操作规范”等 400 余项生产经营过程标准。其中，包括 1 个食品 GMP 通用标准（GB 14881—1994《食品企业通用卫生规范》）和 22 个食品 GMP 专用标准，2 个食品 GMP 行业标准。随后，又先后颁布了《食品安全国家标准　乳制品良好生产规范》（GB 12693—2010）、《食品安全国家标准　粉状婴幼儿配方食品良好生产规范》（GB 23790—2010）、《食品安全国家标准　特殊医学用途配方食品良好生产规范》（GB 29923—2013），作为各类食品生产过程管理和监督执法的依据。2013 年，我国发布全新的《食品安全国家标准　食品生产通用卫生规范》（GB 14881—2013），全面替代原有的 GB 14881—1994，逐步形成了以《食品安全国家标准　食品生产通用卫生规范》为基础、36 项涵盖主要食品类别的生产经营规范类食品安全标准体系。

（二）良好操作规范的主要内容

GMP 根据 FDA 的法规，分为 4 个部分：总则、建筑物与设施、设备、生产和加工控制。GMP 是适用于所有食品企业的，是常识性的生产卫生要求，基本上涉及的是与食品卫生质量有关的硬件设施的维护和人员卫生管理。符合 GMP 的要求是控制食品安全的第一步，其强调食品的生产和贮运过程应避免微生物、化学性和物理性污染。我国食品卫生生产规范是在 GMP 的基础上建立起来的，并以强制性国家标准的形式来实行，该规范适用于食品生产、加工的企业或工厂，并作为制定各类食品厂的专业卫生标准的依据。

GMP实际上是一种包括“4M”管理要素的质量保证制度，即选用规定要求的原料（material），以合乎标准的厂房设备（machines），由胜任的人员（man），按照既定的方法（methods），制造出品质既稳定又安全卫生的产品。

GMP是对食品生产过程中的各个环节、各个方面实行全面质量控制的具体技术要求和为保证产品质量必须采取的监控措施，在具体实施过程中，GMP重点规定了确认食品生产过程的安全性，双重检验制度，防止出现人为的过失，标签管理制度，建立完善的生产记录，报告存档的管理制度及防止异物、毒物、有害微生物污染食品等七个方面的具体要求。

（三）良好操作规范的原则

GMP将保证食品质量的重点放在成品出厂前的整个生产过程的各个环节上，而不仅仅是着眼于最终产品上，其目的是从全过程入手，根本上保证食品质量。GMP制度体现如下基本原则。

① 食品生产企业必须有足够的资历，合格的生产食品相适应的技术人员承担食品生产和质量管理，并清楚地了解自己的职责。

② 操作者应接受培训，以便正确地按照规程操作。

③ 按照规范化工艺规程进行生产。

④ 确保生产厂房、环境、生产设备符合卫生要求，并保持良好的生产状态。

⑤ 符合规定的物料、包装容器和标签。

⑥ 具备合适的储存、运输等设备条件。

⑦ 全生产过程严密而并有有效的质检和管理。

⑧ 合格的质量检验人员、设备和实验室。

⑨ 应对生产加工的关键步骤和加工发生的重要变化进行验证。

⑩ 生产中使用手工或记录仪进行生产记录，以证明所有生产步骤是按确定的规程和指令要求进行的，产品达到预期的数量和质量要求，出现的任何偏差都应记录并做好检查。

⑪ 保存生产记录及销售记录，以便根据这些记录追溯各批产品的全部历史。

⑫ 将产品储存和销售中影响质量的危险性降至最低限度。

⑬ 建立由销售和供应渠道收回任何一批产品的有效系统。

⑭ 了解市售产品的用户意见，调查出现质量问题的原因，提出处理意见。

（四）推行食品良好操作规范的目的和意义

推行食品GMP的目的和意义如下。

① 提高食品质量与卫生安全，保障消费者的健康。

② 为食品生产提供一套可遵循的规范，促使食品生产企业采用新技术、新设备，严格要求食品生产中的原料、辅料和包装材料的质量。

③ 促使食品生产和经营人员形成积极的工作态度，激发对食品质量高度负责的精神，消除生产上的不良习惯。

④ 为食品生产及卫生监督提供有效的监督检查手段。

⑤ 为建立实施 HACCP 体系或 ISO22000 国际食品安全管理体系奠定基础。

⑥ 利于食品的国际贸易。

二、良好农业规范

良好农业规范（good agriculture practice，GAP）主要针对未加工或简单加工（整理、分级、清洗、包装、贮藏等）的食用农产品，包括种植的作物和养殖的动物，关注种植或养殖、采收、清洗、包装、贮藏和运输过程中的有害物质和有害微生物危害控制，保障农产品质量安全。

（一）GAP 的八个基本原理

① 对新鲜农产品的微生物污染，其预防措施优于污染发生后采取的纠偏措施（即防范优于纠偏）。

② 为降低新鲜农产品的微生物危害，种植者、包装者或运输者应在他们各自控制范围内采用良好农业操作规范。

③ 新鲜农产品在沿着农场到餐桌食品链中的任何一点，都有可能受到生物污染，主要的生物污染源是人类活动或动物粪便。

④ 无论任何时候与农产品接触的水，其来源和质量规定了潜在的污染，应减少来自水的微生物污染。

⑤ 生产中使用的农家肥应认真处理以降低对新鲜农产品的潜在污染。

⑥ 在生产、采收、包装和运输中，工人的个人卫生和操作卫生在降低微生物潜在污染方面起着极为重要的作用。

⑦ 良好农业操作规范的建立应遵守所有法律法规，或相应的操作标准。

⑧ 应明确各层农业（农场、包装设备、配送中心和运输操作）的责任，并配备有资格的人员，实施有效的监控，以确保食品安全计划所有要素的正常运转，并有助于通过销售渠道溯源到前面的生产者。

（二）GAP 的基本原则

GAP 试图通过全程质量控制体系的建立，打破农产品生产、加工、销售（贸易）脱节的传统格局，从根本上解决质量与安全问题。其基本原则包括以下六个方面。

① 坚持把人（包括农业生产者与农产品消费者）、动植物与环境作为一个有机整体，体现了完整的可持续发展观。

② 坚持在农产品的外观、内质和安全性有机统一的前提下，重点解决农产品的安全问题，因为只有三者有机统一，农产品才有市场价值。

③ 认为可以适度使用农药、化肥等化学投入品，认为农产品质量与安全问题的根源不在于化学投入品本身，而在于其是否得到科学合理使用。

④ 符合质量安全要求的农产品是生产出来的，必须建立健全从田间到餐桌的、以农产品生产过程质量控制体系为核心的质量保证体系，从源头上保障农产品的基本质量安全。

⑤ 必须坚持科学性与可行性的统一。

⑥ 坚持建立农产品质量的可追溯制度。

（三）GAP 的实施要点

实施良好农业规范的要点主要包括生产用水与农业用水的良好规范，肥料使用的良好规范，农药使用的良好操作规范，作物和饲料生产的良好规范，畜禽生产良好规范，收获、加工及贮存良好规范，工人健康和卫生良好规范，卫生设施的操作规范，田地卫生良好规范，包装设备卫生良好规范，运输良好规范，溯源良好规范等十二方面内容。

（四）GAP 的实施注意事项

① GAP 主要关注新鲜果蔬的微生物危害，没有解决与食品生产和环境相关的其他问题（比如，杀虫剂残留、化学污染物）。在评估 GAP 中最能促成操作过程微生物危害减少的相关建议时，种植者、包装者和运输者应努力确立实施方案以避免因疏忽而造成食品供应环境中可能增加的风险。

② GAP 焦点在于降低风险而不是消除风险。当前的技术无法彻底去除与新鲜果蔬相关的所有潜在危害。

③ GAP 仅提供广泛的、一般的科学原理，操作者应使用指南以帮助评估特定生产条件下（气候上的、地理上的、文化和经济上的）的微生物危害，适当实施经济有效的风险降低策略。

④ 随着信息和技术的深入发展，人们将不断扩大识别和降低食品微生物危害的理解，政府机构也将不断采取措施（如适当修订 GAP 或提供附录或增加指南文件）更新 GAP 的建议和信息。美国 FDA 和 USDA 鼓励操作者从州或地方的公共卫生、环境、农业、服务机构、联邦机构和服务延伸部门去寻求更多的帮助。

第二节　卫生标准操作程序

一、SSOP 概述

卫生标准操作程序（sanitation standard operation procedure，SSOP）是食品加工企业为了保证达到 GMP 所规定的要求，确保加工过程中消除不良的人为因素，使其加工的食品符合卫生要求而制定的指导食品生产加工过程中如何实施清洗、消毒和卫生保持的作业指导文件。

卫生标准操作程序描述了控制工厂各项卫生要求所使用的程序，提供一个日常卫生监测的基础，对可能出现的不合格状况提前做出计划，以保证必要时采取纠正措施。

二、SSOP 的基本内容

SSOP 计划的主要内容如下。

① 用于接触食品或食品接触面的水，或用于制冰的水的安全。

② 与食品接触表面的卫生状况和清洁程度，包括工器具、设备、手套和工作服。

③ 防止发生食品与不洁物、食品与包装材料、人流和物流、高清洁区的食品与低清洁区的食品、生食与熟食之间的交叉污染。

④ 手的清洗消毒设施及卫生间设施的维护。

⑤ 保护食品、食品包装材料和食品接触面免受润滑剂、燃油、杀虫剂、清洗剂、冷凝水、涂料、铁锈和其他化学、物理和生物性外来杂质的污染。

⑥ 有毒化学物质的正确标识、贮存和使用。

⑦ 直接或间接接触食品的职工健康状况的控制。

⑧ 害虫的控制及去除（防虫、灭虫、防鼠、灭鼠）。

第三节 危害分析与关键控制点体系

一、HACCP 概述

危害分析和关键控制点（hazard analysis critical control point，HACCP）是一种建立在良好操作规范（GMP）和卫生标准操作程序（SSOP）基础之上，全面分析食品状况、预防食品安全问题的控制体系，涉及从水、农田、养殖场到餐桌全过程食品安全的一个预防体系。其中，危害分析是指分析食物制造过程中各个步骤的危害因素及危害程度；关键控制点是指那些在食品的生产和处理过程中必须实施控制的任何环节、步骤或工艺过程，并且这种控制能使其中可能发生的危害得到预防、减少或消除，以确保食品安全。HACCP 具有科学性、高效性、可操作性、易验证性，但不是零风险，有效的 HACCP 体系可以最大限度地减少食品安全危害降至可接受水平并可持续改进。

HACCP 体系是一个识别和监测及预防可能导致食品危害的体系，这些危害可能是影响食品安全的生物的、化学的、物理的因素，这种危害分析是建立在关键控制点（CCPs）的基础上的。HACCP 的主要控制目标是确保食品的安全性，因此它与其他的质量管理体系相比，将主要精力放在影响产品安全的关键点上，而不是在每一个步骤都放上同等的精力，这样在预防方面显得更为有效。

HACCP 可应用于由食品原料至最后消费的食品这一食物链的整个过程中，成功的 HACCP 系统需要有完整的推行小组与生产者和经理者参与。HACCP 推行小组必须包括有各方面的专家（如食品技术专家，生产管理者，微生物专家或是机械工程专家等）参与方能顺利执行。HACCP 系统在应用上与 ISO9000 系统是兼容的，都是确保食品安全的良好管理系统。

二、HACCP 原理

HACCP 体系的七个基本原理如下。

（1）进行危害分析　拟定整个生产工艺各步骤的流程图，列出所有可能发生危害的地方，以便制定控制措施。危害分析与预防控制措施是 HACCP 原理的基础，也是建立 HACCP 计划的第一步。企业应根据所掌握的食品中存在的危害以及控制方法，结合工艺特点，进行详细的分析。

（2）确定关键控制点（CCPs） 关键控制点是那些在食品的生产和处理过程中必须实施控制的任何环节、步骤或工艺过程，并且这种控制能使其中可能发生的危害得到预防、减少或消除，以确保食品安全。生产工序中的加热、冷冻、原料配方等环节和在防止交叉污染及雇员、环境卫生方面所采取的措施，都可能是关键控制点。危害控制措施的效果是在关键控制点上实现的，关键控制点是保证产品安全性的基础，但它本身不能执行控制的功能。

（3）建立关键控制点的临界范围（critical limits，CL） 临界限值是指一个与关键控制点相对应所必须遵循的尺度，诸如温度、时间、物理尺寸、水分活度、pH 值、黏度、有效氯及感官评估等的安全范围。临界范围的类型有化学、物理、微生物等三种。

（4）建立监控关键控制点的控制体系 对已确定的关键控制点要有计划地观察和监测，评估其是否处在可控制的范围内，同时做出准确的记录用于以后的核实和鉴定。当无法连续对一关键控制点进行监控时，间隔进行的监控必须频繁，从而使生产商能了解用以防止危害的步骤是否在控制之中。应特别注意的是监控方法必须高效、快捷，否则检验的滞后性同样会导致关键控制点的控制失败。在每个关键控制点上建立的特定监测程序依赖于临界范围和监测设备或方法的能力，监测程序一般有联机（线）系统、脱机系统两大类型。其中联机监测是连续的，脱机监测通常是不连续的，缺点是所取的样品不能完全代表整批产品。

（5）建立校正措施 尽管 HACCP 系统在理想状态下运作可以防止工序中发生的偏差，然而实际运作情况并不可能永远在理想状态下进行，因此，当偏差出现时就必须以适当的校正措施来纠正或消除，以确保 HACCP 系统再次处于控制之中，并保留校正行为的记录。

（6）建立有效的档案体系 将所有有关 HACCP 系统的计划、记录和变动情况进行归档。一般用于 HACCP 系统中的档案体系包括原料、产品安全、加工、包装、贮藏销售等方面的记录。

（7）建立验证体系 该体系主要用于经常核查以上各项功能是否正常运作，包括随机验证，重新评定 HACCP 系统计划和检查各种记录。

在以上七个原理中，分析潜在的危害、识别加工中的关键控制点和建立关键控制点的临界限值构成了食品污染风险评估体系，它属于技术范围，由技术专家来操作，其他的步骤属于质量和安全管理的范畴。

三、HACCP 在食品企业的建立和执行

（一）HACCP 计划的制订

HACCP 计划的制订包括以下十二个方面：组建 HACCP 小组；产品描述；食品用途预测；绘制流程图；确证生产流程图；列出每个潜在危害，并进行分析，以及对已确定的危害应考虑所有能用的控制方法；确定关键控制点；确定每个关键控制点的临界限值；对每个关键控制点建立一个监测系统；确立纠偏措施；确立验证程序；确立有效的记录档案系统。

（1）组建 HACCP 小组 一个特定产品的 HACCP 系统设计要求有一个多学科专家组

成的小组。根据研究结果，小组应至少包括一个对产品研究开发直接负责的生产专家；一个工程师（了解所有加工设备的性能和可能影响产品卫生的设计问题）；一个质量保证或质量控制专家；其他相关的专家（如食品微生物学专家）。小组的领导者应当带领讨论，并由秘书对讨论的结果做记录。

（2）产品描述 这种描述应该包括各种原材料和终产品。对每种使用的原材料都应收集它的类型、来源、购买说明书，以及在终产品中所占的比例等资料。在原材料进入车间之前的所有处理、贮藏条件，以及附加条件都应该记录下来。终产品或必要的中间产品，都应该进行详细说明，如成分、结构、加工条件（如热处理条件）、影响稳定的内部因素（pH 值、防腐剂）、包装、贮存和销售条件（特别是温度）、保存日期、包装标签、使用说明书等。

（3）食品用途预测 主要指预期用途，应该以使用者或消费者的正常需求为基础。同时有必要考虑到购买者在不适宜温度下任意拆开的可能性，或被一些脆弱群体（如婴儿、小孩、孕妇、老人，以及体质弱者）使用的可能性。

（4）绘制流程图 对生产过程的描述要求绘制生产流程图。流程图应该包括从原料选择，到加工、包装、最终贮存和销售的整个过程，以及每一步中的故障等。流程图应附带具体的相关技术信息，包括工厂、生产线和设备；产品的流动条件，如两个步骤间的停留，再循环路线及步骤间传递；材料、设备、工具的移动路线；空气流通和水的流向；人员的路线；以及对低风险和高风险区域的隔离。

另外，对于每一个加工操作的资料也应该收集记录，如操作类型以及它在技术上的功能（如对微生物菌群和数量的影响）、设备的特性（如尺寸、动力、能力、空间）操作参数、清洁和消毒程以及环境和人员卫生。

（5）确证生产流程图 生产流程图应精确地反映实际加工操作过程。对于一个已存在的产品 / 过程，信息的收集要在生产运行之中进行，同时要密切注视所有的环节，包括晚上交接班或周末运作情况。

当评估一个新产品开发时，相关开发部门应提供能反映产品各种属性，以及最有可能的加工工艺参数等资料。当产品最终投入生产时，要求对这些资料进行确认，并且可能还要作一些修改。在产品开发的初步阶段可以确定主要的关键控制点以及所需要的重要控制措施。

（6）施行危害分析 危害分析是收集和评估与食品相关危害的信息。这种危害是指有潜在健康问题的物质、环节或程序。通过分析决定哪些是与食品安全有重大关系的，并且在 HACCP 计划中对其作详细说明，这种评估的预期结果是：将重大危害排一个等级次序，将引起危害出现的条件列表说明，预测这种条件出现的频率和严重性等。危害分析一般包括危害确定和危害评估两个环节，在进行危害分析时，主要可能应包括下列几个方面。

① 有可能产生的危害并影响危害的严重性。

② 定性和 / 或定量评价出现的危害。

③ 相关微生物生存或增殖。

④ 食品中毒素、化学或物理因素的存在和持久性。

⑤ 导致上述原因的条件。

（7）确定关键控制点　关键控制点（CCP）是一个可以用控制手段防止、消除或降低食品安全危害，或将其降低到可接受程度的环节、阶段或过程。关键控制点在实际生产中可分为两类。

一类关键控制点（CCP1）：可以消除和预防危害。

二类关键控制点（CCP2）：能够最大限度地减少、降低或延迟危害，但不能保证对危害能全部控制。

对于每一个关键控制点，都可以拟定对各种危害的控制方法，它们都应该被确认和记录下来。确定关键控制点的目的是使一个潜在的食品危害被预防、消除或减少到可以接受的水平。

（8）确定每个关键控制点的临界限值　临界限值是用以区分可接受与不可接受的标准。临界限值的确定为关键控制点的控制提供了一个评价控制手段有效性和控制效果可接受性的标准。其具体要求如下。

① 临界限值标明了应用于关键控制点的控制方法所允许的最大或最小极限，并且绝对不能超过这个限度。当一个临界限值被突破以后，关键控制点就会失去控制，并且产品有可能成为不合格产品。

② 临界限值应该能快速容易地被观察和测量，并提供是或否的回答。

③ 一个临界限值必须与终产品要求的标准相一致。

（9）确定关键控制点的监测系统　监测是对一个关键控制点及其临界限值进行有计划的测量和观察。合理的监测能为判断关键控制点是否处控制之下提供证据，同时，如果出现失控状况，能很快被发现，并快速采取纠正行为。在理想情况下，监测系统应处于良好运转状况并对关键控制点持续监测，这样就能迅速和自动地提供信息，以便作适当调整。所有的监控资料都应该记录下来，并且具体指明其负责人。

（10）确立纠偏措施　纠偏措施是当监测结果表明关键控制点中的操作不符合临界限值时所采取的措施，这样的纠偏措施应该事先确认并且制订一个纠偏计划。一旦关键控制点脱离了它的临界限值，产品就可能无法满足安全要求，应记录纠偏行为计划对可疑产品的处理（包括确认、隔离、检查、适当处理）。

在 HACCP 系统的操作过程中，纠偏措施取得了满意效果后，有时还要采取措施预防偏离的再出现，从而避免超出临界限值。这意味着要紧急行动来调整加工或其他条件，将关键控制点控制在临界限值范围内。在高风险（对食品有很大影响）状况中，有必要在偏离被纠正之前停止加工过程。否则，在对过程调整以后，还需要具体的附加监测或日常检查用来确定调整是否有效。如果偏离是以高频率出现的并且对其持续控制有困难，这就需要除采用紧急行为之外，还要对 HACCP 计划进行重新审核和认定。

（11）确立验证程序　HACCP 计划一旦执行，就应当对 HACCP 计划以及 HACCP 系统是否正常运转进行评价。验证程序可以采用包括随机抽样和分析在内的验证和评审方法、程序和检验。验证的频率应足以证实 HACCP 体系运行有效，验证活动应包括以下内容。

① HACCP 体系和记录的审核。

② 偏差和产品处置的审核。

③ 确定 CCPs 处于控制状态。

④ 如可能，有效性活动应包括对 HACCP 计划所有要素功效的证实。

当存在以下问题时则需要重新审查 HACCP 计划：① 偏离频繁出现；② 由市场返回信息表明产品存在着健康问题；③ 商业信息表明运输系统或消费者使用方法发生了变化；④ 流行病学和科学信息确认了新的危害；⑤ 生产加工条件发生改变（如使用新原料、转变产品形式、使用新的加工技术设备）。

（12）记录保存和建立文档　足够的文档在提供证据方面是必要的，文件系统包括三个方面。

① HACCP 计划的文档。包括计划的范围；HACCP 小组的组成及其责任；对原材料、中间产品及终产品的描述；设备布局和过程的流程图；认定的危害；认定的关键控制点；针对每个关键控制点的控制方案，如控制方法、临界限值、监测过程和纠正措施；证明程度。

② 执行 HACCP 计划必要的文档。包括操作过程的各种程序和工作指导、监测过程，关键控制点的纠偏措施和证明程序。

③ 在 HACCP 系统操作中获得的记录。HACCP 实际操作、监测、纠偏措施、证明过程等方面的文档系统。

（二）HACCP 应用中的常见问题

目前对食品安全性的保证和对质量的控制仍然存在某些缺陷，HACCP 原理推广应用是一个长期而艰巨的任务。HACCP 的应用当前还存在一些问题，尤其是利用 HACCP 自动控制软件进行管理，起步晚、应用不广泛，但这是今后发展和研究的方向，在实际工作中应引起足够的重视。

① 对 HACCP 体系的研究起步晚，具体操作经验相对匮乏，存在问题多，应加强基础研究工作和应用指导工作。

② 管理不全面，只重视 HACCP 系统在生产过程中的应用，对原料的生产和产品的分配流通应用得少，应进行食物链的全程控制，保证消费者食用安全。

③ 工厂化生产对产品安全和质量管理严格，个体食品、街头食品管理松散，不注意食品卫生，这方面的管理有待加强。

针对工业上应用 HACCP 管理系统存在的问题，在实际应用中，要周全考虑各方面的因素，确保该系统发挥作用。

（三）食品企业采用 HACCP 系统的益处和必要性

高效性：HACCP 系统是保证食品安全和防止食品传播疾病的一种高效率、低成本的体系，它为生产商和政府监督机构提供了一种最理想的食品安全监测和控制手段，能使有限的人力和物力发挥最大的作用，体现了以最少资源配置达到最佳效果的原则。

通用性：HACCP 已逐渐成为一个全球性的食品安全管理体系，一些国家已经以法律的形式将它固定下来。因此，它有助于在全球范围内来控制食品的安全性，同时，也有助于已实施了 HACCP 系统的企业到全球大市场中去竞争。

科学性：HACCP 是由一些相关学科结合而建立的系统化程序。它能有效识别出各种可能发生的危害，包括来自生物、物理和化学方面的危害，并在有科学依据的基础上采取预防性措施。

预防性：实践证明，对最终产品进行抽样检测以确定产品是否合格的方法往往只能做一些事后补救工作，而 HACCP 系统却能通过对食品链中关键控制点的监控和采取相应的纠正措施，做到防患于未然。

可操作性：HACCP 系统具备一整套详细的操作程序，可操作性强。

可树立消费者的信心：由于 HACCP 系统得到了国际学术界的认定，同时它的有效性在生产实践中得到了验证，因此利用 HACCP 系统来管理食品链的各个环节，不仅可以增加人们对产品的信心，而且还可提高产品在消费者心目中的可信度，保证产品的市场占有率。

全面性：HACCP 系统是一种全面、系统化的控制方法，它以科学为基础，对食品生产中的每个环节、每项措施、每个组分的危害风险（危害发生的可能性和严重性）进行鉴定、评估，找出关键点加以控制，做到既全面又有重点。因此，从食品原料生产基地到消费场所，食品的安全性得到了全面和有效的保障。

协调性：HACCP 对食品链的全过程（包括食品原料的种植、收获和购买到终产品的使用消费，即 from farm to home）都制定可操作的规范，使食品原料的供应，食品的加工生产、包装贮藏、销售消费都在统一的规范制约下运转，为各个环节安全性的有效控制提供了可操作的程序和标准。同时，也为食品生产商、销售商、消费者和政府监督管理部门制定了衡量食品安全性的统一尺度，便于协调合作来保证食品的安全性，减少食品安全控制的总花费，提高经济效益。

第四节　ISO22000

一、ISO22000 概述

如前所述，各国食品安全的法规标准繁多，使食品生产企业难以应对，不仅妨碍了食品国际贸易的顺利进行，这种各自为政的标准也是潜在的贸易壁垒。在丹麦标准协会（DS）的倡导下，2001 年，国际标准化组织（ISO）计划开发一套适合审核的食品安全管理体系标准，即《ISO22000——食品安全管理体系》，简称 ISO22000。ISO22000 的开发目标为：符合 CAC 的 HACCP 原理；协调自愿性的国际标准；提供一个用于审核（内审、第二方审核、第三方审核）的标准；其构架与 ISO9001：2000 和 ISO14001：1996 相一致；提供一个关于 HACCP 概念的国际交流平台。

ISO22000 是按照 ISO9001：2000 的框架构筑的，同时覆盖了 CAC 关于 HACCP 指南的全部要求，并为 HACCP 提出了“先决条件”概念，制定了“支持性安全措施”（SSM）的定义。它在标准中更关注对产品生产全过程的食品安全风险分析、识别、控制和措施，具有很强的专业技术要求。ISO22000：2005《食品安全管理体系——对食品链中各类组织的要求》是 ISO22000 族标准中的第一个，于 2005 年 9 月 1 日发布实施。我国等同采用的 GB/T 22000—2006 也于 2006 年 3 月 1 日发布，并于同年 7 月 1 日实施。为了提高标准的适用性，国际标准化组织的 ISO/TC34/SC17 对 ISO22000 进行改版修订，并于 2018 年 6 月 19 日颁布了 ISO22000：2018。

二、ISO22000与HACCP的关系

1. 标准适用范围更广

ISO22000标准突出了体系管理概念，将组织、资源、过程和程序融合到体系之中，使体系结构与ISO9001标准结构完全一致，强调标准既可单独使用，也可以和ISO9001质量管理体系标准整合使用，充分考虑了两者兼容性。ISO22000标准适用范围为食品链中所有类型的组织，比原有的HACCP体系范围要广。

2. 强调了沟通的作用

顾客要求、食品监督管理机构要求、法律法规要求以及一些新的危害产生的信息，须通过外部沟通获得，以获得充分的食品安全相关信息。通过内部沟通可以获得体系是否需要更新和改进的信息。

3. 体现了尊重食品法律法规的要求

ISO22000标准不仅在引言中指出“本标准要求组织通过食品安全管理体系以满足与食品安全相关的法律法规要求”，而且标准的多个条款都要求与食品法律法规相结合，充分体现了遵守法律法规是建立食品安全管理体系的前提之一。

4. 提出了前提方案、操作性前提方案和HACCP计划的重要性

“前提方案”是整个食品供应链中为保持卫生环境所必需的基本条件和活动，它等同于食品企业良好操作规范。操作性前提方案是为减少食品安全危害在产品或产品加工环境中引入、污染或扩散的可能性，通过危害分析确定的基本前提方案。HACCP也是通过危害分析确定的，只不过它是运用关键控制点通过关键限值来控制危害的控制措施。两者区别在于控制方式、方法或控制的侧重点不同，但目的都是为了防止、消除食品安全危害或将食品安全危害降低到可接受水平的行为或活动。

5. 强调了“确认”和“验证”的重要性

“确认”是获取证据以证实由HACCP计划和操作性前提方案安排的控制措施有效。ISO22000标准在多处明示和隐含了“确认”要求和理念。“验证”是通过提供客观证据对规定要求已得到满足的认定。目的是证实体系和控制措施的有效性。ISO22000标准要求对前提方案、HACCP计划及控制措施组合、潜在不安全产品处置、应急准备和响应、撤回等都要进行验证。

6. 增加了“应急准备和响应”规定

ISO22000标准要求最高管理者应关注有关影响食品安全的潜在紧急情况和事故，要求组织应识别潜在事故和紧急情况，组织应策划应急准备和相应措施，并保证实施这些措施所需要的资源和程序。

7. 建立可追溯性系统和对不安全产品实施撤回机制

ISO22000标准提出了对不安全产品采取撤回要求，充分体现了现代食品安全的管理理念。要求组织建立从原料供方到直接分销商的可追溯系统，确保交付后的不安全终产品，利用可追溯系统，能够及时、完全地撤回，尽可能降低和消除不安全产品对消费者的伤害。

第五节 食品安全追溯系统

一、食品安全追溯制度

食品的可追溯性定义为“能够追踪食品由生产、处理、加工、流通及销售的整个过程的相关信息”。与此相等的其他定义为ISO9000“跟踪特定对象的所有生产过程履历，同时能加以追踪了解其适用性及所在位置”。欧盟食品法定义为“食品、饲料、畜产加工品、加工食品及饲料原料，或是可能成为这些产品的材料，其在生产、加工、流通的所有阶段均有追踪掌控能力”。

经过几次大规模食品安全的事件后，消费者已经逐渐意识到，他们希望能了解食品的生产与流通过程。在此情况下，引入“食品追溯制度”是解决这些问题的唯一途径，消费者借此能了解到由生产到零售、消费为止的整个过程。从20世纪90年代开始，许多国家和地区通过建立追溯制度来推进食品质量安全管理，欧盟、美国和日本是较早开展食品追溯标准化工作的地区和国家。

欧盟是最早开展食品安全追溯的。1997年为应对疯牛病（牛海绵状脑病）事件，欧盟开始建立食品安全追溯体系，尤其是牛肉制品的追溯体系。2000年1月12日欧盟发表了《食品安全白皮书》，将食品安全作为欧盟食品法的主要目标，形成一个新的食品安全体系框架。其中提出的一项根本性改革就是首次把“从田间到餐桌”的全过程管理原则纳入卫生政策，强调食品生产者对食品安全所负的责任。并引进HACCP体系，要求所有的食品和食品成分具有可追溯性。2000年1月欧盟颁布了178/2002号法令，要求从2004年起，在欧盟范围内销售的所有食品都能够进行跟踪与追溯，否则就不允许上市销售。按照欧盟的规定，食品、饲料及供食品制造用的家畜以及与食品、饲料制造相关的物品，其在生产、加工及销售的各个阶段必须确立食品安全可追溯制度。

欧盟的可追溯系统是通过一个法律框架向消费者提供足够清晰的产品标识信息，同时在生产环节对农产品建立有效的验证和注册体系，并采用统一的中央数据库对信息进行管理。这一体系包括标识单个物流单元、数据库的处理、单个物流单元的证照、农场保留物流单元的信息，系统完整记录了供应链中产品的轨迹，实现追溯功能。

9·11事件后，美国颁布了《公共健康安全与生物恐怖主义应对法案》，将食品安全提高到国家安全战略高度，提出“实行从农场到餐桌的风险管理”。根据该法案，美国食品药品监督管理局（FDA）于2003年10月公布了《食品企业注册法规》和《进口食品提前通报法规》，并于当年12月12日开始生效。该法规规定，美国本土和对美国出口的外国食品及饲料的企业和组织必须提供包括生产、加工、包装、仓储和运输的相关数据，并在FDA进行登记注册，未登记的不得在美国销售。2004年FDA又公布了《食品安全跟踪条例》，要求所有涉及食品加工、运输、配送和进口的企业建立并保全相关食品流通全过程记录，并要求所有与食品生产有关的企业到2006年年底都必须建立食品质量可追溯制度。此外，FDA和USDA-FSIS制定了食品召回规定和规范市场的《联邦安全和农业投资法案》。美国农业部从2003年开始，在畜产品方面计划建立家畜追溯体系，要求生产者、零售商和加工厂商认真做好家畜跟踪记录，以便建立家畜标识，帮助消费者了解家畜的出生、养殖、屠宰和加工过程。据报道，此后美国对所有牛、羊和其他家畜都要求从出生之日起就戴上耳标，它将伴随动物终生。并计划最终由电子微芯片取代耳标。

在农产品可追溯系统应用方面，日本处于领先地位，不仅制定了相应的法规，而且在零售阶段，大部分超市已经安装了产品可追溯终端，供消费者查询信息使用。在政府的推动下，日本从 2001 年起在肉牛生产供应体系中全面引入信息可追踪系统，要求肉牛业实施强制性的零售点到农场的可追溯系统，系统允许消费者通过互联网输入包装盒上的牛肉身份号码，获取他们所购买牛肉的原始生产信息。

我国加入 WTO 后，为了符合欧盟食品安全跟踪与追溯的要求，促进我国食品质量的提高，生产企业需要建立食品厂商管理维护记录档案，以便追溯食品及原料来源。

目前，被国际上最多国家所接受和采纳的追溯技术是由国际编码协会提出的，基于商品条码的追溯技术，已形成成熟的全球追溯标准和应用支持，它为供应链各参与方提供了一套标准的追溯流程，帮助企业强化商业流程，以应对当前的挑战。

该项技术基于商品条码技术而建立，是将食品的生产、加工、储藏、运输及零售等供应链各环节进行标识，并相互链接，可随时获取各个环节的数据信息，这些信息包括产品标识代码、批号、有效期、保质期等。一旦食品出现安全问题，可通过这些标识代码进行追溯，能够快速缩小发生安全问题的食品范围，准确查出食品问题出现的环节所在，直至追溯到食品生产的源头，从而确保产品撤回和召回的高效性、准确性。为政府产品质量监管提供有效手段、保护消费者利益、最大限度地减低企业的损失，提升企业产品竞争力。

二、全球统一标识系统

条码起源于美国，最早是在 20 世纪 50 年代美国铁路部门用条码标识车辆。全球统一标识系统 GS1（Global Standard 1）源于美国，由美国统一代码委员会（UCC，于 2005 年更名为 GS1 US）于 1973 年创建。UCC 创造性地采用 12 位的数字标识代码（UPC），标识代码和条码于 1974 年首次在开放的贸易中得以应用。在 UCC 的影响下，1974 年欧洲 12 国的制造商和销售商自愿组成了一个非盈利的机构，在 UPC 条码的基础上开发出了与 UPC 兼容的 EAN 条码。1977 年，欧洲物品编码协会，即早期的国际物品编码协会（EAN International，2005 年更名为 GS1）成立，并开发了与之兼容的系统并在北美以外的地区使用。EAN 系统设计意在兼容 UCC 系统，主要用 13 位数字编码。EAN International 已经不仅限于欧洲，而是逐步发展成为一个拥有 90 多个成员国家或地区的国际物品编码协会。从 1998 年开始，EAN 国际物品编码协会和美国统一代码委员会 UCC 这两大组织联手，成为推行全球化标识和数据通信系统的唯一的国际组织，推行全球统一标识系统 EAN • UCC 系统。2005 年 2 月，EAN 和 UCC 正式合并更名为 GS1。

GS1（EAN •UCC）系统，是由 GS1 开发、管理和维护的全球统一和通用的商业语言，为在全球范围内标识货物、服务、资产和位置提供了准确的编码。这些编码能够以条码符号来表示，以便进行商务流程所需的电子识读。该系统克服了厂商、组织使用自身的编码系统或部分特殊编码系统的局限性，提高了贸易的效率和对客户的反应能力。GS1 系统是目前世界上应用最广的供应链管理标准系统，它在商品条码的基础上发展而来，以公开、公认、简单为原则。

GS1 系统适用于任何行业和贸易部门。目前，GS1 系统已在 150 多个国家 / 地区的医疗、零售等 20 多个商业流通领域被广泛应用，大大提高了供应链的效率。GS1 系统用于电子数据交换（EDI），极大地推动了电子商务的发展。它由编码体系（EAN/UCC、EPC）、可自动识别的数据载体（条码、RFID）和电子数据交换标准协议（EDI、XML）组成。这三部分之间相辅相成，紧密联系。编码体系是核心部分，实现了对不同物品的唯一编码；数据载体是将供肉眼识读的编码转化为可供机器识读的载体；然后通过自动数据采集技术及电子数据交换，以最少的人工介入，实现自动化操作。

GS1 系统通过具有特定编码结构的代码实现对相关产品及其数据的标识，该结构保证了在相关应用领域中代码在世界范围内的唯一性。在提供唯一的标识代码的同时，GS1 系统也提供附加信息的标识，例如有效期、系列号和批号，这些都可以用条码或 RFID 标签（射频识别标签）来表示。系统具有良好的兼容性和扩展性。

GS1 的编码系统包括六个部分（图 12-1）：全球贸易项目代码（Global Trade Item Number，GTIN）、系列货运包装箱代码（Serial Shipping Container Code，SSCC）、全球参与方及位置代码（Global Location Number，GLN）、全球可回收资产标识代码（Global Returnable Asset Identifier，GRAI）、全球单个资产标识代码（Global Individual Asset Identifier，GIAI）和全球服务关系代码（Global Service Relation Number，GSRN）。主要包括三种条码符号：EAN/UPC 条码符号、ITF-14 条码符号、UCC/EAN-128 条码符号。

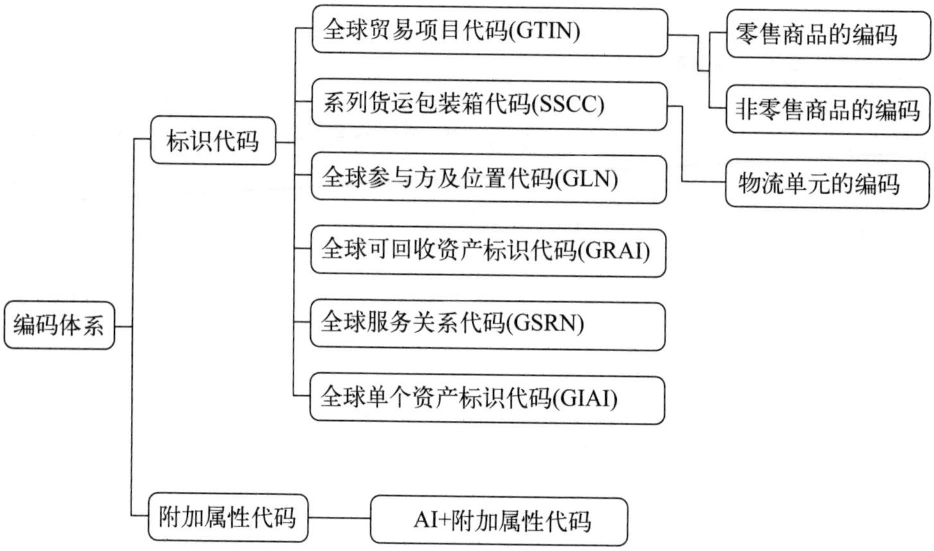

图 12-1　GS1 编码系统

GS1 系统是一个完整的系统，其技术内容包括系统的基本知识、应用领域（贸易单元的编码和符号表示、物流单元的编码和符号表示、资产的编码和符号表示、非常小的医疗保健品项目编码与符号表示）、单元数据串的定义、组成有效信息的单元数据串的联系、数据载体、EAN/UPC 符号规范、ITF-14 符号规范、UCC/EAN-128 符号规范、缩减空间码 RSS 和 EAN・UCC 复合码符号规范、条码制作与符号评价、条码符号放置指南、系统在电子数据处理（EDP）中的应用、术语等内容，可以满足社会各行各业的商业需求。

在我国，经国务院批准，中国物品编码中心（Article Numbering Center of China，ANCC）负责研究、推广和发展 EAN • UCC 系统（GS1 系统）。中国物品编码中心自 2000 年起，在果蔬、肉类、水产品、加工食品等领域开展了大量追溯调研，并建立了 100 多个产品质量安全追溯应用示范，涵盖肉禽、蔬菜水果、加工食品、水产品、医疗产品及地方特色食品等。截至 2024 年 10 月，我国已为超过 56 万家企业、1900 多万种商品成功发放了“二代身份证”——符合 GS1 标准的商品二维码。

三、GS1 系统实施方案

GS1 追溯标准提供了食品供应链中用于标识物品或服务的一套完整的编码体系，使用自动数据采集技术，对食品原料的生产、加工、贮藏、运输及零售等供应链环节的管理对象进行标识，并相互链接。采用 GS1 追溯标准对食品供应链的每一个节点进行有效标识，通过扫描食品标签上的条码，可以获取各个节点的数据编码信息，包括分配给每个产品的全球唯一的 GS1 标识代码，即全球贸易项目代码（GTIN）、全球参与方及位置代码（GLN）、系列货运包装箱代码（SSCC）和批次号、有效期、保质期等属性代码。一旦食品出现安全问题，可以通过这些标识进行追溯，快速缩小食品安全问题的范围，准确查出问题出现的环节所在，直至追溯到食品生产的源头并全部召回。

国际物品编码协会（GS1）制定了追溯的指导原则和实施框架，将食品安全追溯、实现技术与相关 GS1 系统工具紧密结合。所有可追溯的产品必须进行唯一性标识，而 GS1 全球统一标识系统是获取产品的历史、应用以及位置等数据的关键。

中国物品编码中心作为国务院授权加入 GS1 的会员组织，负责向全国的商品条码系统成员（用户）分配全球唯一的厂商识别代码。任何准备实施追溯的企业，首先应向中国物品编码中心（企业所在地物品编码分支机构）申请厂商识别代码，采用 GS1 全球统一标识系统进行编码，建立并使用自己的全球贸易项目代码（GTIN），最终实现食品的追溯。

采用 GS1 系统可以对食品供应链全过程中的产品及其属性信息、参与方信息等进行有效标识。进行食品跟踪与追溯要求在食品供应链中的每一个加工点，不仅要对自己加工的产品进行标识，还要采集所加工的食品原料上已有的标识信息，并将其全部信息加在产品上，以备下一个加工者或消费者使用。这好比一个环环相扣的链条，任何一个环节断裂，都会导致整个链条脱节，而供应链中跨环节之间的联系比较脆弱，这是实施跟踪与追溯所面临的最大问题。

通过 GS1 系统可以对供应链全过程的每一个节点进行有效标识。建立各个环节信息管理、传递和交换的方案，从而对供应链中食品原料、加工、包装、贮藏、运输、销售等环节进行跟踪与追溯，及时发现并妥善处理存在的问题。条码是相关信息的载体，通过扫描可以获取各个节点的有关数据编码信息，包括给每一个产品赋予的全球唯一的 GS1 代码，即全球贸易项目代码（GTIN）；通过应用标识符（AI）对产品属性进行标识的代码，如批次、有效期、保质期等；以及用于对食品供应链中各个环节及参与方进行标识的代码，即全球参与方及位置代码（GLN）。供应链中各个环节的有关信息，采用 UCC/EAN-128 条码符号来表示（在终端销售环节，贸易项目采用 EAN/UPC 条码符号进行表示）。

标签的形式、尺寸和人工可识读内容可能会因国家（地区）的不同而有差异。每个国家（地区）可以自由地依照规则，选择推荐的应用标识符对附加信息进行编码。图 12-2 中标签 1～4 依次为：胴体标签、第一次加工标签、第二次加工标签和零售标签。

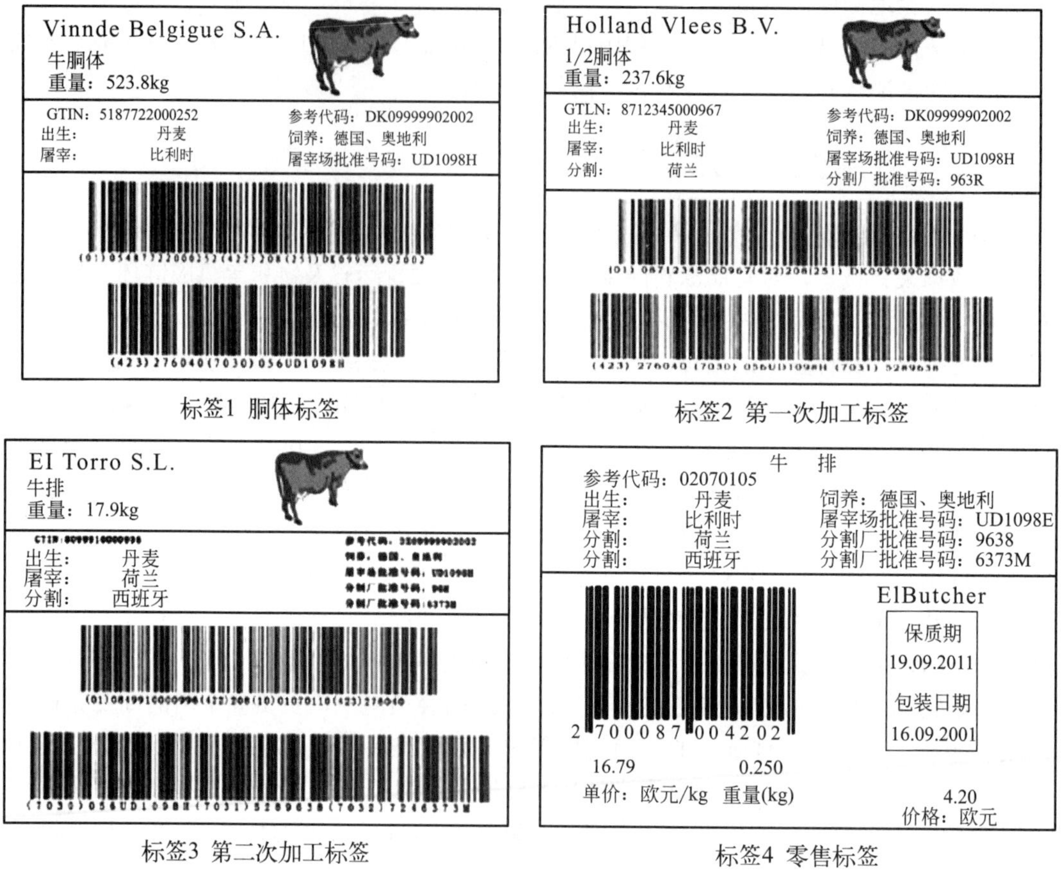

图 12-2 食品供应链追溯过程

具体实施过程中，利用条码可以有两种方法来进行追踪：一是从上往下进行跟踪，即从农场、食品原材料供应商—加工商—运输商—销售商—零售（POS）销售点，这种方法主要用于查找造成质量问题的原因，确定产品的原产地和特征的能力；另一种是从下往上进行追溯，也就是消费者在零售（POS）销售点购买的食品发现了安全问题，可以向上层层进行追溯，最终确定问题所在，这种方法主要用于产品回收或撤销中。

在 GS1 追溯系统实施中，建立有效的信息获取、交换及管理机制至关重要。一般来说，数据文件的期限应当比产品的生命周期要长，供应商、分销商、消费者如果发现有质量问题，可以对这些问题进行及时反馈。可按下面的主要步骤进行：发现质量问题；传递发现问题的有关信息；确定有关供应商的原因或信息；确定有关的批号，或者在库存中，或者在运输中，或者已经发出去了；确定其他有同样质量问题的批号，并进行纠正。

在食品供应链中，信息系统主要有三个显著的功能，即信息的获取、信息的传递、信息的管理。对于数据采集与记录，在食品跟踪与追溯中企业需要预定义数据，这些数据在整个供应链中可以被采集和记录。在食品跟踪与追溯系统中，数据记录及获取的精确性和速度，是衡量系统性能的主要指标之一。在使用技术方面，需要使用自动数据采集（扫描）技术，使用的 GS1 标准包括 EAN/UPC 条码、UCC/EAN-128 条码。

对于数据交换，跟踪与追溯需要将产品的物流和信息交换联系起来，为了确保信息流的连续性，每一个供应链的参与方必须将预定义的可跟踪数据传递给下一个参与方，使后者能够应用可跟踪原则。

在食品跟踪系统中，企业对产品及其属性以及参与方的信息进行有效标识是基础，对相关信息的获取、传输以及管理是成功开展食品跟踪的关键。实施产品跟踪与追溯，要求系统具有可靠、快速、精确、一致的特点，企业要建立起食品安全的预警机制。

参考文献

[1] GS1 系统概述 [OL]. 中国物品编码中心 . http://www. ancc. org. cn/Knowledge/ GS1System. aspx? id=189.

[2] 陈绍军，林昇清 . 食品进出口贸易与质量控制 [M]. 北京：科学出版社，2002.

[3] 关于发布食品安全国家标准《食品生产通用卫生规范》（GB 14881—2013）的公告（2013 年第 4 号）[EB/OL]. 中华人民共和国国家卫生和计划生育委员会 . 2013-6-26.

[4] 姜南，张欣，贺国铭，等 . 危害分析和关键控制点（HACCP）及在食品生产中的应用 [M]. 北京：化学工业出版社，2003.

[5] 钱和 . HACCP 原理与实施 [M]. 北京：中国轻工业出版社，2003.

[6] 钱建亚，熊强 . 食品安全概论 [M]. 南京：东南大学出版社，2006.

[7] 李正明，吕林，李秋 . 安全食品的开发与质量管理 [M]. 北京：中国轻工业出版社，2004.

[8] 康俊生 . 我国与 CAC、美国、欧盟食品 GMP 标准法规对比分析研究 [J]. 农业质量标准，2007，（3）：11-14.

[9] 谢明勇，陈绍军 . 食品安全导论 [M]. 北京：中国农业大学出版社，2009.

[10] 杨映辉 . 良好农业操作规范及其在我国实施的可行性 [J]. 农业质量标准，2005，（5）：29-31.